21 世纪高等职业技术教育规划教材

工 程 制 图

主　编　李　嘉
副主编　张　颖　王　婷
主　审　缪凯歌

西南交通大学出版社
·成　都·

图书在版编目（CIP）数据

工程制图 / 李嘉主编. —成都：西南交通大学出版社，2009.8

21世纪高等职业技术教育规划教材

ISBN 978-7-5643-0347-1

Ⅰ. 工… Ⅱ. 李… Ⅲ. 工程制图－高等学校：技术学校－教材 Ⅳ. TB23

中国版本图书馆CIP数据核字（2009）第140830号

21世纪高等职业技术教育规划教材

工程制图

主编 李嘉

责任编辑	李 涛
特邀编辑	杨 勇
封面设计	墨创文化
出版发行	西南交通大学出版社 （成都二环路北一段111号）
发行部电话	028-87600564 87600533
邮编	610031
网址	http://press.swjtu.edu.cn
印刷	四川森林印务有限责任公司
成品尺寸	185 mm×260 mm
印张	16.5
印数	1—3 000册
字数	411千字
版次	2009年8月第1版
印次	2009年8月第1次
书号	ISBN 978-7-5643-0347-1
定价	28.50元

前　言

本书是根据教育部制定的《高职高专教育工程制图课程教学基本要求》，在广泛汲取各类高职学校制图教学改革经验的基础上编写而成。

本书可以作为高等职业技术学院与高等专科学校机械类、工程类、铁道运输类等各专业的通用教材，也可以作为其他相近专业的参考书以及广大自学者的学习用书。另外，同时出版的《工程制图习题集》与本书配套使用。

本书主要有以下特点:

1. 书中内容体现了高职高专特色，突出了实用性，落实了以掌握概念、强化应用为重点的教学原则，基本理论以“必需、够用”为度。

2. 所选图例力求结合生产实际，紧密结合专业需要。

3. 本书采用了《技术制图》和《机械制图》现行有效的国家标准及与制图有关的其他标准。

4. 书中图形全部采用计算机绘制，提高了图形的清晰度和准确性，使表达效果大大增强，教材质量进一步提高。

本书主要内容共分十二章，其中：第四章、第七章、第八章、第九章由辽宁铁道职业技术学院李嘉编写；绪论、第二章、第十二章由辽宁铁道职业技术学院王婷编写；第一章、第五章、第六章、第十章由沈阳航空职业技术学院张颖编写；第三章由辽宁铁道职业技术学院李萌编写；第十一章由沈阳铁路局设计院周路舟编写。

全书由辽宁铁道职业技术学院李嘉任主编，沈阳航空职业技术学院张颖和辽宁铁道职业技术学院王婷任副主编。

本书由辽宁铁道职业技术学院缪凯歌担任主审。在本书编写过程中，他认真细致地审阅了书稿，并提出了很多宝贵意见，在此向其表示诚挚的谢意。

本教材按 100～120 学时编写，各使用单位可根据具体情况酌情增减。

由于水平所限，书中难免会有不当之处，欢迎广大读者提出宝贵意见和建议，谨此表示衷心感谢。

编　者

2009 年 6 月

目录

绪　论 ………………………………………………………………… 1

第一章　制图的基本知识与技能 ……………………………………… 2

第一节　绘图工具和用品的使用 ……………………………………… 2

第二节　制图国家标准的基本规定 …………………………………… 5

第三节　尺寸标注 ……………………………………………………… 11

第四节　几何作图 ……………………………………………………… 14

第五节　平面图形的画法 ……………………………………………… 16

第二章　正投影法基础 ………………………………………………… 19

第一节　投影法及三视图 ……………………………………………… 19

第二节　点、线、面的投影 …………………………………………… 25

第三节　平面内的点与线 ……………………………………………… 36

第三章　立体的投影 …………………………………………………… 38

第一节　平面立体的投影 ……………………………………………… 38

第二节　曲面立体的投影 ……………………………………………… 41

第三节　截交线与相贯线 ……………………………………………… 46

第四章　组 合 体 ……………………………………………………… 56

第一节　组合体的形体分析 …………………………………………… 56

第二节　组合体的尺寸标注 …………………………………………… 59

第三节　画组合体的视图 ……………………………………………… 63

第四节　读组合体的视图 ……………………………………………… 66

第五章　轴测投影图 …………………………………………………… 73

第一节　轴测图的基本知识 …………………………………………… 73

第二节　正等轴测图 …………………………………………………… 75

第三节　斜二轴测图 …………………………………………………… 76

第六章　机件的常用表达方法 ………………………………………… 79

第一节　视　图 ………………………………………………………… 79

第二节　剖 视 图 ……………………………………………………… 83

第三节　断 面 图 ……………………………………………………… 92

第四节　其他表达方法 ………………………………………………… 95

第五节　第三角画法简介 ……………………………………………… 99

第七章　标准件与常用件……102
第一节　螺纹及螺栓连接……102
第二节　键连接与销连接……112
第三节　齿　轮……116
第四节　滚动轴承……122
第五节　弹　簧……124
第八章　零 件 图……126
第一节　零件图的作用和内容……126
第二节　零件的表达方法……128
第三节　零件上的工艺结构……132
第四节　零件图的技术要求……134
第五节　零件图的绘制……145
第六节　读零件图……152
第九章　装 配 图……155
第一节　装配图的作用和内容……155
第二节　装配图的视图表达……157
第三节　装配图的尺寸注法和技术要求……162
第四节　装配图的零部件编号和明细栏……162
第五节　常见的装配结构和装置……164
第六节　读装配图……167
第十章　展开图与焊接图……171
第一节　表面展开图……171
第二节　焊 接 图……178
第十一章　建筑施工图……186
第一节　建筑施工图的基本知识……186
第二节　建筑平面图……192
第三节　建筑立面图……196
第四节　建筑剖面图……198
第五节　建筑详图……200
第十二章　计算机绘图……202
第一节　AutoCAD 2008 概述……202
第二节　AutoCAD 2008 操作基础……204
第三节　AutoCAD 2008 基本绘图命令……210
第四节　AutoCAD 2008 编辑命令……214
第五节　AutoCAD 2008 图层控制……224
第六节　文字输入与编辑……226
第七节　尺寸标注……230
第八节　图块及其属性……234

国家示范性高等职业院校核心课程“十一五”规划教材——道路与桥梁工程类

工程测量	2007.07	周小安
公路工程施工监理	2007.07	邵胜子
公路工程管理	2009.01	武彦芳
道路建筑材料	2007.07	袁　捷
公路工程试验检测技术实训指导书	2008.08	李林军
AutoCAD 公路工程制图	2008.01	阮志刚
桥涵施工（含光盘）	2008.01	匡希龙
公路工程招标投标与合同管理	2008.08	崔　磊
路基路面工程	2008.08	田国芝
公路环境保护与绿化	2007.11	刘玉洁
高等级公路维护技术与管理	2008.04	赵树青

21 世纪高等职业技术教育规划教材系列教材——建筑工程类

房屋构造（第二版）	2009.09	吴启凤
钢结构	2008.04	王军龙
建筑结构	2008.04	曹长礼
建筑构造与识图	2008.08	谢爱平
建筑施工技术	2008.01	李晓良
建筑工程制图（第二版）	2009.09	吴启凤
AutoCAD2006 教程	2007.08	吴启凤
建筑材料教与学	2007.10	徐友辉
招投标与合同管理	2007.08	张新华
工程力学（上）	2008.11	朱爱军
工程力学（下）	2008.12	王建中

21 世纪高等职业技术教育规划教材系列教材——土木工程类

线路工程	2005.09	张　雯
公路施工	2006.01	李林军
城市轨道工程	2006.08	张　立
普通测量	2006.01	张志刚
线桥隧测量	2008.06	张志刚
普通测量课间实习指导与报告书	2006.01	张福荣
桥梁工程（公路）	2006.08	高海波
桥梁工程（铁路）	2008.01	孙立功
隧道工程（第二版）	2009.08	孙立功
工程地质（第二版）	2007.08	宓荣三
基础工程（第二版）	2009.10	付润生

土力学（第二版）	2009.07	李连生
水力学与桥涵水文	2008.04	安　宁
工程项目施工组织管理	2006.07	李立增
建筑力学	2008.07	胡拔香
工程力学（上）	2006.08	胡拔香
工程力学（下）	2006.12	胡拔香
工程力学练习册	2008.08	杜春玲
工程制图	2008.08	孙再鸣
建筑力学实验指导书	2007.12	胡拔香
材料力学实验	2008.08	杜春玲

新书预告

中等职业技术教育土木工程专业规划教材

土木工程材料与试验	2009.10	曹建生
工程测量	2009.10	张　蕾
AutoCAD 工程制图	2009.10	李宣敏
土力学与地基基础	2009.10	李喜元
桥梁构造	2009.10	张　引
桥梁施工	2009.10	涂　兵
隧道构造与施工	2009.10	卢　刚
铁道线路	2009.10	李玉红
桥梁养护与维修	2009.10	苏贤洁
施工组织与概预算	2009.10	孙　俊
工程项目管理	2009.10	孙俊
土力学	2009.03	张建华

高等职业教育高速铁路规划教材

高速铁路桥梁施工及维护
高速铁路隧道施工及维护
高速铁路路基施工及维护
高速铁路轨道施工及维护
高速铁路工程试验与检测
高速铁路工程施工组织与管理实务

SWJUP 西南交通大学出版社

西南交通大学出版社是 1985 年 8 月成立的大学出版社，同时拥有图书、音像制品和电子出版物的出版权。

西南交通大学出版社始终遵循党的出版方针，把握正确的出版导向，坚持“诚信、质量、创新、服务”的办社理念，以传播科技信息、促进学术交流、推广科技成果、普及科学知识为己任，面向全国各类本科院校、高职高专、中等职业学校及全社会，出版以工、理、管、经、文、农为主的各种教材、教学参考书、学术专著、科普读物及国外先进科学技术译著等。同时还配合本版图书，出版音像制品和电子出版物。

西南交通大学是教育部直属的具有 110 余年历史的全国重点大学，为我国的交通运输事业培养了数十万计的工程建设人才。长期以来，西南交通大学出版社依托学校在交通运输工程、土木工程、铁道工程、电气工程、机械工程、信息与通信工程、材料科学与工程、环境科学与工程、地质资源与地质工程、超导磁浮、经济管理、人文社会科学等领域的学科优势、人才优势以及教育资源优势，将这些优势转化成出版资源， 形成了我社图书以理工类见长的特色。特别是结合我们的专业优势以及国民经济建设和发展的重点而组织出版的一系列学术著作，被列入“十五”、“十一五”国家级重点图书，几十种教材被教育部列入“十一五”国家级规划教材。已形成规模的重点本科、应用型本科、高职高专、中等职业教育系列教材根据课程改革和新的专业设置正在不断地补充和完善。

建社 20 余年来，我社有 500 多种图书获全国、铁道部、教育部、西南地区、四川省的优秀图书奖，并有多种图书被评为全国优秀畅销书。

西南交通大学出版社向社会承诺 “诚信为本，质量为先”，一次真诚的合作，将成为永远的朋友！

地址：四川省成都市二环路北一段 111 号

发行科联系电话：028-87600533　87600564　87600502（FAX）

总编室联系电话：028-87600562

http://press.swjtu.edu.cn

E-mail:swjtucbsfx@163.com

Cbsxx@swjtu.edu.cn

附　录 ………………………………………………………………………………………………………237
附表 1　普通螺纹直径与螺距系列（GB/T 193—2003） ……………………………………237
附表 2　六角头螺栓——A 和 B 级（摘自 GB/T 5782—2000） ……………………………238
附表 3　双头螺柱 ……………………………………………………………………………………239
附表 4　开槽沉头螺钉（GB/T 68—2000）、开槽半沉头螺钉（GB/T 69—2000） ………240
附表 5　1 型六角螺母——A 和 B 级（摘自 GB/T 6170—2000） …………………………241
附表 6　小垫圈（GB/T 848—2002）、平垫圈—— 倒角型（GB/T 97.2—2002）、
大垫圈（A 级）（GB/T 96.1—2002）、平垫圈（A 级）（GB/T 97.1—2002） ……242
附表 7　标准型弹簧垫圈（摘自 GB/T 93—1987）、
轻型弹簧垫圈（摘自 GB/T 859—1987） ………………………………………………243
附表 8　平键和键槽的剖面尺寸（GB/T 1095—2003） ……………………………………244
附表 9　普通平键的形式尺寸（GB/T 1096—2003） ………………………………………244
附表 10　圆柱销（摘自 GB/T 119.1—2000，GB/T 119.2—2000） ………………………245
附表 11　圆锥销（摘自 GB/T 117—2000） …………………………………………………246
附表 12　开口销（摘自 GB/T 91—2000） ……………………………………………………246
附表 13　标准公差数值（GB/T 1800.3—1999） ……………………………………………247
附表 14　轴的基本偏差数值（GB/T1800.3—1999） ………………………………………248
附表 15　孔的基本偏差数值（GB/T 1800.3—1999） ………………………………………250
附表 16　基本尺寸至 500 mm 优先常用配合轴的极限偏差表
（GB/T 1800.4—1999） ……………………………………………………………………252
附表 17　基本尺寸至 500 mm 优先常用配合孔的极限偏差表
（GB/T 1800.4—1999） ……………………………………………………………………254
参考文献 ……………………………………………………………………………………………256

绪 论

一、本课程的性质

本课程是关于绘制和阅读工程图样的理论、方法和技术的一门技术基础课。在工程技术上，为了正确地表示机器、设备、建筑物的大小、形状、规格等内容，通常根据投影理论、国家相关标准或规定，把物体以图形的方式加以表达，这就是工程图样。

工程图样是信息的载体，在表达设计思想，描绘物体形状、大小、精度等方面，具有语言和文字无法相比的优势。在设计阶段，工程图样表达了设计意图；在生产阶段，工程图样是生产者了解设计要求，组织和指导生产的依据；在产品的使用阶段，它又是使用者了解机器设备的结构和性能，进行正确操作和维修的必备技术文件。因此，每名工程技术人员都必须掌握这种特殊的语言。

二、本课程的目的和要求

(1) 学习正投影法的基本理论及其应用。

(2) 正确使用常用绘图工具。

(3) 培养一定的空间想象和思维能力。

(4) 培养学习相关国家标准和有关规定，运用所学知识，绘制和阅读工程图样的基本能力。

(5) 培养计算机绘图的基本能力。

(6) 培养耐心细致的工作作风和严肃认真的工作态度。

三、本课程的学习方法

由于本门课程既有理论又有一定的实践性，因此，要求学生在学习过程中注意以下几点:

(1) 要多看、多想、多练，才能逐步提高空间逻辑思维能力和空间分析能力。只有不断地进行“理论到实践”的往复过程，才能达到学好的目的。

(2) 不断增强自己的工程意识，自觉遵守国家标准《机械制图》和《技术制图》的有关规定，培养良好的工作作风和工程实践意识。

(3) 认真独立地完成作业和习题，以此来巩固和提高学习基本理论及绘图和读图的能力。

(4) 培养一定的自学能力，在自学中要遵循渐进的原则，并且要善于抓住重点，准确把握知识点，然后深入分析、理解有关内容，逐步扩大自己的知识面。

(5) 学习时注意理论联系实际。不能仅仅满足于对理论、原则的理解，还要结合生产实际，在实践中做到两者的统一。

第一章　制图的基本知识与技能

第一节　绘图工具和用品的使用

正确使用绘图工具是保证绘图质量、提高绘图效率的一个重要方面。为此，必须养成正确使用绘图工具的良好习惯。在此只介绍学生常用的绘图工具及仪器。

一、图板和丁字尺

图板用做画图时的垫板以铺放、固定图纸，其板面要求平整、光滑，木质纹理细密，软硬适中，两端硬木工作边应平直，图板左边是丁字尺的导边。图板有不同的大小规格。绘图时用胶带纸将图纸固定在图板上。

丁字尺由尺头和尺身构成，与图板配合使用，主要用来画水平线，也可以与三角板配合绘制一些特殊角度的线。使用时左手握尺头，使内侧边紧靠图板的左边上下滑动，沿尺身工作边由左向右画水平线，如图 1.1 所示。

图 1.1　用图板和丁字尺作图

二、三角板

一副三角板有两块，一块是 45°等腰直角三角形，另一块是 30°（60°）直角三角形。三角板与丁字尺配合使用，可以画竖直线，30°、45°、60°倾斜线和 15°、75°、105°等特殊角度。如图 1.2 所示。此外，利用一副三角板，还可以画出已知直线的平行线和垂直线。

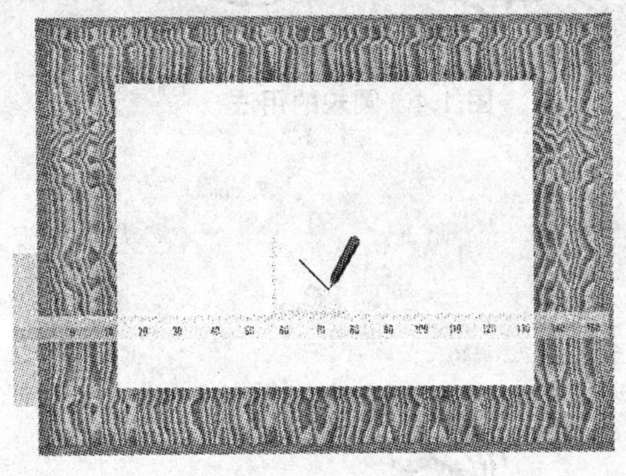

（a）画 45°线

（b）画 60°线

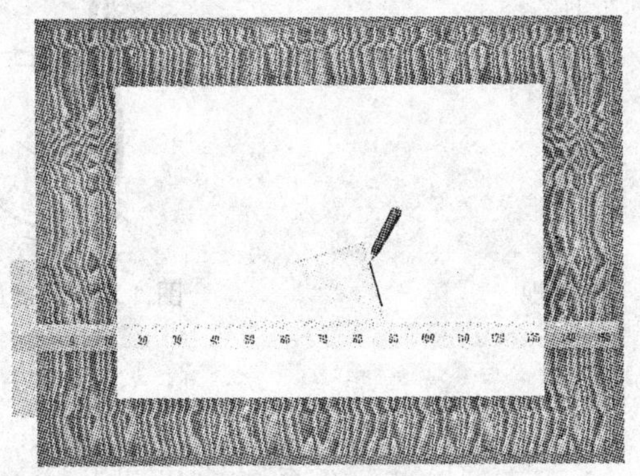

（c）画 75°线

图 1.2　用三角板与丁字尺画线

三、圆规和分规

圆规主要用于画圆和圆弧。圆规的附件有钢针插脚、铅芯插脚、鸭嘴插脚和延伸插杆等。通常圆规的一条腿上装有铅芯，另一条腿上装有钢针，如图 1.3 所示。钢针两端的形状不同，一端为台阶状，一端为锥状，常用台阶状的那段做圆规用，锥状针尖做分规用。画大圆时需装延伸杆。使用时，针尖应比铅芯略长，钢针和铅芯垂直于纸面，特别在画大圆时更应如此。另外，使用圆规时应使其略向旋转方向倾斜，速度均匀，用力适当，如图 1.4 所示。

分规用来量取线段、等分线段和截取尺寸。分规两腿均装有锥形钢针。为了量取尺寸准确，分规的两针尖应平齐。分规及其用法如图 1.5 和图 1.6 所示。

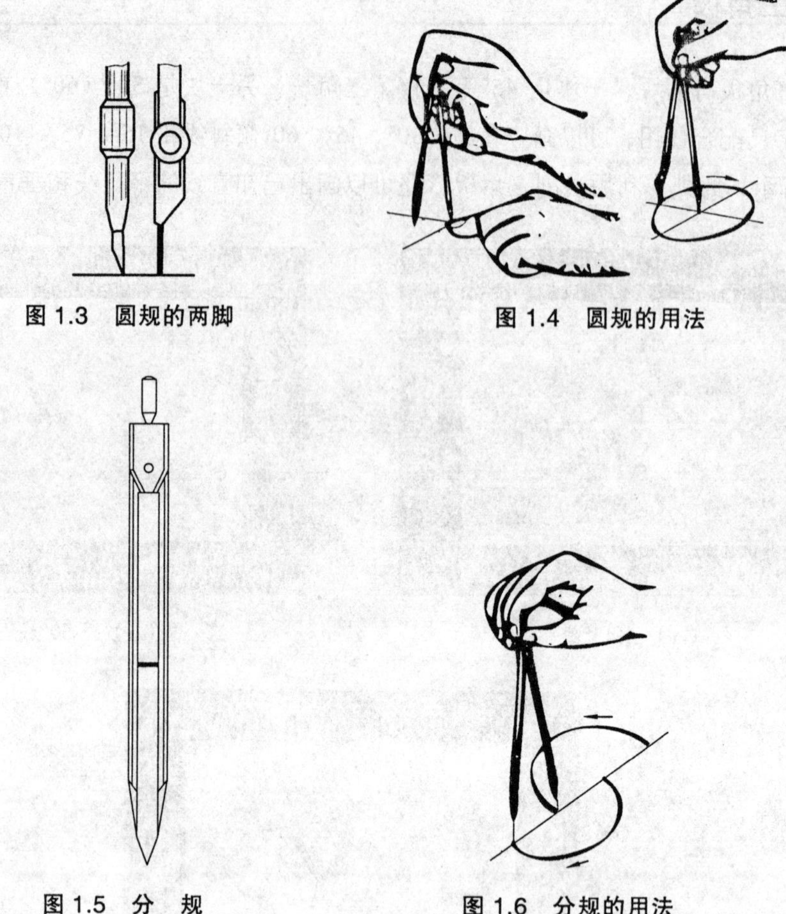

图 1.3　圆规的两脚

图 1.4　圆规的用法

图 1.5　分　规

图 1.6　分规的用法

四、铅　笔

绘图所用铅笔的铅芯根据其软硬度分为软（B）、中性（HB）和硬（H）三种，B 前的数字越大表示铅芯越软，H 前的数字越大则铅芯越硬。绘图时根据不同使用要求来选择铅笔：HB、B 或 2B——画粗实线用；H 或 HB——写字用；HB、H 或 2H——画细线用。画粗实线的铅笔芯应磨成矩形，如图 1.7 所示。其余可磨成锥形。

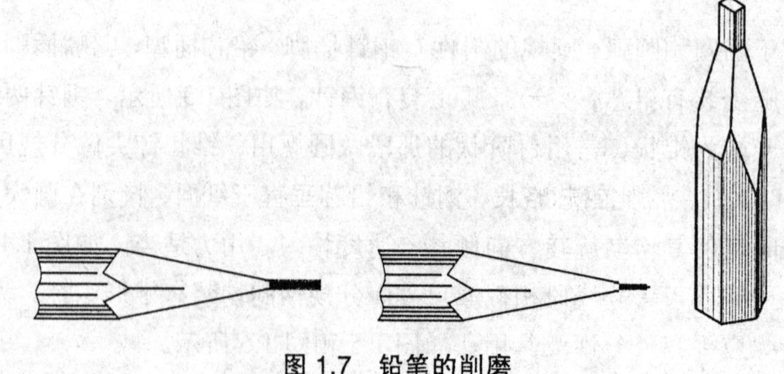

图 1.7　铅笔的削磨

五、曲线板

曲线板用来画非圆曲线，如图 1.8 所示。作图时，应先徒手将曲线上各点轻轻连接起来，然后，从一端开始选择曲线板上与所画曲线吻合的部分，沿曲线板逐段画出。每画一段时，至少应有三个点与曲线板上某一段重合，并与上次画出的曲线段重合一部分，以保证曲线圆滑。

六、比例尺

比例尺又称三棱尺，是用来绘制不同比例的图形用的，如图 1.9 所示。比例尺只用来量取尺寸，不可作直尺画线用。

使用时，将比例尺放在图纸的作图部位，根据所需的刻度用笔尖在图纸上作一个记号，也可以用针尖扎一个小孔。当同一尺寸需要次数较多时，可用分规在比例尺上量出，再在图线上量取。

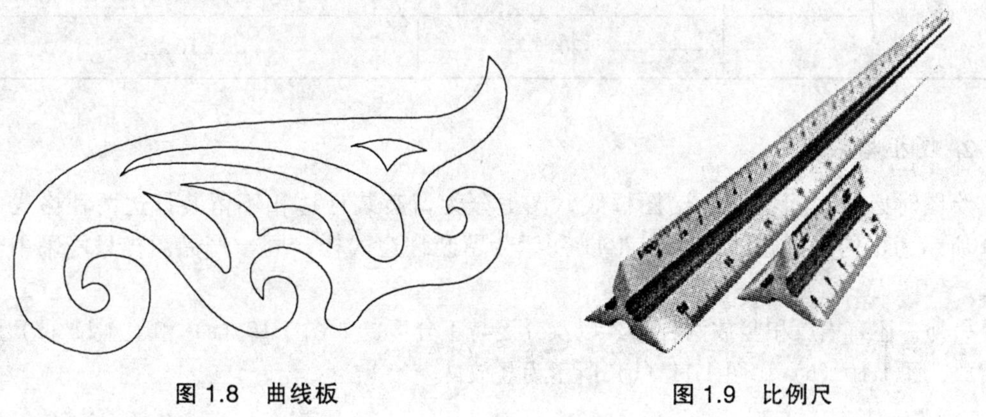

图 1.8　曲线板　　　　图 1.9　比例尺

七、其他用品

绘图时，还需要绘图纸、绘图橡皮、小刀、擦图片、量角器、胶带纸和修磨铅芯用的细砂纸等。

第二节　制图国家标准的基本规定

国家标准《技术制图》是一项基础性技术标准，国家标准《机械制图》则是机械专业制图标准，它们是图样绘制和使用的准绳。任何一名工程技术人员都必须学习和遵守这些有关规定。

“GB/T”为推荐性国家标准的代号，简称国标。如 GB/T 14689—1993，“14689”为标准的批准顺序号，“1993”表示该标准发布的年号。

一、图纸幅面及格式

1. 图纸幅面

根据 GB/T 14689—1993 的规定，绘制工程图样时，应优先采用基本图纸幅面，表 1.1 列出了规定中的基本幅面尺寸。必要时，也允许使用加长幅面，其尺寸必须是基本幅面短边的整数倍。

表 1.1　图纸基本幅面的尺寸　　mm

幅面代号		A0	A1	A2	A3	A4
尺寸 $B\times L$		841×1 189	594×841	420×594	297×420	210×297
边框	a	25				
	c	10			5	
	e	20		10		

2. 图框格式

绘图时必须用粗实线画出图框线，图框分为留有装订边和不留装订边两种格式。图 1.10 所示为不留装订边式样，图 1.11 所示为留装订边式样，同一产品图样只能采用一种格式。

另外，还有横放和竖放两种形式以及分区与不分区。如图 1.10（a）和图 1.11（a）所示为横放，图 1.10（b）和图 1.11（b）所示为竖放。

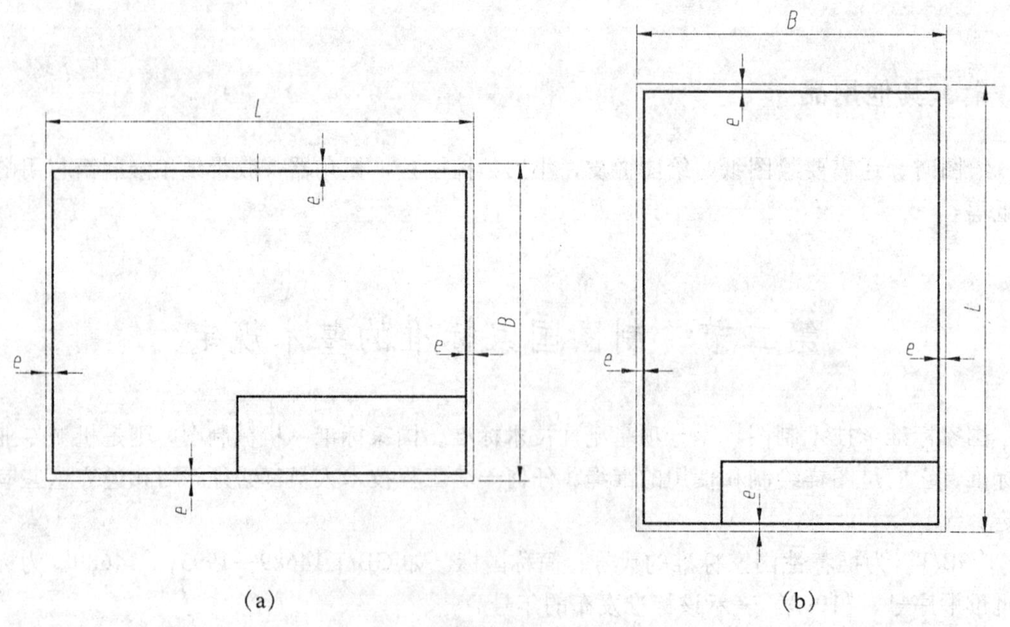

图 1.10　不留装订边的图框格式

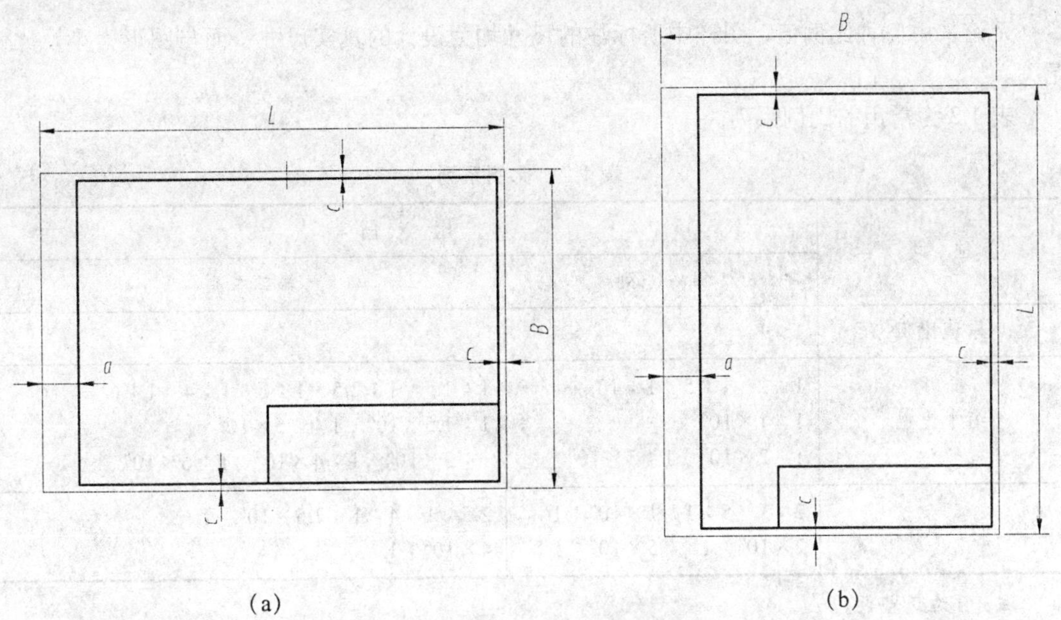

图 1.11 留有装订边的图框格式

3. 标题栏

每张图纸的右下角都应画出标题栏，GB/T 10609.1—1989《技术制图 标题栏》规定了两种标题栏格式，图 1.12 所示是一种常用的标题栏，其格式、分栏及尺寸如图所示。学生在制图作业中也可以采用简易标题栏格式。

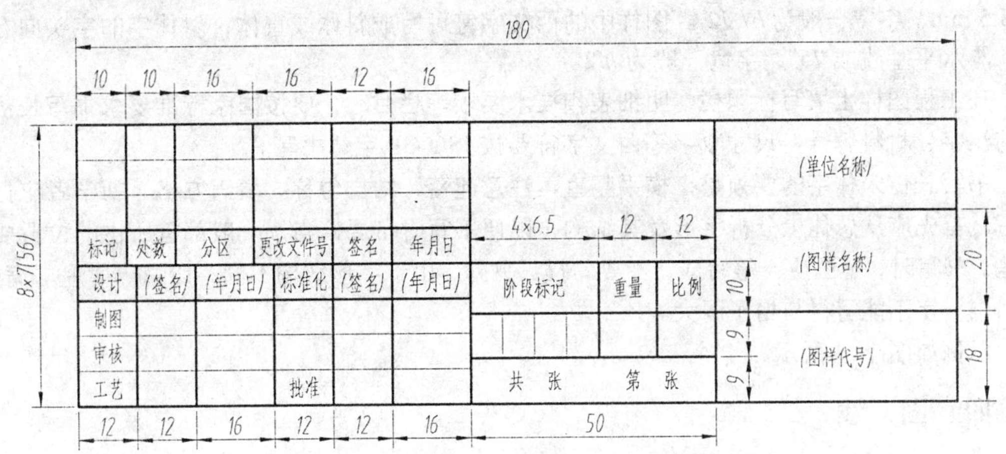

图 1.12 常用的标题栏格式

二、比 例

比例是指图中图形与实物相应要素的线性尺寸之比，画图时应尽量采用 1∶1 的比例，也可选择放大或缩小的比例，但必须在国家标准（GB/T 14690—1993）规定的比例系列中选取，如表 1.2 所示。绘制同一机件的各个视图应采用相同的比例，并在标题栏中填写，当某个视图需用不同的比例或局部放大时，必须另行标注。

无论采用何种比例值，图样中所标注的尺寸均为设计的真实尺寸，而与图形大小及比例无关。

表 1.2 为常用的比例系列。

表 1.2 比例系列

种 类	比 例	
	第一系列	第二系列
原值比例	1∶1	
缩小比例	1∶2 1∶5 1∶10 $1:1\times10^n$ $1:2\times10^n$ $1:5\times10^n$	1∶1.5 1∶2.5 1∶3 1∶4 1∶6 $1:1.5\times10^n$ $1:2.5\times10^n$ $1:3\times10^n$ $1:4\times10^n$ $1:6\times10^n$
放大比例	2∶1 5∶1 $1\times10^n:1$ $2\times10^n:1$ $5\times10^n:1$	2.5∶1 4∶1 $2.5\times10^n:1$ $4\times10^n:1$

注：*n* 为正整数。

三、字 体

GB/T 14691—1993 规定，图样上的汉字应采用国家正式公布推行的《汉字简化方案》中规定的简化汉字，字的大小应按字号的规定打格书写，字体的号数代表字体的高度。字体高度尺寸 h 的尺寸系列为 1.8、2.5、3.5、5、7、10、14、20 mm。手写汉字时，字号一般不小于 3.5 mm，字宽一般为 $h/\sqrt{2}$ 。图样中的西文字符可写成斜体或直体，斜体字的字头向右倾斜，与水平基线成 75°，字宽一般为 $h/2$。

在工程图样上填写标题栏、明细表和技术要求等栏目时，要按国家标准要求书写长仿宋体的汉字，材料牌号、尺寸数字等西文字符要按 ISO GP 字体书写。

书写长仿宋体字的要领是：横平竖直、注意起落、结构匀称、填满方格。初学者应打格书写。首先应从总体上分析字形及其结构，以便书写时布局恰当，一般部首所占的位置要小一些。书写时，笔画应一笔写成，不要勾描。另外，由于字形结构不同，切忌一律追求满格，如“国”字不能写得与格子同大。

示例如图 1.13 所示。

四、图 线

1. 机械制图的线型及应用

国家标准《技术制图 图线》（GB/T 17450—1998）规定了 15 种基本线型，国家标准《机械制图 图样画法 图线》（GB/T 4457.4—2002）在《技术制图 图线》的基础上规定了机械图样常用的 9 种线型，如表 1.3 所示。GB/T 17450—1998 中将图线分为粗线、中粗线和细线三种，它们之间的宽度比率为 4∶2∶1，这是对各种专业制图中图线宽度比率的总规定。GB/T 4457.4—2002 中规定，在机械图样中，采用粗、细两种线宽，它们之间的比率为 2∶1。图线宽度的系数有 9 种：0.13、0.18、0.25、0.35、0.5、0.7、1、1.4、2 mm。

工程机械制图基本知识视图校核

技术要求说明规格学校比例制核

尺寸标注形体分析零件班级结构

水木沙砖油毛玻璃钢铁纸漆橡胶

桥房楼梯板框栏架杆墙坡坑池廊

工程机械制图基本知识视图校核尺寸标注形体

分析零件班级结构技术要求说明规格学校比例

ØSHABCXYZabc

1234567890R

图 1.13 字体示例

表 1.3 图 线

图线名称	图线型式及其代号	图线宽度	应用举例	图 例
粗实线		d	可见轮廓线	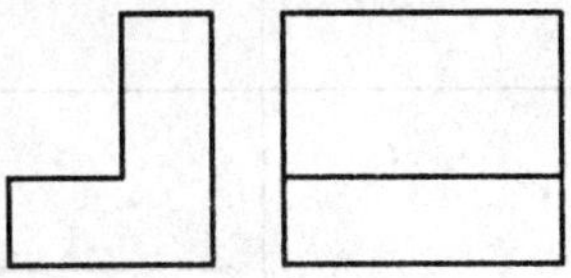
细实线		约 $d/2$	1. 尺寸线和尺寸界线； 2. 剖面线； 3. 重合剖面的轮廓线	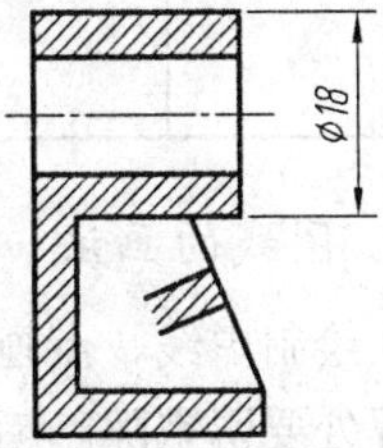 Ø18

续表 1.3

图线名称	图线型式及其代号	图线宽度	应用举例	图　例
波浪线		约 $d/2$	1. 断裂处的边界线； 2. 视图与剖视的分界线	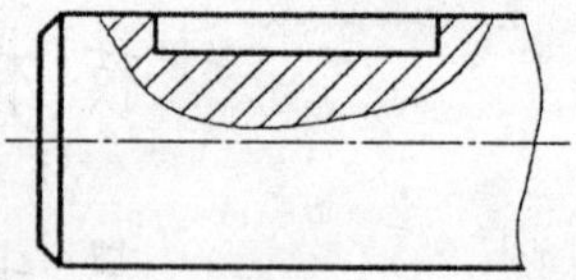
双折线	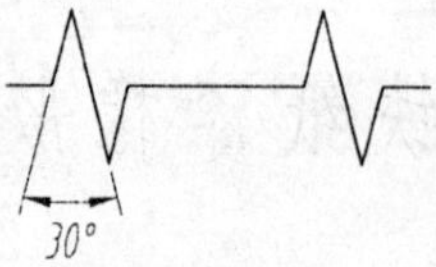 30°	约 $d/2$	断裂处的分界线	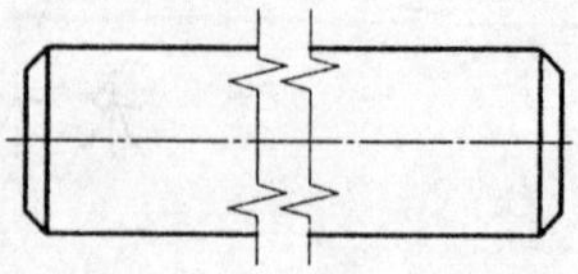
细虚线	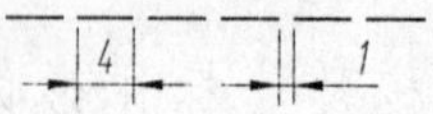 4　1	约 $d/2$	不可见轮廓线	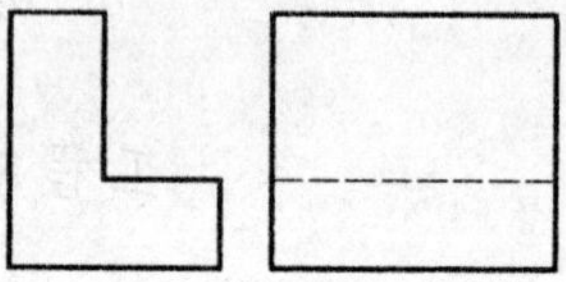
细点画线	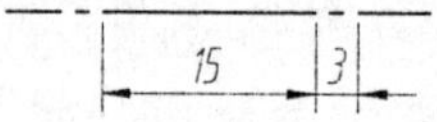 15　3	约 $d/2$	1. 轴线； 2. 对称中心线； 3. 轨迹线	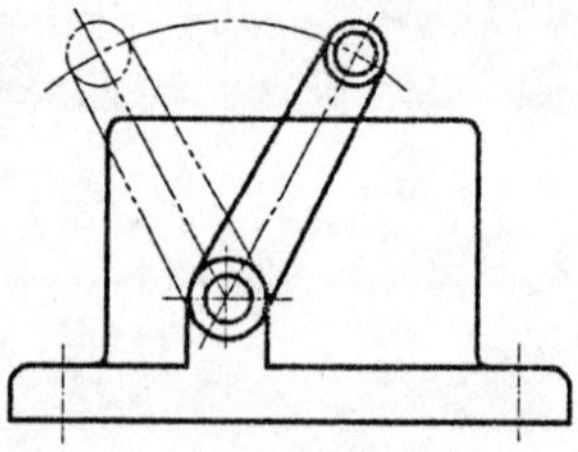
细双点画线	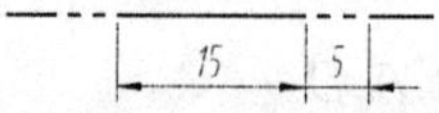 15　5	约 $d/2$	1. 相邻辅助零件的轮廓线； 2. 极限位置的轮廓线	
虚线	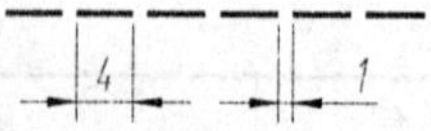 4　1	d	允许表面处理的表示线	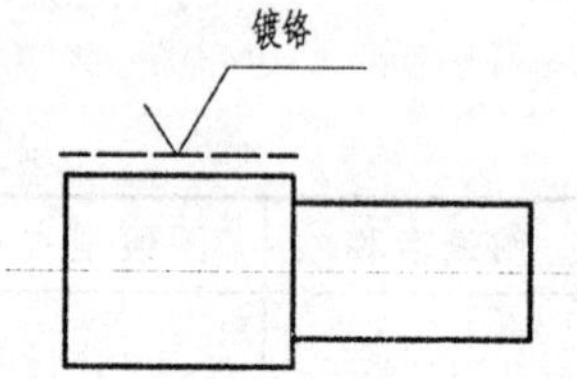 镀铬
粗点画线	 15　3	d	限定范围表示线	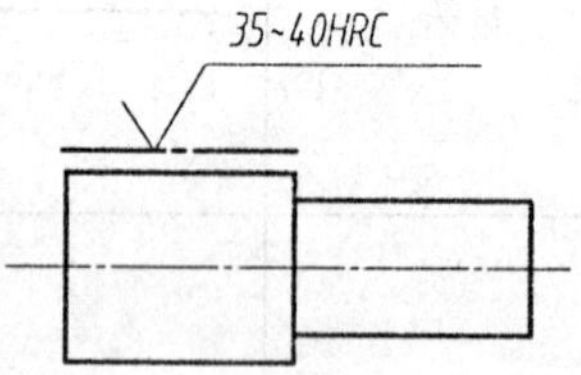 35~40HRC

2. 图线的画法

在绘制虚线、点画线时，线和线相交处应为线段相交。当虚线在粗实线的延长线上时，在分界处要留空隙。点画线超出轮廓线的长度约为 3～5 mm。当要绘制的点画线长度较小时，可用细实线代替（如图 1.14 所示）。

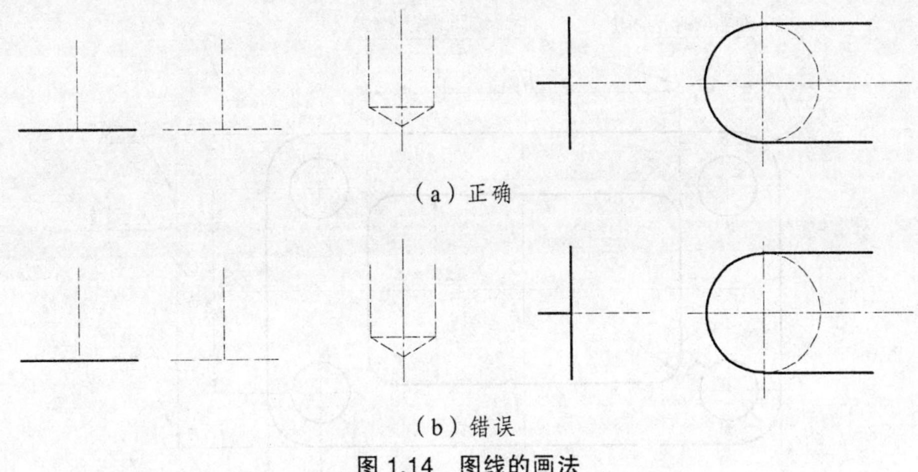

图 1.14　图线的画法

第三节　尺寸标注

物体的大小是由所标注的尺寸确定的，标注尺寸时，应严格遵守国家标准（GB/T 4458.4—2003）的规定，做到正确、完整、清晰、合理。

一、基本规则

（1）机件的真实大小应以图样上所注的尺寸数值为依据，与图形的大小及绘图的准确度无关。

（2）图样中（包括技术要求和其他说明）的尺寸，以 mm 为单位时，不需要标注计量单位的代号和名称；如采用其他单位，则必须注明相应的计量单位的代号或名称。

（3）图样中所标注的尺寸为该图样所示机件的最后完工尺寸，否则应另加说明。

（4）机件的每一尺寸，一般只标注一次，并应标注在反映该结构最清楚的图形上。

二、尺寸的组成要素

一个完整的尺寸包括尺寸界线、尺寸线、尺寸数值（包括符号）和箭头，如图 1.15 所示。

1. 尺寸界线

尺寸界线用来表示所注尺寸的范围，可以从图形轮廓线轴线或对称中心线引出，也可以利用轮廓线、轴线或对称中心线作为尺寸界线。尺寸界线一般与尺寸线垂直，在特殊情况下也可以不垂直，但两尺寸界线必须互相平行，如图 1.16 所示。

2. 尺寸线

尺寸线绘在两尺寸界线之间，用来表示尺寸度量的方向，尺寸线不能用其他图线代替，一般也不得与其他图线重合或画在其延长线上。标注线性尺寸时，尺寸线必须与所标注的线段平行。

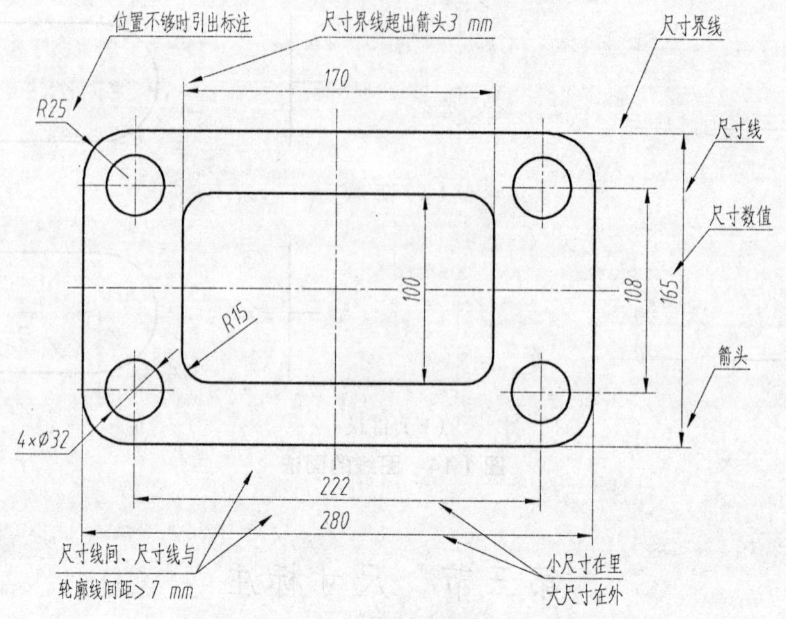

图 1.15　尺寸要素

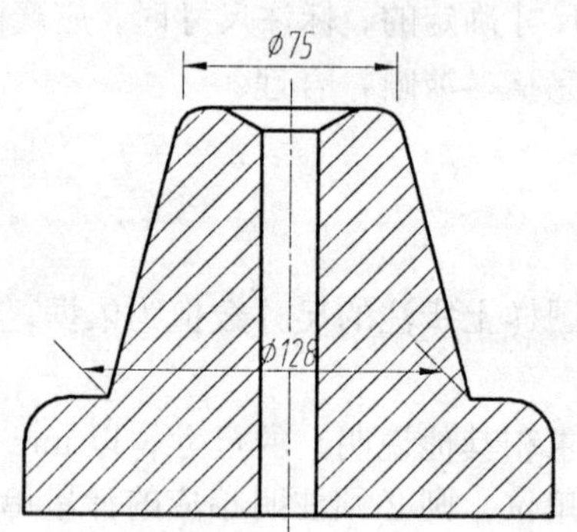

图 1.16　特殊情况下的尺寸界线

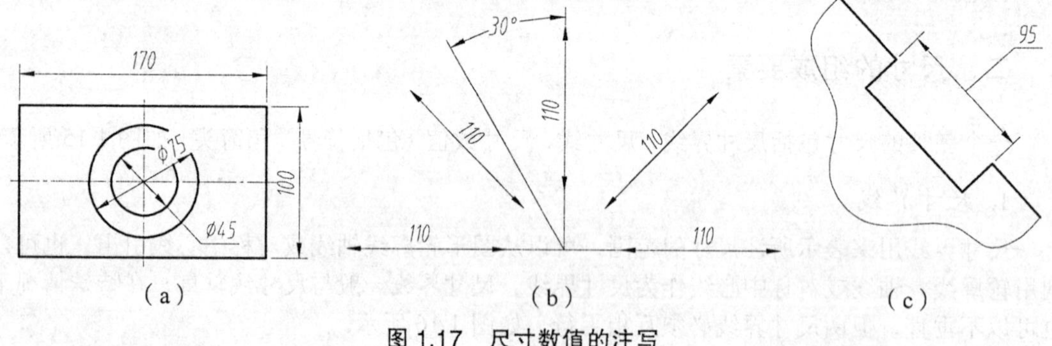

图 1.17　尺寸数值的注写

3. 尺寸数值

尺寸数值可写在尺寸线的上方或中断处，数字不能被任何图线通过，必要时可如图 1.17（a）所示将图线断开。倾斜方向的尺寸标注如图 1.17（b）所示，不要在图示 30°范围内标注尺寸。当无法避免时，可按图 1.17（c）所示进行标注。

4. 箭　头

尺寸线终端应有箭头，当箭头的地方不足时，可用圆点代替。

三、其他尺寸标注

表 1.4 列出了其他尺寸的标注形式。

表 1.4　其他尺寸标注

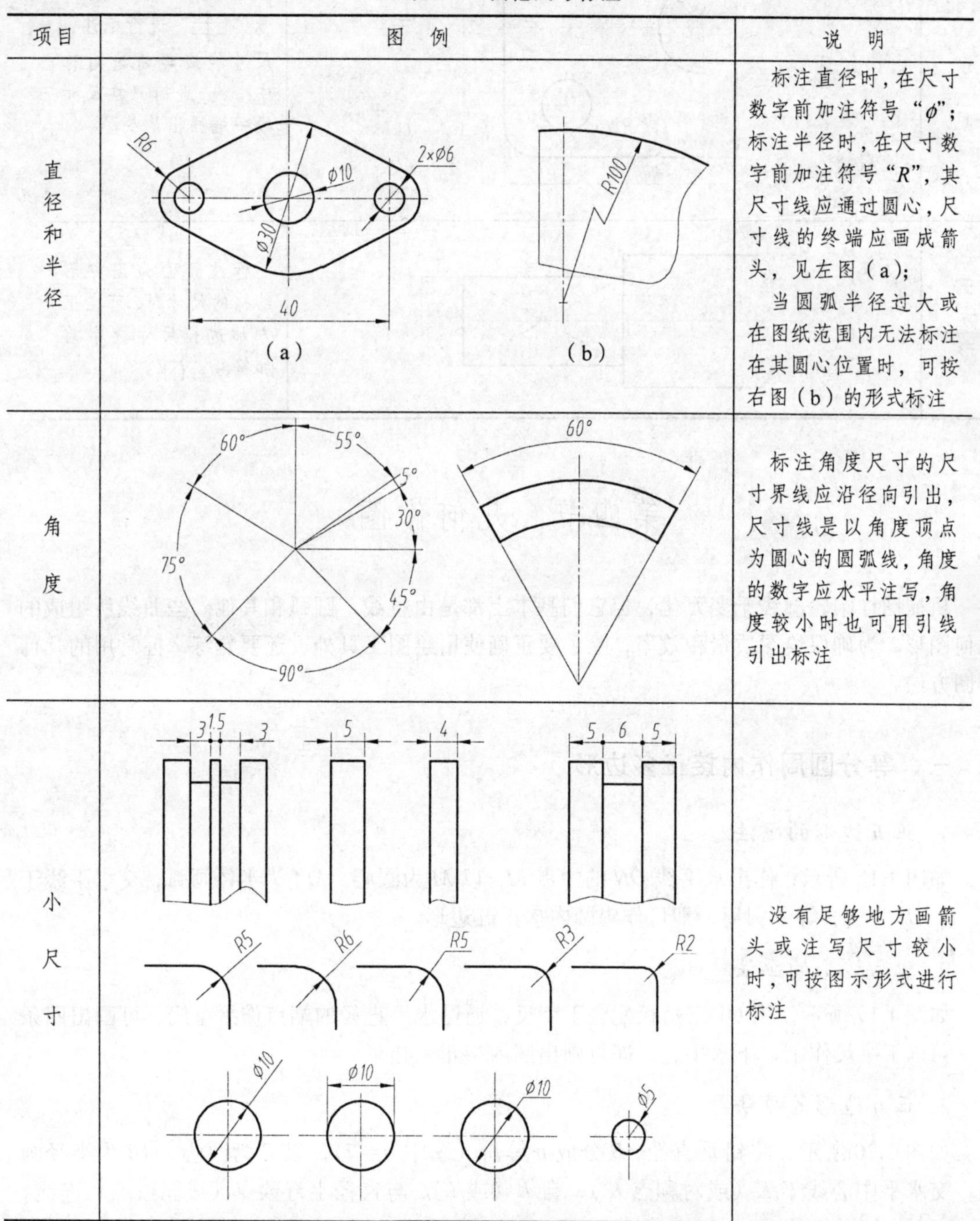

项目	图　例	说　明
直径和半径	(a)　(b)	标注直径时，在尺寸数字前加注符号“ϕ”；标注半径时，在尺寸数字前加注符号“R”，其尺寸线应通过圆心，尺寸线的终端应画成箭头，见左图（a）；当圆弧半径过大或在图纸范围内无法标注在其圆心位置时，可按右图（b）的形式标注
角度		标注角度尺寸的尺寸界线应沿径向引出，尺寸线是以角度顶点为圆心的圆弧线，角度的数字应水平注写，角度较小时也可用引线引出标注
小尺寸		没有足够地方画箭头或注写尺寸较小时，可按图示形式进行标注

续表 1.4

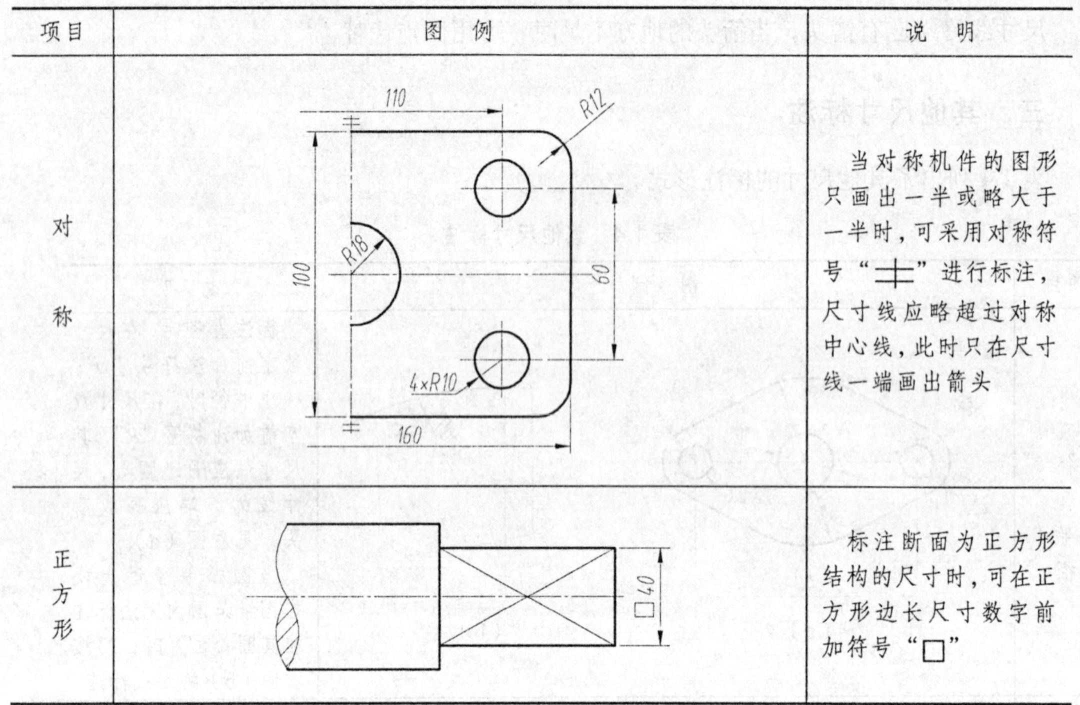

项目	图例	说明
对称		当对称机件的图形只画出一半或略大于一半时，可采用对称符号“╪”进行标注，尺寸线应略超过对称中心线，此时只在尺寸线一端画出箭头
正方形		标注断面为正方形结构的尺寸时，可在正方形边长尺寸数字前加符号“□”

第四节　几何作图

机械图样中轮廓线千变万化，但它们基本上都是由直线、圆弧和其他一些曲线所组成的几何图形。为确保绘图质量和效率，除了要正确使用绘图工具外，还要熟练掌握常用的几何作图方法。

一、等分圆周作内接正多边形

1. 正五边形的画法

如图 1.18 所示，作出水平线 *ON* 的中点 *M*，以 *M* 为圆心、*MA* 为半径画弧，交水平线于 *H*，以 *AH* 为边长等分圆周，即可作出圆内接正五边形。

2. 正六边形的画法

如图 1.19 所示，用 60°三角板配合丁字尺，通过水平直径的端点作平行线，可画出四条边，再以丁字尺作上、下水平边，即可画出圆内接正六边形。

3. 正 *n* 边形的画法

如图 1.20 所示，将铅垂直径 *AB* 分成 *n* 等份（图中 $n=7$），以 *B* 为圆心、*AB* 为半径画弧，交水平中心线于 *K*（或对称点 *K′*），自 *K*（或 *K′*）与直径上奇数点（或偶数点）连线，并延长至圆周，即得各分点Ⅰ、Ⅱ、Ⅲ、Ⅳ，再作出它们的对称点，即可画出圆内接正 *n* 边形。

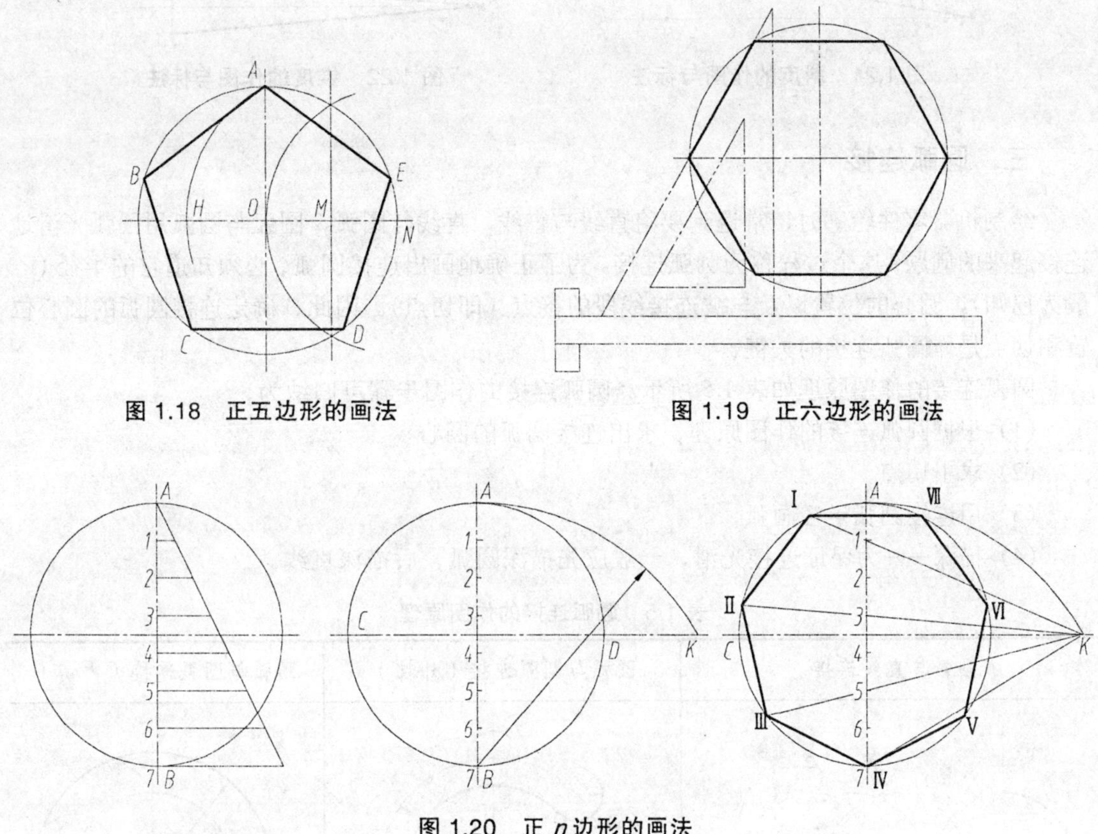

图 1.18　正五边形的画法

图 1.19　正六边形的画法

图 1.20　正 *n* 边形的画法

二、斜度和锥度

1. 斜度的画法及标注

斜度是指一直线（或平面）对另一直线（或平面）的倾斜程度，其大小为该两直线（或平面）间夹角的正切值，在图样中以 1 : *n* 的形式标注。

图 1.21 所示为斜度 1 : 6 的作法：由点 *A* 开始，在水平线 *AB* 上取 6 个单位长度，得到点 *D*，过 *D* 点作 *AB* 的垂线 *DE*，取 *DE* 为 1 个单位长，连接 *AE*。则直线 *AE* 的斜度即为 1 : 6。斜度符号“∠”中斜线的方向应与倾斜方向一致。

2. 锥度的画法

锥度是正圆锥底圆直径与圆锥高度之比，在图样中也用 1 : *n* 的形式标注。

图 1.22 所示为锥度 1 : 6 的作法：由点 *S* 开始，在水平线上取 6 个单位长度，得到点 *O*，过 *O* 点作 *SO* 的垂线，分别向上和向下量取半个单位长度，得 *A*、*B* 两点，连接 *AS*、*BS*，即得 1 : 6 的锥度。锥度注在与引出线相连的基准线上，锥度符号所示的方向应与锥度方向一致。

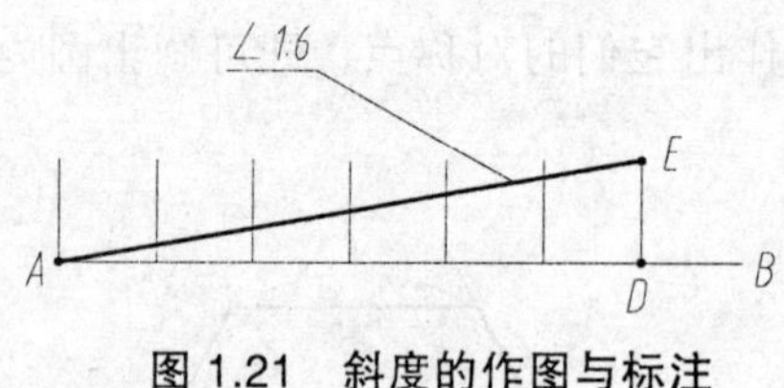

图 1.21　斜度的作图与标注

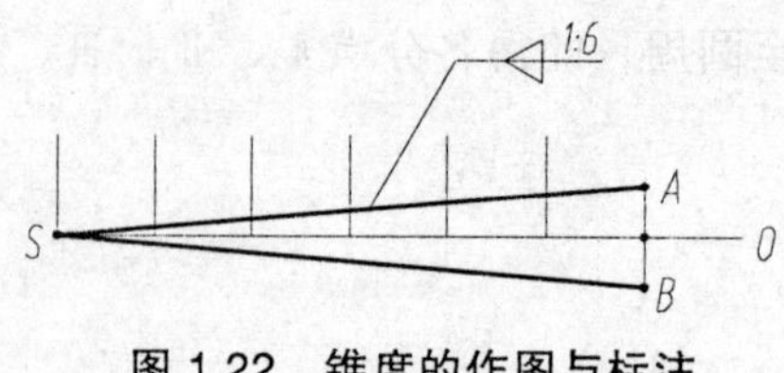

图 1.22　锥度的作图与标注

三、圆弧连接

绘制机器零件轮廓时，常遇到要将直线与直线、直线与圆弧、圆弧与圆弧用圆弧光滑地连接起来的问题，这个过程称为圆弧连接。为了正确地画出连接圆弧，必须知道它的半径（一般为已知)、圆心的位置以及与被连接线段的接点（即切点)。因此，确定连接圆弧的圆心位置和切点是作圆弧连接的关键。

圆弧连接的作图原理如表 1.5 所示。圆弧连接的作图步骤可归纳为:

(1) 根据圆弧连接的作图原理，求出连接圆弧的圆心;

(2) 求出切点;

(3) 用连接圆弧半径画弧;

(4) 描深——为保证连接光滑，一般应先描深圆弧，后描深直线。

表 1.5　圆弧连接的作图原理

圆弧与直线连接	圆弧与圆弧连接（外切）	圆弧与圆弧连接（内切）
圆心轨迹 R O K R	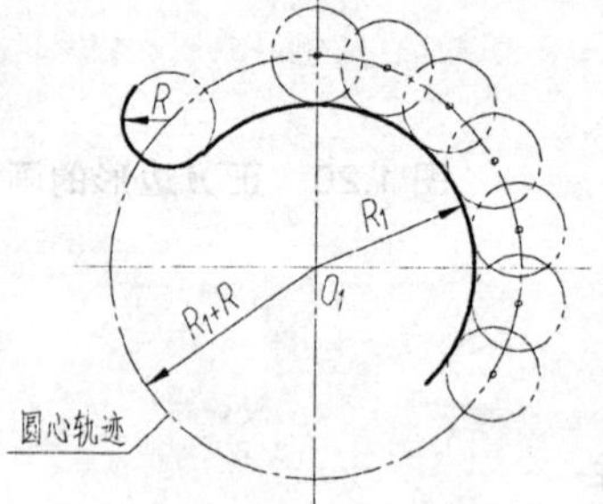	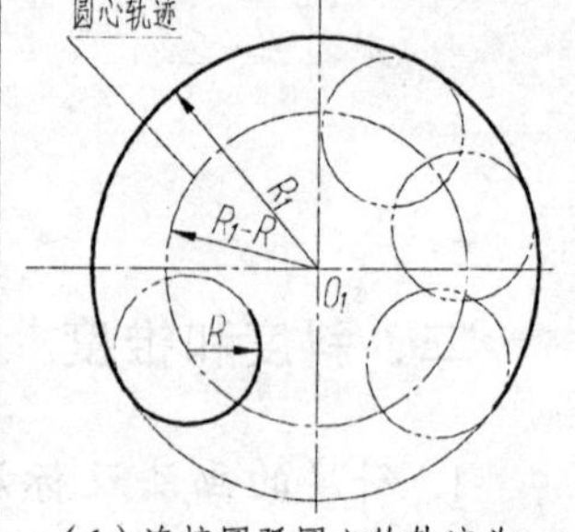
(1) 连接圆弧圆心的轨迹为一条平行于已知直线的直线，两直线间的垂直距离为连接圆弧的半径 R; (2) 由圆心向已知直线作垂线，其垂足即为切点	(1) 连接圆弧圆心的轨迹为一个与已知圆弧同心的圆，该圆的半径为两圆弧半径之和（$R+R_1$); (2)连接两圆弧的圆心与已知圆弧的交点即为切点	(1) 连接圆弧圆心的轨迹为一个与已知圆弧同心的圆，该圆的半径为两圆弧半径之差(R_1-R); (2) 连接两圆弧的圆心与已知圆弧的交点即为切点

第五节　平面图形的画法

如图 1.23 所示，以手柄平面图形的绘制为例说明平面图形的绘制方法。

平面图形一般由若干线段组成，相邻线段彼此连接，线段之间的相对位置和连接关系主要依靠尺寸来确定。要正确绘制一个平面图形，必须对平面图形中的线段和尺寸进行分析，弄清图形的组成，了解线段的性质，然后才能掌握正确的作图方法和步骤。

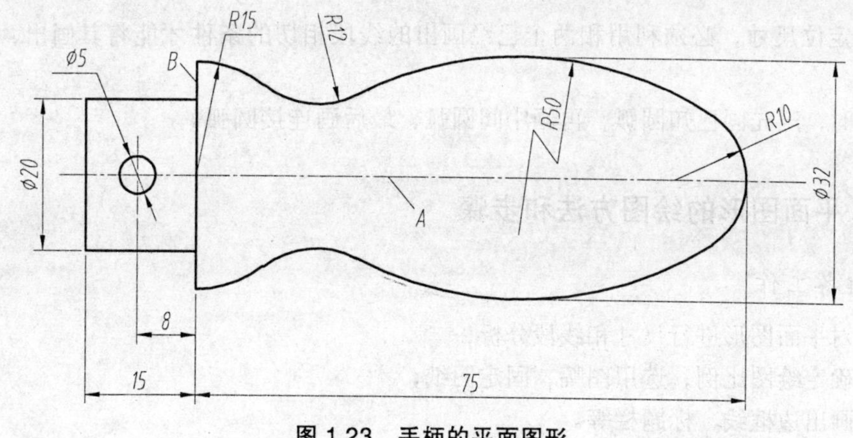

图 1.23　手柄的平面图形

一、平面图形的尺寸分析

平面图形中的尺寸，按作用可分为下述两类。

1. 定形尺寸

确定平面图形中几何要素形状大小的尺寸，称为定形尺寸。例如，线段的长度、角度的大小、圆弧的半径、圆的直径等都是定形尺寸。如图 1.23 所示的 *R*10、ϕ20、*R*15、*R*12、15、ϕ5 等。

2. 定位尺寸

确定平面图形中几何要素相对位置关系的尺寸，称为定位尺寸。如图 1.23 中的 8、75。

标注定位尺寸时，首先应确定标注尺寸的起点，这个起点即为尺寸基准，平面图形的长度和高度方向都至少应该确定一个基准。定位尺寸一般选择对称线、中心线、图形的边界线等作为尺寸基准，如图 1.23 中的 *A*、*B*。

二、平面图形的线段分析

平面图形中的线段（直线或圆弧），根据定位尺寸的完整与否，可分为下述 3 类（由于直线连接作图比较简单，这里只介绍与圆弧连接有关的作图问题）。

1. 已知圆弧

具有定形尺寸（半径）和圆心两个定位尺寸的圆弧，称为已知圆弧。此类圆弧可根据给定尺寸直接画出，如图 1.23 中的 *R*10、*R*15。

2. 中间圆弧

具有定形尺寸（半径）和圆心一个定位尺寸的圆弧，称为中间圆弧。此类圆弧由于圆心的定位尺寸不全，必须利用和已知线段相切的条件才能将其画出，如图 1.23 中的 *R*50。

3. 连接圆弧

具有定形尺寸（半径）而缺少圆心定位尺寸的圆弧，称为连接圆弧。此类圆弧由于没有圆心的定位尺寸，必须利用和两个已经画出的线段相切的条件才能将其画出，如图 1.23 中的 $R12$。

画图时，应先画已知圆弧，再画中间圆弧，最后画连接圆弧。

三、平面图形的绘图方法和步骤

1. 准备工作

(1) 对平面图形进行尺寸和线段分析；

(2) 确定绘图比例，选用图幅，固定图纸；

(3) 画出边框线、标题栏等。

2. 绘制底稿

绘制底稿的步骤如图 1.24 所示。绘制底稿时，要注意各种线型暂不分粗细，并且要画得很轻、很细，作图要力求准确。

3. 描深图线并标注尺寸

描深图线前，要全面检查底稿，发现错误应及时修正，检查无误后，方可进行描深，然后标注尺寸、填写标题栏等。描深、标注尺寸后的图如图 1.23 所示。

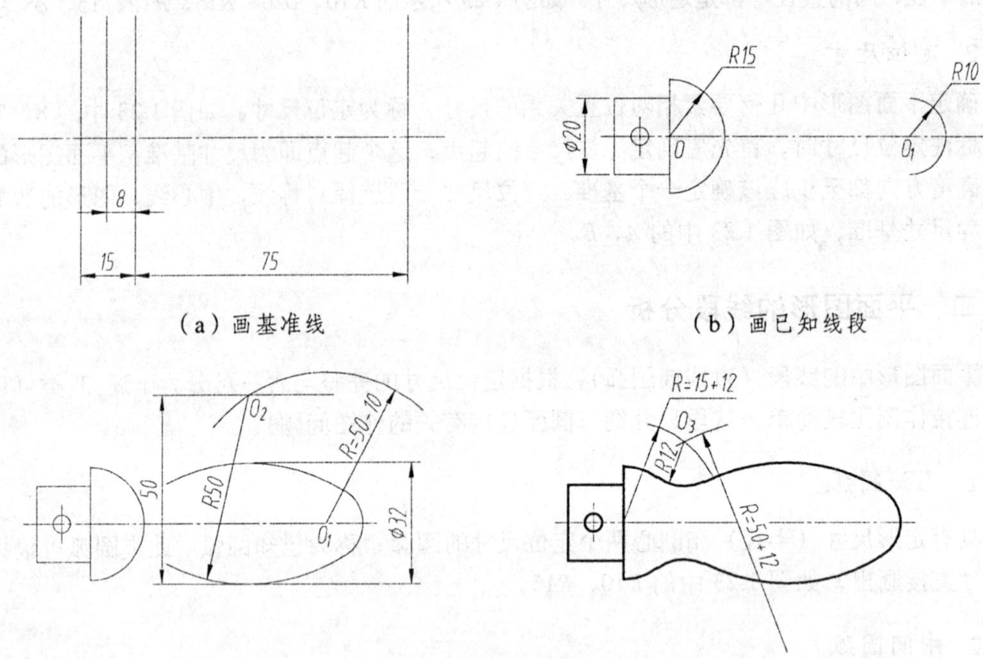

(a) 画基准线　　(b) 画已知线段

(c) 画中间线段　　(d) 画连接线段，检查描深后再标注尺寸

图 1.24　手柄的绘图步骤

第二章　正投影法基础

用正投影法绘制的工程图样能准确表达物体的形状，在工程中得到广泛应用。点、线、面是构成物体的基本元素，根据投影原理，绘制物体的投影，就必须研究与分析空间点、线、面的投影规律和投影特性。本章主要介绍投影法的基本知识，研究点、线、面的投影规律及空间相对位置。

第一节　投影法及三视图

一、投影法的概念

投影是人们日常生活中常见的一种自然现象。例如，物体经阳光或灯光照射时，在地面或墙面上产生影子，这种现象称为投影。人们经过科学地总结，找出了影子和物体之间的关系而形成了投影法。

如图 2.1 所示，将三角板 *ABC* 置于平面 *P* 和光源 *S* 之间，自光源 *S* 通过 *A*、*B*、*C* 三点的光线 *SA*、*SB*、*SC* 延长后与平面 *P* 分别交于 *a*、*b*、*c* 三点。我们把平面 *P* 称为投影面，*S* 称为投影中心，*SAa*、*SBb*、*SCc* 称为投射线，△*abc* 称为△*ABC* 在投影面 *P* 上的投影。这种投射线通过向选定的投影面投射，并在该投影面上得到图形的方法叫投影法。图 2.2 为用中心投影法作出的建筑物投影图。

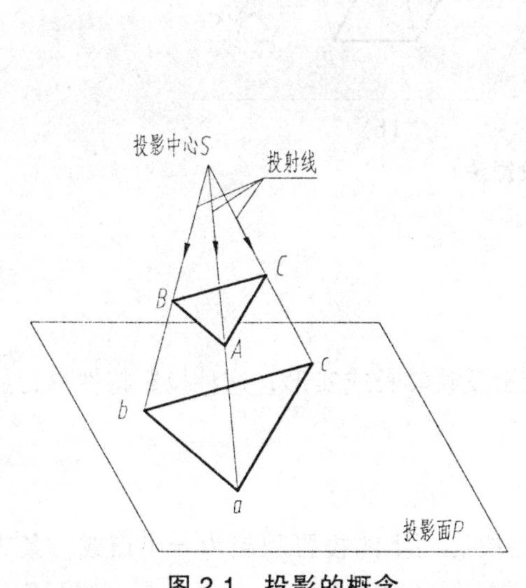

图 2.1　投影的概念

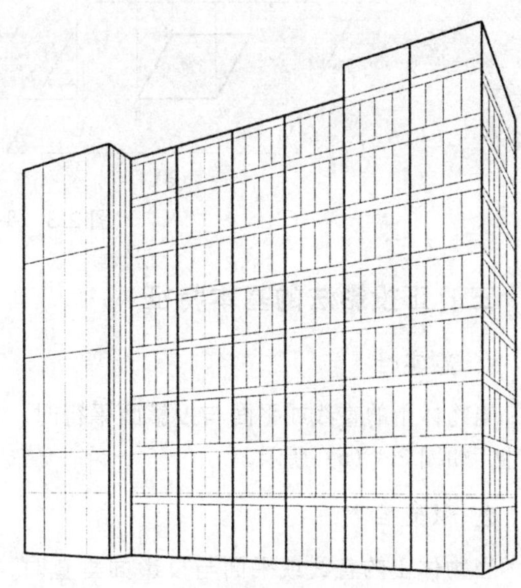

图 2.2　中心投影图

二、投影法的分类

常用的投影方法有中心投影法和平行投影法。

（一）中心投影法

如图 2.1 所示，投射线从投影中心发出，且投影中心与投影面之间为有限距离，在投影面上作出物体投影的方法称为中心投影法。以此方法得到的投影大小与物体距投射中心、投影面间的距离有关。

（二）平行投影法

将图 2.1 中的投影中心 *S* 移到无限远处，则可将投射线看成是互相平行的，用互相平行的投射线在投影面上得到物体的投影称为平行投影法。

在平行投影法中，按投射线是否垂直于投影面，又可分为正投影法和斜投影法，如图 2.3 (a)、(b) 所示。

1. 正投影法

投射线与投影面相垂直的平行投影法，如图 2.3（a）所示。

2. 斜投影法

投射线与投影面相倾斜的平行投影法，如图 2.3（b）所示。

正投影法得到的投影图能真实地表达空间物体的形状和大小，与投影面的距离无关，可度量性好，作图比较方便。因此，绘制工程图样主要采用正投影法。

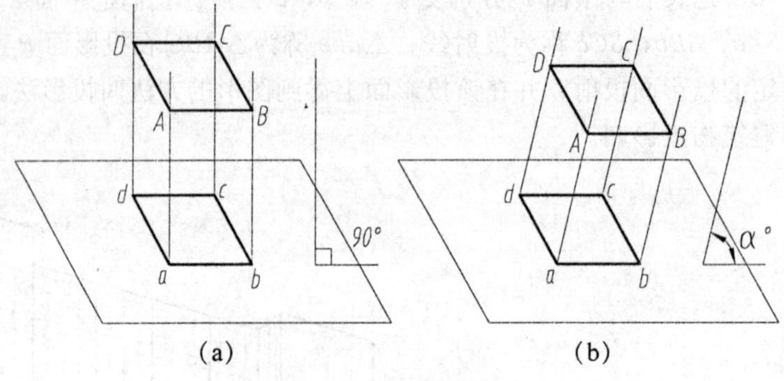

图 2.3 平行投影法

三、正投影法的基本特征

1. 显实性

当物体上的直线或平面与投影面平行时，其投影反映实长或实形，这种投影特性称为显实性，如图 2.4（a）所示。

2. 积聚性

当物体上的直线或平面与投影面垂直时，其在投影面上的投影积聚为一个点或一条直线，这种投影特性称为积聚性，如图 2.4（b）所示。

3. 类似性

当物体上的直线或平面与投影面倾斜时，其在投影面上的投影长度变短或面积变小，但投影的形状与原来的形状类似，这种投影特性称为类似性，如图 2.4（c）所示。

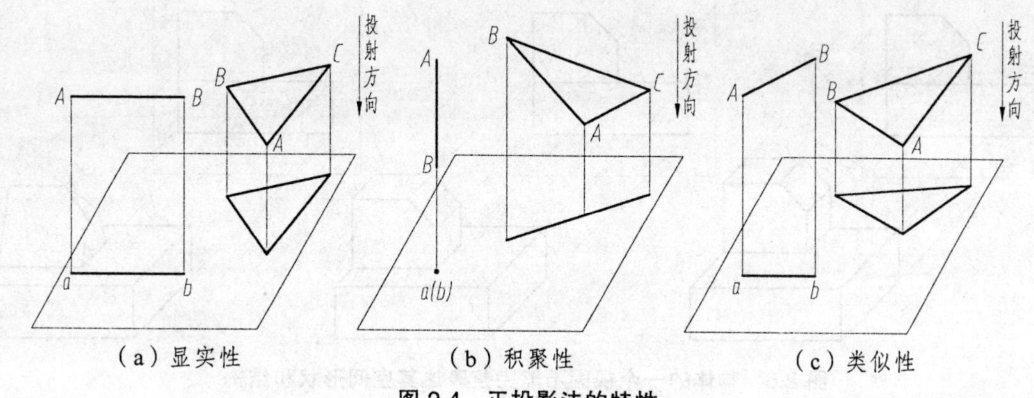

图 2.4　正投影法的特性

四、视图的基本概念

按正投影法将物体投射到投影面上所得到的图形，称为视图。

视图是把物体放在观察者和投影面之间，将观察者的视线视为一组互相平行且与投影面垂直的投射线，对物体进行投射所获得的正投影图，如图 2.5 所示。

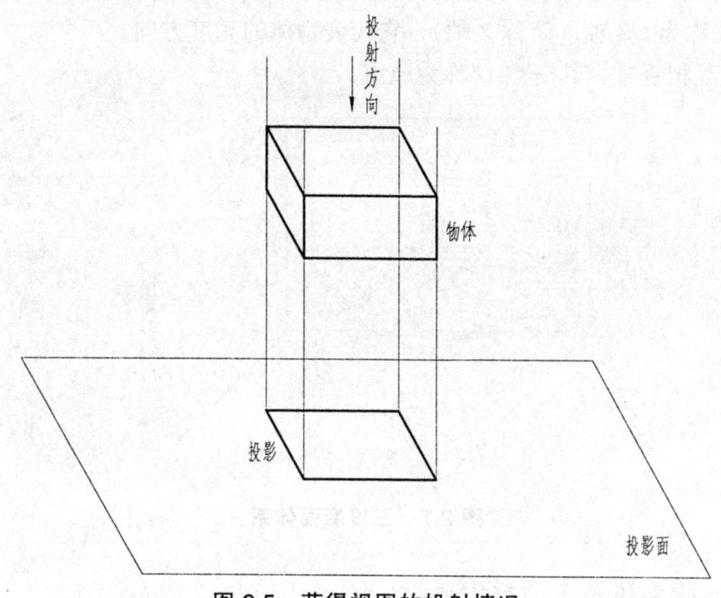

图 2.5　获得视图的投射情况

五、三视图的形成

如图 2.6 所示，三个不同形状的物体，它们在一个投影面上的视图完全相同。这说明仅有物体的一个视图，一般是不能确定空间物体的形状和结构的。因此，工程制图中采用多面正投影。

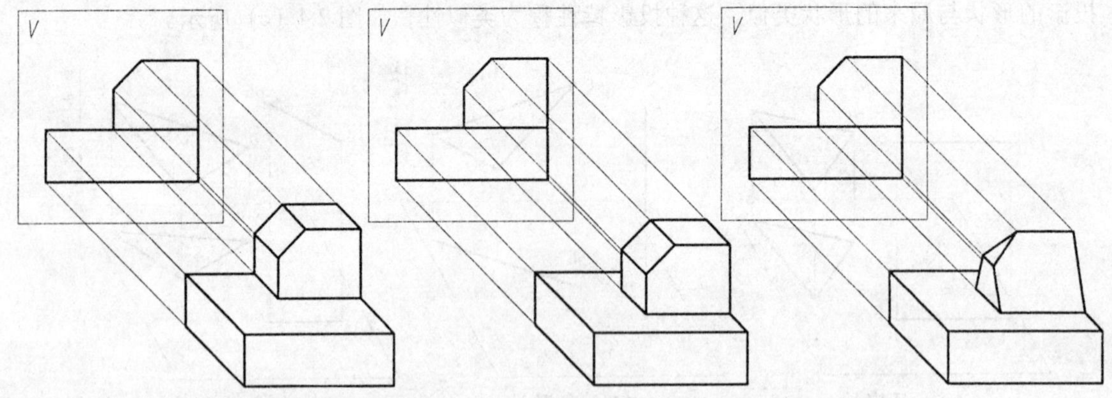

图 2.6　物体的一个视图不能完整表达其空间形状和结构

1. 三投影面体系的建立

如图 2.7 所示，由三个互相垂直的投影面构成为一个三投影面体系。其中，正立投影面简称正立面，用字母 V 表示；水平投影面简称水平面，用字母 H 表示；侧立投影面简称侧立面，用字母 W 表示。

三个投影面之间的交线，称为投影轴。V 面与 H 面的交线称为 OX 轴（简称 X 轴），它代表物体的长度方向；H 面与 W 面的交线称为 OY 轴（简称 Y 轴），它代表物体的宽度方向；V 面与 W 面的交线称为 OZ 轴（简称 Z 轴），它代表物体的高度方向。

三根投影轴互相垂直，其交点 O 称为原点。

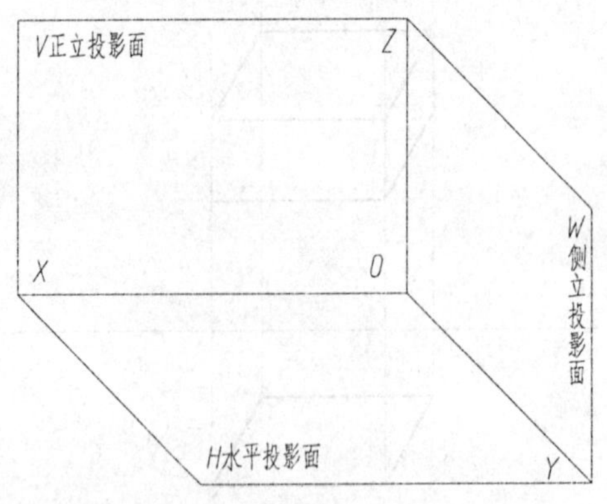

图 2.7　三投影面体系

2. 物体在三投影体系中的投影

将物体置于三投影面体系中，按正投影法分别向 V、H、W 三个投影面进行投射。这样，我们得到了这个物体的正面投影、水平投影和侧面投影，如图 2.8（a）所示。为了把三个视图画在同一个平面内，必须将互相垂直的三个投影面展开在同一个平面上。规定：令 V 面不动，H 面绕 OX 轴向下旋转 90°，W 面绕 OZ 轴向右旋转 90°，使三个投影面位于一个平面。

这样，物体的三个投影随着投影面的转动，也处于同一个平面上了，如图 2.8（b）所示。

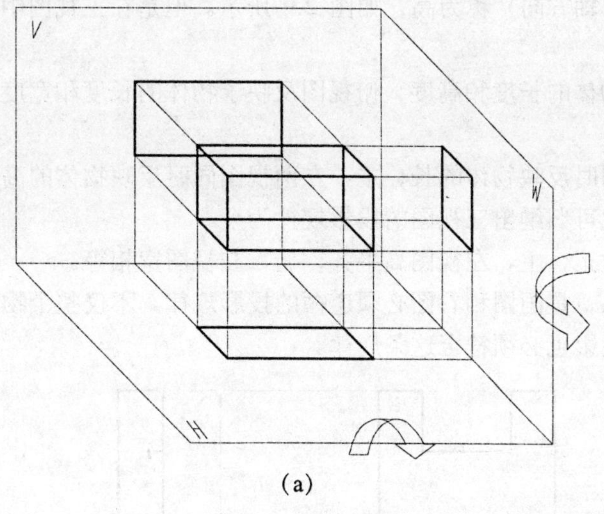

(a)

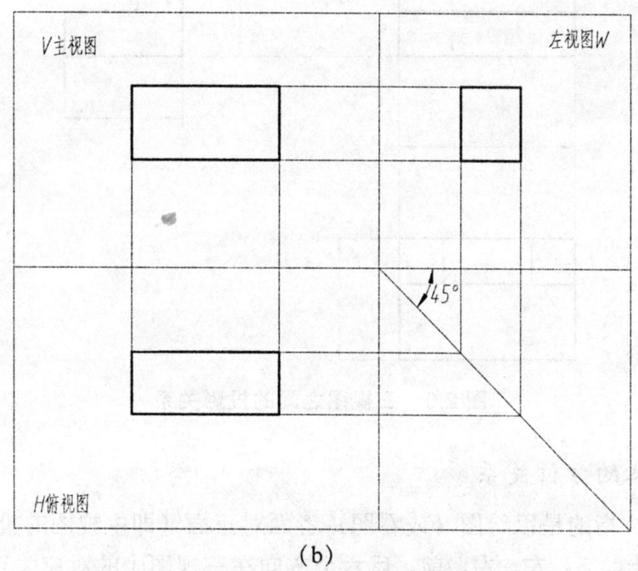

(b)

图 2.8　三视图的形成过程

主视图：由前向后投射所得的视图，即正面投影。
俯视图：由上向下投射所得的视图，即水平投影。
左视图：由左向右投射所得的视图，即侧面投影。

六、三视图之间的关系

1. 三视图间的位置关系

以主视图为基准，俯视图在它的正下方，左视图在它的正右方，如图 2.8（b）所示。

2. 三视图之间的投影关系

物体有长、宽、高三个尺寸。左右方向（X 轴方向）称为长，前后方向（Y 轴方向）称为宽，上下方向（Z 轴方向）称为高，如图 2.9 所示。但是在三视图中，每个视图只能反映其中的两个，即：

主视图反映了物体的长度和高度；俯视图反映了物体的长度和宽度；左视图反映了物体的高度和宽度。

主、俯两视图同时反映物体的长；主、左两视图同时反映物体的高；俯、左两视图同时反映物体的宽。由此可归纳出三视图的投影规律为：

主、俯视图长对正；主、左视图高平齐；俯、左视图宽相等。

这“三等”关系，是画图和看图必须遵循的投影规律。不仅整个物体的投影要符合这一规律，物体的局部投影也必须符合这条规律。

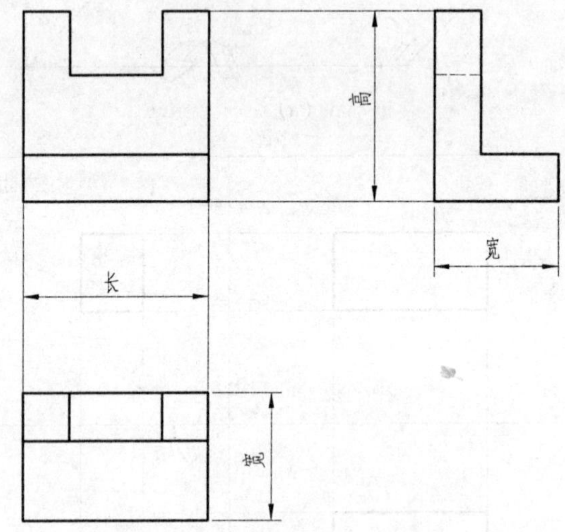

图 2.9　三视图之间的投影关系

3. 视图与物体的方位关系

所谓方位关系，指的是以绘图（或看图）者面对正面（即主视图的投射方向）来观察物体为准，看物体的上、下、左、右、前、后六个方向在三视图中的对应关系，如图 2.10 所示。

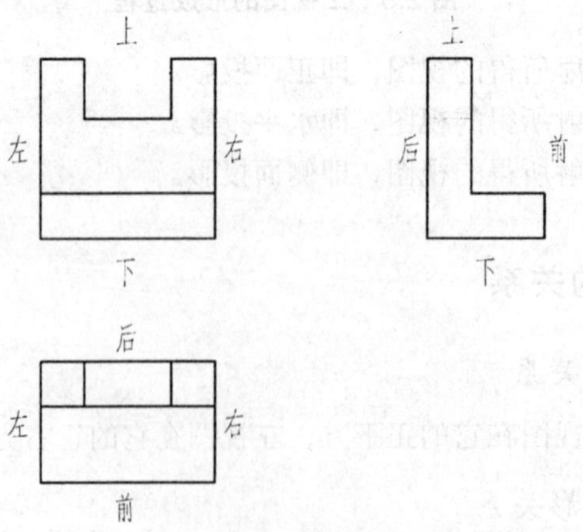

图 2.10　视图与物体的方位关系

主视图——反映了物体上下、左右的方位关系。

俯视图——反映了物体左右、前后的方位关系。

左视图——反映了物体上下、前后的方位关系。

七、三视图的作图方法与步骤

根据物体画三视图时，首先要进行结构形状的分析，使主要表面与投影面平行或垂直，进而确定主视图的投影方向，再确定绘图比例和图纸幅面。

作图时，应先画出三视图的定位线，然后从主视图入手，再根据“长对正、高齐平、宽相等”的投影规律，依次画出俯视图和左视图。具体画图步骤，如图 2.11 所示。

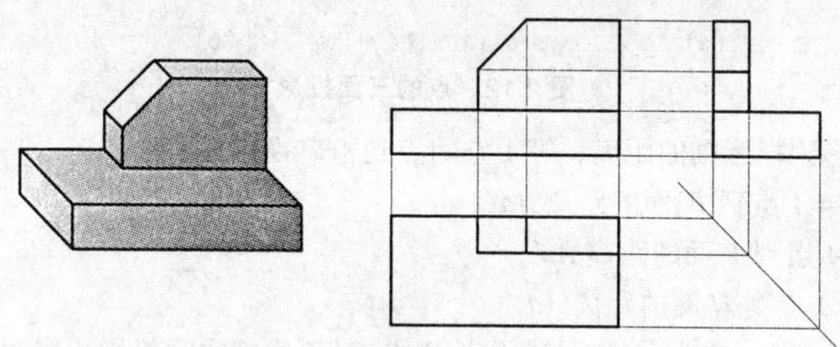

图 2.11　三视图的作图方法和步骤

第二节　点、线、面的投影

物体的表面是由点、线、面等基本几何元素构成的，要准确地画出物体的三视图，必须首先明确这些几何元素的投影特性和作图方法。

一、点的投影

点是构成物体的最基本的几何元素，为了正确地绘制及阅读物体的视图，必须先掌握点的投影规律。

（一）点的三面投影

由空间点 A 分别作垂直于 H、V、W 面的投射线，其交点 a、a'、a'' 即为点 A 的三面投影，如图 2.12（a）所示。

按图 2.12（a）箭头所示方向将三个投影面展开时，即可得到 A 点的三面投影图，如图 2.12（b）所示。图中 a_X、a_{YH}、a_{YW}、a_Z 分别为点的三面投影连线与投影轴 X、Y、Z 的交点。

（二）点的投影规律

对图 2.12（b）进行分析，可得出点的三面投影规律：

（1）点的两面投影的连线，必定垂直于相应的投影轴，即 $aa' \perp OX$，$a'a'' \perp OZ$，$aa_{YH} \perp OY_H$，$a''a_{YW} \perp OY_W$。

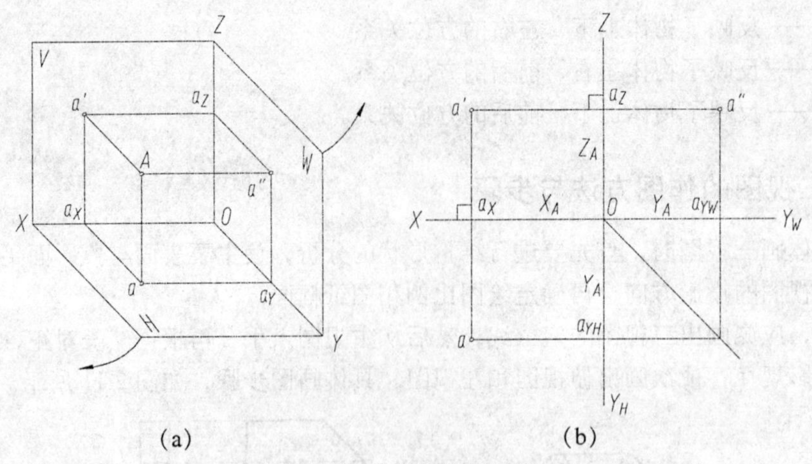

图 2.12　点的三面投影

(2) 点的投影到投影轴的距离，等于空间点到相应投影面的距离。

即 $aa_Y=a'a_Z=A$ 点到 W 面的距离 Aa''；

$aa_X=a''a_Z=A$ 点到 V 面的距离 Aa'；

$a'a_X=a''a_Y=A$ 点到 H 面的距离 Aa。

为了表示 $aa_X=a''a_Z$ 的关系，常用过原点 O 的 45°斜线把水平投影和侧面投影之间的投影连线联系起来，如图 2.12（b）所示。

（三）点的投影与空间直角坐标的关系

点的空间位置可用直角坐标来表示，如图 2.13 所示。即把投影面当做坐标面，投影轴当做坐标轴，O 即为坐标原点。则：

A 点的 X 坐标 a_X 等于 A 点到 W 面的距离 Aa''；

A 点的 Y 坐标 a_Y 等于 A 点到 V 面的距离 Aa''；

A 点的 Z 坐标 a_Z 等于 A 点到 H 面的距离 Aa''。

点 A 坐标的规定书写形式为：A（a_X，a_Y，a_Z）。

由此可见，若已知点的直角坐标，就可作出点的三面投影。而点的任何一面投影都反映了点的两个坐标，点的两面投影即可反映点的三个坐标，也就是确定了点的空间位置。因而，若已知点的任意两个投影，就可作出点的第三面投影。

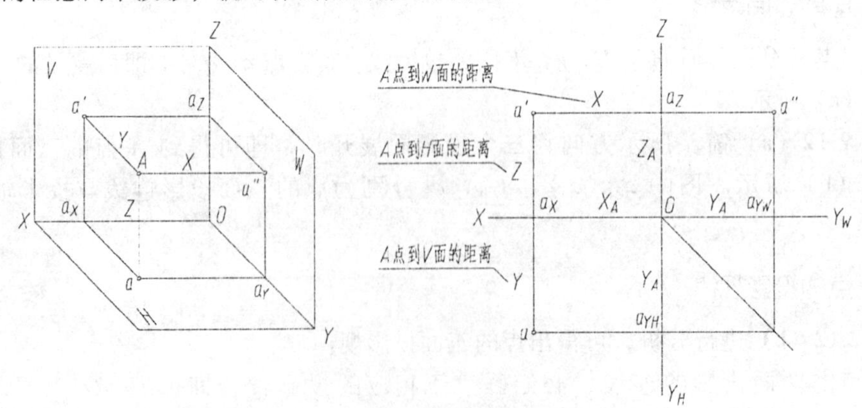

图 2.13　点的投影与坐标的关系

【例 2.1】 已知点 A（15，10，12），求作其三面投影。

【解】 作图步骤，如图 2.14 所示：

a. 作出平面投影的坐标轴 OX、OY_H、OY_W、OZ。

b. 在 OX 轴上取 $Oa_X=15$，得到 a_X。

c. 过点 a_X 作 OX 轴的垂线，取 $aa_X=10$，得到 a；取 $a'a_X=12$，得到 a'。

d. 过 a'、a 分别向投影轴作垂直的投影连线，经 45°线转折后交点即为 a''。

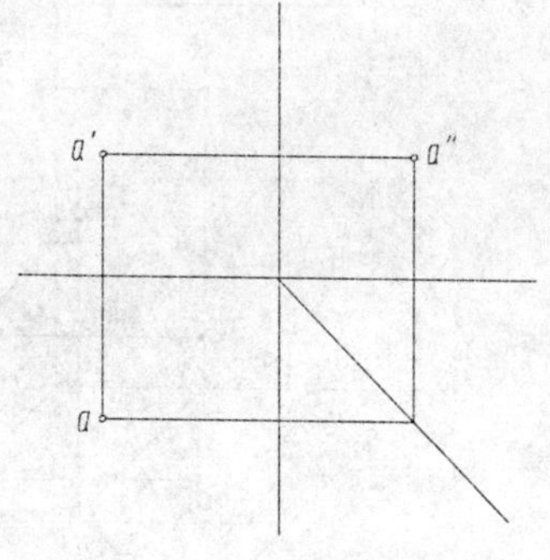

图 2.14 点的投影作图（一）

【例 2.2】 已知点 B 的两个投影 b、b'，求出其第三投影 b''，如图 2.15（a）所示。

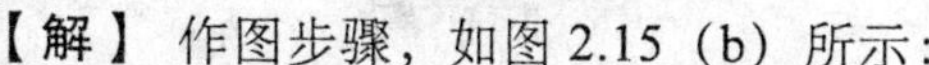

【解】 作图步骤，如图 2.15（b）所示：

a. 过 b'点作一条平行 X 轴的直线。

b. 过 b 点作一条平行 X 轴的直线与 45°斜线相交。

c. 过该交点作一条平行 Y 轴的直线。

d. a 步直线与 b 步直线的交点就是 B 点的侧面投影 b''。

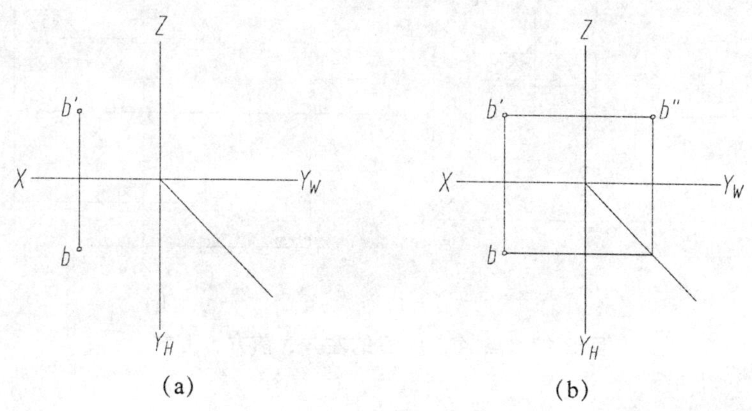

图 2.15 点的投影作图（二）

（四）两点的相对位置和重影点

1. 两点的相对位置

如图 2.16 所示，空间两点的投影不仅反映了各点对投影面的位置，也反映了两点之间左右、前后、上下的相对位置。由图可以看出，$a_X>b_X$，故点 A 在 B 点之左，同理，点 A 在点 B 之后（$b_Y>a_Y$）、之下（$b_Z>a_Z$）。因此，可用两点的坐标差来确定两点的相对位置：即 X 值大，在左边，反之在右边；Y 值大，在前边，反之在后边；Z 值大，在上边，反之在下边。

如图 2.17 所示的空间点 A、B，由 V 面投影可判断出 A 在 B 的左方、上方，由 H 面投影可判断出 A 在 B 的左方、前方，由 W 面投影可判断出 A 在 B 的前方、上方。因此，由三面投影或两面投影就可以判断点 A 在点 B 的左方、前方、上方。

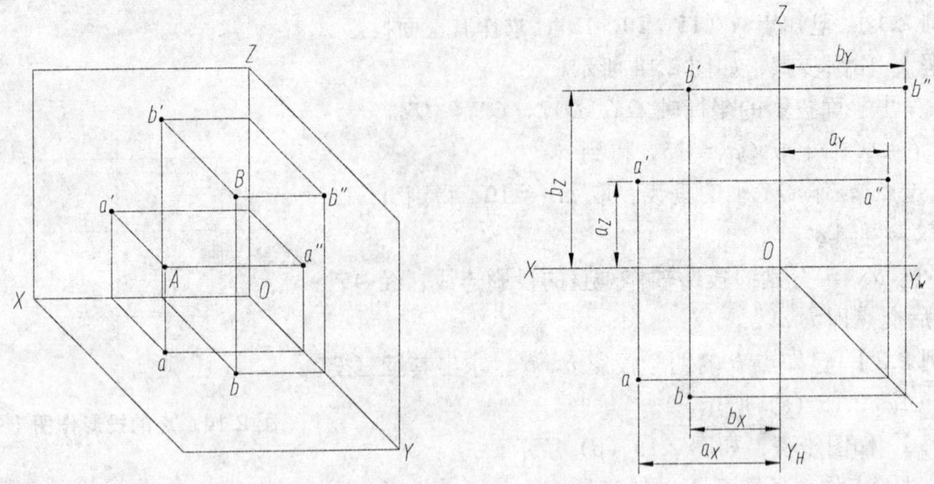

图 2.16　两点的相对位置

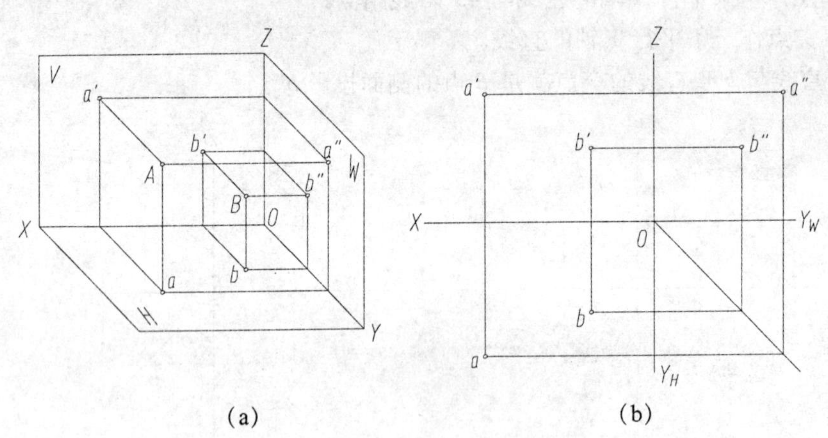

(a)　　(b)

图 2.17　点 A 在点 B 的左方、前方、上方

2. 重影点

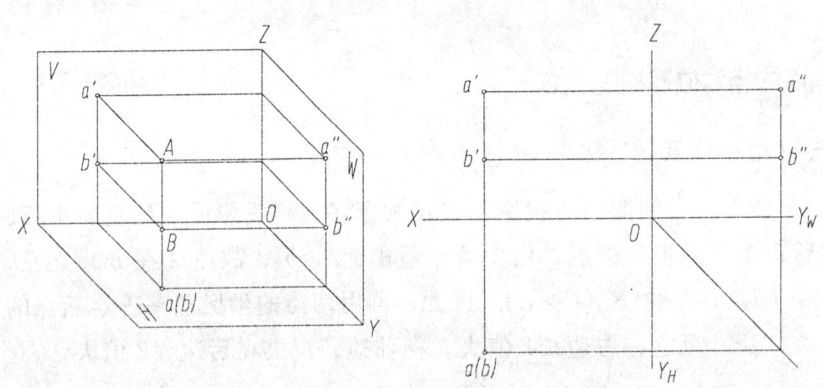

图 2.18　重影点

如图 2.18 所示，点 A 位于点 B 的正上方，即 $a_X=b_X$，$a_Y=b_Y$，$a_Z>b_Z$，A、B 两点在同一条 H 面的投射线上，故它们的水平投影重合于一点 a（b），则称点 A、B 为对 H 面的重影点。

同理，位于同一条 V 面投射线上的两点称为对 V 面的重影点；位于同一条 W 面投射线上的两点称为对 W 面的重影点。

两点重影，必有一点被“遮盖”，故有可见与不可见之分。因为点 A 在点 B 之上（$a_Z>b_Z$），它们在 H 面上重影时，点 A 投影 a 为可见，点 B 投影 b 为不可见，用括号将 b 括起来，以示区别。同理，如两点在 V 面上重影，则 Y 坐标值大的点其投影为可见点；在 W 面上重影，则 X 坐标值大的点其投影为可见点。

二、直线的投影

直线的投影一般仍为直线。直线的投影，可由直线上两端点的投影来确定。如图 2.19 所示，作直线 AB 的三面投影，可分别作出 A、B 两点的三面投影 a、a'、a''和 b、b'、b''，然后连接其同面投影 ab、$a'b'$、$a''b''$，即为直线 AB 的三面投影。

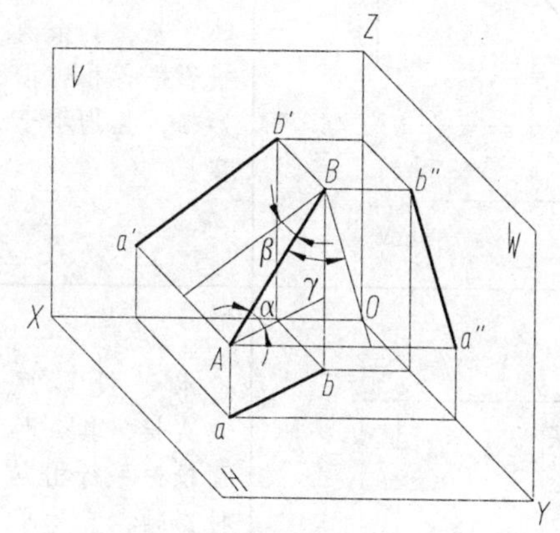

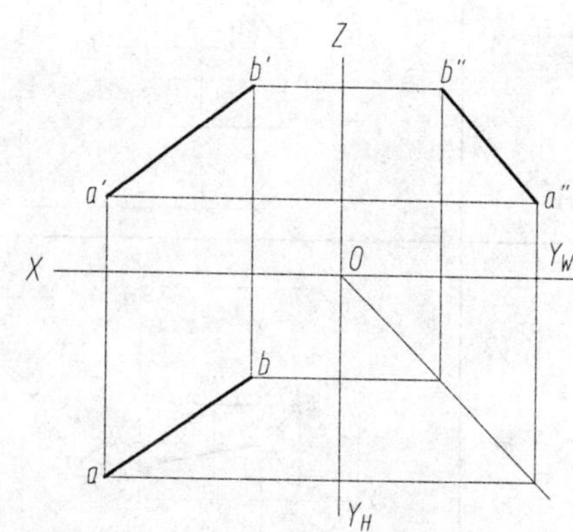

图 2.19　直线的三面投影

（一）各种位置直线的投影特征

根据直线在三投影面体系中的位置不同可分为：一般位置直线、投影面平行线、投影面垂直线。

1. 一般位置直线

与三个投影面都倾斜的直线称为一般位置直线。

如图 2.19 所示，直线 AB 对三投影面 H、V、W 的倾角分别用α、β、γ表示，则直线 AB 的三面投影长度与倾角的关系为：

$$ab=AB\cos\alpha，a'b'=AB\cos\beta，a''b''=AB\cos\gamma$$

一般位置直线的投影特性为：

（1）直线的三面投影都与投影轴倾斜，但不反映空间直线与投影面的真实倾角。

（2）直线的三面投影的长度均小于实长。

2. 投影面平行线

平行于一个投影面而与其他两个投影面倾斜的直线称为投影面平行线。

按所平行的投影面不同它又可分为下列三种：

正平线——平行于 V 面，并与 H、W 面倾斜的直线。

水平线——平行于 H 面，并与 V、W 面倾斜的直线。

侧平线——平行于 W 面，并与 H、V 面倾斜的直线。

直线和投影面的夹角，叫直线对投影面的倾角，以 α、β、γ 分别表示直线对 V、H、W 的倾角。

表 2.1 列出了三种投影面平行线的立体图、投影图和投影特性。

表 2.1　投影面平行线的投影特性

名称	立体图	投影图	投影特性
正平线	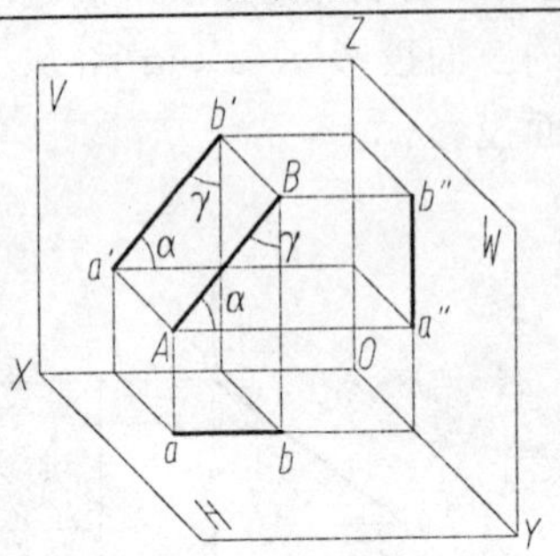	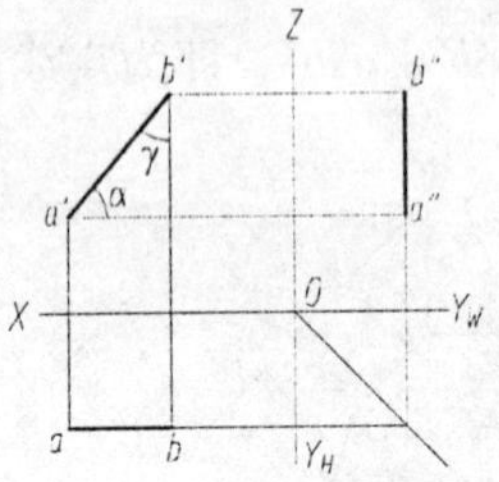	正面投影反映实长，其余两投影平行相应投影轴，且均小于实长
水平线	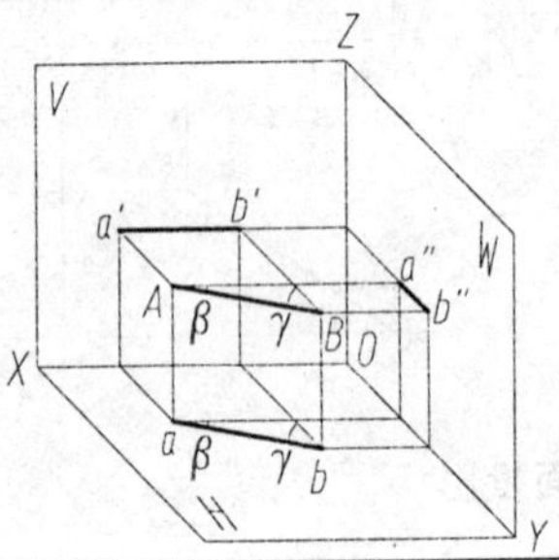	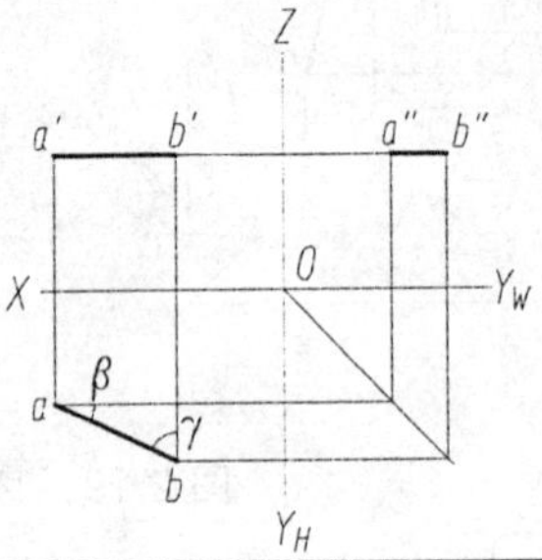	水平投影反映实长，其余两面投影平行相应投影轴，且均小于实长
侧平线	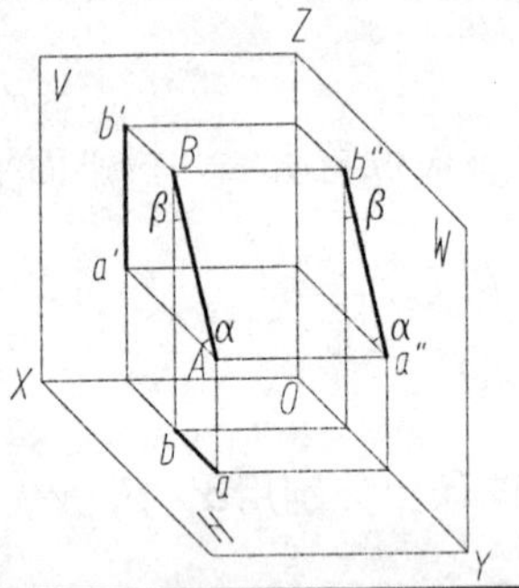	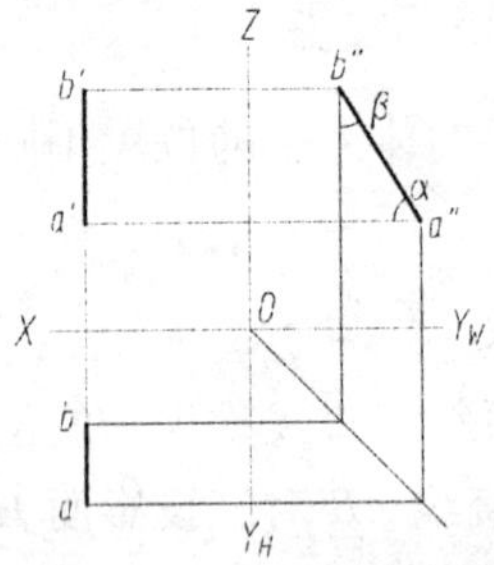	侧面投影反映实长，其余两面投影平行相应投影轴，且均小于实长

投影面平行线的投影特性可归纳为：

(1) 直线在所平行的投影面上的投影反映实长；该投影与投影轴的夹角反映空间直线对投影面的倾角。

(2) 直线在另外两个投影面上的投影，平行于相应的投影轴，且长度缩短。

3. 投影面垂直线

垂直于一个投影面而与其他两个投影面平行的直线称为投影面垂直线。

按所垂直的投影面不同它又可分为下列三种：

正垂线——垂直于 V 面，并与 H、W 面平行的直线。

铅垂线——垂直于 H 面，并与 V、W 面平行的直线。

侧垂线——垂直于 W 面，并与 H、V 面平行的直线。

表 2.2 列出了三种投影面垂直线的立体图、投影图和投影特性。

表 2.2　投影面垂直线的投影特性

名称	立体图	投影图	投影特性
正垂线	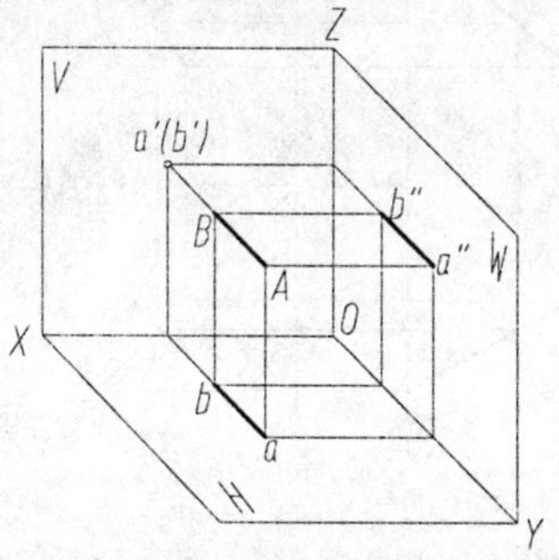	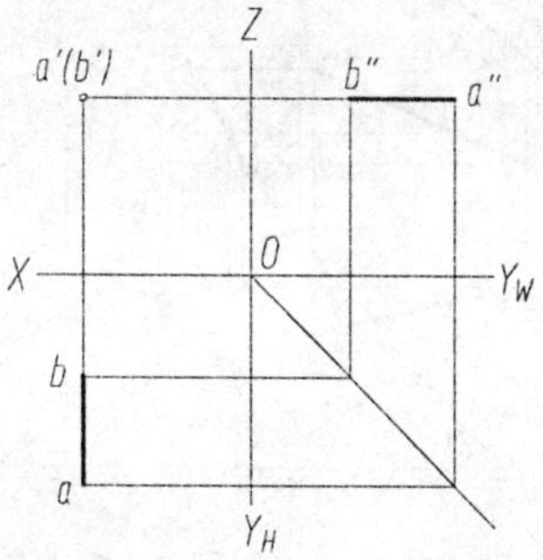	正面投影积聚成一点，其余两个投影均反映实长，且垂直于相应的投影轴
铅垂线	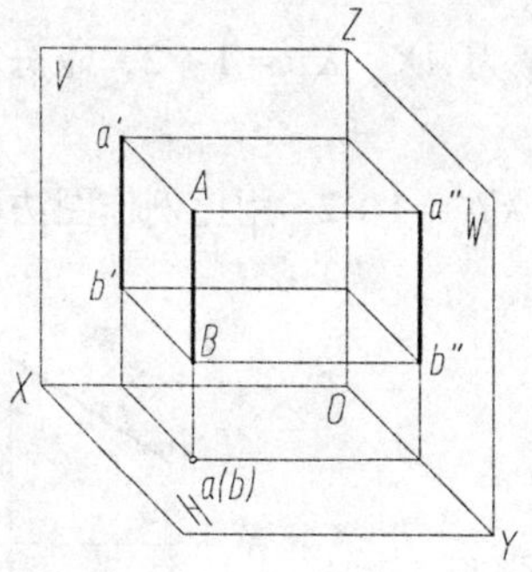	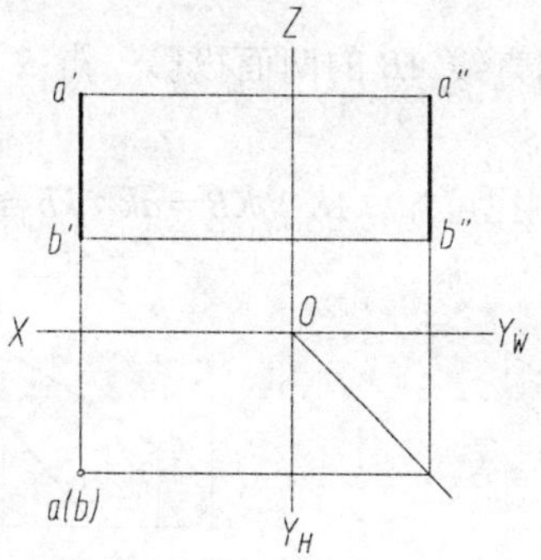	水平投影积聚成一点，其余两个投影均反映实长，且垂直于相应的投影轴
侧垂线	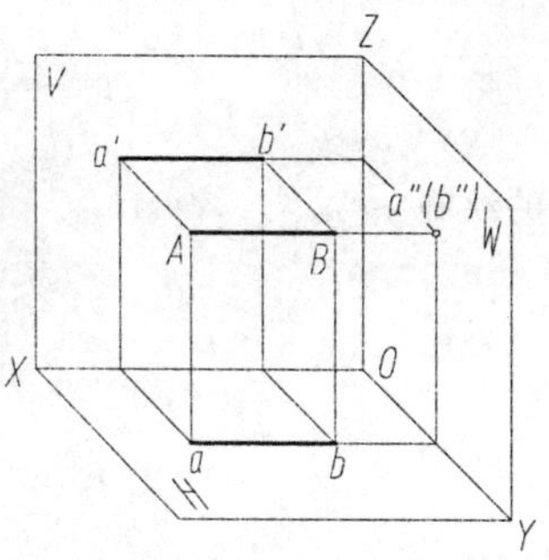	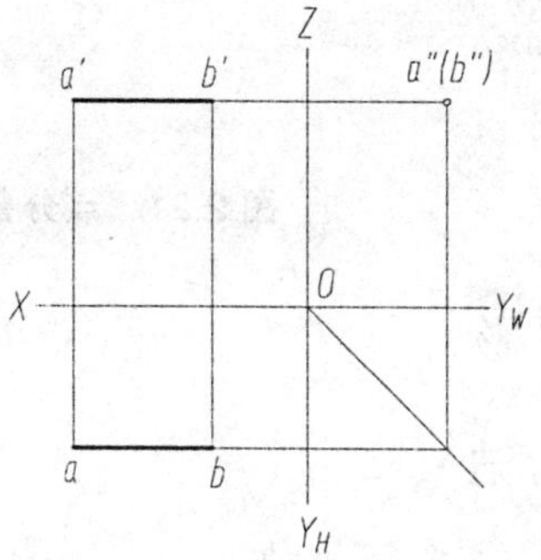	侧面投影积聚成一点，其余两投影均反映实长，且垂直于相应的投影轴

投影面垂直线的投影特性可归纳为：

（1）直线在所垂直的投影面上的投影，积聚为一个点。

（2）直线在另两个投影面上的投影，垂直于相应的投影轴，且反映实长。

（二）直线上点的投影

直线上的点，其投影必在该直线的同面投影上，且符合点的投影规律。如图 2.20 所示，

点 K 在直线 AB 上，则 K 点的三面投影 k、k'、k''，必分别在 AB 的三面投影 ab、$a'b'$、$a''b''$ 上，且 k、k'、k''符合点的投影规律。

直线上的点分割直线之比，在投影后保持不变，如图 2.20 所示。即：

$$AK : KB = ak : kb = a'k' : k'b' = a''k'' : k''b''$$

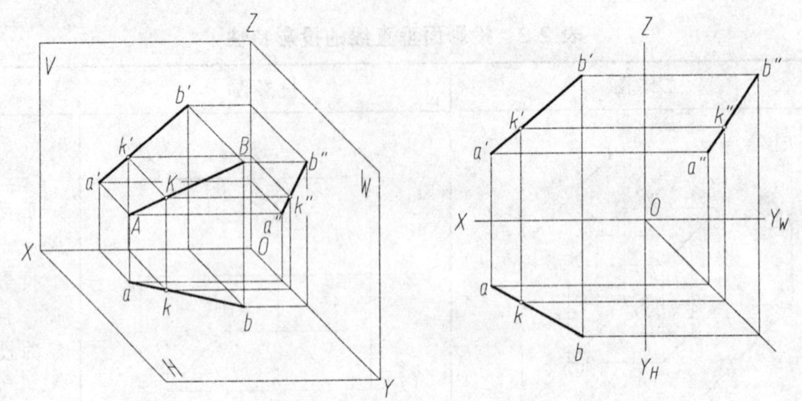

图 2.20　点分割直线

【例 2.3】 已知直线 AB 的两面投影，点 K 分 AB 为 $AK : KB = 1 : 2$，求分点 K 的投影，如图 2.21 所示。

【分析】 由分割比可知，$AK : KB = ak : kb = a'k' : k'b' = 1 : 2$，用比例作图法可求得 k 和 k'。

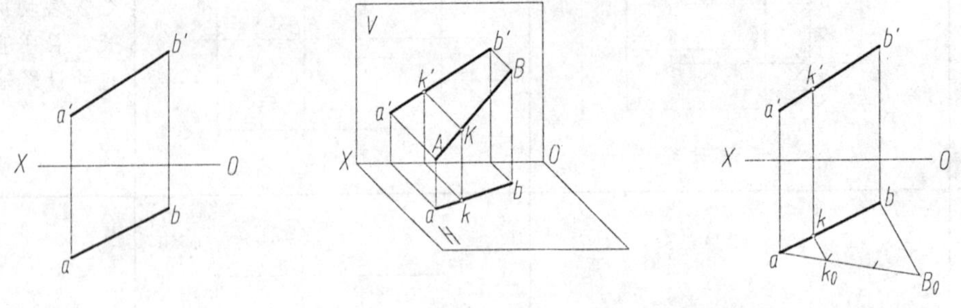

图 2.21　点分割直线的绘制

三、平面的投影

（一）平面的表示法

平面的表示法通常有以下五种：

不在同一直线上的三点，如图 2.22（a）所示；一直线和直线外一点，如图 2.22（b）所示；相交两直线，如图 2.22（c）所示；平行两直线，如图 2.22（d）所示；任意平面图形，如图 2.22（e）所示。这些表示平面的方法之间，可以根据需要相互转换，以达到解题的目的。

此外，平面还可用迹线来表示。平面与投影面的交线，称为平面的迹线。如图 2.23 所示，平面 P 与 H、V、W 投影面的交线分别称为平面 P 的水平迹线、正面迹线、侧面迹线，分别以 PH、PV、PW 表示。

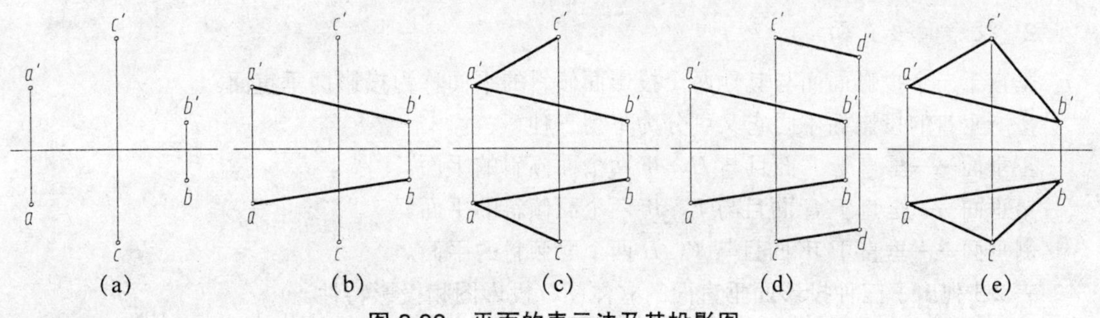

图 2.22 平面的表示法及其投影图

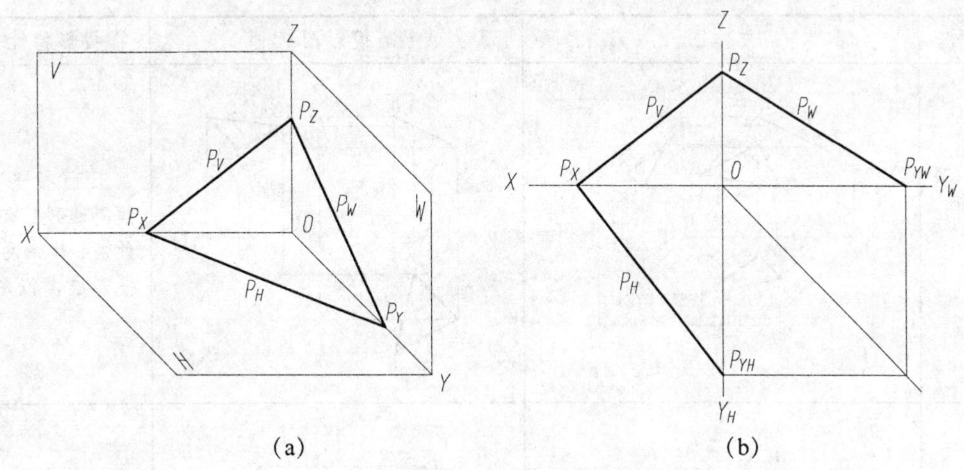

图 2.23 用迹线表示平面

（二）各种位置平面的投影特征

根据平面在三投影面体系中位置的不同可分为：一般位置平面、投影面垂直面、投影面平行面。

1. 一般位置平面

与三个投影面都倾斜的平面称为一般位置平面。

如图 2.24 所示，△*ABC* 平面与 *H*、*W*、*V* 面都倾斜，因此它的三个投影（△*abc*、△*a′b′c′*、△*a″b″c″*）均为类似形，不反映实形，也不反映平面与投影面的真实倾角。

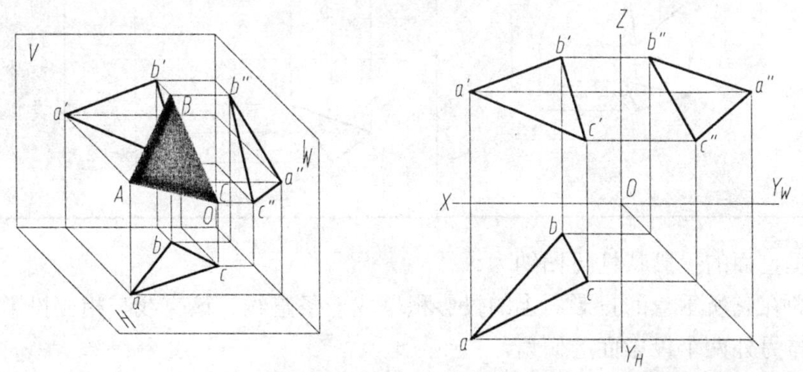

图 2.24 一般位置平面的投影

2. 投影面垂直面

垂直于一个投影面而与其他两个投影面倾斜的平面称为投影面垂直面。

按所垂直的投影面不同它又可分为下列三种：

正垂面——垂直于 V 面且与 H、W 两个面倾斜的平面。

铅垂面——垂直于 H 面且与 V、W 两个面倾斜的平面。

侧垂面——垂直于 W 面且与 V、H 两个面倾斜的平面。

表 2.3 列出了三种投影面垂直面的立体图、投影图和投影特性。

表 2.3　投影面垂直面的投影特性

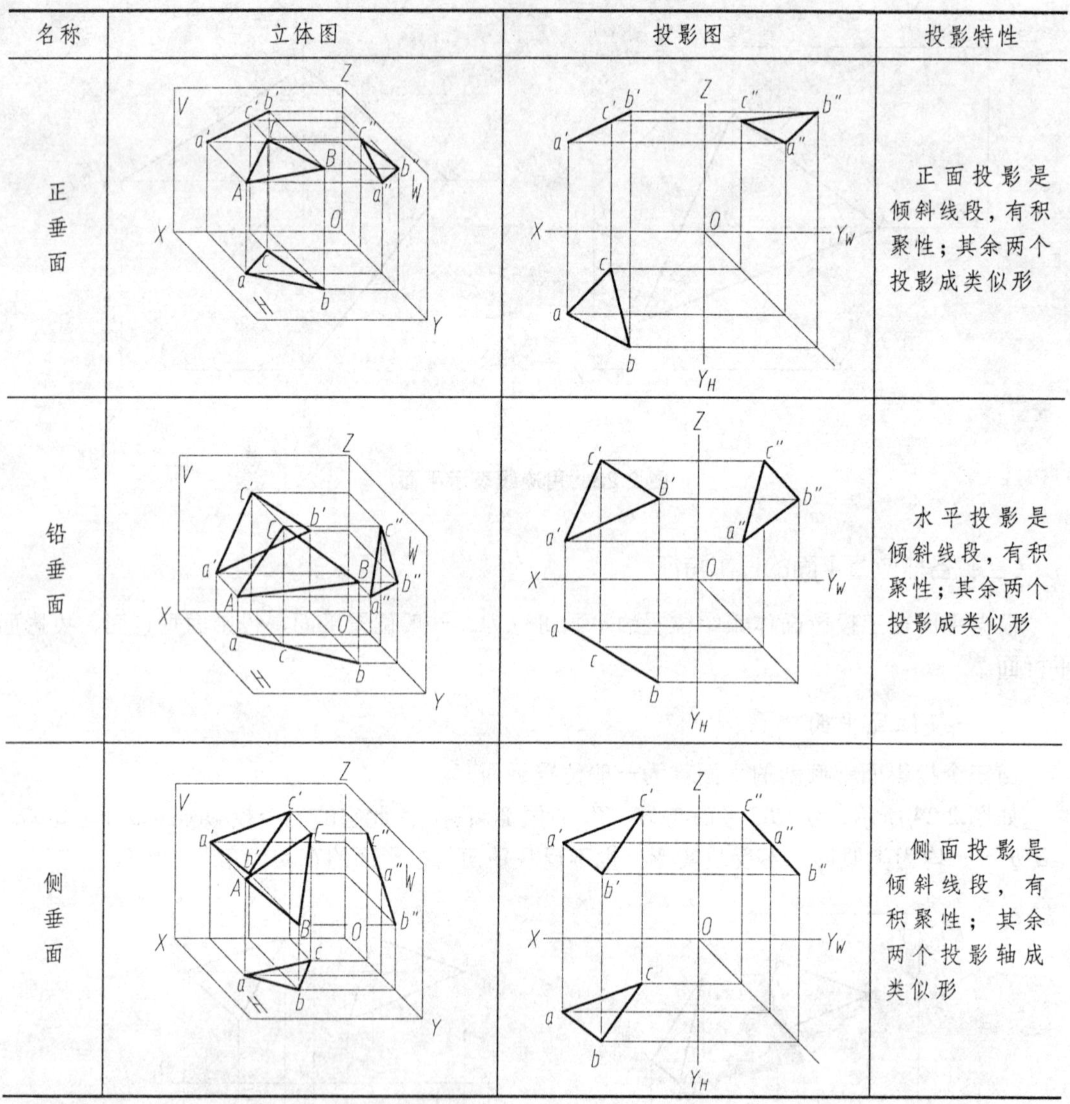

名称	立体图	投影图	投影特性
正垂面			正面投影是倾斜线段，有积聚性；其余两个投影成类似形
铅垂面			水平投影是倾斜线段，有积聚性；其余两个投影成类似形
侧垂面			侧面投影是倾斜线段，有积聚性；其余两个投影轴成类似形

投影面垂直面的投影特性可归纳为：

(1) 平面在它所垂直的投影面上的投影积聚成一条直线，该直线与相应投影轴的夹角反映了该平面与另外两个投影面的倾角。

(2) 平面在其他两个投影面上的投影均为类似形。

3. 投影面平行面

平行于一个投影面而与其他两个投影面垂直的平面称为投影面平行面。有以下三种：

正平面——平行于 V 面且与 H、W 两个面垂直的平面。

水平面——平行于 H 面且与 V、W 两个面垂直的平面。

侧平面——平行于 W 面且与 V、H 两个面垂直的平面。

表 2.4 列出了三种投影面平行面的立体图、投影图和投影特性。

表 2.4　投影面平行面的投影特性

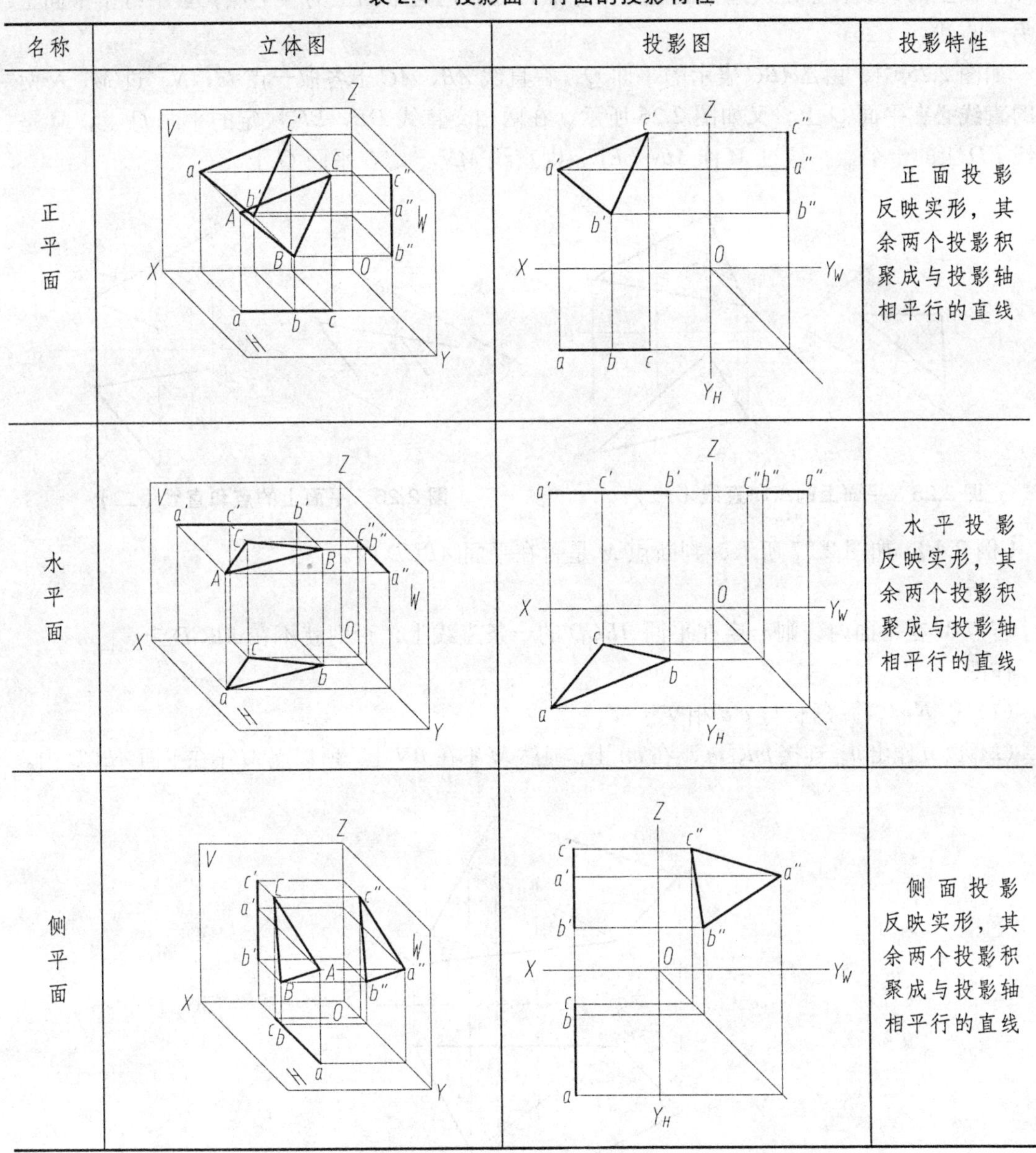

名称	立体图	投影图	投影特性
正平面			正面投影反映实形，其余两个投影积聚成与投影轴相平行的直线
水平面			水平投影反映实形，其余两个投影积聚成与投影轴相平行的直线
侧平面			侧面投影反映实形，其余两个投影积聚成与投影轴相平行的直线

投影面平行面的投影特性可归纳为：

（1）平面在它所平行的投影面上的投影反映实形。

（2）平面在另外两个投影面上的投影都积聚成直线，且平行于相应的投影轴。

第三节　平面内的点与线

一、平面上的点和直线

点在平面内的一条直线上，则点必在该平面上。如图 2.25 所示，点 M 在直线 AB 上，而 AB 在平面 Q 上，故点 M 必在平面 Q 上。

平面上的直线，必定通过平面上的两个点，或者通过平面上的一个点，且平行于平面上的另一直线。

如图 2.25 中，由△ABC 表示的平面 Q，在直线 AB、AC 上各取一点 M、N，过 M、N 两点的直线必在平面 Q 上；又如图 2.26 所示，在两相交直线 DE、EF 决定的平面 Q 上，M 是直线 ED 上的一个点，若过 M 作 MN // EF，则直线 MN 一定在平面 Q 上。

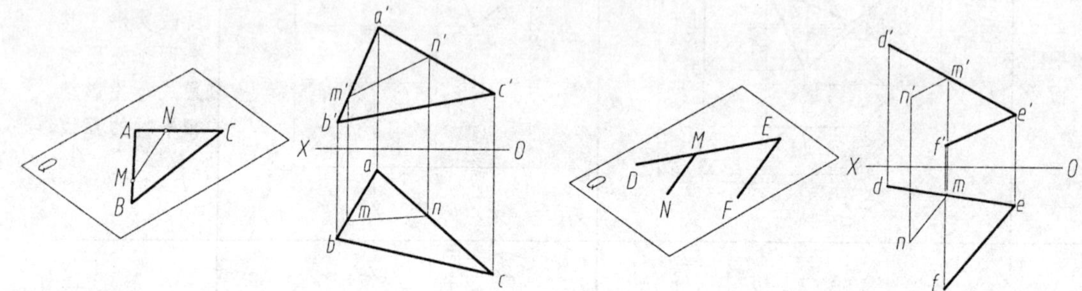

图 2.25　平面上的点和直线（一）　　图 2.26　平面上的点和直线（二）

【例 2.4】 如图 2.27 所示，判断点 M 是否在平面 $ABCD$ 内。

分析:

若点 M 在平面内，则一定在平面 $ABCD$ 的一条直线上；否则就不在 $ABCD$ 上。

作图:

(1) 连 $b'm'$，并延长与 $c'd'$ 相交于 n'；

(2) 由 n' 作出 n，连接 bn，m 不在 bn 上，显然 M 不在 BN 上，所以点 M 不在平面 $ABCD$ 内。

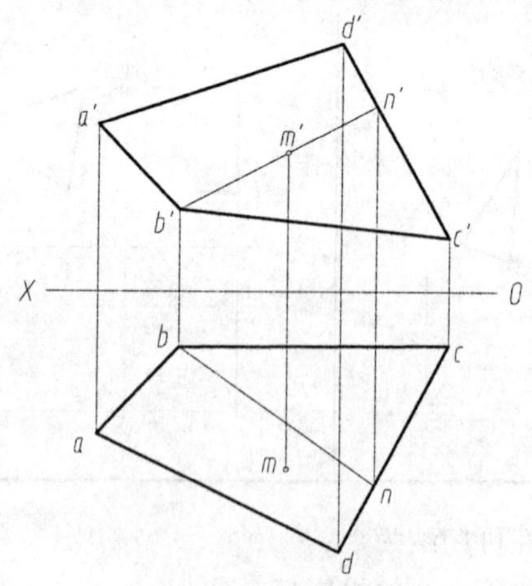

图 2.27　求平面上的点

二、平面上的投影面平行线

在平面上且平行于某一投影面的直线，称为平面上的投影面平行线，如图 2.28 所示。

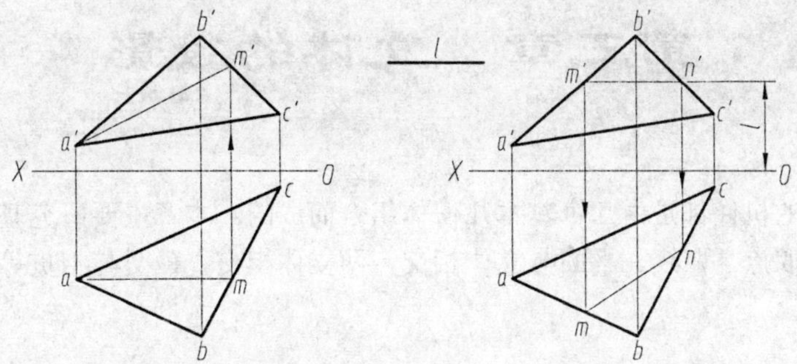

图 2.28　平面上的投影面平行线

平面上的投影面平行线，既有投影面平行线的投影特性，又符合平面上直线的投影性质。同一平面上可作无数条投影面平行线，且同面投影相互平行。如果规定必须通过平面上的某一点，或与某投影面的距离为一定值，则在平面上只能作出一条投影面平行线。

【例 2.5】 如图 2.29 所示，在△*ABC* 内作一条距 *H* 面为 30 mm 的水平线 *MN*。

分析与绘制：距 *H* 面为 30 mm 的直线 *MN* 的正面投影 *m′n′*//*OX* 轴，且距 *OX* 轴 30 mm，据此可作出 *m′n′*。由点 *m′*和 *n′*可求出点 *m* 和 *n*，连接点 *m*、*n*，则 *mn* 为 *MN* 的水平投影。

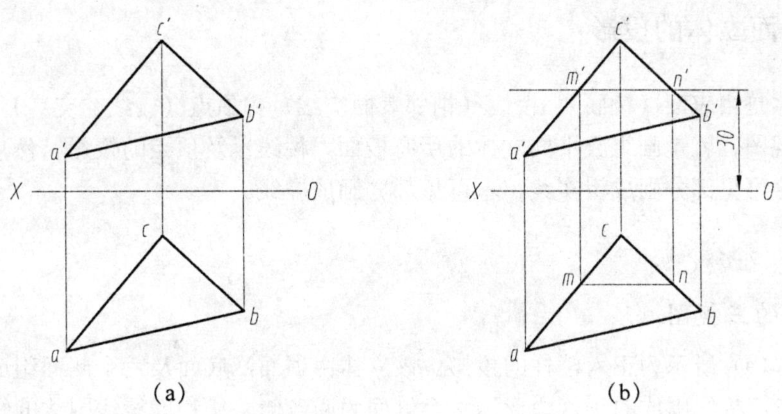

图 2.29　作平面内的水平线

第三章 立体的投影

生活中常见的机件都是由几个基本几何体组合而成的。本章主要研究基本几何体的三面投影及其表面上取点、取线，平面与立体相交，两立体相交、截交与相贯等问题。

第一节 平面立体的投影

一、几何体的种类

几何体分为平面立体和曲面立体两类。

平面立体表面由平面构成，如棱柱、棱锥等。曲面立体表面由曲面或平面与曲面构成，如圆柱、圆锥、圆球等。

二、平面立体的投影

平面立体是由表面（棱面）、棱线（相邻表面交线）和顶点（棱线的交点）组成。因此，平面立体三视图，就是画组成平面立体的所有棱面、棱线以及顶点的投影，然后再判别棱线的可见性，将可见部分画成粗实线，不可见部分画成虚线。

（一）棱　柱

1. 棱柱的三视图

如图 3.1（a）所示为正六棱柱的投影。该立体由顶面、底面及六个侧面组成，其中顶面和底面为六条底棱线围成的正六边形，每个侧面为两条侧棱线和底棱线围成的矩形。其中正六棱柱的顶面和底面为水平面，水平投影反映实形，为重合的正六边形，正面投影和侧面投影反映积聚性，分别为两条垂直于 Z 轴的直线。而它的六个侧面中，前面和后面为正平面，正面投影重合且反映实形，水平投影为平行于 X 轴的直线，侧面投影为平行于 Z 轴的直线。另外四个侧面为铅垂面，其水平投影积聚成倾斜于 X 轴的四条斜线，正面投影和侧面投影反映类似性，每两侧面投影对应重合。由于六个侧面均与水平面垂直，即积聚为六边形，与六棱柱的顶面与底面的水平投影重合。

画棱柱类立体的投影时，先画出对称中心线，再画水平投影，根据投影关系，即正面投影与水平投影满足长对正，水平投影与侧面投影满足宽相等，正面投影与侧面投影满足高平齐，画出水平投影和侧面投影。最后，对棱线进行可见性判别，修改相应的线型，如图 3.1（b）所示。

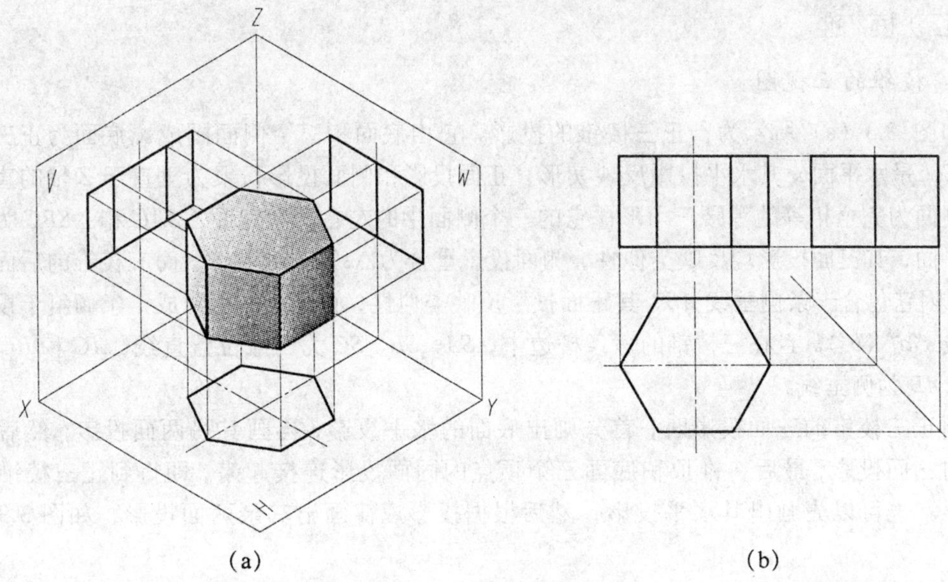

图 3.1　正六棱柱的投影

2. 棱柱体表面上取点

在平面立体表面上取点，与平面上取点的原理和方法相同。特殊位置平面上取点可以利用积聚性的原理作图，并判别其可见性。凡点的投影为不可见时，则在该点投影标记上加括弧来表示。

【例 3.1】 如图 3.2（a）所示，已知正六棱柱表面上点 M 和点 N 的正面投影 m' 和（n'），试求出其水平投影和侧面投影。

【解】 因为 M 点的正面投影是可见的，所以判断 M 点在六棱柱左前侧面上。而该平面为铅垂面，因此点 M 的水平投影 m 在有积聚性的直线上，再根据高平齐、宽相等的投影关系，作出 m''。M 点在左前方，侧面投影可见，所以其侧面上的点 m'' 也可见。又如已知 N 点的正面投影（n'），作出 n 和 n''。由于 N 点的正面投影（n'）不可见，则判断 N 点在六棱柱的右后面，该面水平投影积聚为一斜线，根据正投影原理即可求出 H 面、W 面投影，如图 3.2（b）所示（注意：在 W 面投影是不可见的）。

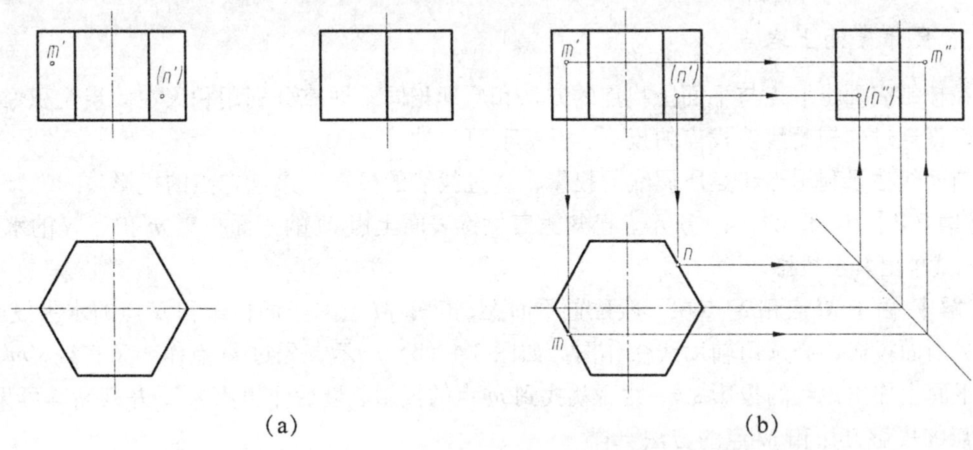

图 3.2　正六棱柱表面上点的投影

（二）棱　锥

1. 棱锥的三视图

如图 3.3（a）所示为一正三棱锥的投影。它由底面和三个侧面围成。底面为正三角形△*ABC*，是水平面，其水平投影反映实形，正面投影和侧面投影积聚为垂直于 *Z* 轴的直线。三个侧面为完全相等的等腰三角形。它的三个侧面中的左右两个侧面△*SAC* 和△*SBC* 为一般位置平面，其三面投影均反映类似性，侧面投影重合为△*s″a″*（*b″*）*c″*。而三棱锥的后面为侧垂面，因它包含一条侧垂线 *AB*，其正面投影反映类似性，侧面投影积聚成一条倾斜于投影轴的直线 *s″a″*（*b″*）。且在三棱锥的六条棱边中，*SA*、*SB*、*SC* 为一般位置直线，*AC* 和 *BC* 为水平线，*AB* 为侧垂线。

画正三棱锥的三面投影时，首先画出底面的水平投影，再画其另两面投影，然后画出锥顶的三面投影，最后将锥顶和底面三个顶点的同面投影连接起来，即得到正三棱锥的三面投影。也可以先画出其水平投影，然后根据投影规律画出其余两面投影，如图 3.3（b）所示。

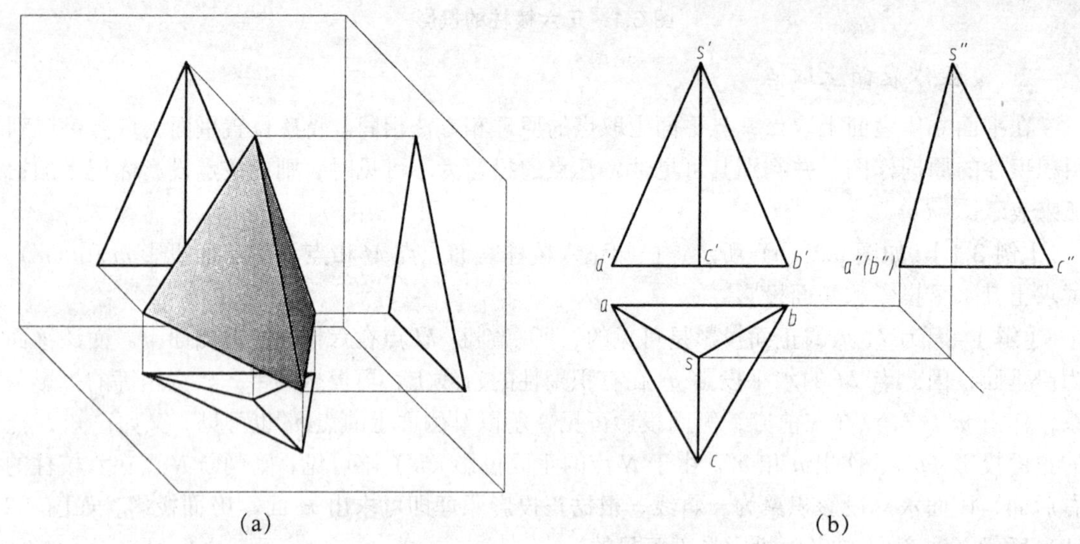

（a）　　　　　　（b）

图 3.3　正三棱锥的投影

2. 棱锥表面上取点

在棱锥表面上取点与平面上找点的方法和原理相同，即充分利用积聚性。当无积聚性可用时，可通过作辅助线法找点的投影，并标明可见性。

辅助线法是利用点和点所属线的投影，通过找线的投影，来确定点的投影。

【例 3.2】 如图 3.4（a）所示，已知正三棱锥表面上点 *M* 的正面投影 *m′*和点 *N* 的水平投影 *n*，试求出其余投影。

【解】 由于 *M* 点和 *N* 点在一般位置平面上，已知 *M* 点的正面投影和 *N* 点的水平投影 *n*，欲求另两面投影，必须用辅助线法作图。如图 3.4（b）所示，先过 *m′*点作一条直线 *s′m′*，且在水平面上作出该线的投影 *sm*，然后就找到 *m* 点的投影，最后作出点 *m″*，并判断其可见性。作 *N* 点的投影方法和 *M* 点的方法一样。

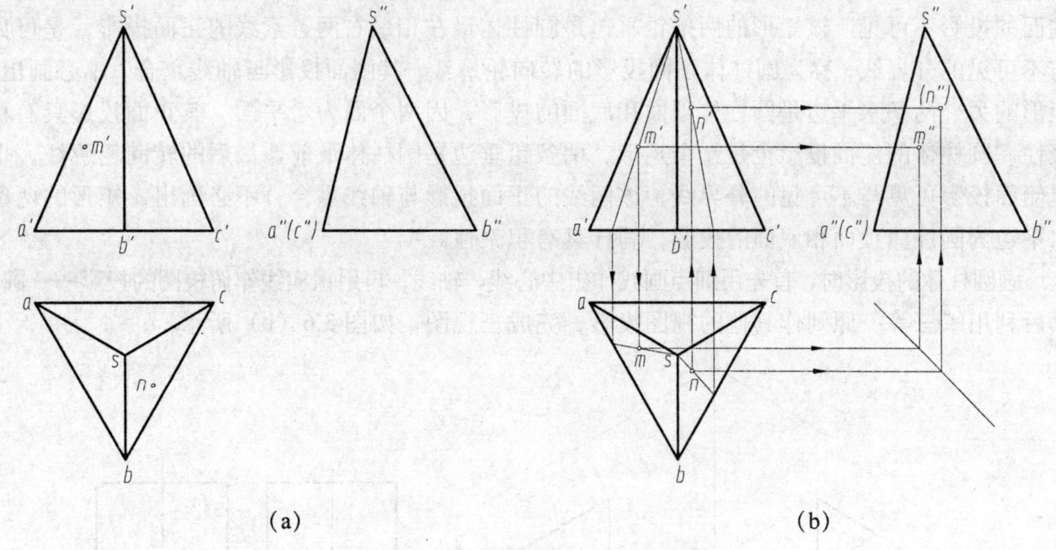

图 3.4　正三棱锥表面上点的投影

通过棱柱体和棱锥体的投影分析，总结以下四点：

(1) 由于平面立体的棱线是直线，因此，画平面立体的投影，应先画出各棱线交点的投影，再顺次连线，并判断可见性。

(2) 讨论平面立体的投影特性，实质上就是分析围成立体表面的平面图形的投影特性。

(3) 平面立体投影图中每一条直线，是立体上一条棱线或是一个面的积聚性投影。

(4) 平面立体投影图中的每一个封闭的线框，一般代表立体的某个面的投影。

第二节　曲面立体的投影

工程上常见的曲面立体是回转体。回转体是由回转面或回转面与平面所围成的立体。回转面是由一条线（直线或曲线）绕某一定直线旋转而形成的。定直线称为回转轴，动线称为母线，母线处于回转面上任意位置时，称为素线。母线上任意一点的旋转轨迹均为圆，最常见的回转体有圆柱、圆锥、圆球和圆环。

一、圆　柱

1. 圆柱体的形成

圆柱由圆柱面、顶面及底面所围成。它是由一条直线（母线 AA_1）绕与它平行的回转轴（OO_1）旋转一周而形成的，如图 3.5 所示。

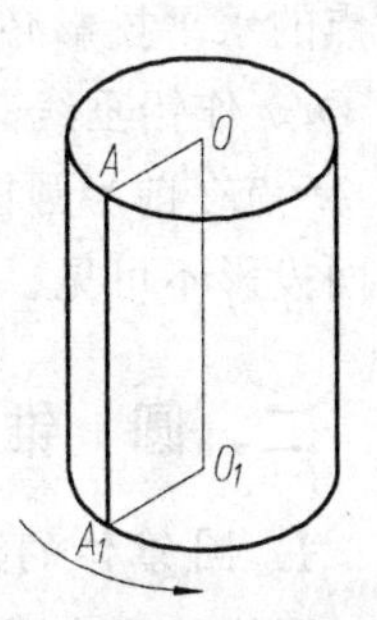

图 3.5　圆柱体的形成

2. 圆柱体的投影

如图 3.6 (a) 所示，圆柱体的轴线垂直于水平面，它的水平投影为圆，正面投影为矩形，前半个圆柱面在该面上投影可见，后半个圆柱面的投影不可见。该矩形的两条铅垂边是圆柱体最左和最右两条素线的正面投影，是可见与不可见的分界线，称为圆柱体正面投影的转向轮廓线，其侧面投影与轴线重合，不必画出。矩形的另外两条水平边是圆柱体顶面和底面的投影，因两个面为水平面，其正面投影具有积聚性。圆柱体的侧面投影也是一个矩形，两条铅垂边是圆柱体最前、最后的转向轮廓线，也是侧面投影可见与不可见的分界线，该两线的正面投影与轴线重合，不必画出。矩形的两条水平边为圆柱体顶面和底面的投影，同样具有积聚性。

画圆柱体的投影时，首先用细点画线作出中心线、轴线，再用粗实线作俯视图的投影——圆，然后利用“三等”原则作其他的视图投影，完成三视图，如图 3.6（b）所示。

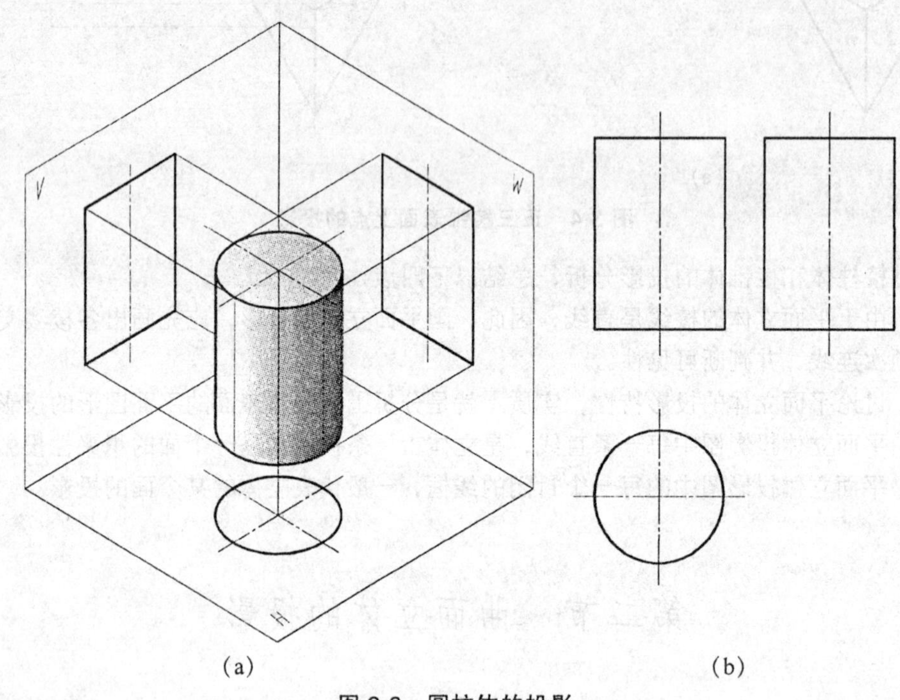

（a）　　　　（b）

图 3.6　圆柱体的投影

3. 圆柱体表面上找点

【**例 3.3**】 已知圆柱体表面上 M、N 两点的正面投影 m'和（n'），试求其他两面投影，如图 3.7（a）所示。

【**解**】 由 m'可见和（n'）不可见可以判断，M 点属于前半圆柱面，N 点属于后半圆柱面，两点的水平投影必定积聚在圆周上。为此，过 m'作铅垂线交前半圆周（即前半圆柱面）于 m，过（n'）作铅垂线交后半圆周（即后半圆柱面）于 n。再由 m'和 m、（n'）和 n 求出 m''和（n''）。因 M 点在前半圆柱面的左方，侧面投影可见，应注写成 m''；N 点在后半圆柱的右方，因此侧面投影不可见，应注写成（n''）。具体如图 3.7（b）所示。

二、圆　锥

1. 圆锥体的形成

圆锥体是由圆锥面和底面所围成。圆锥面可以看成是由一条母线（SA）绕与它相交的回转轴（OO_1）旋转一周所形成的，如图 3.8 所示。

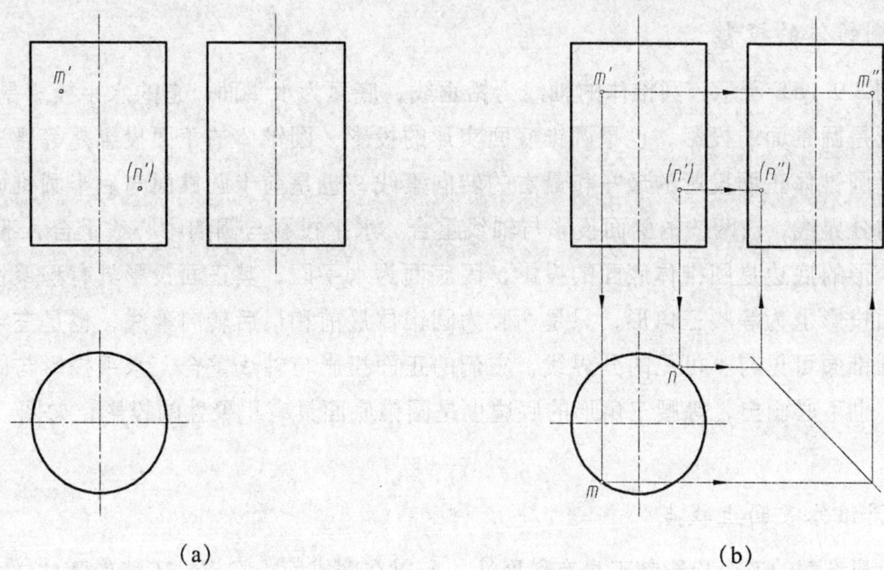

图 3.7　圆柱体表面上点的投影

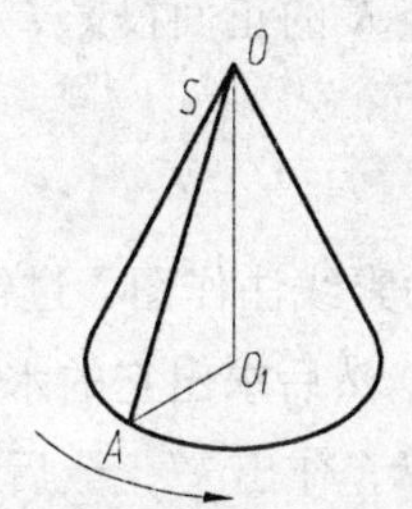

图 3.8　圆锥体的形成

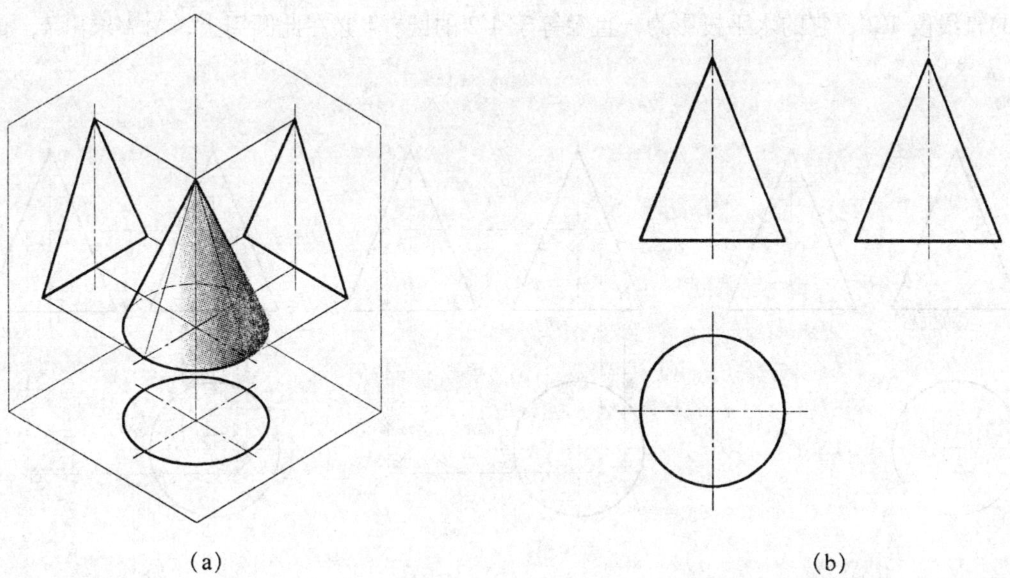

图 3.9　圆锥体的投影

2. 圆锥体的投影

如图 3.9（a）所示，圆锥体的轴线为铅垂线，底面为水平面。它的水平投影是一个圆，这个圆既是圆锥面的投影，也是圆锥底面实形的投影。圆锥体的正面投影是等腰三角形，其两腰是圆锥体正面投影的最左和最右的转向素线，也是前半圆锥面与后半圆锥面可见与不可见的分界线，该两线的侧面投影与轴线重合，水平投影与圆的中心线重合，不必画出；等腰三角形的底边是圆锥体底面的投影，因底面为水平面，其正面投影具有积聚性。圆锥体的侧面投影也为等腰三角形，只是两腰为圆锥体最前和最后转向素线，也是左半圆锥面与右半圆锥面可见与不可见的分界线，它们的正面投影与轴线重合，水平投影与圆的中心线重合，也不必画出，等腰三角形的底边也是圆锥底面具有积聚性的投影，如图 3.9（b）所示。

3. 圆锥体表面上找点

因为圆锥面的三个投影都不具有积聚性，所以在圆锥面上找点，不能像圆柱柱面上找点那样，可以利用积聚性直接求出一个投影，而应该采用辅助素线法或辅助平面法。

【例 3.4】已知圆锥体表面上一点 K 的正面投影 k'，求其另两投影 k 和 k''，如图 3.10（a）所示。

【解】

方法一：如图 3.10（b）是用辅助素线法作图。过锥顶 S 和点 K 作一条辅助素线 SM，根据已知条件确定 SM 的正面投影 $s'm'$，然后求出它的水平投影 sm。根据点在直线上的投影性质求出 K 点的水平投影 k，再由 k' 和 k，作出 k''，最后判断其可见性。

方法二：如图 3.10（c）是用辅助平面法作图。作垂直于圆锥轴线的截平面。过点 K 作一平行于圆锥底面的辅助平面，该平面与圆锥体的交线在正面的投影为过 k' 且垂直于圆锥轴线的直线段 $1'2'$，它的水平投影为一直径等于 $1'2'$ 的圆，k 必在此圆周上，由 k' 求出 k，再由 k'、k 求出 k''。

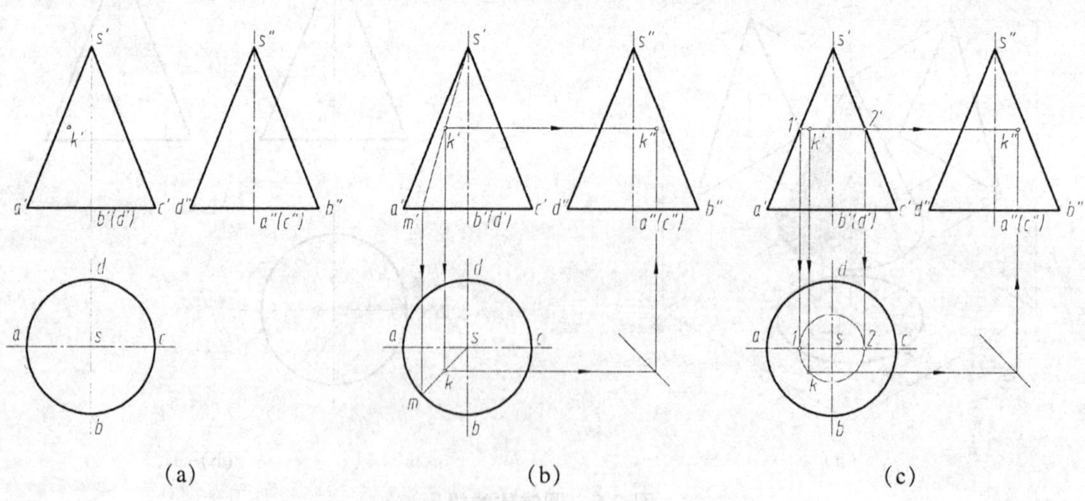

图 3.10　圆锥体表面上点的投影

三、圆　球

1. 圆球的形成

球是圆母线绕其直径为回转轴旋转一周而形成的，如图 3.11（a）所示。

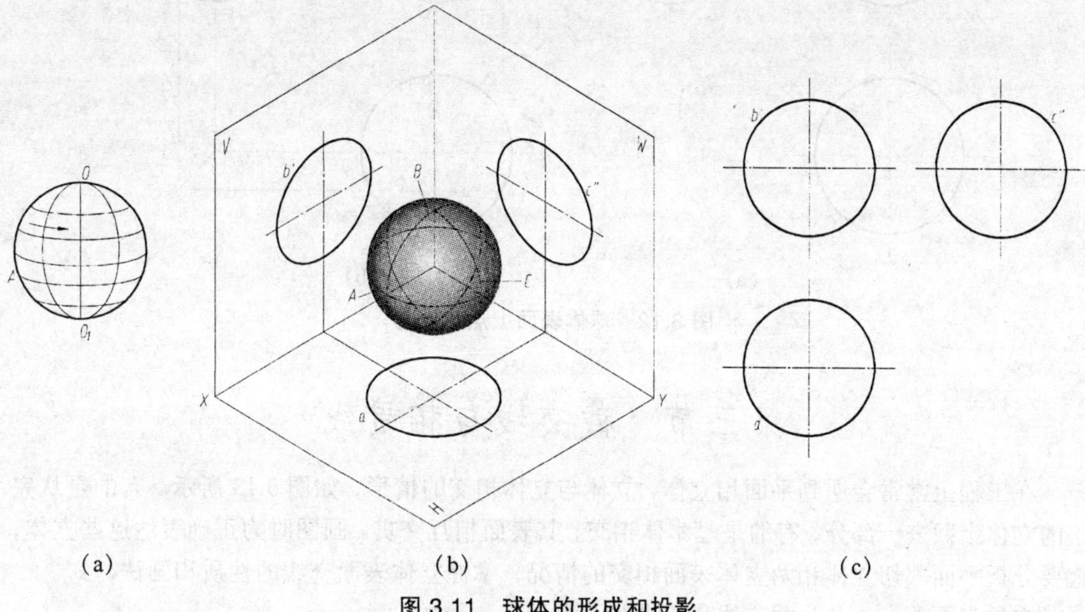

图 3.11　球体的形成和投影

2. 圆球的投影

球体的三面投影都是圆，如图 3.11（b）所示。这三个圆的直径完全相等，都等于球的直径。

如图 3.11（c）所示为球体的三视图，正面投影的圆是球体前后两半球可见与不可见的分界线，即球体的前后对称面，该圆的水平投影重合在水平中心线上，侧面投影重合在铅垂中心线上，均不必画出。水平投影的圆是球体上下两半球可见与不可见的分界线，即球体的上下对称面，该圆的正面投影和侧面投影，均重合在水平中心线上。侧面投影的圆是球体左右两半球可见与不可见的分界线，即球体的左右对称面，该圆的水平投影和正面投影都重合在铅垂中心线上。

3. 圆球表面上的点的投影

在球面上找点，只能通过作辅助圆法来作图。注意：在球面上不可能作出直线，因此不能用辅助线法来作图。

【例 3.5】 如图 3.12（a）所示，已知球面上一点 M 的水平投影 m，求正面投影 m'和侧面投影 m''。

【解】 可采用平行于正面的辅助圆来作图。如图 3.12（b）所示，过 m 引一水平线交圆周于 1、2 两点，即为 M 点所在辅助圆的水平投影，以 12 长为直径在正面投影图上画一圆周，即辅助圆的正面投影（反映实形）。根据 m 可见，在正面辅助圆的上半部定出 m'，再根据 m、m'可求出（m''），因为 M 点在球体的右半球，所以 m''不可见。

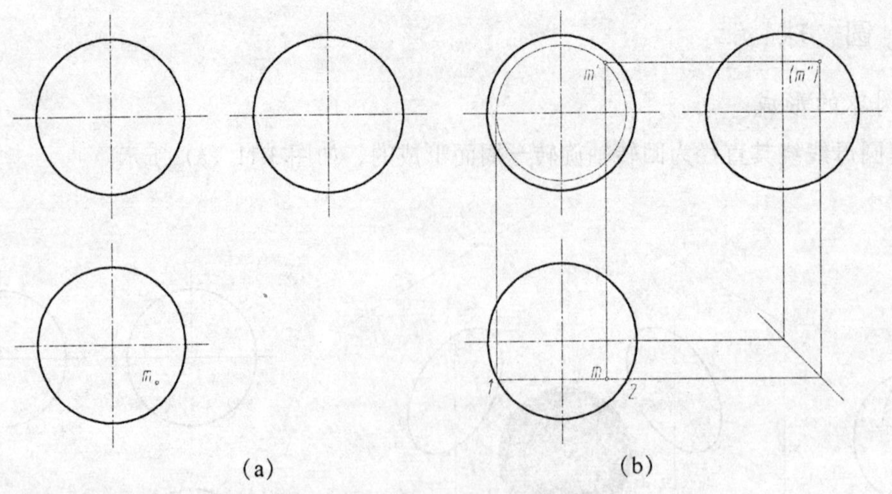

图 3.12　球体表面上点的投影

第三节　截交线与相贯线

在工程上常常会遇到平面和立体、立体与立体相交的情形，如图 3.13 所示。有的是从完整的立体上截去一部分，有的是基本体相交，其表面相互交贯。画图时为正确表达这些立体，就要分析平面截切立体和两立体表面相交的情况，掌握立体表面交线的性质和画法。

立体表面的交线分为截交线和相贯线两大类。

截交线——平面与立体表面的交线，如图 3.13（a）所示。

相贯线——两基本体相交而表面形成的交线，如图 3.13（b）所示。

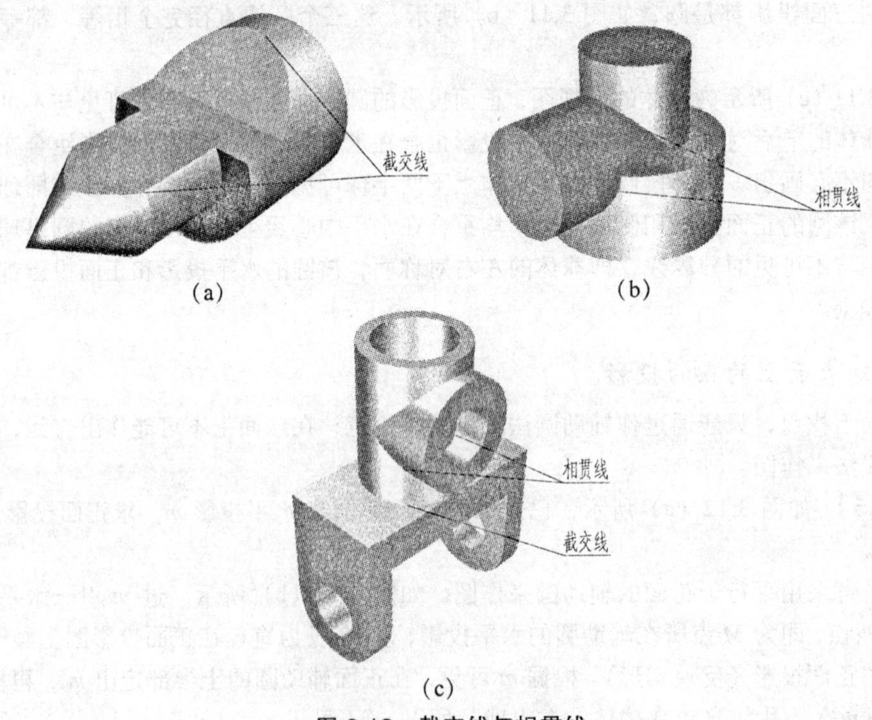

图 3.13　截交线与相贯线

一、截交线

（一）截交线的性质

截交线所围成的平面图形称为截断面，截切立体的平面称为截平面，如图 3.14（a）所示。由于构成立体的基本体形状和截平面对基本体的相对位置不同，其所形成的截交线的形状也不同，如图 3.14（b）、（c）所示。截交线的形状，由立体表面的性质和截平面对回转体的相对位置所决定。

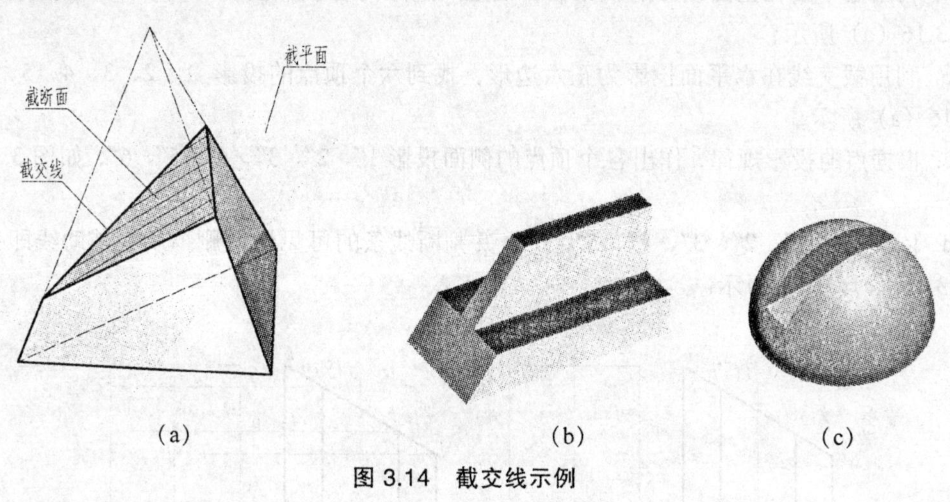

图 3.14　截交线示例

截交线具有以下两个性质：

(1) 共有性。

截交线既在截平面上，又在立体表面上。因此，截交线是截平面与立体表面的共有线，截交线上的点是截平面与立体表面的共有点。

(2) 封闭性。

由于立体表面是封闭的，因此截交线必定是封闭的线条，截断面是封闭的平面图形。

（二）平面立体的截交线

平面立体截交线是一个封闭的平面多边形。多边形的各个顶点是棱线与截平面的交点，多边形的每一条边是棱面与截平面的交线，如图 3.15 所示。因此，作平面体的截交线，就是求出截平面与平面立体上各被截棱线的交点，然后依次连接，即得截交线。

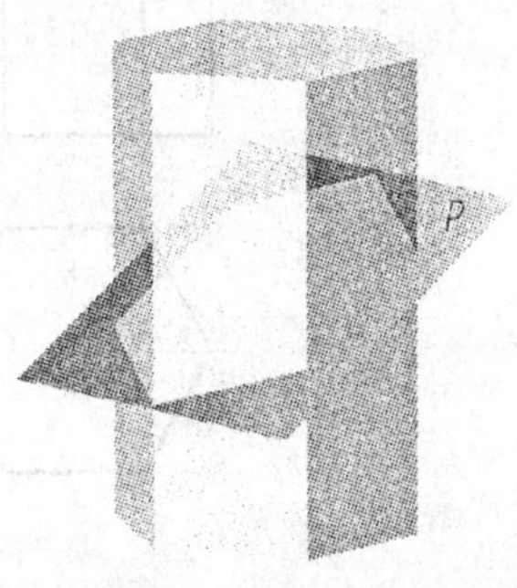

图 3.15　平面立体的截交线

【例 3.6】 如图 3.15 所示，正六棱柱被平面 P 所截，画出其下面的截切体的三视图。

【解】 分析：

截平面 P 是正垂面，截交线的正面投影积聚为直线；截交线的水平投影与六个侧面投影重合，为一正六边形；截交线的侧面投影显类似性，为一六边形。所以，只要求出该六个顶点的侧面投影，再依次连接即是截交线的投影。

作图步骤：

a. 利用截平面在正面投影的积聚性，确定六边形的各顶点投影 1′、2′、3′、4′、5′、6′，如图 3.16（a）所示；

b. 利用截交线在水平面投影为正六边形，找到六个顶点的投影 1、2、3、4、5、6，如图 3.16（a）所示；

c. 根据点的投影规律，作出各个顶点的侧面投影 1″、2″、3″、4″、5″、6″，如图 3.16（b）所示；

d. 依次连接 1″、2″、3″、4″、5″、6″，并判断线条的可见性，删掉所有辅助线即完成，如图 3.16（c）、（d）所示。

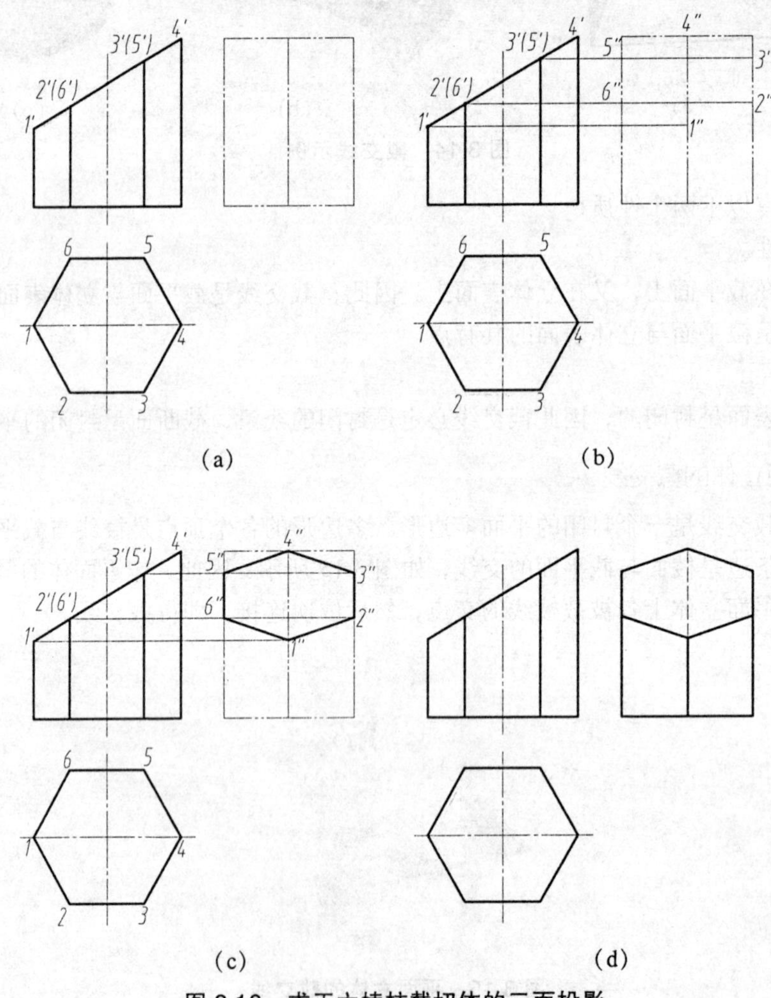

图 3.16　求正六棱柱截切体的三面投影

（三）曲面立体的截交线

曲面立体的截交线是一个封闭的几何图形。作图时，需先求出若干个共有点的投影，然后用曲线将各点依次光滑地连接起来，即为截交线的投影。

1. 圆柱体的截交线

平面截圆柱时，其相对位置有以下三种情况（见表 3.1）：

当截交线为圆时，其水平投影与圆柱的底圆投影重合，其余两投影为直线；当截交线为两素线时，其投影可利用圆柱面投影的积聚性求出；当截交线为椭圆时，其侧面投影仍为椭圆，需求出若干个共有点的侧面投影，然后用曲线板将它们光滑地连接起来即可求出。

表 3.1 截平面和圆柱轴线的相对位置不同时所得的三种截交线

截平面位置	立体图	投影图	截交线形状
截平面平行圆柱轴线	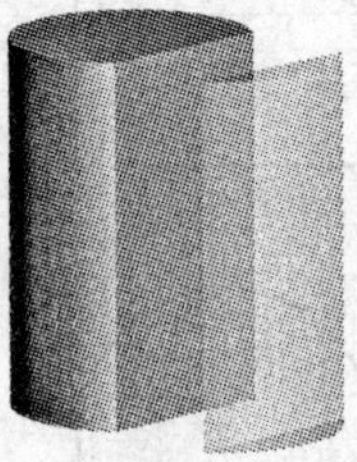	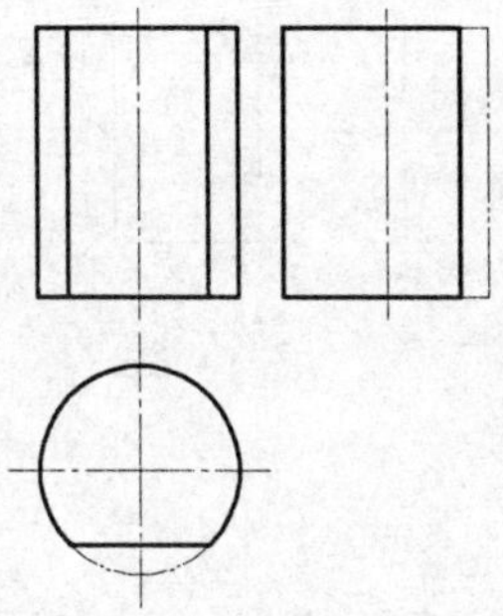	两条互相平行的直线
截平面垂直于圆柱轴线	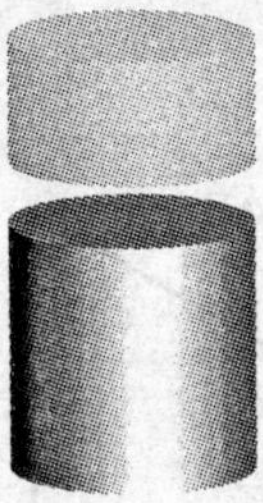	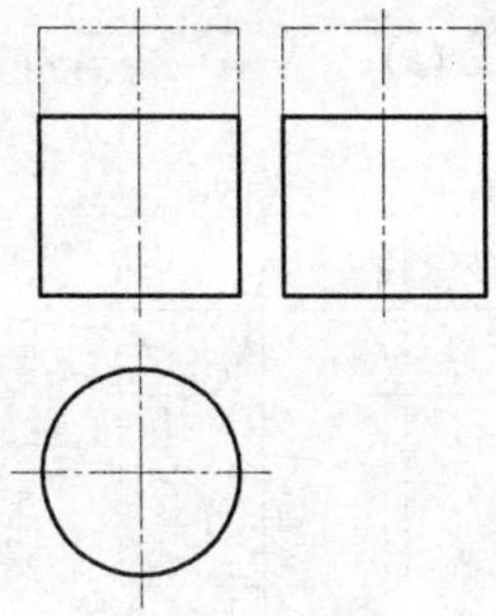	圆
截平面倾斜于圆柱轴线	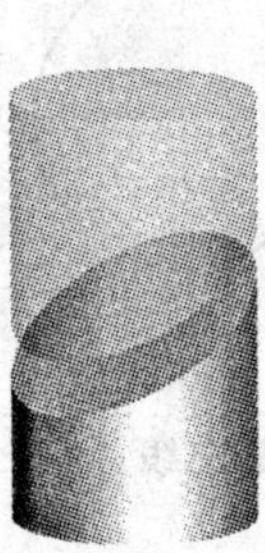	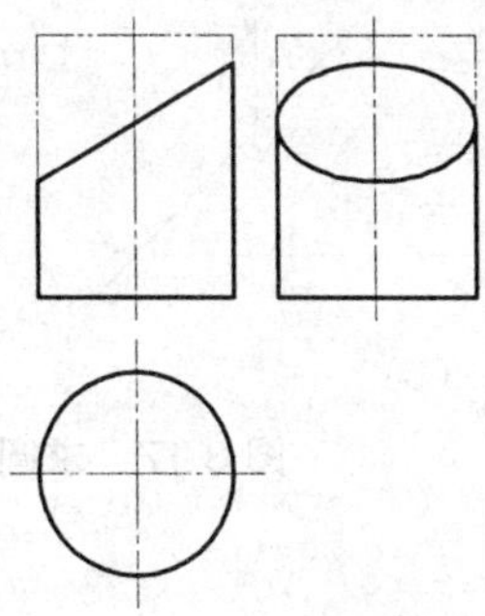	椭圆

【例 3.7】 求作斜切圆柱的截交线，如图 3.17（a）所示。

a. 根据积聚性求出特殊点。

如图 3.17（b）所示，点 *A*、点 *B* 分别是截交线的最高点、最低点，点 *C*、点 *D* 是截交线的最前点和最后点，可根据点的投影作出该四个点的三面投影。

b. 求一般点。

为使作图准确，可在特殊点之间再定若干一般点，如图 3.17（c）所示 1、2、3、4 四个点，根据点的投影以及水平投影的积聚性求出它们的三面投影。

c. 依次光滑地连接各点，即得截交线的侧面投影图，整理轮廓线，完成作图，如图 3.17（d）所示。

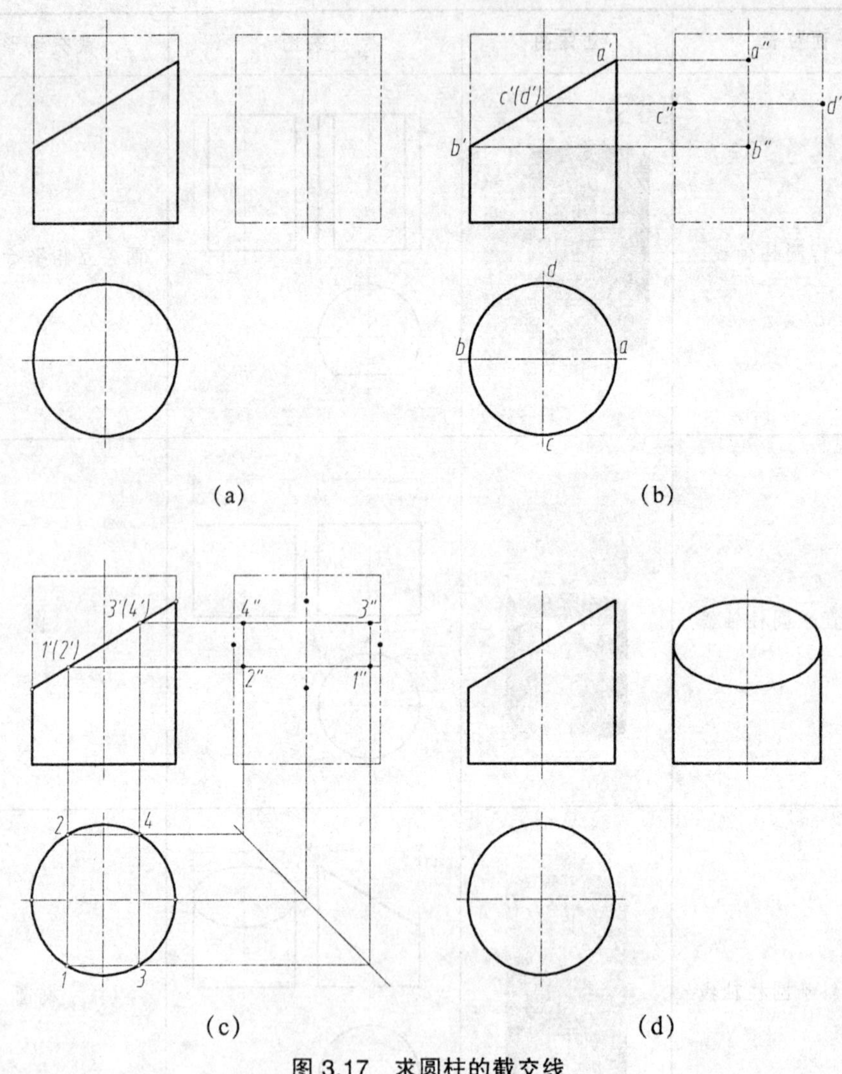

图 3.17　求圆柱的截交线

2. 圆锥体的截交线

平面截圆锥体的截交线有如表 3.2 所示的五种情况。

表 3.2　圆锥体的截交线

截平面位置	立体图	投影图	截交线形状
截平面垂直圆锥轴线			圆
截平面通过圆锥顶点			相交二直线
截平面和轴线相交 $\alpha<\beta$			椭圆
截平面和轴线相交 $\alpha=\beta$			抛物线
截平面平行轴线 $\alpha>\beta$			双曲线

求圆锥截交线的方法，一般采用辅助平面法。作一辅助平面，使其与圆锥表面的交线为最简单的形状，因为平面与圆锥轴线垂直时，其交线为圆，所以，一般都选取与圆锥轴线垂直的辅助平面。根据三面共点的几何原理，辅助平面、截平面和立体表面的交点，即为截交线上的点。

【例 3.8】 求正垂面截切圆锥的截交线的投影，如图 3.18（a）所示。

分析：由于圆锥轴线为铅垂线，截平面为正垂面且与圆锥轴线斜交，故截交线为椭圆。截交线的正面投影积聚成一条直线，水平投影和侧面投影均为椭圆，但不反映椭圆的实形。可选用辅助水平面作出截交线的水平投影和侧面投影。

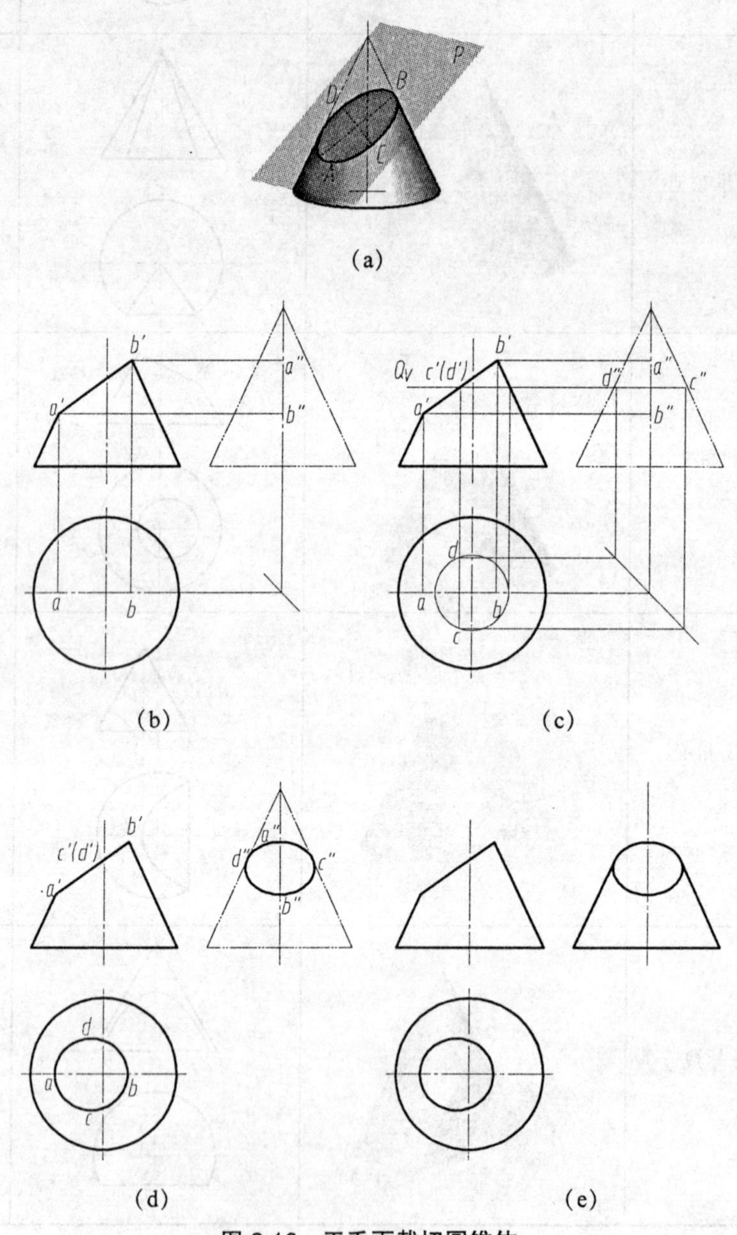

图 3.18 正垂面截切圆锥体

作图步骤：

a. 求特殊点。

截交线上的最低点 A 和最高点 B，是椭圆长轴上的两个端点，它们的正面投影 a'、b'是圆锥体正面投影左、右两条转向轮廓线与截交线正面投影的交点，可以直接求出。水平投影 a、b 和侧面投影 a''、b''可按投影关系求出，如图 3.18（b）所示。

截交线的点 C 和点 D 是椭圆短轴上的两个端点，它们的正面投影 c'、d'为 $a'b'$的中点，且 $c'd'$是正垂线，可用辅助水平面 Q 过 C、D 两点截切，作出 Q 面与圆锥体正交所产生的截交线圆，再按投影关系求出水平投影 c、d 和侧面投影 c''、d''，如图 3.18（c）所示。

b. 求作一般点。

因为截平面为正垂面，其正面投影积聚为一条直线，所以截交线上的所有点的正面投影均在截平面的正面投影积聚线上。在正面投影上取点，利用在圆锥表面取点的方法，可以找出它们的其他投影。用同样的方法可以求得一系列的一般点。

c. 作出截交线投影。

依次光滑地连接各点，即得截交线的水平投影和侧面投影。截平面 P 上面部分圆锥体被切掉，截平面左低右高，所以截交线的水平投影和侧面投影均为可见。作出可见轮廓线，如图 3.18（e）所示。

3. 圆球的截交线

任何平面与圆球相交所得的截交线都是圆。当截平面平行于某一投影面时，在该投影面上的投影为圆的实形，其他两投影积聚成直线段，其长度等于截交圆的直径。当截平面为投影面垂直面时，截交线在该投影面上的投影为一直线，等于截交圆直径，如图 3.19 所示。当截平面处于其他位置时，则在截交线的三个投影中必有椭圆。

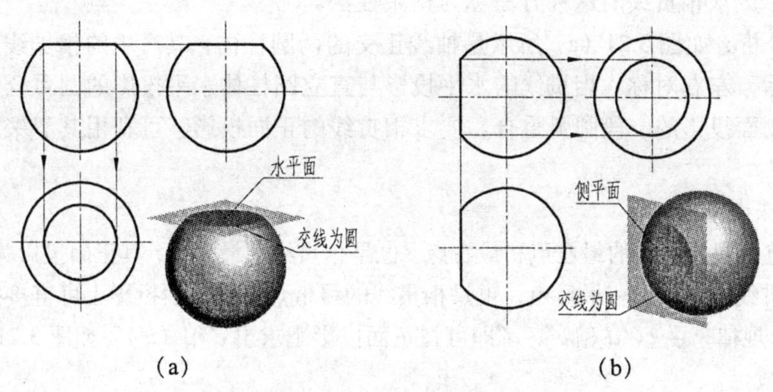

图 3.19 平面截切圆球

二、相贯线

1. 概 述

两立体相交称为相贯，表面形成的交线称为相贯线。

如图 3.20 所示，由于组成机件的各基本体的几何形体、大小和相对位置不同，相贯线的形状也不相同，但任何相贯线都具有以下两个基本性质：

(a) (b) (c)

图 3.20 形体的相贯线

(1) 共有性。相贯线是两立体表面的共有线，也是两立体表面的分界线，相贯线上的点是两立体表面的共有点。

(2) 封闭性。相贯线一般为封闭的空间曲线，特殊情况下可能是平面曲线或直线。

因此，求相贯线的实质，就是要求出相贯线上一系列的共有点，再将这些点依次地连接起来，即得相贯线。求相贯线的常用方法有两种：积聚性法和辅助平面法。

相贯线的作图步骤可分为：① 找特殊点；② 求出一般点；③ 平滑连接各点。

2. 相贯线作图举例

现在以圆柱与圆柱相贯为例，介绍相贯线的求法。

【例 3.9】 如图 3.21 (a) 所示，求两正交圆柱的相贯线投影。

在相交的两圆柱体中，若有一个或两个的轴线垂直于投影面时，则圆柱面在该投影面上的投影具有积聚性且为一个圆。相贯线上的点也积聚在该投影上，可利用这一特点求出相贯线的其他投影。求相贯线的这种方法称为积聚性法。

【解】 分析：如图 3.21 (a) 所示是轴线正交的两圆柱体，其产生的相贯线是封闭的空间曲线，且前后、左右对称。相贯线的水平投影与直立圆柱体水平投影的圆重合，侧面投影与水平圆柱体侧面投影的一段圆弧重合。要求相贯线的正面投影，可利用其积聚性和取点、线的方法作图。

a. 求特殊点。

点 A 和点 B 是相贯线的最左点和最右点，也是相贯线的最高点，其正面投影为 a' 和 b'。点 C 和点 D 是相贯线的最前点和最后点，也是相贯线的最低点，从侧面投影上可直接找出 c'' 和 d''。根据点的投影规律，由 c、d 和 c''、d'' 即可在正面投影上求出 c' 和 (d')，如图 3.21 (b) 所示。

b. 求一般点。

在相贯线的侧面投影上定出 $1''$ 和 ($2''$)，过点 Ⅰ、Ⅱ 分别作圆柱的素线，由交点定出水平投影 1 和 2。再按投影关系求出 $1'$ 和 $2'$，如图 3.21 (c) 所示。用同样的方法，还可以求出一系列的一般点。

c. 作出相贯线投影。

依次光滑地连接各点，即得相贯线的正面投影，并分析其可见性，相贯线的正面投影与前后对称的不可见部分重合，故只画出可见部分，如图 3.21 (d) 所示。

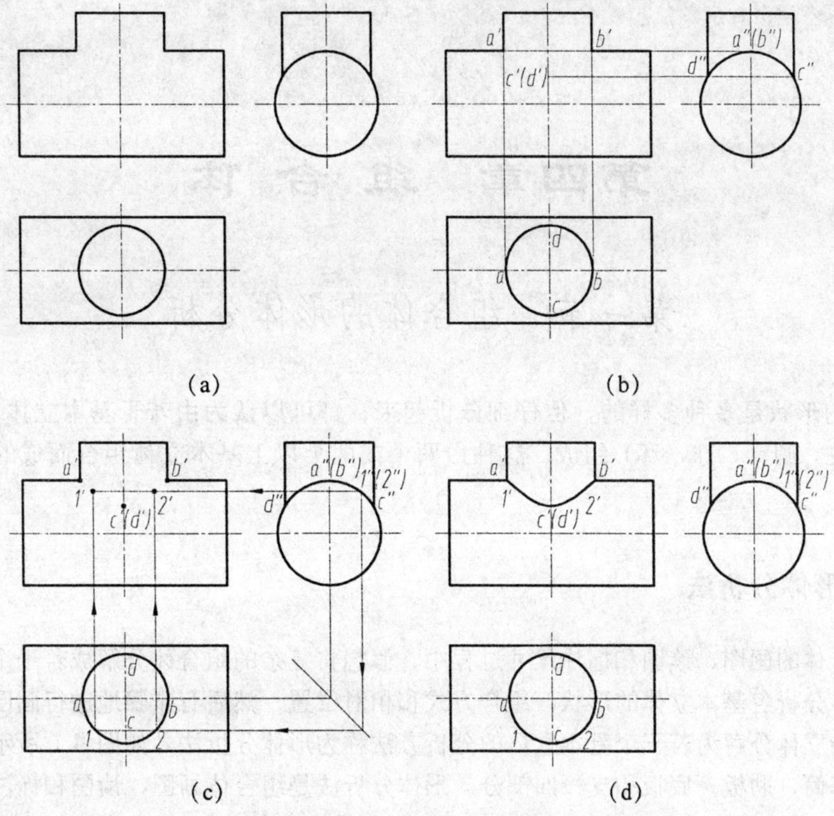

图 3.21 求两圆柱正交的相贯线

3. 相贯线的简化画法

在不引起误解时，图形中的相贯线可以简化成圆弧或直线。例如：轴线正交且平行于 V 面的两圆柱相贯，相贯线的 V 面投影可以用与大圆柱半径相等的圆弧来代替。圆弧的圆心在小圆柱的轴线上，圆弧通过 V 面转向线的两个交点，并凸向大圆柱的轴线，如图 3.22 所示。

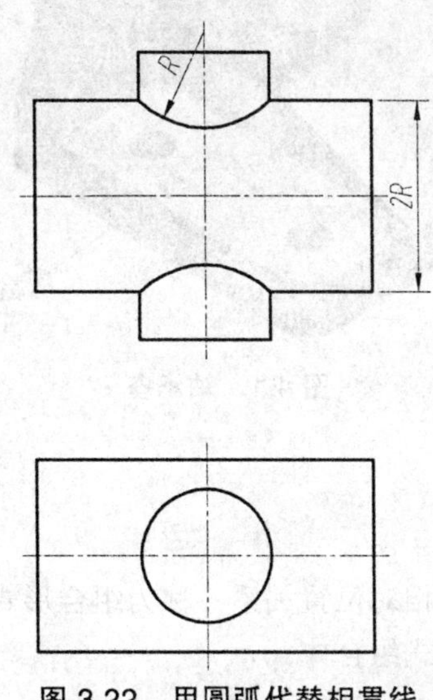

图 3.22 用圆弧代替相贯线

第四章　组 合 体

第一节　组合体的形体分析

物体的形状是多种多样的，但仔细分析起来，都可以认为由若干基本立体（如棱柱、棱锥、圆柱、圆锥、球、环）组成。这种由两个或两个以上基本立体组合而成的物体称为组合体。

一、形体分析法

在组合体的画图、读图和标注尺寸过程中，假想将复杂的组合体分解成若干个较简单的基本立体，分析各基本立体的形状、组合方式和相对位置，然后有步骤地进行画图和读图。这种把复杂立体分解为若干个基本立体的分析方法称为形体分析法。如图 4.1 所示，轴承座可分解为套筒、肋板、底板和支板四部分。形体分析法是组合体画图、读图和标注尺寸的主要方法。

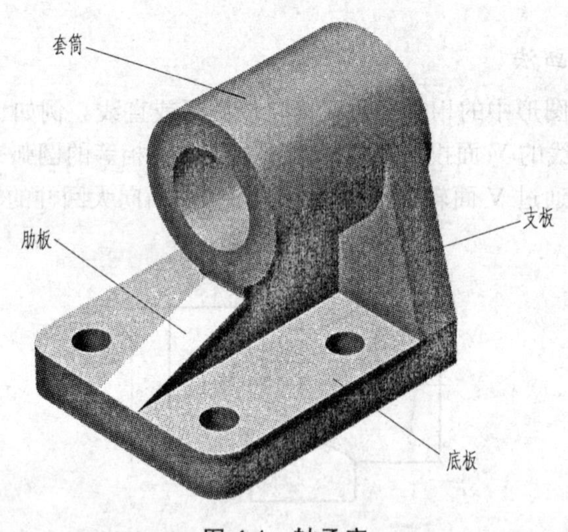

图 4.1　轴承座

二、组合体的组合形式

组合体中各基本体组合时的相对位置关系，称为组合形式。常见的组合形式分为叠加、切割和既有叠加又有切割的综合式组合体。

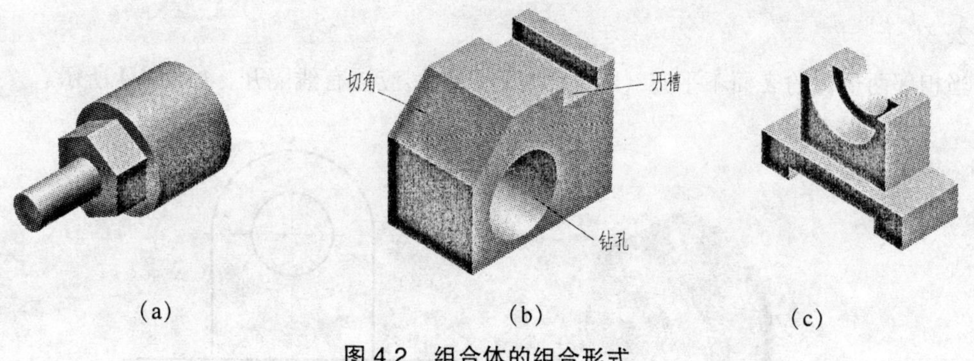

图 4.2　组合体的组合形式

如图 4.2（a）所示的机件，是由两个圆柱体和一个正六棱柱叠加而成的，属于叠加型。又如图 4.2（b）是对四棱柱进行切角、开槽和钻孔而成的机件，属于切割型。而如图 4.2（c）是由叠加型和切割型一起形成的，属于综合式组合体。在实际画图时，往往会遇到一个物体上同时存在几种组合形式的情况，这就要求我们仔细分析，搞清各相邻形体表面之间的衔接关系和组合方式，选择正确的表达方案，按照正确的作图方法和步骤画图。

三、组合体各组成部分的表面连接关系

在组合体上，各形体相邻表面之间按其表面形状和相对位置不同，连接关系可分为平齐、不平齐、相交和相切四种情况。连接关系不同，连接处投影的画法也不同。

1. 平　齐

当相邻两形体的表面平齐（共面）时，中间不应有线隔开，如图 4.3 所示。

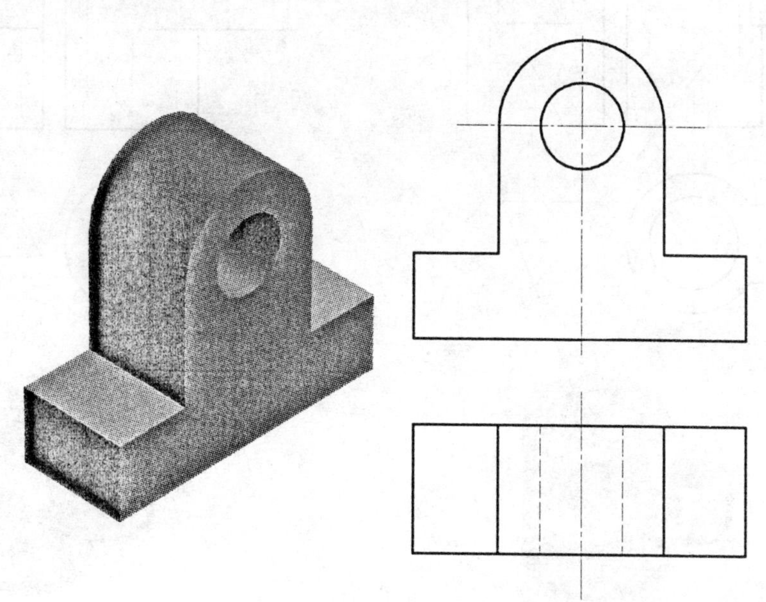

图 4.3　两形体表面平齐

2. 不平齐

当相邻两形体的表面不平齐（不共面）时，中间应该有线隔开，如图 4.4 所示。

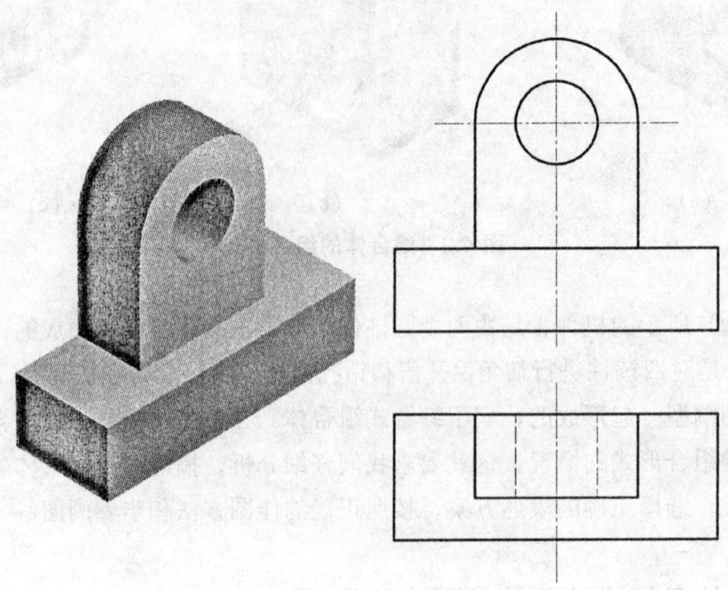

图 4.4　两形体表面不平齐

3. 相　交

当相邻两形体的表面相交时，在相交处应该画出交线，如图 4.5 所示。

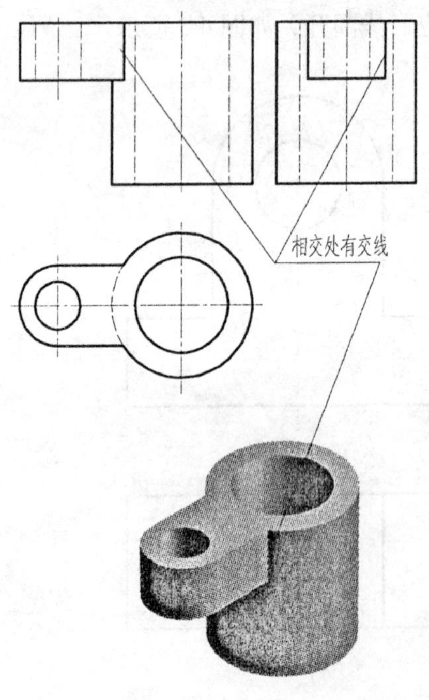

图 4.5　两形体表面相交

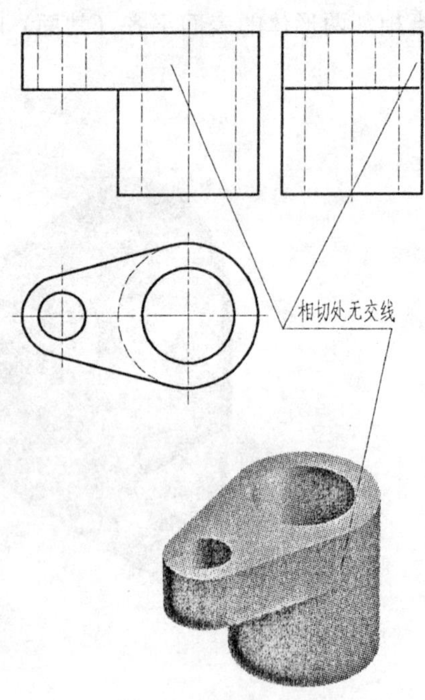

图 4.6　两形体表面相切

4. 相　切

当相邻两形体的表面相切时，由于在相切处两表面是光滑过渡的，故在相切处不应该画线，但耳板的顶面投影应画到切点处，如图 4.6 所示。

第二节　组合体的尺寸标注

一组投影只能表示物体的形状，而物体的大小则必须通过标注尺寸加以确定，它与图形绘制时所用的比例无关。视图中的尺寸是加工制造机件的重要依据，因此注写尺寸必须认真、细致地进行。

一、尺寸标注的基本要求

视图中标注尺寸的基本要求是：

（1）正确——尺寸标注要符合国家标准中有关尺寸注法的一般规定。

（2）完整——所注尺寸必须能完全确定组合体的形状及各部分间的相对位置关系，标注尺寸时既不能遗漏尺寸，也不要重复标注。

（3）清晰——尺寸布置要恰当，整齐清晰，尽量注写在明显的地方，以便于读图。

（4）合理——所注尺寸应符合设计和制造工艺等要求，并使加工、测量、检验方便。

二、组合体尺寸的分类

在标注组合体的尺寸时，要注意标清三类尺寸：定形尺寸、定位尺寸和总体尺寸。

1. 定形尺寸

确定组合体中各组成部分的形状和大小的尺寸称为定形尺寸。

现以图 4.7 所示轴承座为例进行分析说明。轴承座由套筒、支板、肋板和底板四部分组成。标注尺寸时，应逐个注出各部分的定形尺寸，如图所示。套筒的定形尺寸为径向尺寸$\phi110$、$\phi65$和轴向尺寸 130 及小圆柱孔直径尺寸$\phi15$；支板前后两表面与套筒相切，其定形尺寸只有 32；肋板定形尺寸为 80、32 和 35；底板定形尺寸有长 200、宽 170、高 32、圆角半径 $R20$ 和 4 个圆柱孔直径尺寸 $4\times\phi24$。

2. 定位尺寸

确定组合体中各部分之间相对位置的尺寸称为定位尺寸。

标注各基本立体之间的定位尺寸时，首先要确定标注定位尺寸的基准。一个组合体应有长、宽、高三个方向的尺寸基准，而常用的基准是平面和轴线。

在图 4.7 中，选择底板底平面 A、前后方向对称平面 B 和底板右侧面 C 分别作为高度方向、宽度方向和长度方向的尺寸基准，然后分别注出各形体相对于这些基准的定位尺寸。如套筒高度方向和长度方向的定位尺寸为 135 和 7，小圆柱孔长度方向定位尺寸为 65；底板上四个小圆柱孔应首先注出确定其相对位置的尺寸 105 和 110，再注出这一组孔长度方向定位尺寸 65，由于这组孔对称于基准 *B*，所以宽度方向定位尺寸不必注出。同样，各基本立体宽度方向都对称于基准 *B*，故它们宽度方向的定位尺寸都不注出。

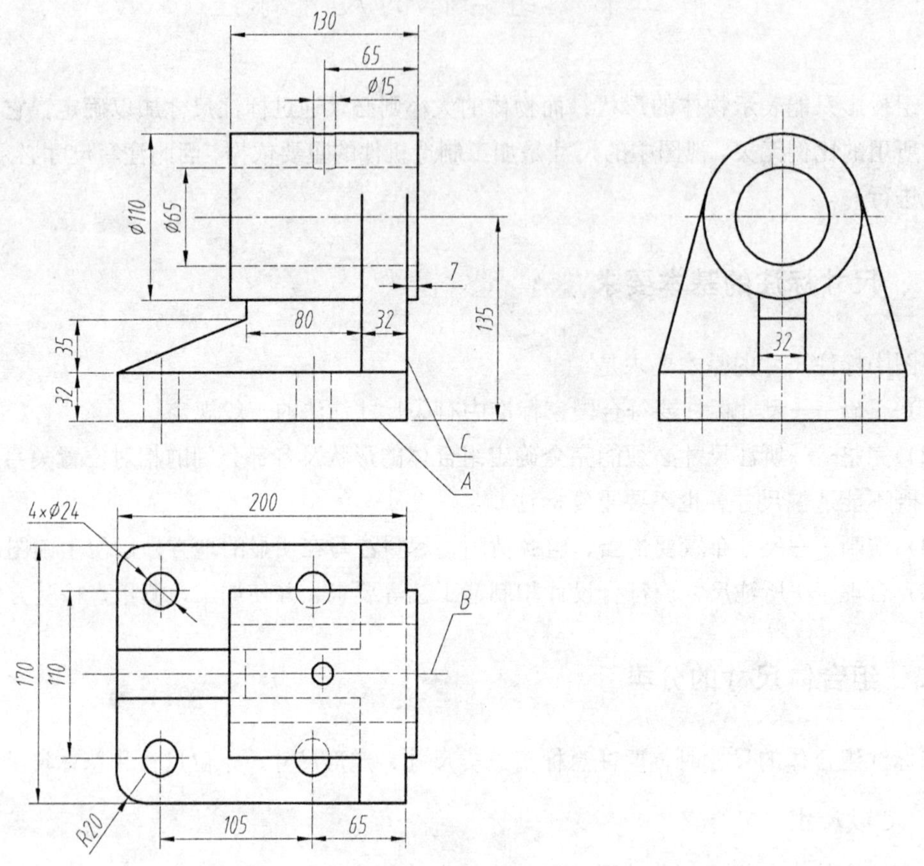

图 4.7　轴承座的尺寸注法

3. 总体尺寸

确定组合体外形总长、总宽、总高的尺寸称为总体尺寸。

如图 4.8 所示的阀盖，总长 90，总宽 70，总高 50。有的组合体总体尺寸不直接注出，而是间接得出。如轴承座的总长、总高。

如图 4.7 中轴承座的长度方向总体尺寸由底板长度尺寸 200 和套筒定位尺寸 7 相加得出，高度方向总体尺寸则由套筒直径$\phi110$和套筒轴线高度尺寸 135 确定。

需要说明的是，有时一个方向可以有多个基准，但其中只有一个主要基准，其余基准为辅助基准。如图 4.7 中平面 *C* 是长度方向的主要基准，在标注$\phi15$孔长度方向的定位尺寸 65 时，是从套筒右端面注出的，套筒右端面就是辅助基准。

还应当注意，组合体的一端结构为回转面时，则该方向的总体尺寸一般不直接注出。

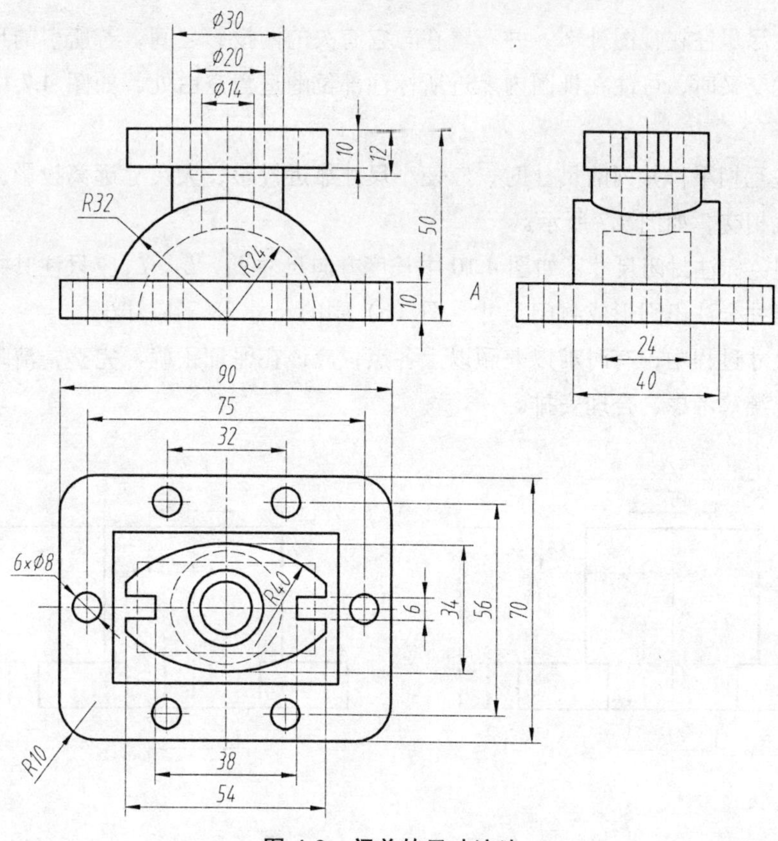

图 4.8 阀盖的尺寸注法

三、标注尺寸时应注意的问题

(1) 组合体各组成部分的尺寸应尽量集中标注在反映各部分形状特征的投影上。如图 4.7 所示，肋板的尺寸尽可能注在正面投影上，底板尺寸尽量注在水平投影上。

(2) 表示同一形体的定形尺寸和定位尺寸应尽量注在同一投影上。

如图 4.7 中套筒的定形尺寸ϕ110、ϕ65、130 及高度方向定位尺寸 135、长度方向定位尺寸 7 都注在正面投影中，底板上四个小孔的定形、定位尺寸则注在水平投影中。

(3) 回转体的直径尺寸最好注在其非圆投影上。如图 4.7 中套筒的直径尺寸ϕ110、ϕ65。

(4) 对称结构的尺寸应合起来标注，不应分别标注，更不能只标注一半。如图 4.9 所示的组合体前后、左右对称，图（a）的尺寸注法是正确的，图（b）只标注一半尺寸，是错误的。

(5) 机件上不同结构的尺寸要分别标注，不能互相代替。如图 4.9 中，底板厚度 6 与ϕ12 孔的深度 6 虽然数值相同，却是两个不同结构的尺寸，应该分别注出。

(6) 半径尺寸必须注在反映圆弧实形的投影上。如图 4.7 中底板的圆角半径 R20 只能注在水平投影上，而不能注在正面投影或侧面投影中。若有几个相同的圆角，只在其中的一个圆角上标注尺寸，且不注数量。

(7) 尺寸尽量注在视图外部，并布置在与它有关的两投影之间，若所引的尺寸界限过长或多次与图线交叉时，可注在视图内靠近所标注部位的适当空白处。如图 4.7 中肋板的定形尺寸 80。

(8) 标注互相平行并列的尺寸时，应使小尺寸靠近投影，大尺寸远离投影，以避免尺寸线、尺寸界线相交，如图 4.7 所示。

(9) 应避免标注封闭尺寸。如图 4.10 中长度方向尺寸 L_1、L_2、L_3 应只注其中两个尺寸即可，若三个尺寸全注出则形成封闭尺寸，图（b）中的尺寸 28 不应注出。

在标注尺寸过程中，有时难以兼顾以上各点，应该在保证正确、完整、清晰的前提下，根据具体情况统筹考虑，合理安排。

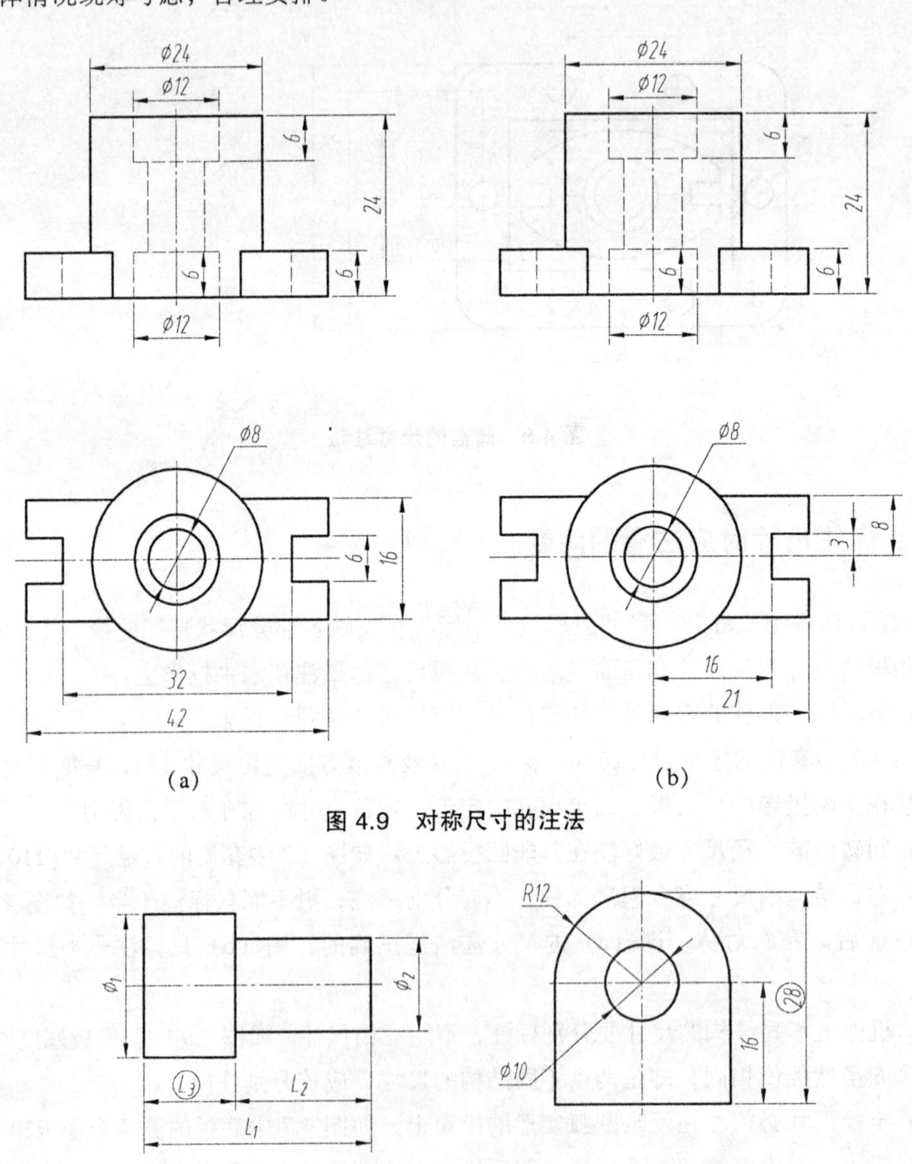

图 4.9 对称尺寸的注法

图 4.10 尺寸不能注成封闭形式

第三节　画组合体的视图

画组合体视图的常用方法是形体分析法。所谓形体分析法，就是将组合体假想分解成若干基本形体，分清它们的形状、组合形式和相对位置，分析它们的表面连接关系及投影特性，从而进行画图、读图或尺寸标注等工作。

形体分析法主要用于组合方式以叠加为主的组合体。如图 4.11 所示的轴承座，其组合方式是以叠加为主的综合式，以下具体说明组合体三视图的画法和步骤。

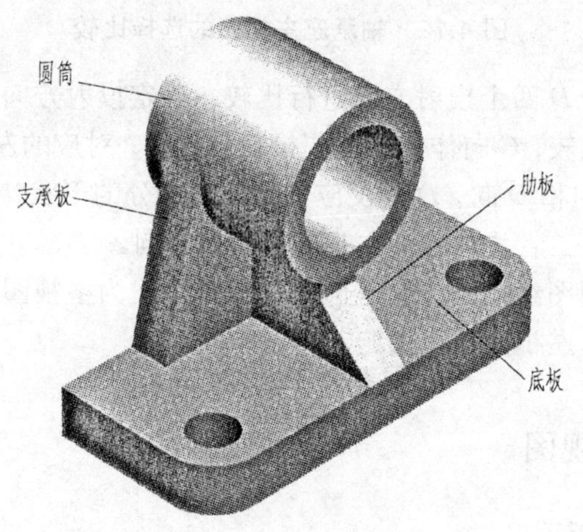

图 4.11　轴承座

一、形体分析

画组合体视图之前，应对组合体进行形体分析，了解组合体各形体的形状、组合形式、相对位置关系及其是否对称，以便对组合体的整体形状有个总的概念，为画图做好准备。

轴承座可看做由四个形体构成：底板、支承板、肋板和圆筒。其中，支承板叠放在底板上，它们的后表面平齐，而支承板的上部支在圆筒下侧，其两侧面与圆柱面相切，它们的后表面不平齐；肋板居中叠放在底板上，后面与支承板靠紧，而肋板的上部支在圆筒下侧，两侧面与圆柱面相交。轴承座的总体构形左右对称。

二、选择主视图

主视图是三视图中最主要的视图，因为画图或看图大都从主视图开始考虑，因此主视图的选择非常重要。选择主视图时通常将组合体放平摆正，使其主要平面（或轴线）平行或垂直于投影面；一般是选择反映组合体形状特征最明显、反映形体间相对位置最多的投影方向作为主视图的投射方向；同时要尽可能使其他视图中少出现虚线。

具体做法是：

（1）先选择组合体的摆放位置。如图 4.12 所示，底面在下，物体具有稳定感，符合人们日常放置物体的习惯。

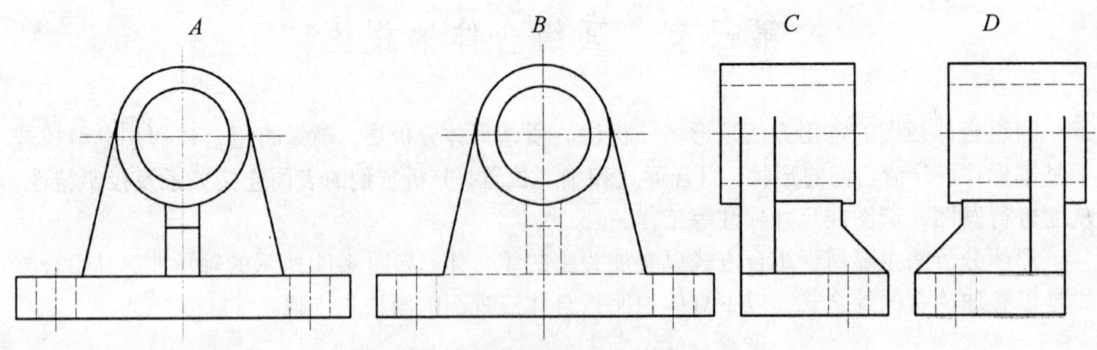

图 4.12　轴承座主视图的选择比较

(2) 再从 A、B、C、D 四个投射方向进行比较，确定投射方向。B 向虚线过多，不适合作主视图；C 向和 D 向比较，C 向作为主视图投射方向时，对应的左视图会出现较多的虚线，不如 D 向好；再比较 A 向和 D 向，D 向反应轴承座各部分的形状特征较多，A 向反映轴承座各部分的位置关系较多，二者均可作为主视图的投射方向。

(3) 考虑到合理利用图纸幅面，这里选用 A 向视图作为主视图。

主视图确定后，俯、左视图随之而定。

三、绘制组合体视图

画图步骤如图 4.13 所示。

1. 选比例，定图幅

在对所画组合体进行形体分析和确定三视图的基础上，根据其大小和复杂程度，选择合适的比例和图纸幅面。一般情况下，画图时尽量选用 1∶1 的比例，这样既便于画图，又能较直观地反映物体的大小。

2. 布图，绘底稿

布置视图时，应根据各视图每个方向的最大尺寸，考虑视图间留出标注尺寸的位置和适当间隔，要注意布图匀称合理。

要迅速而又正确地画出组合体三视图，画底稿时，应注意：

(1) 画图的先后顺序应根据形体分析的结果。先画主要形体，后画细节部分；先画可见部分，再画不可见部分。

(2) 各基本形体应从反映形体特征明显的视图入手，并分析投影对应关系，三个视图一起画，可以避免漏画、错画，提高绘图速度。

同时，画图时应正确表达各形体间的相对位置，正确绘制各形体表面间的连接关系，如图 4.13 (d)、(e) 所示。另外，组合体是一个整体，画图时不应画出不存在的轮廓线。如图 4.13 (e) 的左视图所示，在支承板与圆筒接合处没有圆柱的轮廓线，俯视图中不应画出支承板和肋板接合处的分界线。

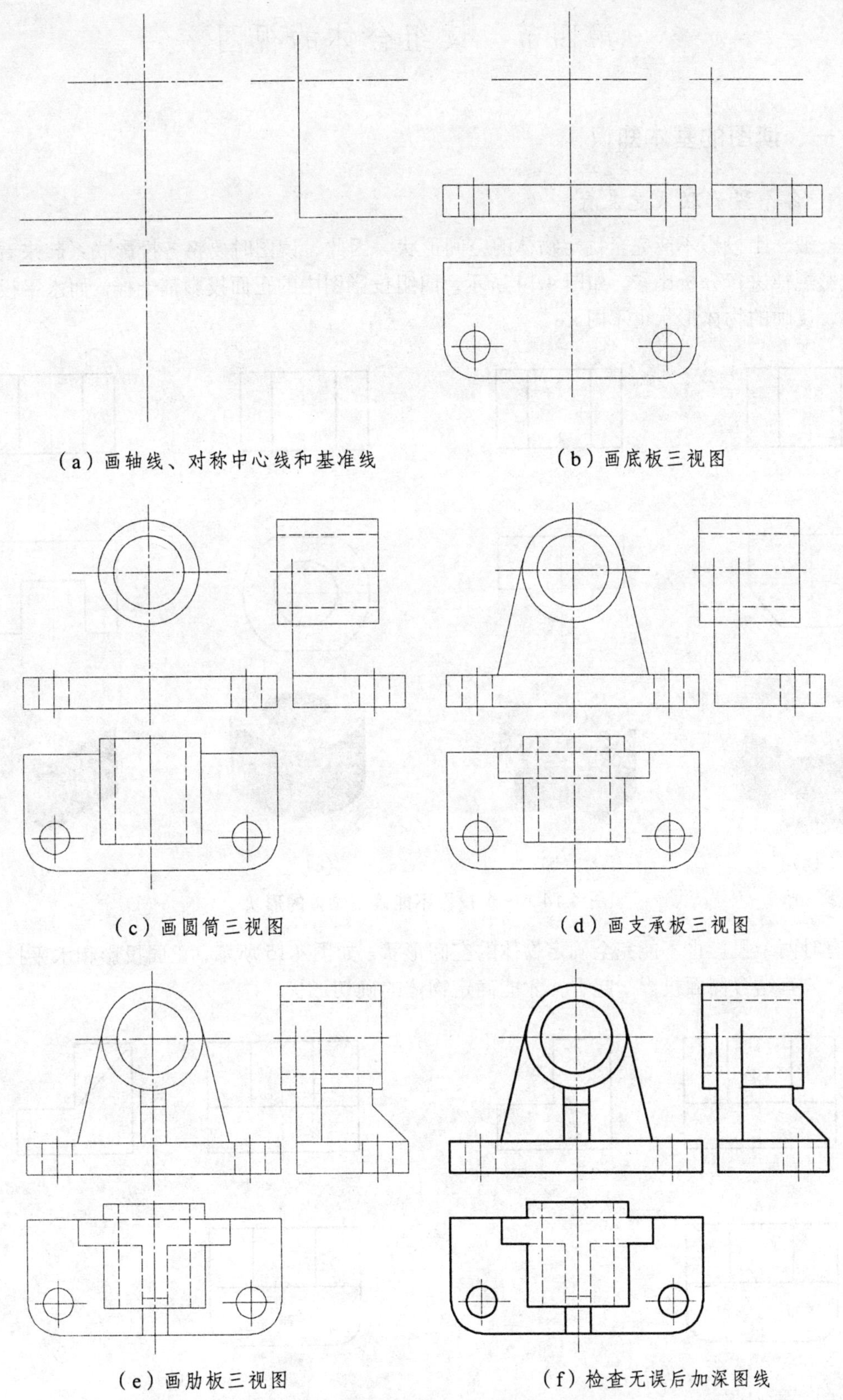

图 4.13　轴承座三视图的画图步骤

第四节　读组合体的视图

一、读图的基本知识

1. 各个投影联系起来看

一般一个投影不能完全确定物体的空间形状。因此，读图时要将各投影联系起来看，根据投影规律进行分析比较。如图 4.14 所示，四组投影图中的正面投影都一样，而水平投影不一样，反映的物体形状也不同。

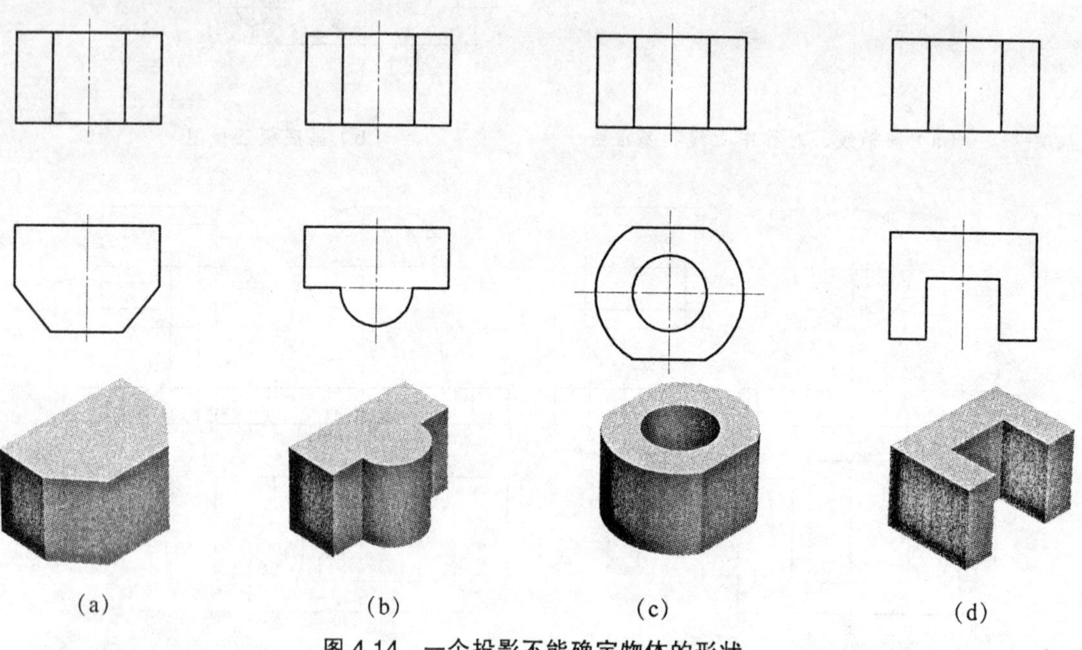

图 4.14　一个投影不能确定物体的形状

有时两个投影也不能完全确定物体的空间形状。如图 4.15 所示，正面投影和水平投影都一样，只有结合侧面投影一起看，才能确定物体的确切形状。

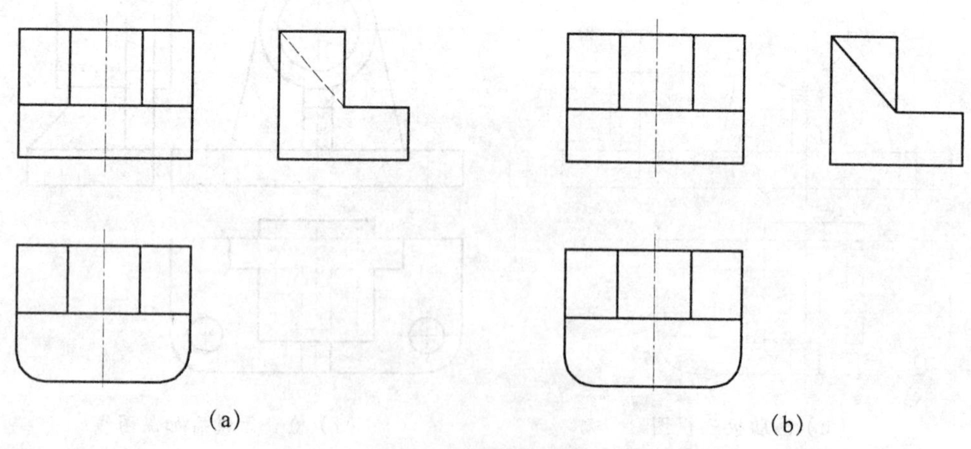

图 4.15　两个投影不能确定物体的形状

读图时不能只看一个或两个投影，必须以正面投影为中心，将几个投影联系起来看，才能正确地想象出该物体的形状。

2. 投影中线条、线框的意义

如图 4.16 所示，投影中的线条有直线和曲线，它们表示如下含义：

(1) 具有积聚性表面的投影。平面的积聚投影为直线，曲柱面的积聚投影为曲线。

(2) 表面和表面的交线投影。

(3) 曲面轮廓线的投影。

投影图中的线框表示的含义如下：

(1) 表示平面、曲面的投影。

(2) 空间封闭曲线（如相贯线）的投影。

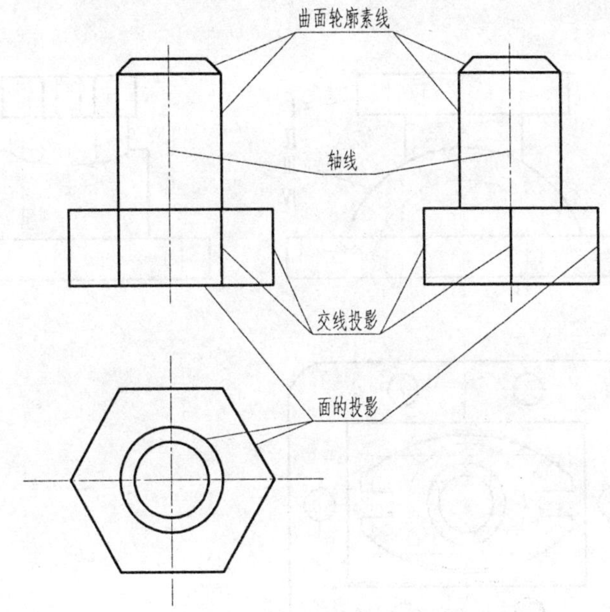

（a）线条的意义

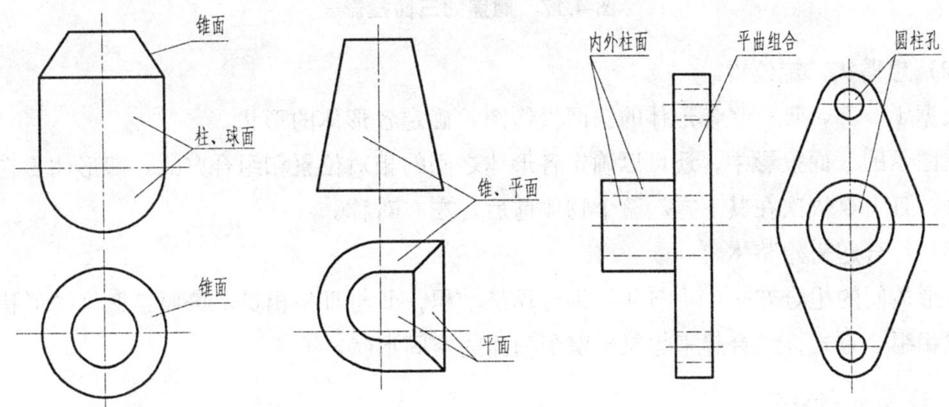

（b）线框的意义

图 4.16 线条及线框的意义

二、读图的方法

1. 形体分析法

形体分析法是读图的主要方法。一般先从反映物体特征的正面投影开始，将其可见部分分成若干个代表简单立体的封闭线框，并按照投影规律找出每一线框在其他投影中所对应的投影；然后，由此想象出各简单立体的形状及其在整体中所处的位置；最后，把各形体按相互位置组合在一起，想象出整个物体的形状。下面以图 4.17 所示三面投影为例，介绍其读图的步骤。

（1）分线框，对投影。

将阀盖正面投影的可见部分分成四个封闭线框（Ⅰ、Ⅱ、Ⅲ、Ⅳ），每一线框代表一简单立体。按照投影规律，分别找出它们在水平投影图和侧面投影图中的对应投影，得到各形体的三面投影图。

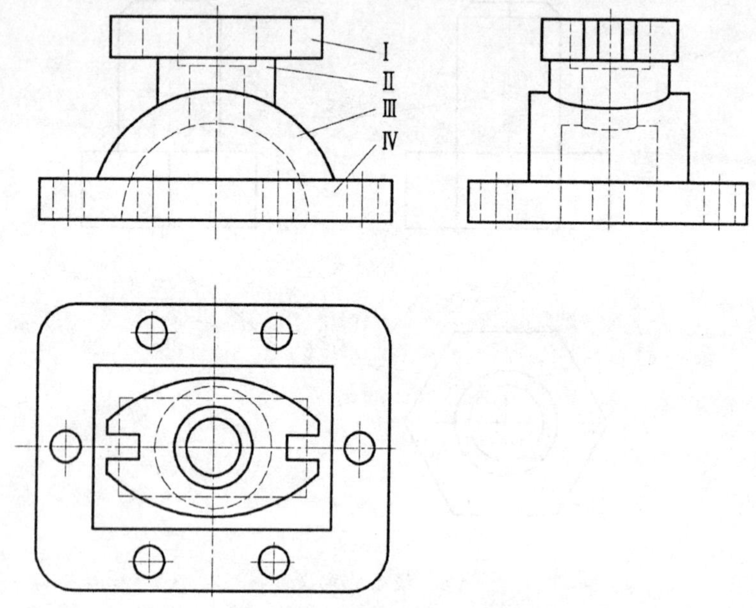

图 4.17　阀盖的三面投影

（2）想形状，定位置。

根据Ⅰ、Ⅱ、Ⅲ、Ⅳ各形体的三面投影图，确定各形体的形状。

从图示的三面投影中，还可以确定各形体之间的相对位置和组合方式。即形体Ⅰ在最上面，Ⅱ、Ⅲ、Ⅳ依次在其下方。整个物体前后、左右对称。

（3）综合起来想整体。

各形体间的组合方式：Ⅰ与Ⅱ、Ⅲ与Ⅳ是堆积，Ⅱ与Ⅲ是相贯。按照各形体的形状、相互位置和组合方式，综合起来想象出整个物体的空间形状。

2. 线面分析法

当组合体中有较复杂的形体时，仅用形体分析法难以确定其形状，可借助于线面分析法确定其形状。

线面分析法就是利用投影规律和线、面的投影特点分析投影中的线条和线框的含义，判断形体上各交线和表面的形状与位置，从而确定形体形状的方法。下面以图 4.18 所示的支座为例说明线面分析法的方法和步骤。

支座可以看成由空心圆筒Ⅰ和底板Ⅱ两个形体组成。空心圆筒Ⅰ简单易懂；而底板Ⅱ由于被几个平面切割，形体显得比较复杂，可应用线面分析法帮助读图。

（1）由正面投影中线框 p'，按投影规律在水平投影、侧面投影中找出其对应的投影 p、p''，两者均积聚成直线。因此 P 平面为正平面，其正面投影反映实形。

（2）由水平投影中线框 q，按投影规律在正面投影、侧面投影中找出其对应的投影 q'、q''，两者均积聚成直线。因此 Q 平面为水平面，其水平投影反映实形。

（3）由正面投影中线框 r'，按投影规律在水平投影、侧面投影中找出其对应的投影 r、r''，r 积聚成一条斜线，r''为封闭线框。因此 R 平面为铅垂面，其正面投影、侧面投影均不反映实形。

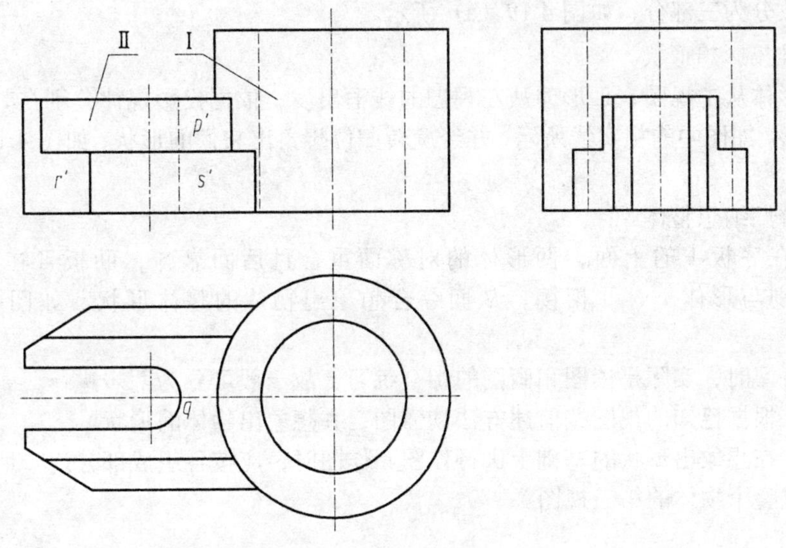

图 4.18　支座的三面投影

（4）由正面投影中线框 s'，按投影规律在水平投影、侧面投影中找出其对应的投影 s、s''，两者均积聚成直线。因此 S 平面为正平面，其正面投影反映实形。

通过以上的分析，可想象出支座的整体结构形状。

三、读图的一般步骤

上面介绍了读图的基本方法——形体分析法和线面分析法。为了提高读图能力，有条不紊地看懂投影，读图的一般步骤如下：

（1）初步了解。

首先从正面投影着手了解各投影之间的位置关系及物体的大概形状和大小，并分析由哪几个主要部分组成。

(2) 深入分析。

在初步了解之后，应用形体分析法，对较复杂的部分结合线面分析法逐个进行分析，根据各部分的投影特点，判断物体的基本形状和表面形状。

(3) 想象形体。

通过形体分析和线面分析，根据各基本形体在空间所处的位置和相互间的组合关系想象出物体的形状。

四、读图举例

【例 4.1】 读懂图 4.19 (a) 所示的三视图。

读图步骤如下:

(1) 抓住特征分部分。

通过形体分析可知，主视图中Ⅰ、Ⅱ形状特征明显，左视图中形体Ⅲ特征突出，据此，可将该体大致分为三部分，如图 4.19 (a) 所示。

(2) 对准投影想形状。

Ⅰ与Ⅱ形体从主视图、Ⅲ形体从左视图的线框出发，依据投影规律分别在其他两视图上找出对应投影，如图中的粗实线所示，并经旋转归位想象出它们的形状，如图 4.19 (b)、(c)、(d) 所示。

(3) 综合归纳想整体。

形体Ⅱ在底板Ⅰ的上面，两形体的对称面重合且后面靠齐，肋板Ⅲ在形体Ⅱ的正前方，且分别与形体Ⅰ、Ⅱ相接，从而综合想象出物体的整体形状，如图 4.19 (e)、(f) 所示。

在读图练习时，实际是读图和画图的综合练习，故一般可分为两步进行:

第一步，根据已知的视图按前述方法读懂图，并想象出物体的形状。

第二步，在想象出形状的基础上进行作图。作图时，应按各组成部分逐个地作出第三投影，进而完成整个物体的第三视图。

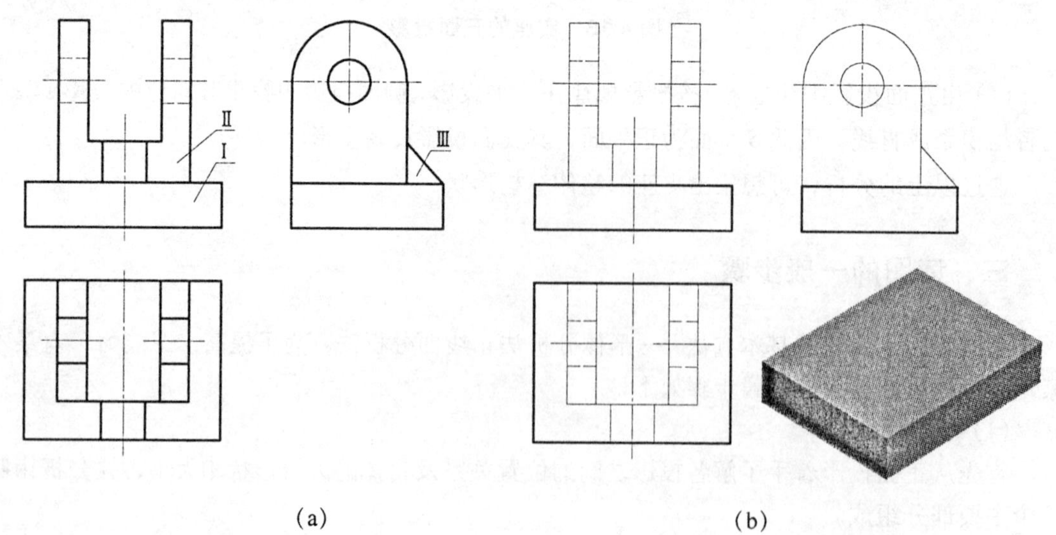

(a)　　　　　　　　(b)

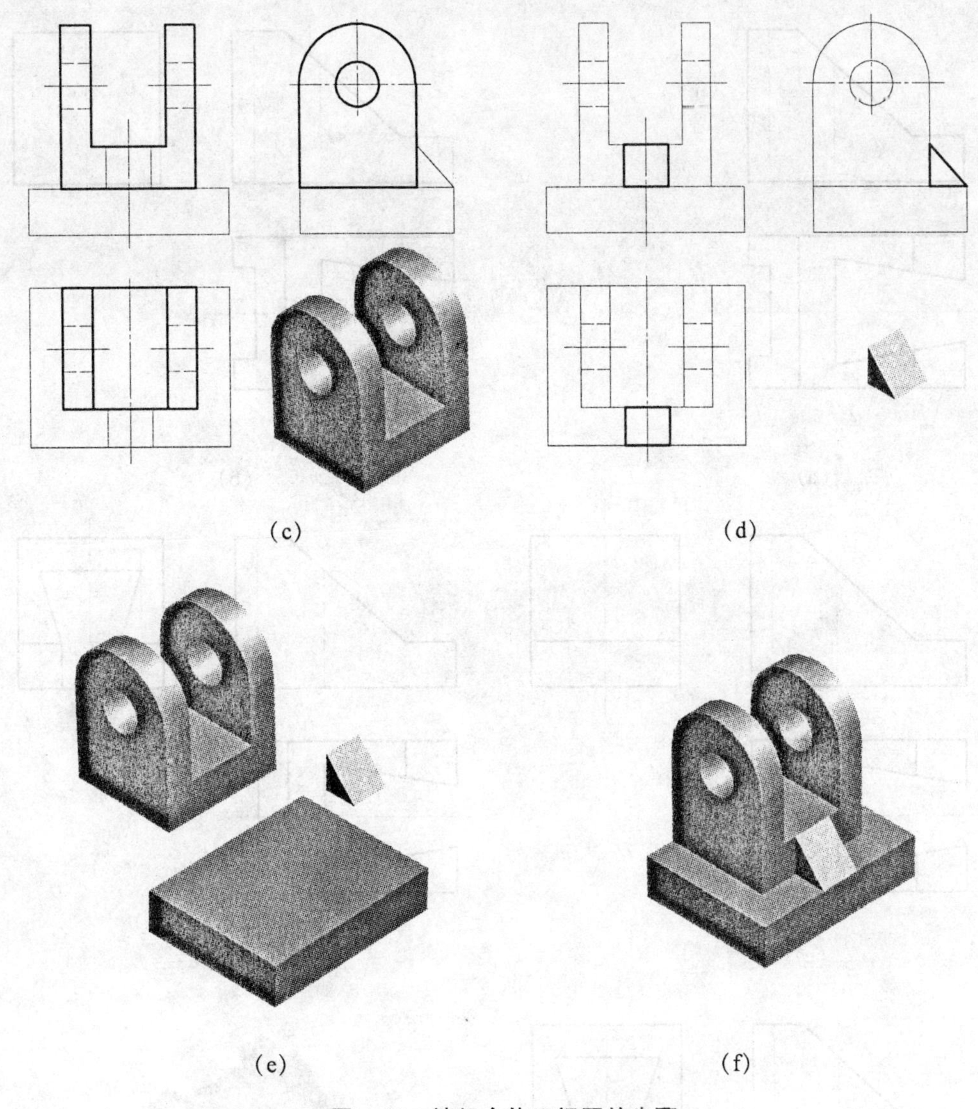

(c)　(d)　(e)　(f)

图 4.19　读组合体三视图的步骤

【**例 4.2**】 如图 4.20 所示，根据形体的主视图和俯视图，补画左视图。

具体作图步骤如下:

(1) 根据已知视图，想出物体形状。

通过形体分析，先在俯视图上分出三个封闭线框 1、2、3，再在主视图中找出对应的投影。由于在主视图上找不到与其对应的类似形线框，所以与该线框对应的必然都是线，说明三个线框所表示的是三个特殊平面。而从俯视图中可以明显看出，该机件的左右开了两个槽，并在主视图上可以看出开的是两个上、下通槽。经分析可想象出该体的整体形状，如图 4.20 所示。

(2) 在看懂主、俯视图，想出物体形状的基础上，补画左视图。具体步骤如图 4.20 所示。

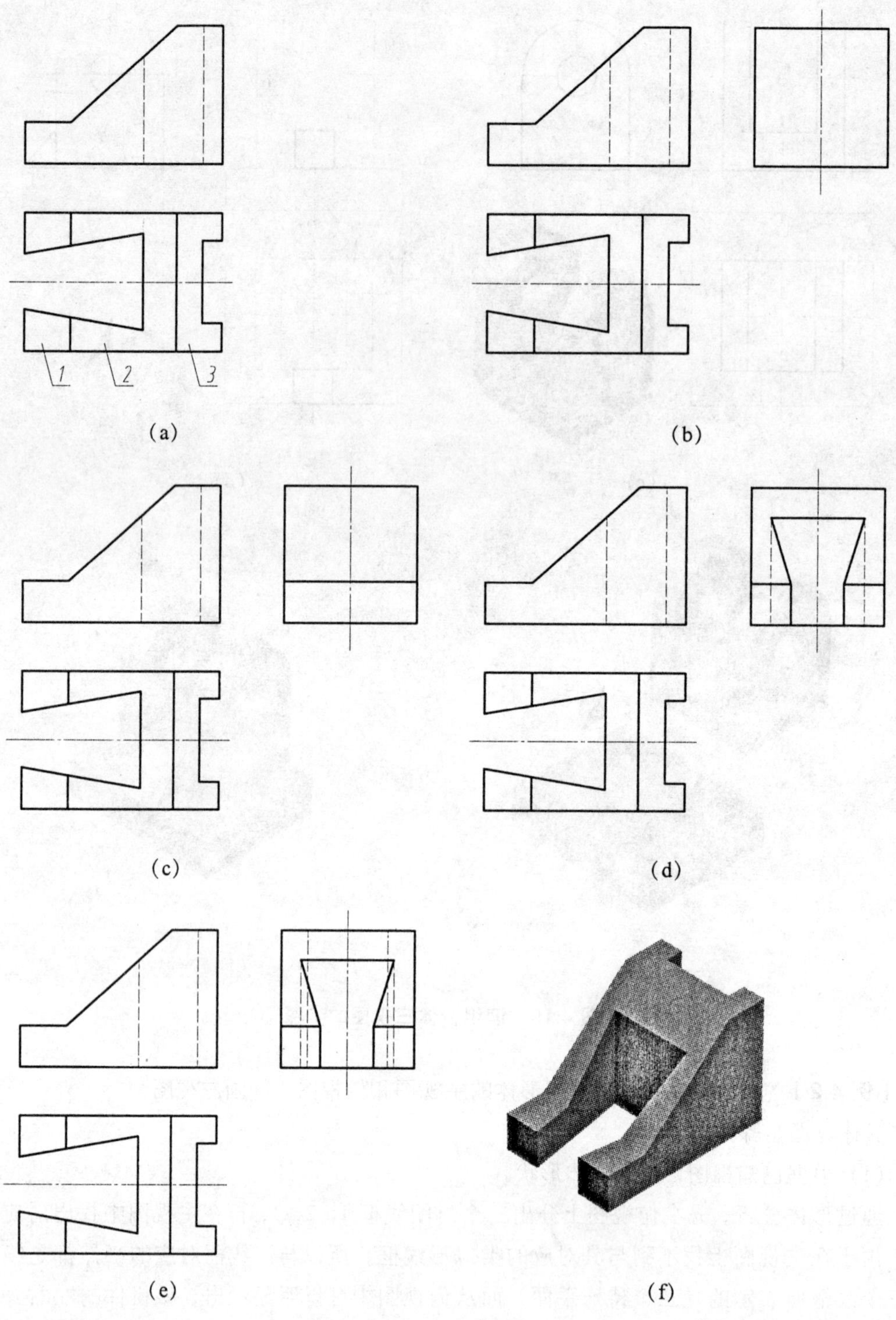

图 4.20　补画左视图

第五章 轴测投影图

多面正投影图能完整、准确地反映物体的形状和大小，且度量性好、作图简单，但由于缺乏立体感，对没有读图能力的人来说，不容易想象出物体的形状。因此，在工程图样中有时会采用轴测图，它的优点是富有立体感，缺点是产生变形，不能确切地表示物体的真实大小，且作图较复杂，因而在生产中它作为辅助图样，用来帮助人们读懂正投影图，如图 5.1 所示为 T 形桥台的轴测图。

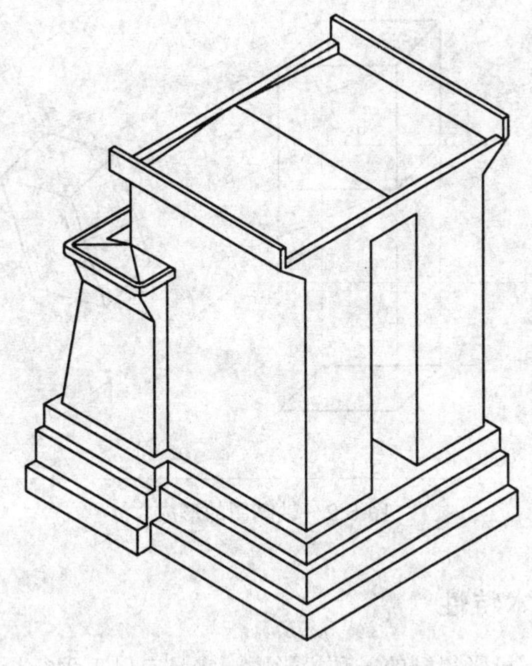

图 5.1 T 形桥台的轴测图

第一节 轴测图的基本知识

一、基本概念

1. 轴测图的形成

将空间物体连同确定其位置的直角坐标系，沿不平行于任一坐标平面的方向，用平行投影法投射在某一选定的单一投影面上所得到的具有立体感的图形，称为轴测投影图，简称轴测图。如图 5.2 所示，投影平面 P 称为轴测投影面。

2. 轴测轴

空间直角坐标轴 OX、OY、OZ 在轴测投影面上的投影 O_1X_1、O_1Y_1、O_1Z_1，称为轴测投影轴，简称轴测轴。

3. 轴间角

轴测轴之间的夹角 $\angle X_1O_1Y_1$、$\angle Y_1O_1Z_1$、$\angle X_1O_1Z_1$，称为轴间角。

4. 轴向伸缩系数

直角坐标轴的轴测投影的单位长度与相应直角坐标轴上的单位长度的比值，称为轴向伸缩系数。OX、OY、OZ 的轴向伸缩系数分别用 p、q、r 表示。如图 5.2 所示：$p=O_1X_1/OX$，$q=O_1Y_1/OY$，$r=O_1Z_1/OZ$。

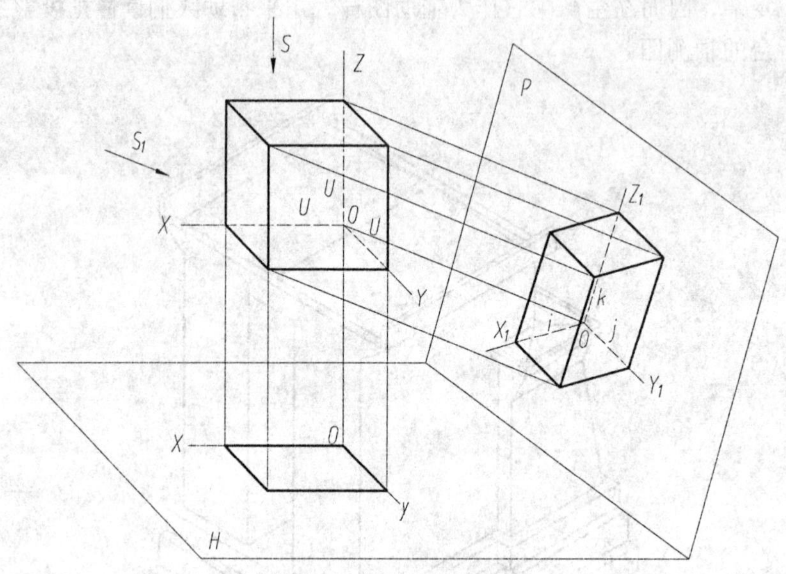

图 5.2　轴测图的形成

二、轴测图的基本特性

由于轴测图是由平行投影得到的一种投影图，它具有以下平行投影的特性：

(1) 直线的投影一般为直线，特殊情况下积聚为点；

(2) 点在直线上，则点的轴测投影仍在该直线的轴测投影上，且点分该直线的比值不变；

(3) 空间平行的线段，其轴测投影仍平行，且长度比不变。

由以上平行投影的投影特性可知：当点在坐标轴上时，该点的轴测投影一定在该坐标轴的轴测投影上；当线段平行于坐标轴时，该线段的轴测投影一定平行于该坐标轴的轴测投影，且该线段的轴测投影与其实长的比值等于相应轴向伸缩系数。

三、轴测图的分类

轴测图可以分为正轴测图和斜轴测图，用正投影法得到的轴测投影称为正轴测图，用斜投影法得到的轴测投影称为斜轴测图。

根据轴向伸缩系数的不同，又可分为等测图、二测图和三测图。

本章介绍正等轴测图和斜二轴测图的画法。

第二节　正等轴测图

一、轴间角和轴向伸缩系数

1. 轴间角

正等轴测图的轴间角为 120°，即$\angle X_1O_1Y_1=\angle Y_1O_1Z_1=\angle X_1O_1Z_1=120°$，正等轴测图中的坐标如图 5.3 所示，一般使 OZ_1 处于铅直位置，OX_1、OY_1 分别与水平线成 30°。

2. 轴向伸缩系数

根据计算,正等轴测图的轴向伸缩系数为 $p=q=r=0.82$。

为了作图方便，常采用简化轴向伸缩系数 $p=q=r=1$。用简化轴向伸缩系数画的正等轴测图，其形状不变，只是三个轴向尺寸比用轴向伸缩系数为 0.82 所画的正等轴测图放大了 1/0.82≈1.22 倍。

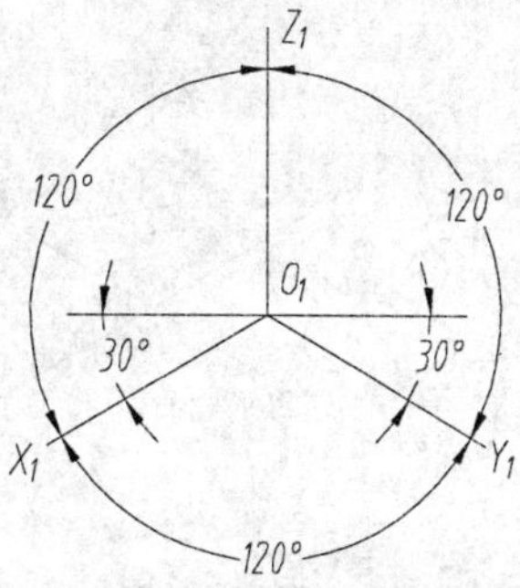

图 5.3　正等轴测图中坐标轴的位置

二、平面立体的正等轴测图

画平面立体的轴测图时，最基本的方法是坐标定点法。根据物体形状的特点，选定恰当的坐标轴及坐标原点，再按物体上各点的坐标关系画出各点的轴测投影，连接各点的轴测投影即为物体的轴测图，这样的方法称为坐标定点法。

【例 5.1】 画正六棱柱的正等轴测图。

画正六棱柱的正等轴测图时，可用坐标定点法作出正六棱柱上各顶点的正等轴测投影，将相应的点连接起来即得到正六棱柱的正等轴测图。为了图形清晰，轴测图上一般不画不可见轮廓线。

作图步骤如下:

（1）在正投影图中选择顶面中心 O 作为坐标原点，并确定坐标轴，如图 5.4（a）所示。

（2）画正等轴测图的坐标轴，如图 5.4（b）所示。

（3）根据正等轴测图的性质，依次作出正六棱柱顶面各个顶点的轴测投影，并依次连线作出顶面正六边形的正等轴测图，如图 5.4（c）所示。

（4）根据正等轴测图的性质，作出正六棱柱底面可见顶点的轴测投影，并依次连线，如图 5.4（d）所示。

（5）擦去多余图线，检查无误后加深即可，如图 5.4（e）所示。

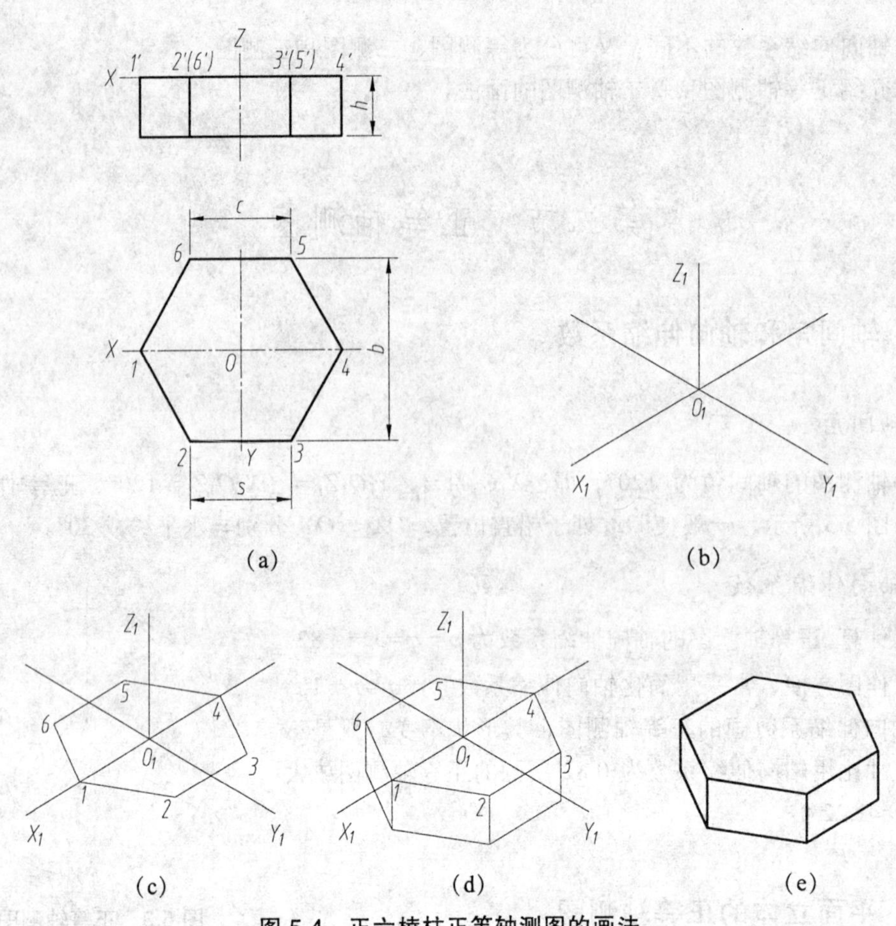

图 5.4　正六棱柱正等轴测图的画法

第三节　斜二轴测图

一、轴间角和轴向伸缩系数

1. 轴间角

斜二轴测图是用斜投影法得到的。由于坐标面 XOZ 平行于轴测投影面 P，它在 P 面上的投影反映实形。斜二轴测图的轴间角和轴测图中坐标轴的画法，如图 5.5 所示，$\angle X_1O_1Z_1=90°$，$\angle X_1O_1Y_1=\angle Y_1O_1Z_1=135°$。

画图时，O_1Z_1 轴铅直放置，O_1X_1 轴水平放置，O_1Y_1 轴与水平成 45°。

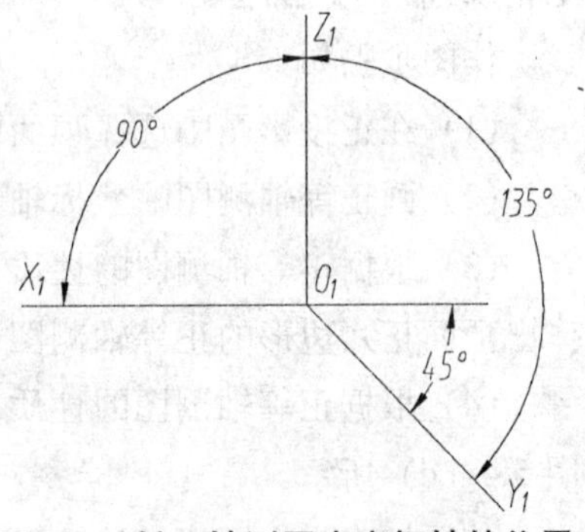

图 5.5　斜二轴测图中坐标轴的位置

2. 轴向伸缩系数

斜二轴测图的轴向伸缩系数 $p=r=1$，$q=0.5$。画斜二轴测图时，凡平行与 X 轴和 Z 轴的线段按 1 : 1 量取，平行于 Y 轴的线段按 1 : 2 量取。

凡是平行于 XOZ 坐标面的平面图形，在斜二轴测图中，其轴测投影均反映实形。

二、平行于各坐标面的圆的斜二轴测图

平行于各坐标面的圆的斜二轴测图，如图 5.6 所示，其中：平行于 XOZ 坐标面的圆的斜二轴测图仍为大小相等的圆；平行于 $X_1O_1Y_1$ 和 $Y_1O_1Z_1$ 坐标面的圆的斜二轴测图都是椭圆，它们形状相同，作图方法一样，只是椭圆长、短轴方向不同。

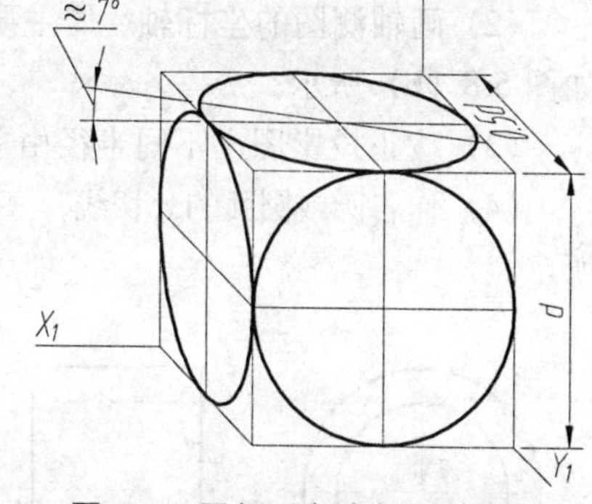

图 5.6　平行于各坐标面的圆的斜二轴测图

由于平行于 XOZ 坐标面的圆的斜二轴测图仍为圆，所以，当机件一个投影方向上有较多的圆和圆弧时，宜采用斜二轴测图。

图 5.7 是平行于 XOY 坐标面的圆的斜二轴测图——椭圆的近似画法。作图步骤如下：

(1) 在正投影图中选定坐标原点和坐标轴，如图 5.7 (a) 所示。

(2) 画轴测图的坐标轴，在 OX、OY 轴上分别作 A、B、C、D，使 $OA=OC=d_1/2$，$OB=OD=d_1/4$，并作平行四边形。过 O 作与 OX 成 7° 的直线，该直线即为长轴位置，过 O 作长轴的垂线即为短轴位置，如图 5.7 (b) 所示。

(3) 在短轴上取 $O1$、$O3$ 等于 d_1，连接 $3A$、$1C$ 交长轴于 2、4 两点。分别以 1、3 为圆心，$1C$、$3A$ 为半径作圆弧 CF、AE，连接 12、34，并延长交圆弧于 F、E，如图 5.7 (c) 所示。

(4) 以 2、4 为圆心，$2A$、$4C$ 为半径作小圆弧 AF、CE，即完成椭圆的作图，如图 5.7 (d) 所示。

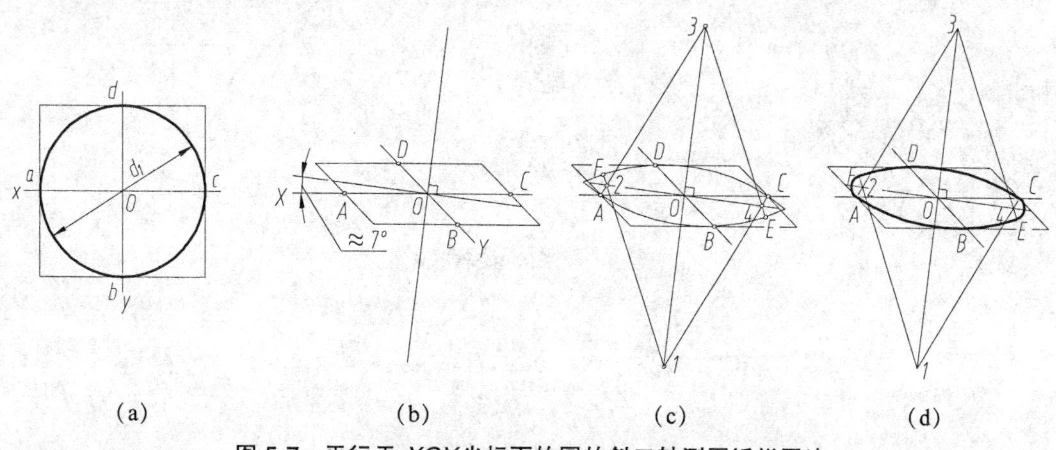

图 5.7　平行于 XOY 坐标面的圆的斜二轴测图近似画法

三、斜二轴测图的画法

斜二轴测图的画法与正等轴测图的画法类似，只是轴间角和轴向伸缩系数不同。

图 5.8（a）是一机件的正投影图。由图可知，该机件由圆筒及支板两部分组成，它们的前后端面均有平行于 *XOZ* 坐标面的圆及圆弧。因此，画斜二轴测图时，首先确定各端面圆的圆心位置。作图步骤如下：

（1）在正投影图中选定坐标原点和坐标轴，如图 5.8（a）所示。

（2）画轴测图的坐标轴，作主要轴线，确定各圆心Ⅰ、Ⅱ、Ⅲ、Ⅳ、Ⅴ的轴测投影位置，如图 5.8（b）所示。

（3）按正投影图上不同半径由前往后分别作各端面的圆或圆弧，如图 5.8（c）所示。

（4）作各圆或圆弧的公切线，擦去多余作图线，加深可见轮廓线，完成全图，如图 5.8（d）所示。

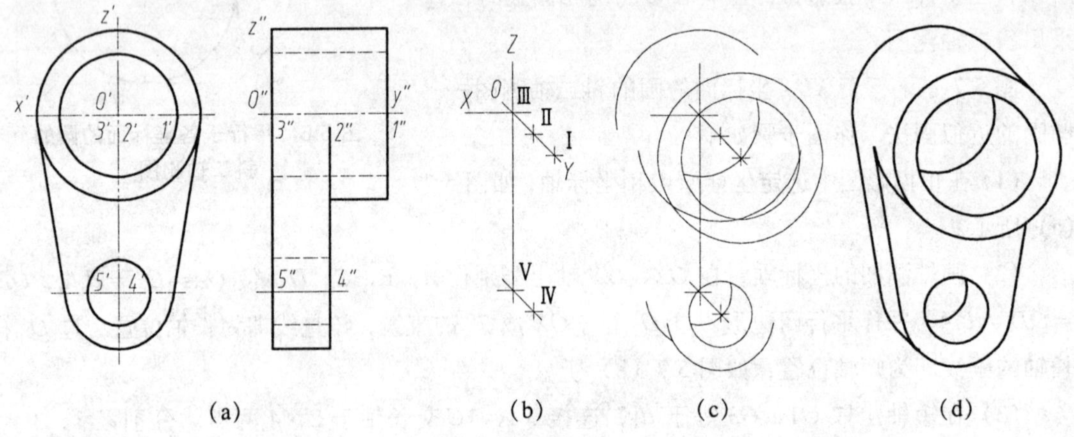

图 5.8　斜二轴测图的画法

第六章　机件的常用表达方法

前面已介绍了用正投影的基本理论以及用主、俯、左三个视图来表示物体的方法。在工程实际中有些零件只用一或两个视图并配合尺寸，就可以表达清楚。但是，零件的形状是千变万化的，有些零件的外部形状和内部结构都比较复杂，仅采用前面所介绍的三视图，往往不能将它们完整、清晰地表达出来，还必须增加其他表达方法，才能使画出的图样清晰易懂，而且绘图简便。国家标准《技术制图》和《机械制图 》中的相应规定满足了这一要求。本章着重介绍视图、剖视图、断面图、局部放大图、简化画法及其他规定画法等。

第一节　视　图

视图是根据有关标准和规定，用正投影法所绘制出的机件图形，主要是用来表达机件外部结构和形状。一般只画出机件的可见部分，必要时用虚线画出不可见部分。视图分为：基本视图、向视图、局部视图和斜视图四种。

一、基本视图

基本视图是零件向基本投影面投射所得的视图。在原来 H、V、W 三个基本投影面的基础上，再增加三个基本投影面，构成正六面体，如图 6.1 所示。这六个面均为基本投影面。将零件向六个基本投影面投射，即可得到六个基本视图。除主、俯、左三个视图外，另外三个视图分别为：

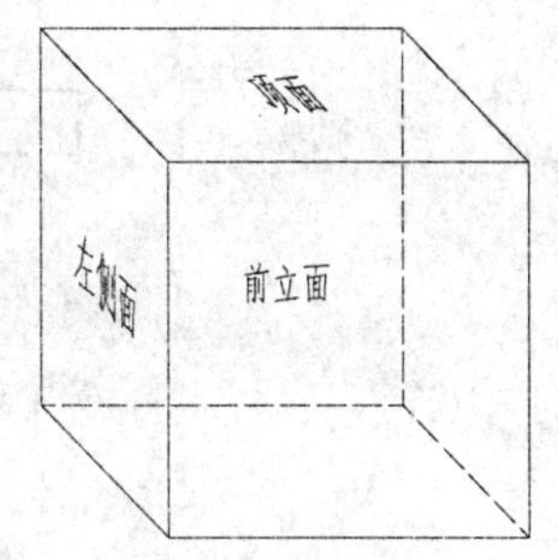

图 6.1　基本投影面

右视图——从右向左投射所得的视图，反应零件的高度与宽度。

仰视图——从下向上投射所得的视图，反应零件的长度与宽度。

后视图——从后向前投射所得的视图，反应零件的长度与高度。

各个投影面展开时，规定正立投影面不动，其余各投影面按如图 6.2 所示的方向，展开到与正立投影面同一个平面上。

六个基本视图之间仍应保持“长对正、高平齐、宽相等”的“三等”投影关系。即：

主、俯、仰视图，长对正；

主、左、右、后视图，高平齐；

俯、左、仰、右视图，宽相等。

注意：除后视图外，俯、仰、左、右视图远离主视图的一侧是机件的前面，靠近主视图的一侧是机件的后面。

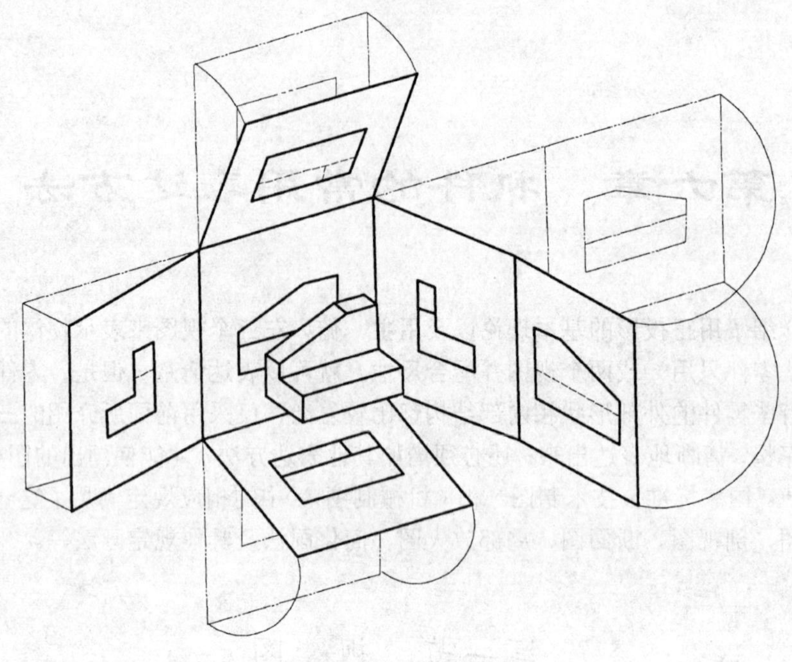

图 6.2　基本视图形成

六个基本视图的配置关系如图 6.3 所示。在同一张图纸内照此配置视图时，可不标注视图名称。

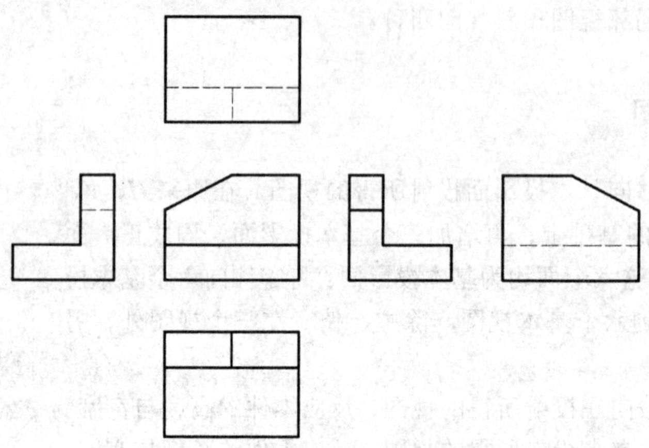

图 6.3　基本视图配置

在实际画图时，根据零件的形状和结构特点，在完整、清晰地表达物体特征的前提下，选用必要的基本视图。在六个基本视图中，一般优先采用主、俯、左三个视图，任何机件的表达都必须有主视图。

二、向视图

在实际设计绘图中，为了合理地利用图幅或者有时不能同时将六个基本视图都画在同一张图纸上，国家标准规定了一种可以自由配置的视图——向视图，如图 6.4 所示。

在实际应用时，要注意以下几个问题：

(1) 在向视图的上方用“×”(“×”为大写字母) 标注视图名称，在相应视图的附近用箭头指明投射方向，并标注相同的字母。

(2) 表示向视图名称的字母，无论是注在箭头旁还是注在视图的上方，均应与正常的读图方向一致。

(3) 表示投射方向的箭头应尽可能配置在主视图上，以使所获视图与基本视图相一致。表示后视图的投射方向的箭头最好配置在左视图或右视图上。

(4) 主、俯、左三个视图要保持原位置不变。

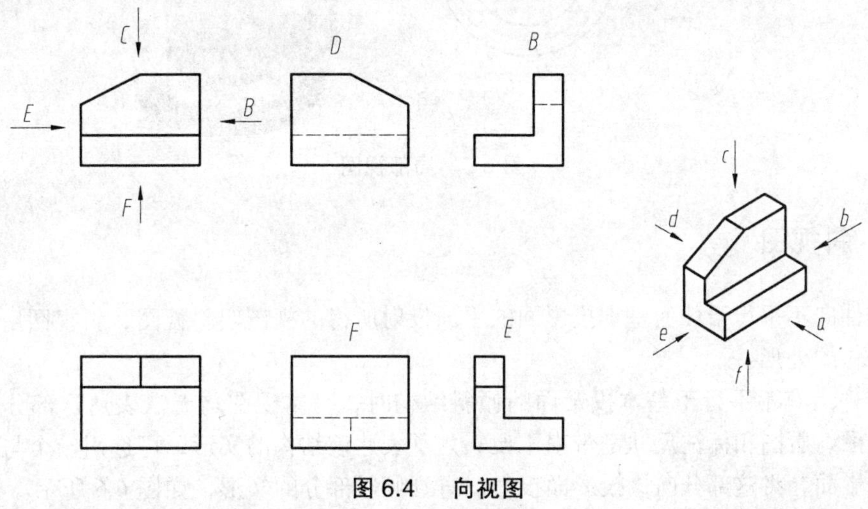

图 6.4　向视图

三、局部视图

将零件的某一部分向基本投影面投射所得到的视图称为局部视图。局部视图通常用来表达机件的局部外形。利用局部视图可以减少基本视图的数量，补充表达基本视图尚未表达清楚的部分。

如图 6.5 所示，采用主、俯两个视图后，尚有左、右两个凸台的形状没有表达清楚，此时采用局部视图来表达这两部分的结构形状就重点突出、一目了然。

画局部视图应注意以下几点：

(1) 一般在局部视图上方标出视图的名称“×”; 在相应的视图附近用箭头指明投射方向，并注上同样的字母。

(2) 局部视图可按基本视图的位置配置。当局部视图按投影关系配置，中间又没有其他图形隔开时，可省略标注，如图中 *A* 视图中的 *A* 及箭头均可省略；也可画在图纸内的其他地方，如图中的 *B* 视图。

(3) 局部视图的断裂边界用波浪线表示，但当所表示的局部结构是完整的而其外轮廓线又封闭时，波浪线可省略不画，如图中 *B* 所示。

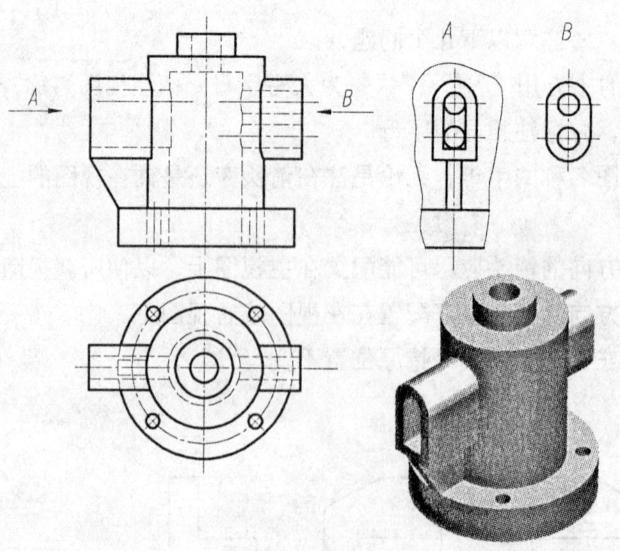

图 6.5　局部视图

四、斜视图

将零件向不平行于任何基本投影面的平面投射所得的视图叫斜视图，斜视图用于表达机件倾斜结构的外形。

当零件上有不平行于基本投影面的倾斜结构时，基本视图均无法表达这部分的真实形状，给画图、看图和标注尺寸都带来不便。为了表达该结构的实形，可选用一个与倾斜结构平行的投影面，将这部分向该投影面投射，得到倾斜部分的实形，如图 6.6 所示。

画斜视图时应注意以下几点：

（1）当机件向辅助投影面投射后，应将辅助投影面旋转到与其垂直的基本投影面的位置。

（2）斜视图只画机件上倾斜的结构，其余部分省略不画。斜视图的断裂边界可用波浪线或双折线表示，如图 6.7 的 *A* 视图。

（3）斜视图通常按向视图的配置形式配置并标注。必要时允许将斜视图旋转配置，但需画出旋转符号，表示该视图名称的大写字母应靠近旋转符号的箭头端。斜视图旋转配置时，既可顺时针旋转，也可逆时针旋转。但旋转符号的方向要与实际旋转方向一致。

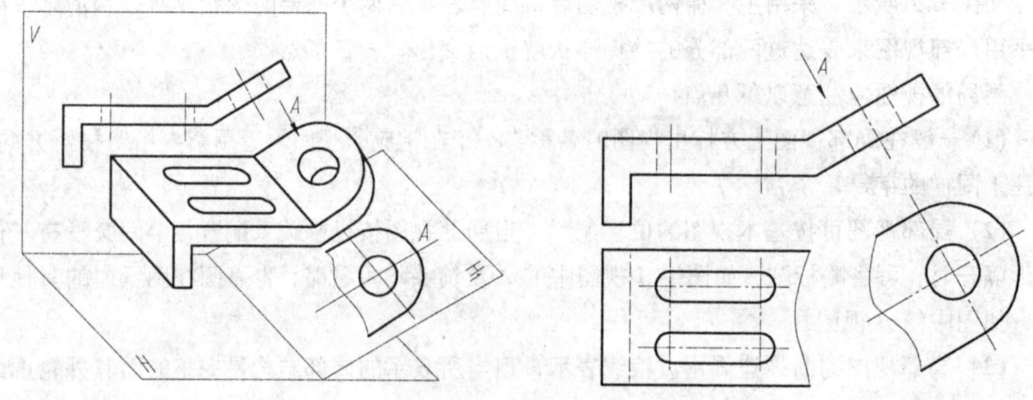

图 6.6　斜视图的形成

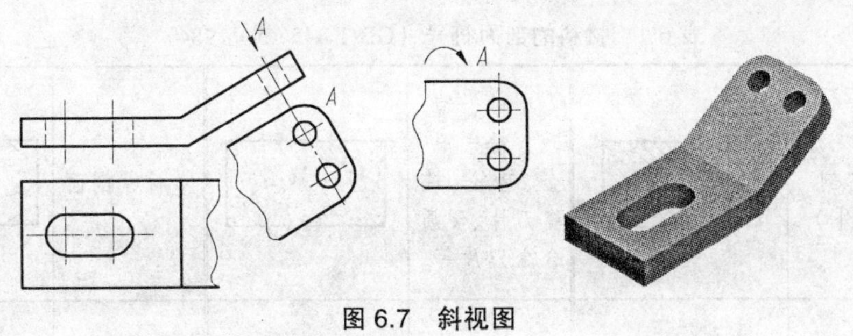

图 6.7　斜视图

第二节　剖视图

当零件的内部结构形状复杂时，视图上就会出现许多虚线，从而影响了图形的清晰性和层次性，既不利于看图，又不便于标注尺寸。为了清晰地表达零件的内部结构形状，国家标准《机械制图》中规定可用剖视图来表达零件的内部结构形状。

一、剖视图的概念

假想用剖切平面剖开零件，将处在观察者与剖切平面之间的部分移去，而将其余部分向投影面投射，所得到的图形称为剖视图（简称剖视）。如图 6.8 所示，机件的主视图就采用了剖视图的方法绘制。

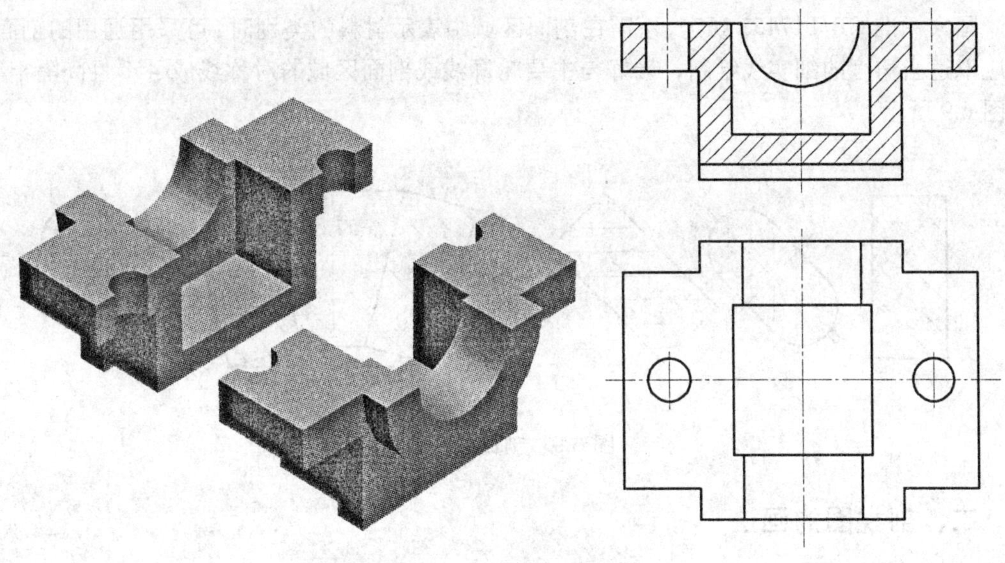

图 6.8　剖视图的概念

剖切平面与机件有接触部分（即有材料处），称为剖面区域。为了区分机件的实心部分与空心部分，国家标准规定在剖面区域画出剖面线或剖面符号。表 6.1 为各种材料的剖面符号。

表 6.1　材料的剖面符号（GB/T 4457.5－1984）

金属材料（已有规定剖面符号者除外）		型砂、填砂、粉末冶金、砂轮、陶瓷刀片、硬质合金刀片等		木材纵剖面	
非金属材料（已有规定剖面符号者除外）		钢筋混凝土		木材横剖面	
转子、电枢、变压器和电抗器等的叠钢片		玻璃及供观察用的其他透明材料		液　体	
线圈绕组元件		砖		木质胶合板（不分层数）	
混凝土		基础周围的泥土		格网（筛网、过滤网）	

国家标准 GB/T17453 规定，不需在剖面区域中表示材料的类别时，可采用通用的剖面线，即应以适当角度的细实线绘制，最好与主要轮廓线或剖面区域的对称线成 45° 且间隔相等，如图 6.9 所示。

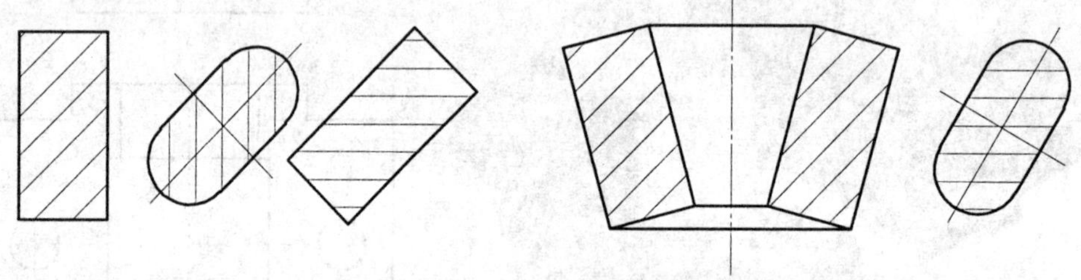

图 6.9　剖面线的角度

二、剖视图的画法

1. 画剖视图时应注意的几个问题

（1）由于剖切是假想的，所以当物体的一个视图画成剖视后，其他视图的完整性不受影响，仍应完整地画出，如图 6.10 所示。

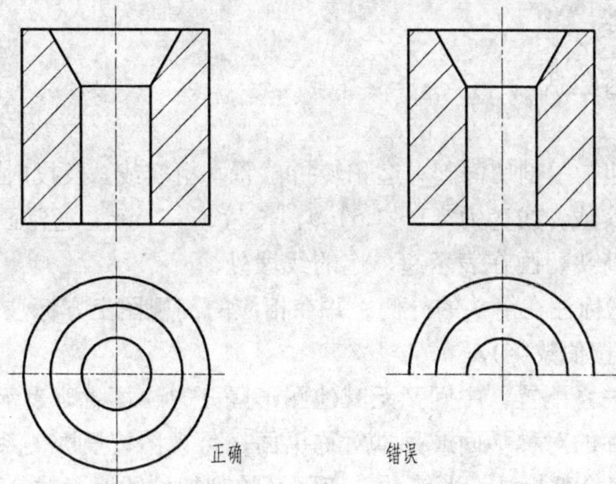

图 6.10　剖视图画法的假想性

（2）画剖视图的目的在于清楚地表达内部结构的实形，因此，剖切平面应尽量通过较多的内部结构的轴线或对称平面，并平行于某一投影面。

（3）位于剖切平面之后的可见部分应全部画出，避免漏线、多线，如图 6.11 所示。

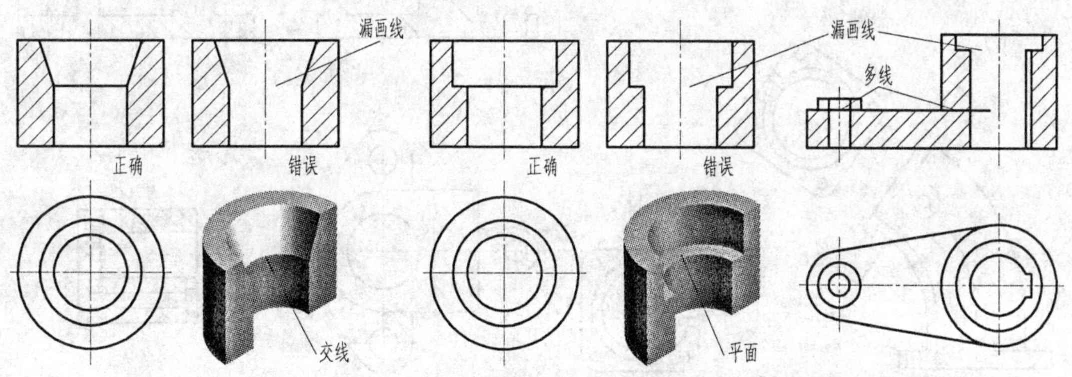

图 6.11　剖视图中漏线、多线示例

（4）对于剖切平面后的不可见部分，若在其他视图上已表达清楚，则虚线可省略，即一般情况下剖视图中不画虚线。当省略虚线后，物体不能定形，或画出少量虚线能节省一个视图时，则应画出需要的虚线，如图 6.12 所示。

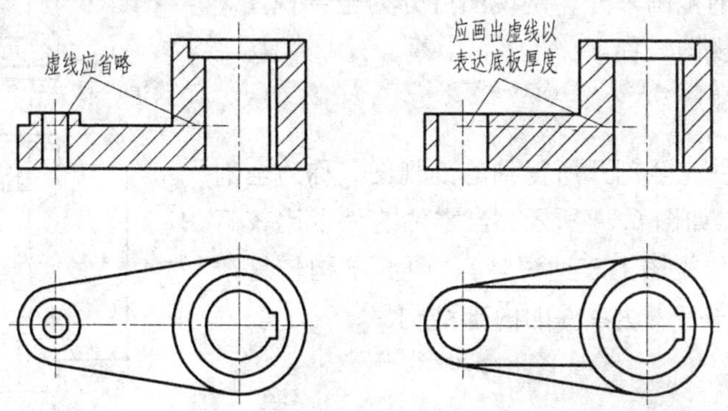

图 6.12　剖视图中的虚线

2. 剖视图的标注

剖视图标注的内容包括：

(1) 剖面符号。

(2) 剖切符号。即指示剖切面起、讫和转折位置（粗实线）及投射方向（箭头）的符号。表示剖切面位置的粗实线，线宽为（1～1.5）b，长为 5～7 mm，通常画在剖切面具有积聚性投影的那个视图上。箭头，画在表示起、讫的线段处。

(3) 剖视名称。它标注在箭头的外侧，并在相应的剖视图上方标注剖视图名称“×－×”(×——大写字母或阿拉伯数字)。

当剖视图按投影关系配置，中间又无其他图形隔开时，可省略表示投射方向的箭头；当单一剖切平面通过机件的对称平面或基本对称平面，且视图按投影关系配置，中间又没有其他图形隔开时，可省略全部标注；当单一剖切平面的剖切位置明确时，局部剖视图不必标注。具体标注如图 6.13 所示。

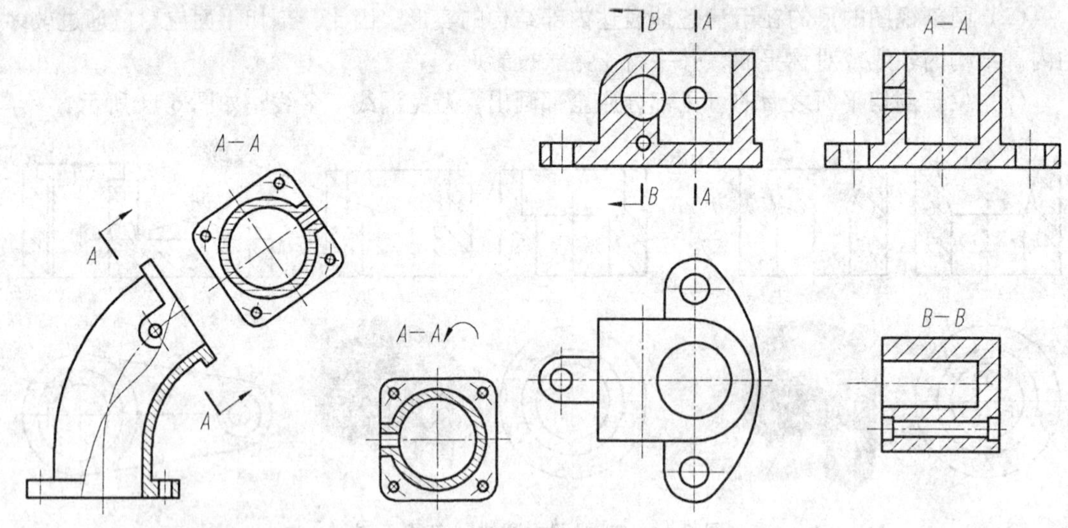

图 6.13 剖视图的标注

三、剖视图的种类

按机件被剖开的范围来分，剖视图可分为全剖视图、半剖视图和局部剖视图三种。

1. 全剖视图

用剖切面将机件完全剖开所得到的剖视图，称为全剖视图，简称全剖视，如图 6.14 所示。当零件的外形比较简单（或外形已在其他视图上表达清楚）、内部结构较复杂时，常采用全剖视图来表达零件的内部结构。

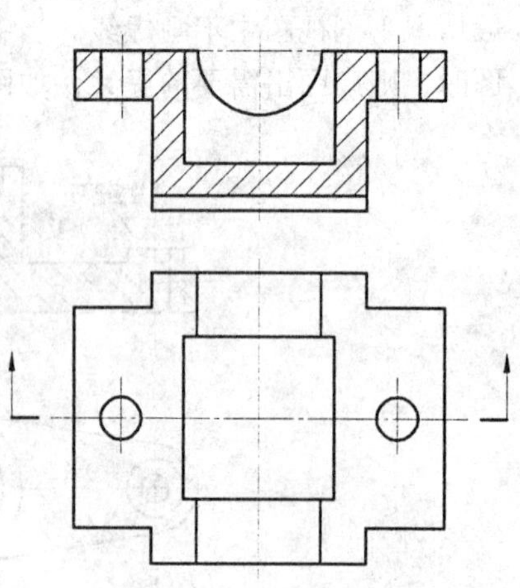

图 6.14 全剖视图

2. 半剖视图

当零件具有对称平面时，对于零件在垂直于对称平面的投影面上投射所得的图形，可以对称中心线为界，一半画成剖视，另一半画成视图，这种剖视图称为半剖视图，如图 6.15 所示。

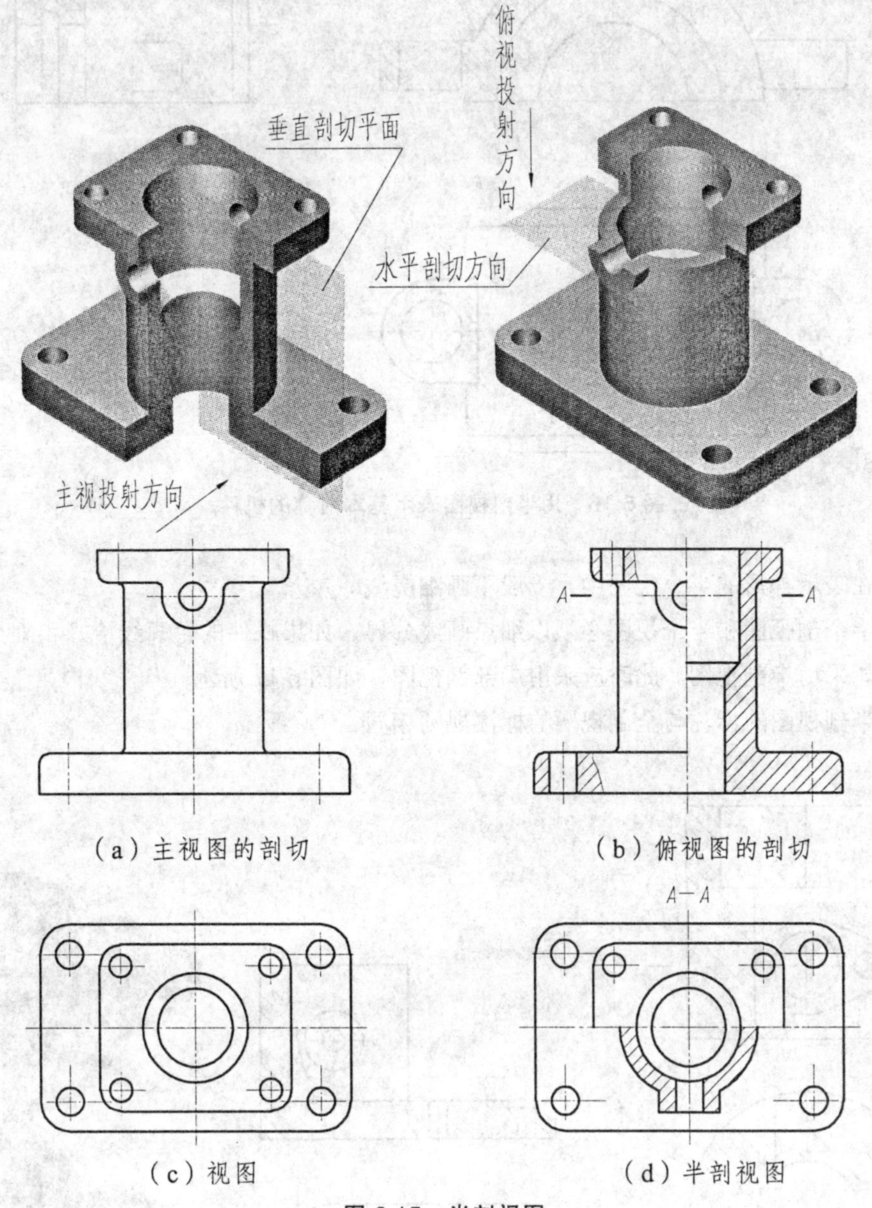

（a）主视图的剖切　　（b）俯视图的剖切

（c）视图　　（d）半剖视图

图 6.15　半剖视图

半剖视图既表达了机件的外形，又表达了其内部结构，它适用于内、外形状都需要表达的对称机件。

画半剖视图时，应注意以下几点：

（1）只有当物体对称时，才能在与对称面垂直的投影面上作半剖视图。但当物体基本对称，而不对称的部分已在其他视图中表达清楚，这时也可以画成半剖视图。如图 6.16 所示的机件除顶部凸台外，其左右是对称的，而凸台的形状在俯视图中已表示清楚，所以主视图仍可画成半剖视图。

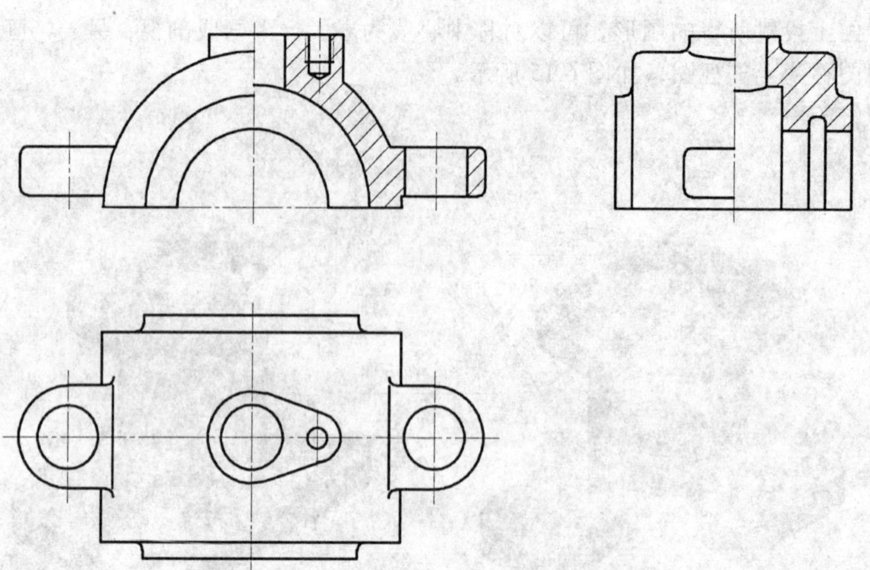

图 6.16　用半剖视图表示基本对称的机件

（2）在表示外形的半个视图中，一般不画细虚线。

（3）半个剖视图和半个视图必须以细点画线分界，如果机件的轮廓线恰好和细点画线重合，则不能采用半剖视图。此时应采用局部剖视图，如图 6.17 所示。

（4）半剖视图的标注与全剖视图的标注规则相同。

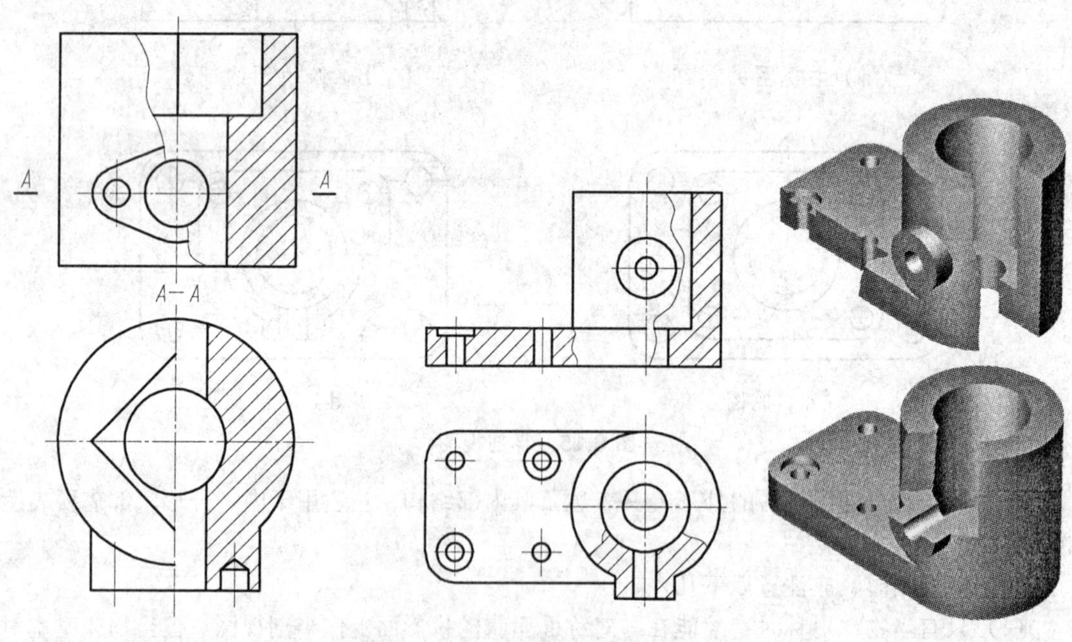

内轮廓线与中心线重合，不宜作半剖视图　　局部剖视图

图 6.17　不宜采用半剖视图

3. 局部剖视图

用剖切面局部地剖开机件所得的剖视图，称为局部剖视图，简称为局剖，如图 6.17 所示。它主要用以表达机件的局部内部形状结构，或不宜采用全剖视图或半剖视图的地方（如轴、连杆、螺钉等实心零件上的某些孔或槽等）。它具有同时表达机件内、外结构形状的优点，且不受机件是否对称的条件限制。

画局部剖视图时，应注意以下几点：

（1）在局部剖视图中，剖开部分和未剖部分用波浪线或双折线作分界线。画波浪线时，不应与其他图线重合。若遇到可见的孔、槽等空洞结构，则不应使波浪线穿空而过，也不允许画到外轮廓线之外，如图 6.18 所示。

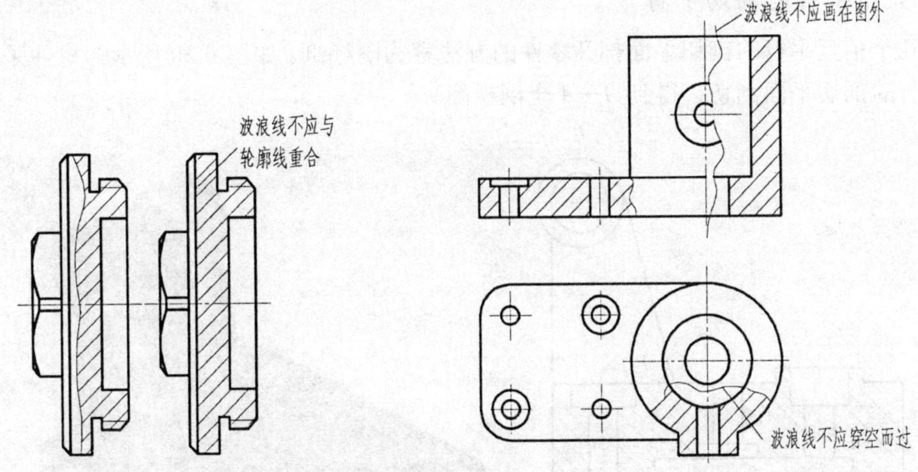

图 6.18　波浪线的错误画法

（2）当被剖切的结构为回转体时，允许将该结构的中心线作为局部剖视与视图的分界线，如图 6.19 所示。

（3）局部剖视图画法比较灵活，但在一个视图中数量不宜过多，以免使图形过于零碎。

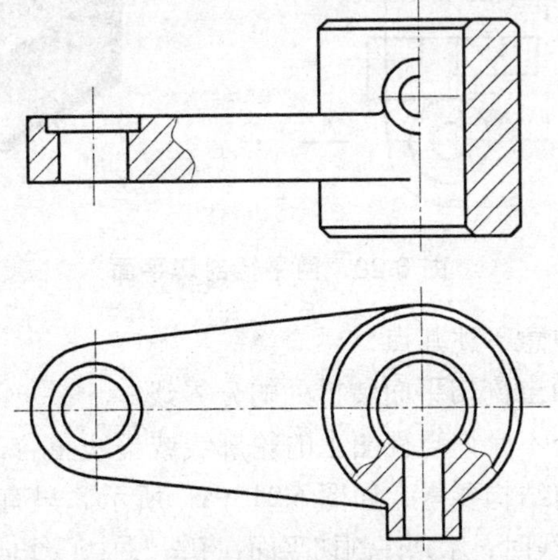

图 6.19　回转结构的局部剖视图画法

四、剖切面的种类

剖视图能否清晰地表达机件的结构形状，剖切面的选择是很重要的。根据零件结构的不同，可以采用单一的剖切平面，也可以采用两个相交或几个相互平行（或其他组合形式）的剖切平面剖开机件。

1. 单一剖切面

仅用一个剖切面剖开机件，这种剖切方式应用较多。如图 6.13 中的“*A—A*”剖视图就是用单一斜剖切平面剖切得到的。剖视图可按投影关系配置在与剖切符号相对应的位置上，也可将剖视图平移至图纸的适当位置，在不致引起误解时，还允许将图形旋转。

2. 几个平行的剖切平面

用几个相互平行的剖切平面剖开零件的方法称为阶梯剖。如图 6.20 所示的机件采用两个互相平行的剖切平面剖切，得到 *A—A* 全剖视图。

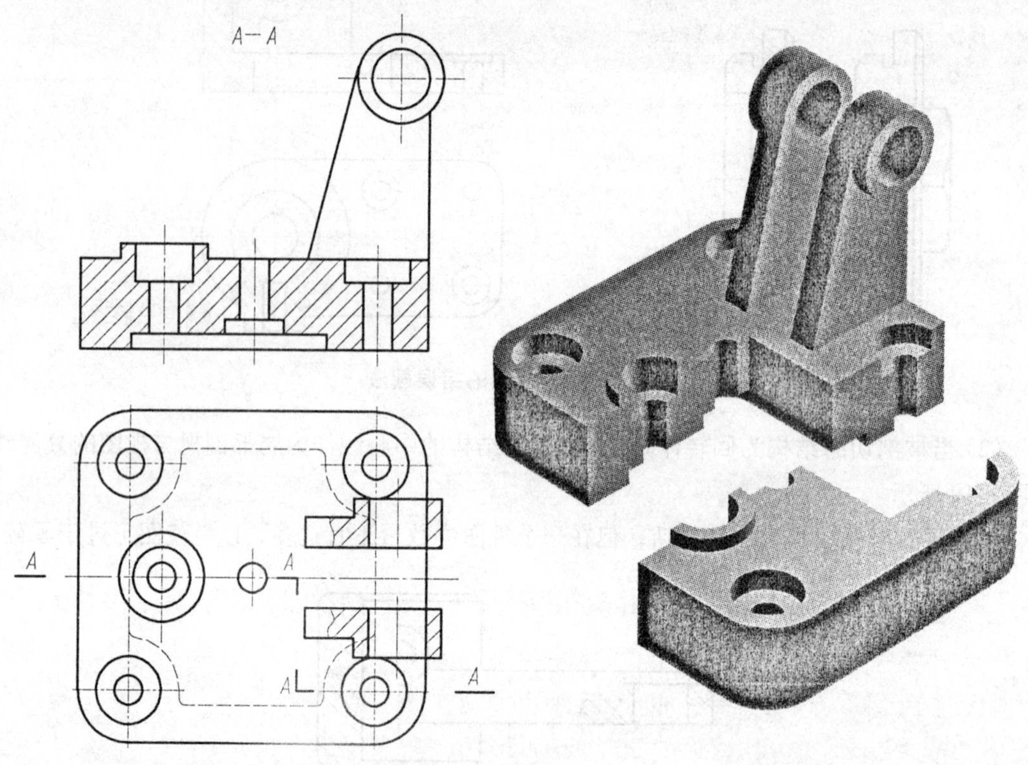

图 6.20　两平行剖切平面

画阶梯剖视图时，应注意下述几点：

（1）剖视图上不允许画出剖切平面转折处的分界线。

（2）剖切平面的转折处不允许与视图上的轮廓线或虚线重合。

（3）不应出现不完整的结构要素，如图 6.21（a）所示。只有当不同的孔、槽在剖视图中具有共同的对称中心线或轴线时，才允许剖切平面在孔、槽中心线或轴线处转折，如图 6.21（b）所示，不同的孔、槽各画一半，二者以共同的中心线分界。

（4）必须在剖切面的起讫、转折处画上剖切符号，并标上相同的字母。当转折处的地方很小时，可省略字母。

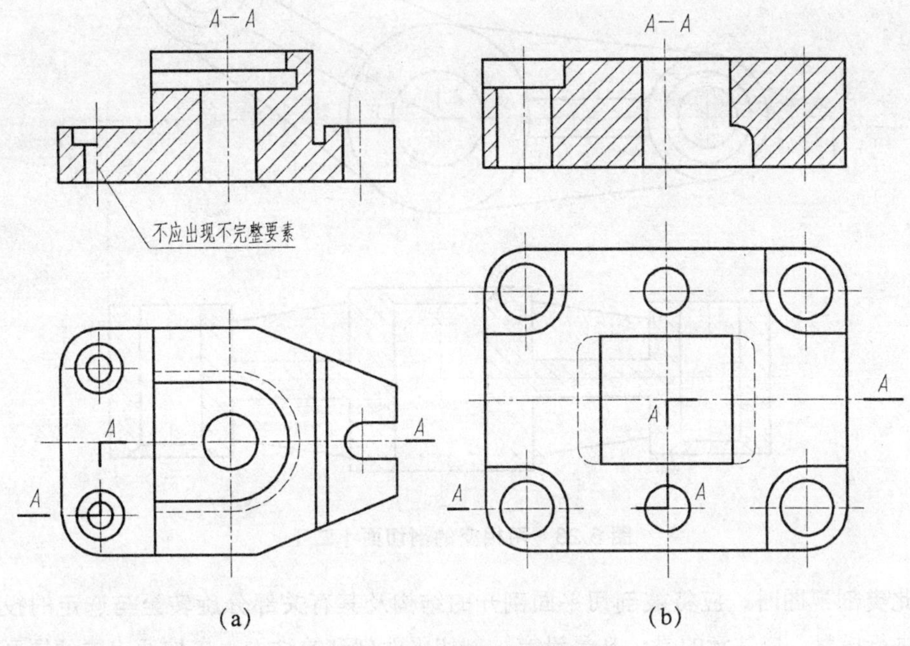

图 6.21 阶梯剖剖视图的画法

3. 几个相交的剖切面

用几个相交的剖切面（交线垂直于某一基本投影面）剖开机件获得剖视图，如图 6.22、图 6.23 所示。这种方法主要用于表达具有公共回转轴线的机件内部和盘、轮、盖等机件的呈辐射状均匀分布的孔、槽等内部结构。

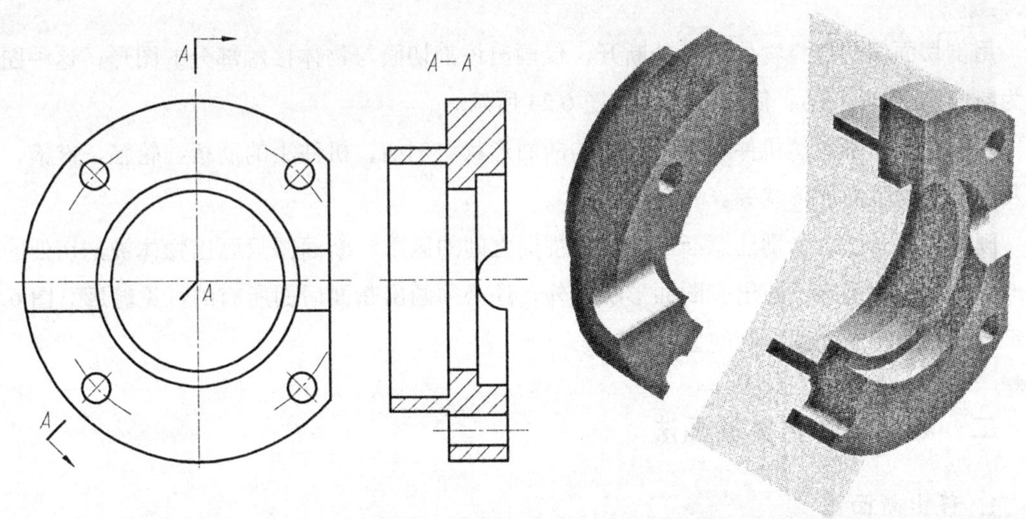

图 6.22 两相交的剖切面（一）

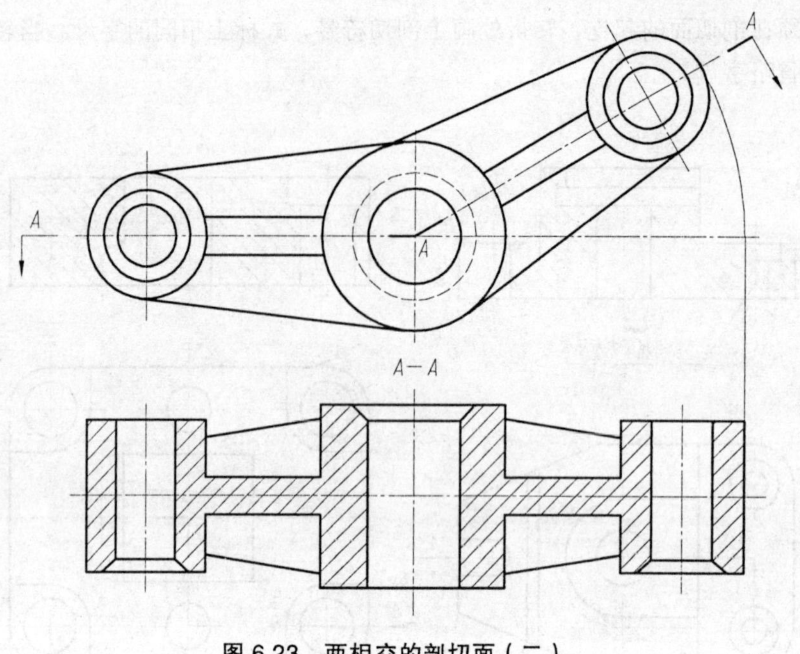

图 6.23　两相交的剖切面（二）

画此类剖视图时，应将被剖切平面剖开的结构及其有关部分旋转至与选定的投影面平行，再进行投射。应注意的是：凡是没有被剖切平面剖到的结构，应按原来的位置画出它们的投影。

第三节　断面图

一、断面图的概念

用剖切面假想地将物体的某处断开，仅画出该剖切面与物体接触部分的图形，这种图形称为断面图（剖面图），简称断面，如图 6.24 所示。

断面图常用于表达机件上某一局部的断面形状。例如，机件上的肋板、轮辐、键槽、小孔及各种型材的断面形状等。

画断面图时，应特别注意断面图与剖视图之间的区别。断面图只画出物体被剖切处的断面形状；而剖视图除了画出其断面形状之外，还必须画出断面后面所有的可见轮廓。图 6.24 表示出剖视图和断面图之间的区别。

二、断面图的种类及画法

1. 移出断面图

画在视图之外的断面图，称为移出断面图，如图 6.25 所示。

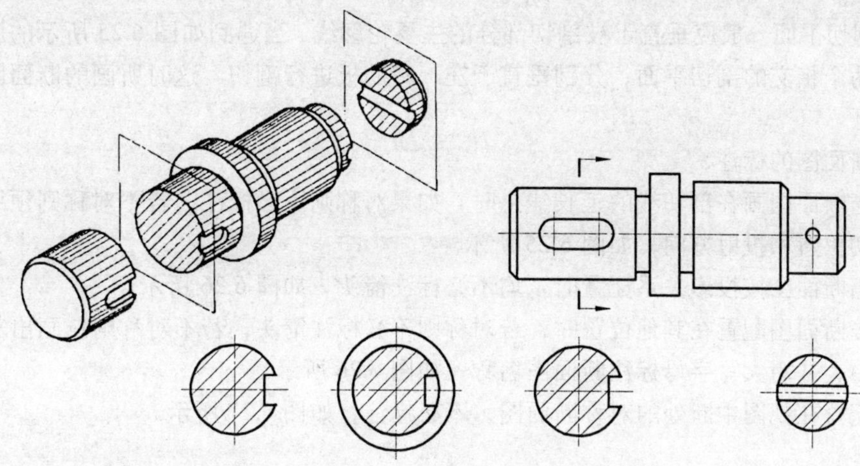

图 6.24 断面图的概念

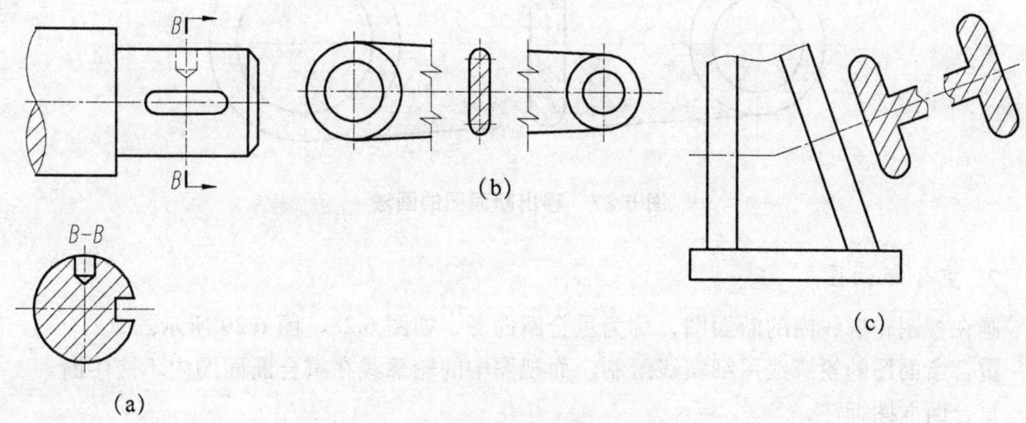

图 6.25 移出断面图

画移出断面时应注意:

(1) 移出断面的轮廓线用粗实线绘制，如图 6.24 所示。

(2) 移出断面图尽可能画在剖切符号或剖切线的延长线上。必要时可画在其他适当位置，如图 6.26 中的 *A—A* 断面。

(3) 当剖切平面通过由回转面形成的孔或凹坑等结构的轴线时，这些结构应按剖视图画出，如图 6.26 所示。

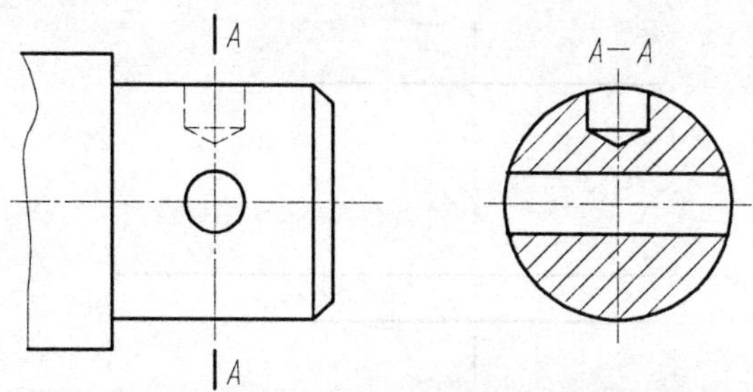

图 6.26 移出断面图的画法

(4) 剖切平面一般应垂直于被剖切部分的主要轮廓线。当遇到如图 6.25 所示的肋板结构时，可用两个相交的剖切平面，分别垂直于左、右肋板进行剖切。这时所画的断面图，中间一般应断开。

移出断面图的标注：

(1) 当断面图画在剖切线的延长线上时，如果对称则不必标注，若不对称则须用剖切符号表示剖切位置和投射方向，如图 6.25 所示。

(2) 当断面图按投影关系配置时，均不必标注箭头，如图 6.26 所示。

(3) 当断面图配置在其他位置时，若对称则不必标注箭头，若不对称则应画出剖切符号（包括箭头），并用大写字母标注断面图名称，如图 6.26 所示。

(4) 配置在视图中断处的对称断面图，不必标注，如图 6.27 所示。

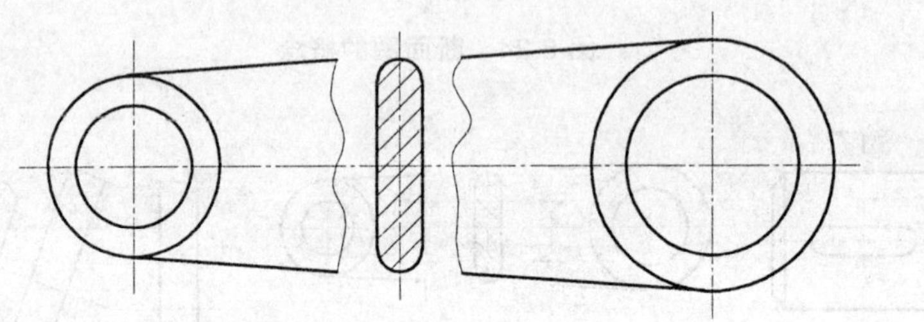

图 6.27 移出断面图的画法

2. 重合断面图

画在视图轮廓线内的断面图，称为重合断面图，如图 6.28、图 6.29 所示。

重合断面图的轮廓线用细实线绘制。而视图中的轮廓线在重合断面图内不应中断。

重合断面图标注：

(1) 重合断面图不对称时，应标注剖切符号及箭头，但断面图名称不注。

(2) 重合断面图对称时，则不作任何标注。

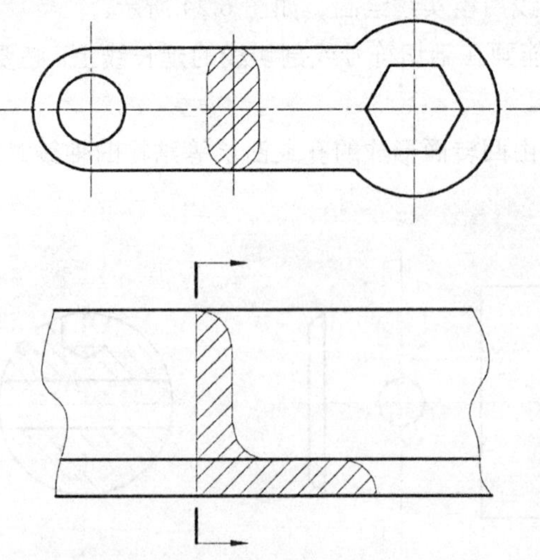

图 6.28 重合断面图的画法（一）

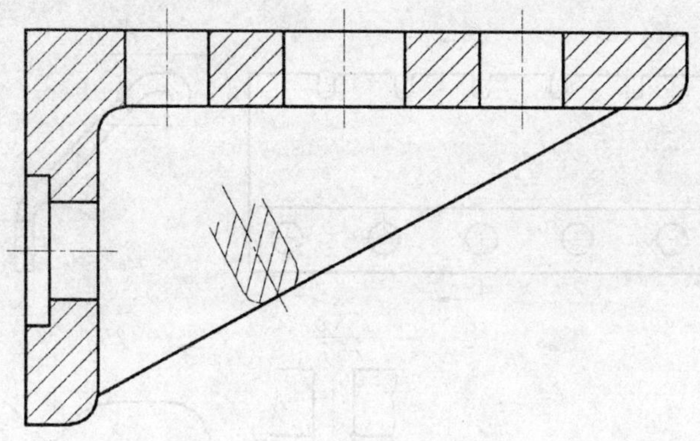

图 6.29　重合断面图的画法（二）

第四节　其他表达方法

一、局部放大图

机件上有些结构太细小，在视图中表达不够清晰，或不便于标注尺寸和技术要求。对这种细小结构，用大于原图形所采用的比例画出的图形，称为局部放大图。

局部放大图可画成视图、剖视图或断面图。它与被放大部分的表示法无关。

局部放大图必须标注，其方法是：在视图中，将需要放大的部位画上细实线圆，然后在局部放大图的上方注写绘图比例。当需要放大的部位不止一处时，应在视图中对这些部位用罗马数字编号，并在局部放大图的上方注写相应编号，如图 6.30 所示。

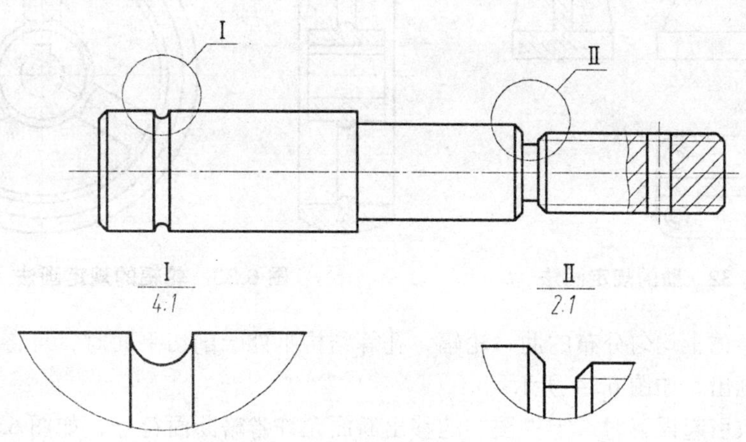

图 6.30　局部放大图

同一机件上不同部位的局部放大图，当图形相同或对称时只需画出一个，必要时可用几个图形表达同一被放大部分结构，如图 6.31 所示。

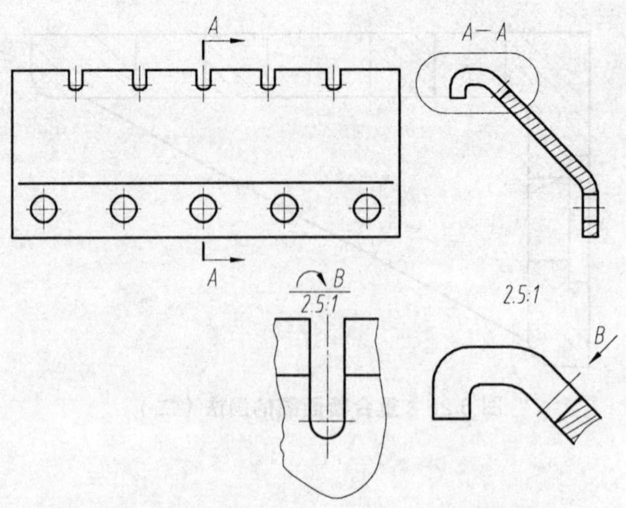

图 6.31　用几个局部放大图表达一个放大结构

二、简化画法

（1）对于机件的肋、轮辐及薄壁等，如按纵向剖切，这些结构都不画断面符号，而用粗实线将它与邻接部分分开。但横向剖切这些结构时，则应画出断面符号，如图 6.32、图 6.33 所示。

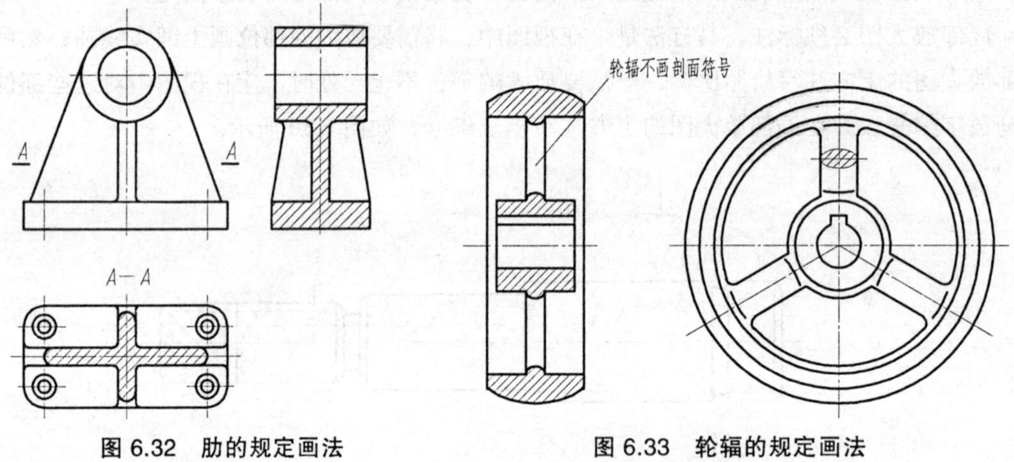

图 6.32　肋的规定画法　　**图 6.33　轮辐的规定画法**

（2）当回转体上均匀分布的肋、轮辐、孔等结构不处于剖切平面时，可将这些结构旋转到剖切平面上画出，如图 6.34 所示。

（3）当不致引起误解时，零件图中的移出断面允许省略断面符号，如图 6.35 所示。

（4）当机件上具有多个相同结构要素（如孔、槽、齿等）并且按一定规律分布时，只需画出几个完整的结构，其余用细实线连接，或画出它们的中心线，然后在图中注明它们的总数，如图 6.36 所示。对于厚度均匀的薄片零件，往往采用图 6.36（a）中所注 *t*2 的形式表示圆片的厚度。

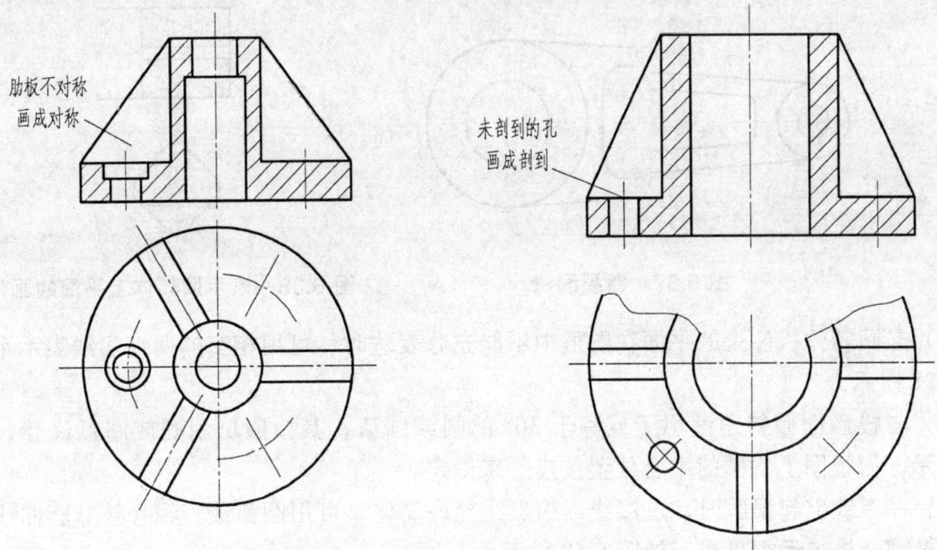

图 6.34　均匀分布的孔与肋等的简化画法

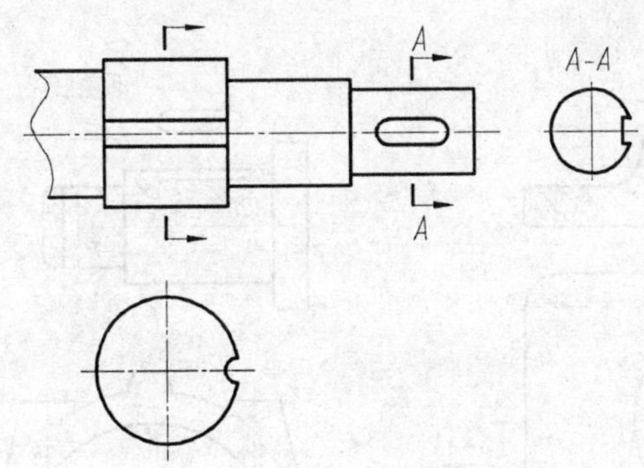

图 6.35　断面符号的省略画法

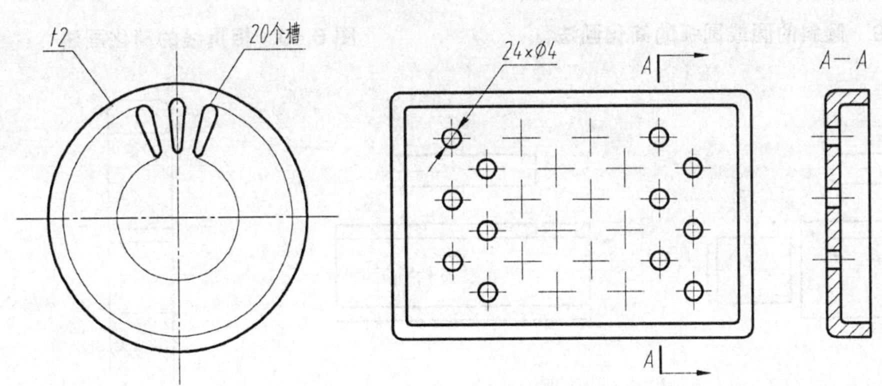

图 6.36　相同结构的省略画法

（5）较长的机件（轴、杆、型材、连杆等）沿长度方向的形状一致或按一定规律变化时，可将其断开后再缩短绘制。这种画法称为断裂画法，如图 6.37 所示。标注尺寸时，仍按原来的长度标注。

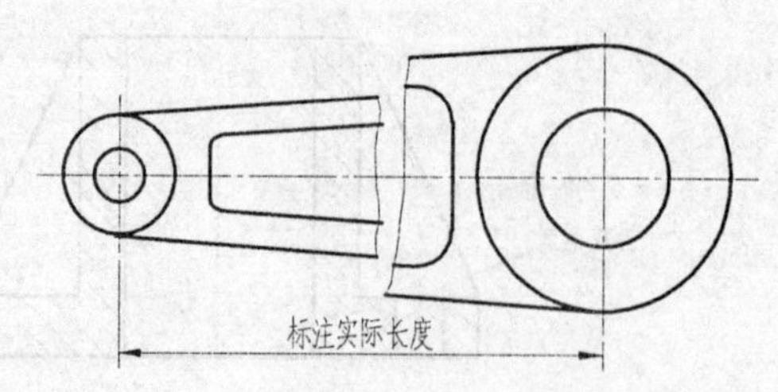

图 6.37　断裂画法

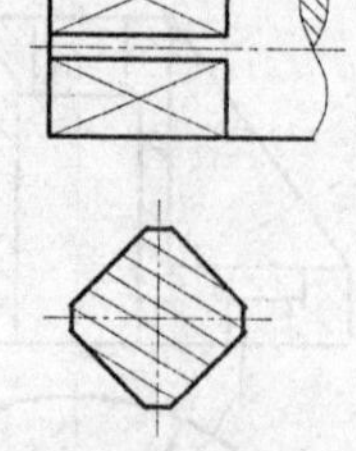

图 6.38　表示回转体上平面的画法

（6）当回转体机件上的平面在图形中不能充分表达时，可用相交的两细实线表示平面，如图 6.38 所示。

（7）与投影面倾斜角度小于或等于 30° 的圆或圆弧，其投影可用圆或圆弧代替，如图 6.39 所示，俯视图上各圆的中心位置按投影来确定。

（8）在不致引起误解时，过渡线、相贯线允许简化，可用圆弧或直线代替非圆曲线，并可采用模糊画法表示相贯线，如图 6.40 所示。

（9）零件上对称结构的局部视图，可按图 6.41 所示方法绘制。

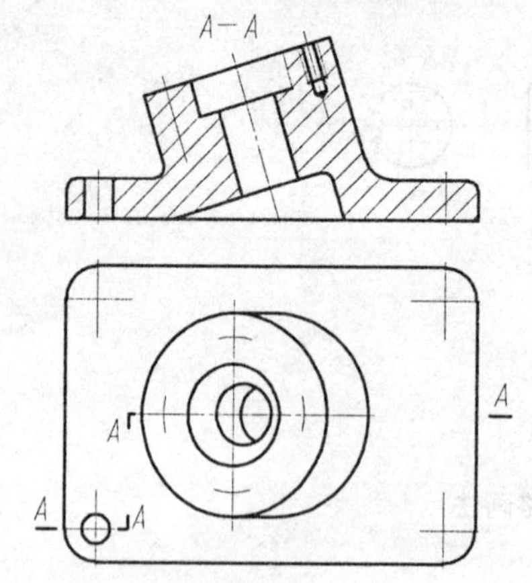

图 6.39　倾斜的圆或圆弧的简化画法

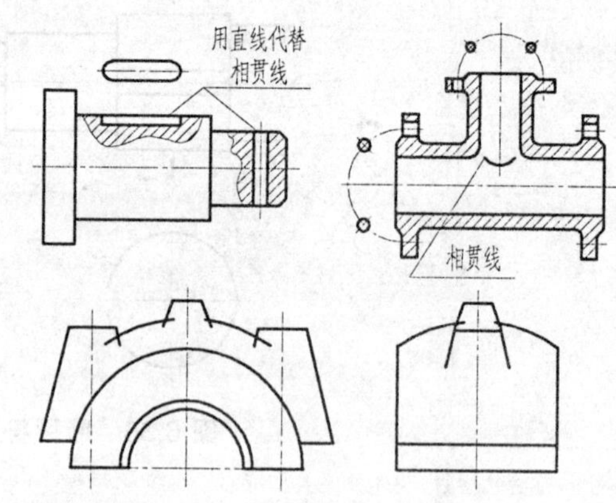

图 6.40　相贯线的简化画法

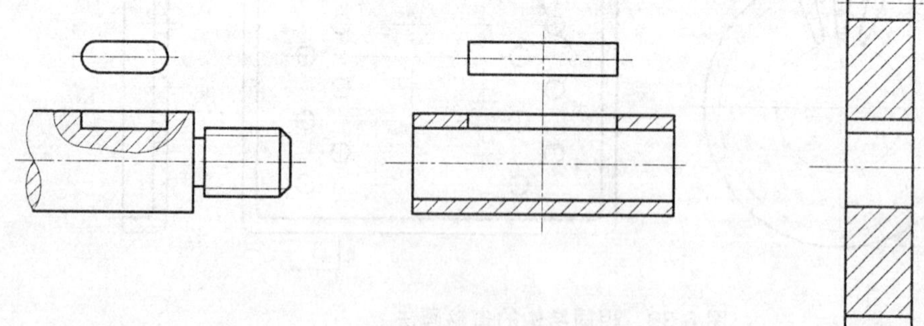

图 6.41　局部视图的简化画法

（10）滚花一般采用在轮廓线附近用细实线局部画出的方法表示，如图 6.42 所示。

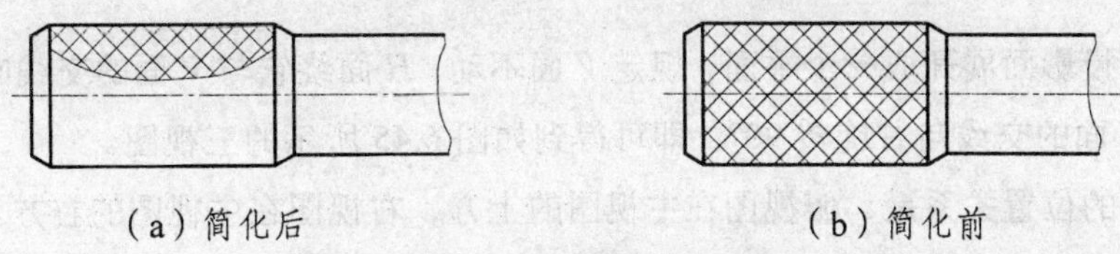

图 6.42　机件上滚花的简化画法

第五节　第三角画法简介

世界各国的工程图样有第一角投影和第三角投影两种体系，我国采用第一角投影体系，美国、日本等国家采用第三角投影体系。随着国际科学技术交流的日益增多，我们必须对第三角投影（也称第三角画法）有所了解。

一、第三角投影

三个相互垂直的平面将空间划分为八个部分，各个部分称为一个分角，分别称为第一分角、第二分角、第三分角……，如图 6.43 所示。

第三角投影是将物体置于第三分角内，使投影面处于观察者与物体之间（假设投影面是透明的，并保持人－面－物的位置关系）而得到正投影的方法，如图 6.44 所示。

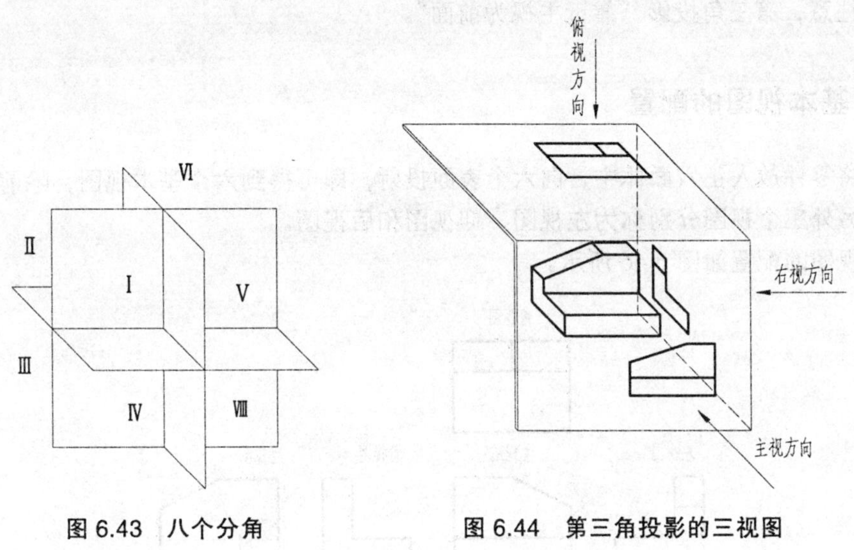

图 6.43　八个分角　　　图 6.44　第三角投影的三视图

二、三面视图的形成

如图 6.44 所示：从前向后投射，在 V 面得到的投影称为主视图；从上向下投射，在 H 面得到的投影称为俯视图；从右向左投射，在 W 面得到的投影称为右视图。

为使三个投影面展开成一个平面，规定 V 面不动，H 面绕它与 V 面的交线向上翻转 90°，W 面绕它与 V 面的交线向右旋转 90°，即可得到如图 6.45 所示的三视图。

三个视图的位置关系是：俯视图在主视图的上方，右视图在主视图的右方。

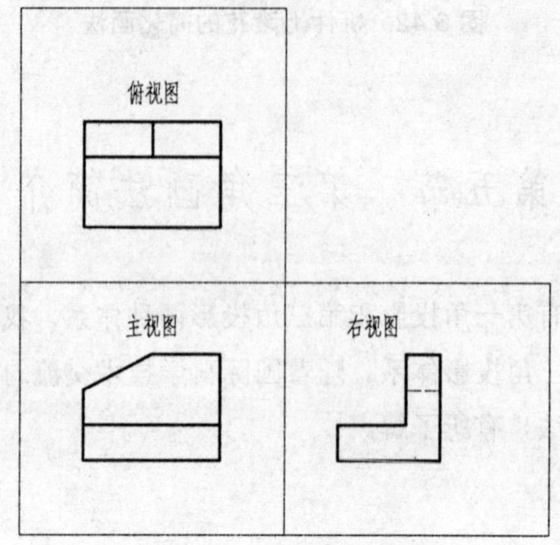

图 6.45　三视图的位置

三、三视图之间的投影关系

与第一角投影一样，视图之间仍保持“长对正、高平齐、宽相等”的对应关系。但应注意，第三角投影“靠近主视为前面”。

四、基本视图的配置

假想将零件放入正六面体中，向六个表面投射，即可得到六个基本视图，除前面介绍的三个外，另外三个视图分别称为左视图、仰视图和后视图。

基本视图的配置如图 6.46 所示。

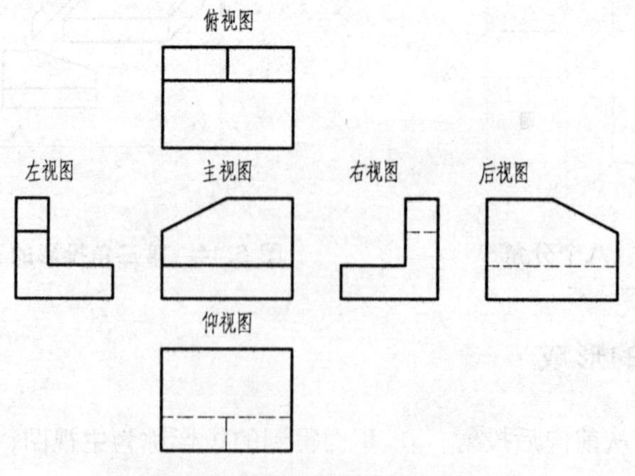

图 6.46　第三角投影基本视图配置

五、识别符号

国际标准化组织（ISO）规定了第一角投影和第三角投影的识别符号，如图 6.47 所示。

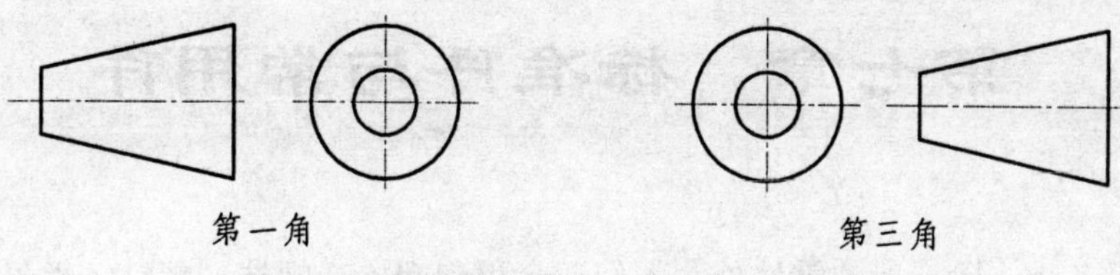

图 6.47　第一角和第三角投影的识别符号

第七章　标准件与常用件

在机器设备上，除一般的零件外，人们还会用到螺栓、螺柱、螺钉、螺母、垫圈、键、销、滚动轴承、齿轮、弹簧等标准件和常用件。为了设计、制造和使用方便，它们的结构形状、尺寸、画法和标记有的已经全部标准化，有的部分标准化，完全标准化的称为标准件，部分标准化的称为常用非标准件。

在绘制机械图样时，应根据相应的国家标准规定的画法、代号和标记进行绘图和标注。

第一节　螺纹及螺栓连接

一、螺纹的形成与结构

螺纹可以认为是由一个与轴线共面的平面图形（三角形、梯形等），绕圆柱面或圆锥面做螺旋运动，得到一圆柱螺旋体，如图 7.1 所示。

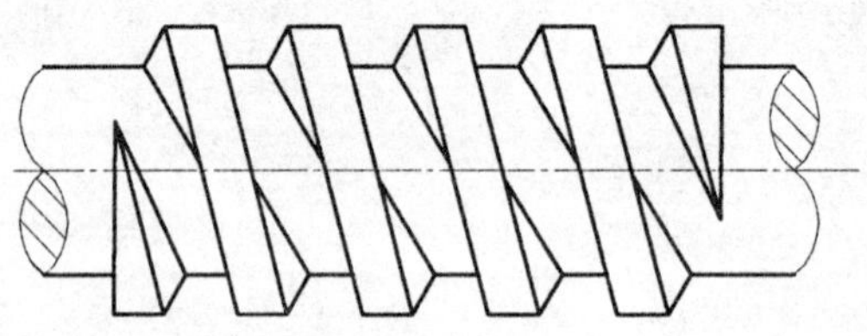

图 7.1　螺　纹

在圆柱或圆锥外表面上形成的螺纹称为外螺纹，而在内孔表面形成的螺纹称为内螺纹。

螺纹的加工方法很多，常见的是在车床上加工内外螺纹，也可碾压螺纹，还可用丝锥和板牙等手工工具加工螺纹。根据螺旋线原理，螺纹在车床上是如图 7.2 所示加工出来的。圆柱形工件作等速旋转运动，车刀作等速轴向运动，此时，刀尖相对工件便形成螺旋线运动。

图 7.2　车床上加工螺纹的方法

二、螺纹的要素

螺纹的要素包括：牙型、直径、线数、螺距、导程和旋向。

1. 牙　型

牙型是螺纹轴向剖面的轮廓形状。螺纹的牙型有很多种，如三角形、梯形、锯齿形等，如图 7.3 所示。按照螺纹牙型的不同，螺纹的用途也有所不同：如普通螺纹（牙型为 60° 的三角形）用于连接零件；梯形螺纹用于传递动力；锯齿形螺纹用于单方向传递动力等。

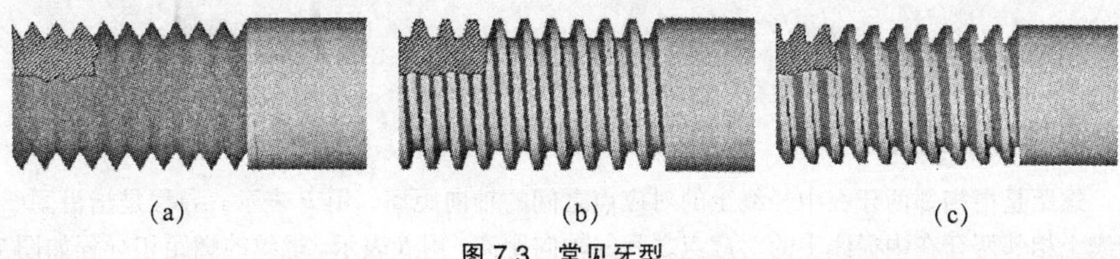

图 7.3　常见牙型

2. 直　径

螺纹的直径分为大径、小径和中径。

（1）大径：与外螺纹牙顶或内螺纹牙底相重合的假想圆柱的直径，又称公称直径。其中，外螺纹的大径用 d 来表示，内螺纹的大径用 D 来表示。

（2）小径：与外螺纹牙底或内螺纹牙顶相重合的假想圆柱体的直径。外螺纹的小径用 d_1 来表示，内螺纹的小径用 D_1 来表示。

（3）中径：在圆柱的母线通过牙型上牙底和牙顶之间相等处假想一个圆柱的直径，这个假想圆柱体的直径称为中径。外螺纹的中径用 d_2 来表示，内螺纹的中径用 D_2 来表示。

螺纹直径如图 7.4 所示。

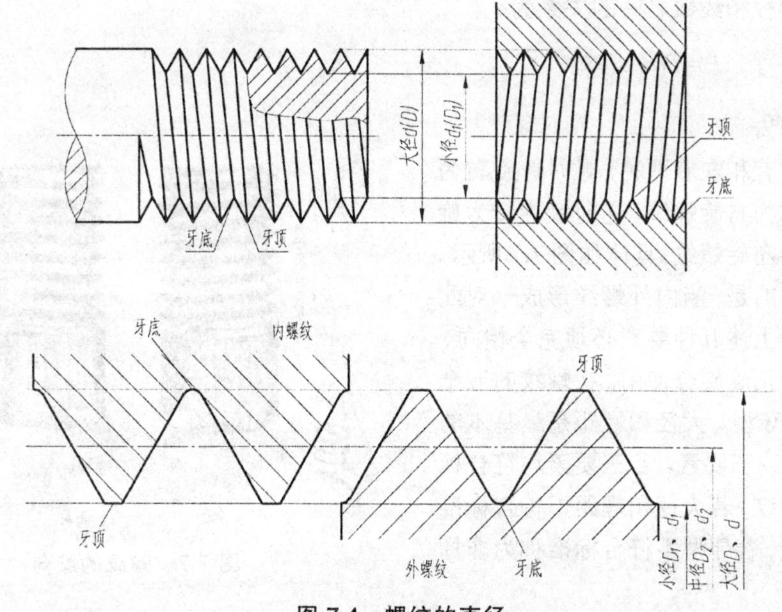

图 7.4　螺纹的直径

3. 线　数

螺纹的线数分为单线和多线，线数用 n 表示。沿一条螺旋线形成的螺纹称为单线螺纹；沿两条或两条以上螺旋线形成的螺纹称为多线螺纹。螺纹的线数如图 7.5 所示。

（a）单线螺纹

（b）双线螺纹

图 7.5　螺纹的线数

4. 螺距和导程

螺距是指相邻两牙在中径线上的对应点之间的轴向距离，用 P 表示。导程是指沿同一螺旋线上相邻两牙在中径线上的对应点之间的轴向距离，用 S 表示。螺纹的螺距和导程如图 7.6 表示。

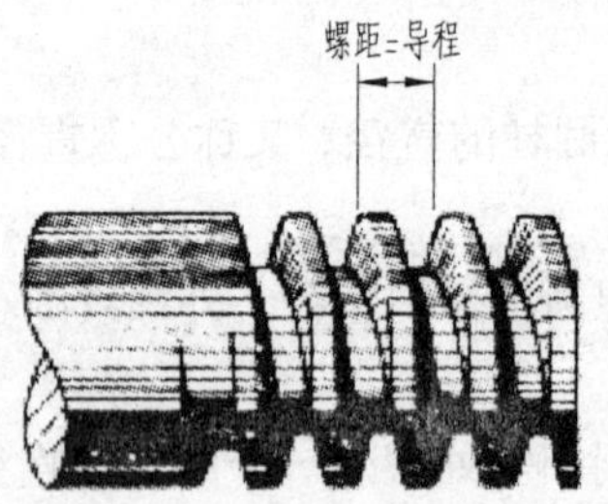

图 7.6　螺纹的螺距与导程

螺距、导程和线数之间的关系为：

$$P=S/n$$

5. 旋　向

螺纹有右旋和左旋两种。顺时针旋转为旋入的螺纹称为右旋螺纹；逆时针旋转为旋入的螺纹称为左旋螺纹。具体如图 7.7 所示。

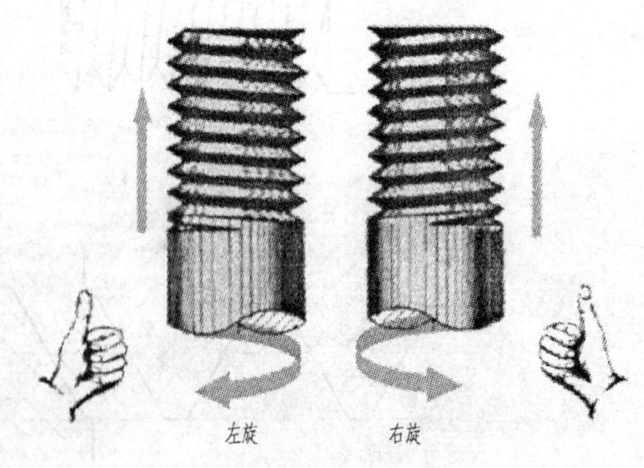

图 7.7　螺纹的旋向

需要注意的是，当内外螺纹形成一对配合来使用时，上述五种要素必须完全相同，内外螺纹才能正确旋合使用。在螺纹的五个要素中，螺纹牙型、大径和螺距是最基本的要素，称为螺纹三要素。若三要素均符合标准称为标准螺纹，若大径和螺距不符合标准称为特殊螺纹，若牙型不符合标准称为非标准螺纹。

三、螺纹的种类

螺纹按用途不同可分为连接螺纹和传动螺纹。

1. 连接螺纹

又分为普通螺纹和管螺纹两类。常用的有四种：粗牙普通螺纹、细牙普通螺纹、管螺纹和锥管螺纹。其中管螺纹又可分为非螺纹密封的管螺纹和用螺纹密封的管螺纹。

2. 传动螺纹

传动螺纹是主要用于传递动力和运动的螺纹。常用的传动螺纹有梯形螺纹和锯齿形螺纹。

四、螺纹的规定画法

螺纹是由空间曲线构成的，所以其投影图很烦琐，为了简便绘图，对螺纹的画法做了下述规定。

1. 外螺纹的规定画法

如图 7.8 所示。

(1) 牙顶用粗实线表示，牙底用细实线表示，螺杆的倒角或圆角部分也应画出，螺纹终止线用粗实线表示。

(2) 在垂直于螺纹轴线的投影面视图中，表示牙底圆的细实线只画出约 3/4 圈，倒角投影不画。外螺纹剖切后，终止线画一小段，剖面线画到粗实线处。

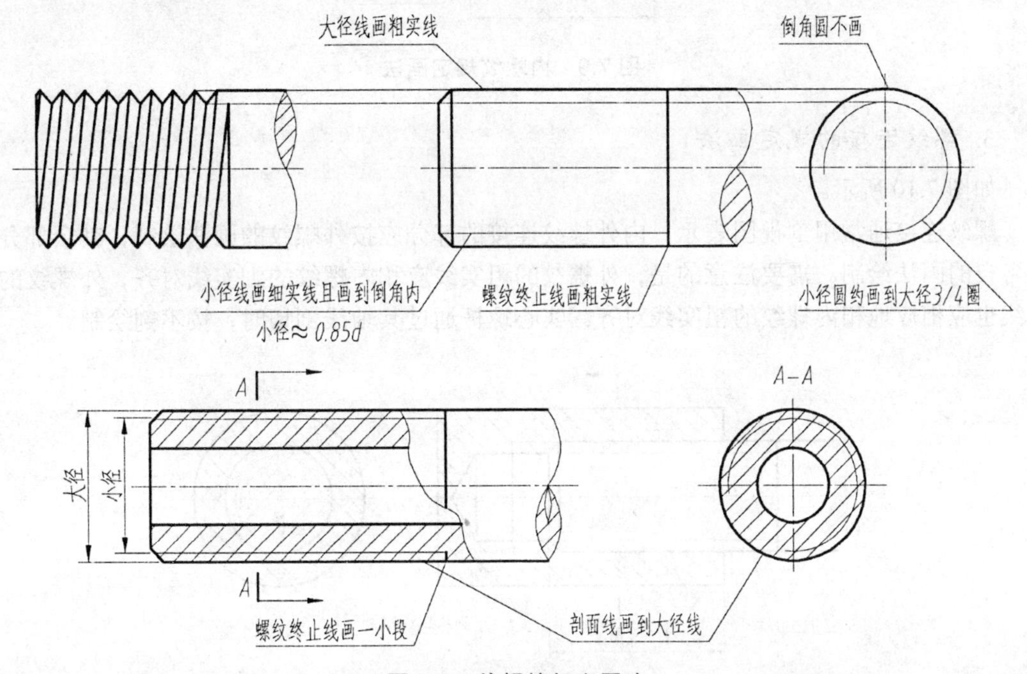

图 7.8　外螺纹规定画法

2. 内螺纹的规定画法

如图 7.9 所示。内螺纹通常用剖视图表示。

(1) 在非圆视图中，牙顶用粗实线表示，牙底用细实线表示，螺纹终止线用粗实线绘制。

(2) 在垂直于螺纹轴线的投影面视图中，表示大径的细实线只画出约 3/4 圈，表示小径的圆用粗实线表示，倒角投影不画。

(3) 剖面线应画到粗实线为止。

(4) 当内螺纹不可见时，螺纹的所有图线均用虚线绘制。

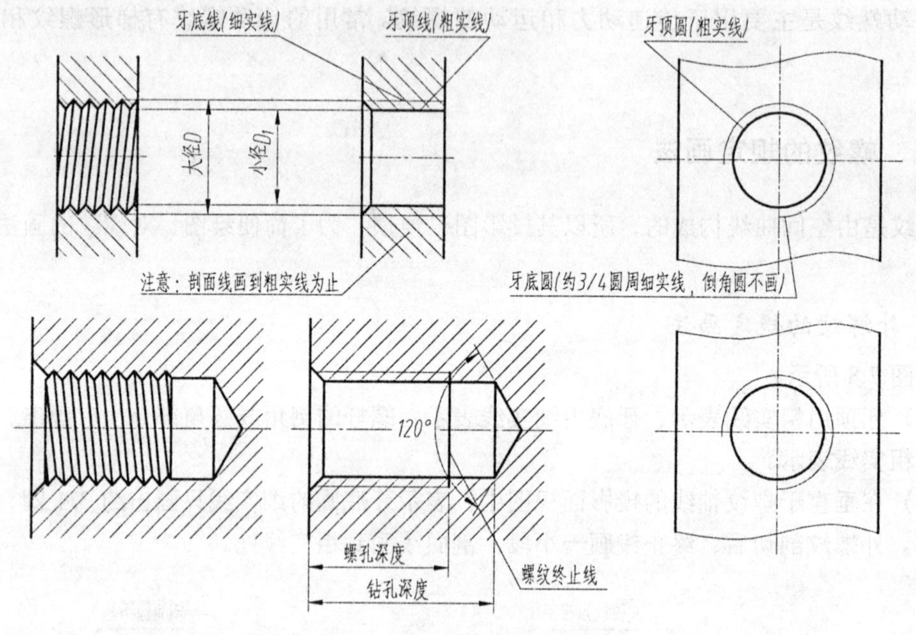

图 7.9 内螺纹规定画法

3. 螺纹连接的规定画法

如图 7.10 所示。

螺纹连接通常用剖视图表示，内外螺纹连接的部分应按外螺纹的画法绘制，其余部分仍按各自的画法绘制。需要注意的是，外螺纹的粗实线应和内螺纹的细实线对齐，外螺纹的细实线也应相应地和内螺纹的粗实线对齐。实心螺杆通过其轴线剖切时，按不剖绘制。

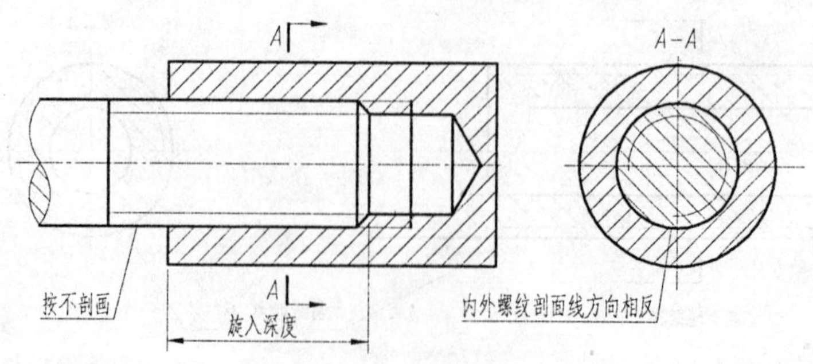

图 7.10 螺纹连接画法

五、螺纹的标注

1. 螺纹的完整标注格式

单线螺纹：

螺纹特征代号 公称直径×螺距 旋向－螺纹公差带代号－旋合长度代号

多线螺纹：

螺纹特征代号 公称直径×导程 旋向－螺纹公差带代号－旋合长度代号

各代号意义如下所述。

(1) 特征代号：

M——普通粗牙螺纹和普通细牙螺纹；

Tr——梯形螺纹。

(2) 公称直径：

即螺纹大径（管螺纹的公称直径为管子的公称直径）。

(3) 螺距或导程：

单线螺纹只标出螺距；多线螺纹，螺距和导程均需标出。

(4) 旋向：

右旋时不标注，左旋时标注 LH。

(5) 螺纹公差带：

由螺纹公差等级的数字和基本偏差代号的拉丁字母组成。螺纹中径和顶径的公差都要标出，如果公差相同，则只标注一个。

(6) 旋合长度：

旋合长度分为短（S）、中（N）、长（L）三种。中等旋合长度时 N 省略不标。

2. 标准螺纹标注示例

见表 7.1 所示。

表 7.1 常用标准螺纹的种类、牙型与标记

螺纹类型		特征代号	牙型略图	标注示例	说明
连接紧固用螺纹	粗牙普通螺纹	M	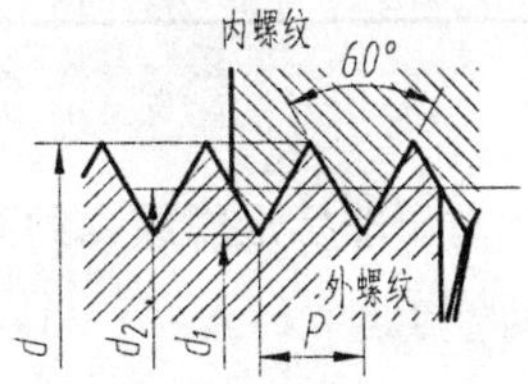 内螺纹 60° 外螺纹 d d_2 d_1 P	 M16-6g	粗牙普通螺纹，公称直径 16 mm，右旋。中径公差带和大径公差带均为 6 g。中等旋合长度
	细牙普通螺纹		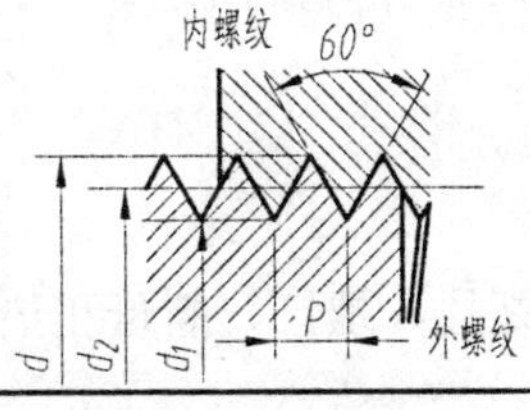 内螺纹 60° 外螺纹 d d_2 d_1 P	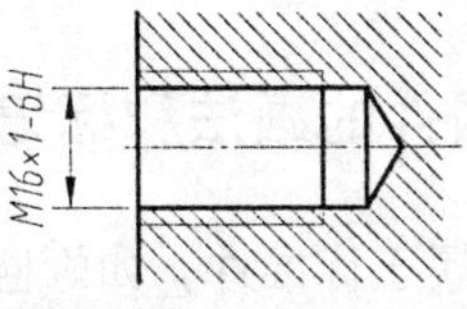 M16×1-6H	细牙普通螺纹，公称直径 16 mm，螺距 1 mm，右旋。中径公差带和小径公差带均为 6H。中等旋合长度

续表 7.1

<table>
<tr><th colspan="3">螺纹类型</th><th>特征代号</th><th>牙型略图</th><th>标注示例</th><th>说明</th></tr>
<tr><td rowspan="4">管用螺纹（单位英寸 in）</td><td colspan="2">55°非密封管螺纹</td><td>G</td><td> 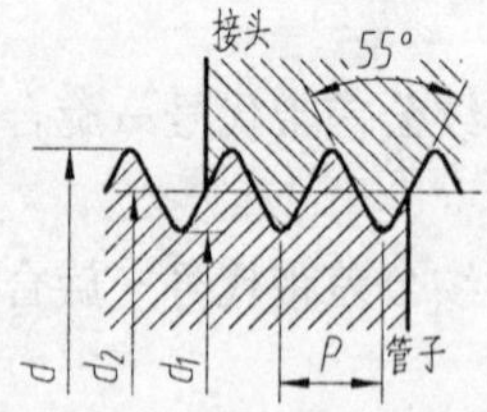</td><td> 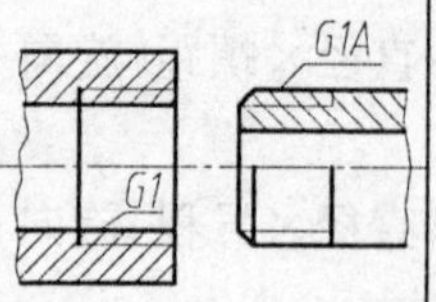</td><td>55°非密封管螺纹：
G—螺纹特征代号；
1—尺寸代号；
A—外螺纹公差带代号</td></tr>
<tr><td rowspan="3">55°密封管螺纹</td><td>圆锥内螺纹</td><td>RC</td><td rowspan="3"></td><td rowspan="3"></td><td rowspan="3">55° 密封管螺纹：
R1—与圆柱内螺纹配合的圆锥外螺纹；
R2—与圆锥内螺纹配合的圆锥外螺纹；
$1\frac{1}{2}$—尺寸代号</td></tr>
<tr><td>圆柱内螺纹</td><td>RP</td></tr>
<tr><td>圆锥外螺纹</td><td>R1、R2</td></tr>
<tr><td rowspan="2">传动螺纹</td><td colspan="2">梯形螺纹</td><td>Tr</td><td> 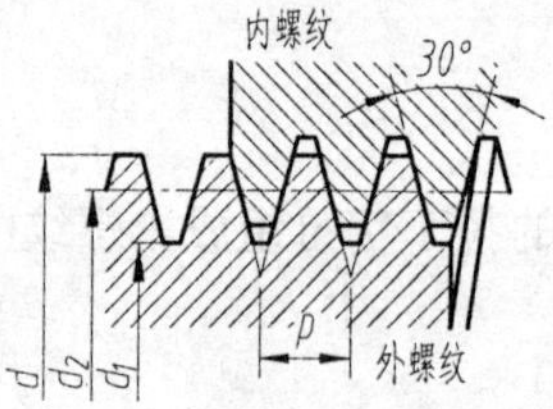</td><td> 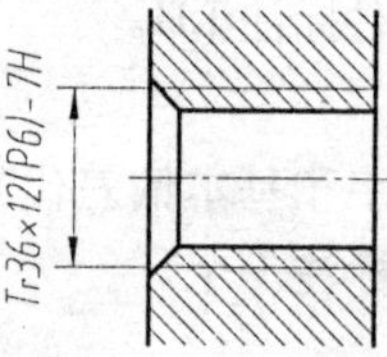</td><td>梯形螺纹，公称直径 36 mm，双线螺纹，导程 12 mm，螺距 6 mm，右旋。中径公差带 7H。中等旋合长度</td></tr>
<tr><td colspan="2">锯齿形螺纹</td><td>B</td><td> 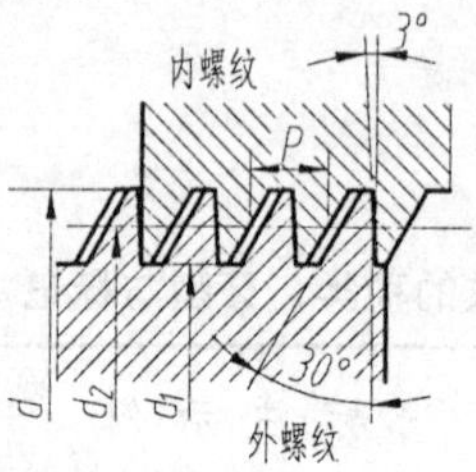</td><td> 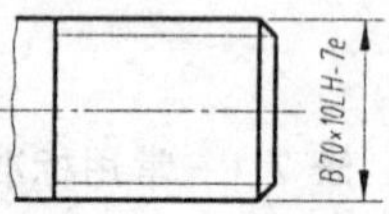</td><td>锯齿形螺纹，公称直径 70 mm，单线螺纹，螺距 10 mm，左旋。中径公差带为 7e。中等旋合长度</td></tr>
</table>

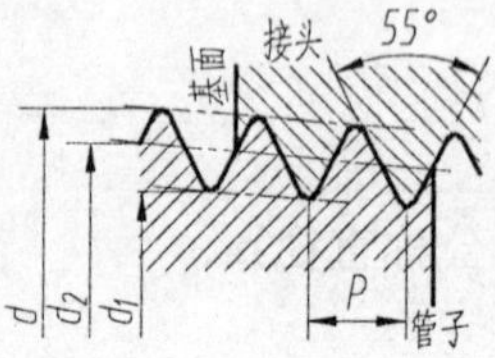

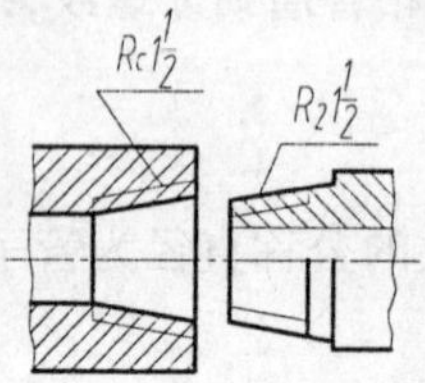

3. 特殊螺纹和非标准螺纹的标注

对于特殊螺纹须在牙型符号前面加标“特”字；对于非标准螺纹，须画出牙型并注出尺寸。

4. 螺纹副的标注

内外螺纹旋合到一起后称为螺纹副，标注形式如图 7.11 所示。

六、常用螺纹紧固件的画法和标记

常用的螺纹紧固件都属于标准件，如螺栓、螺柱、螺钉、螺母和垫圈等。表 7.2 列出了常用螺纹连接件的画法及其规定标记。

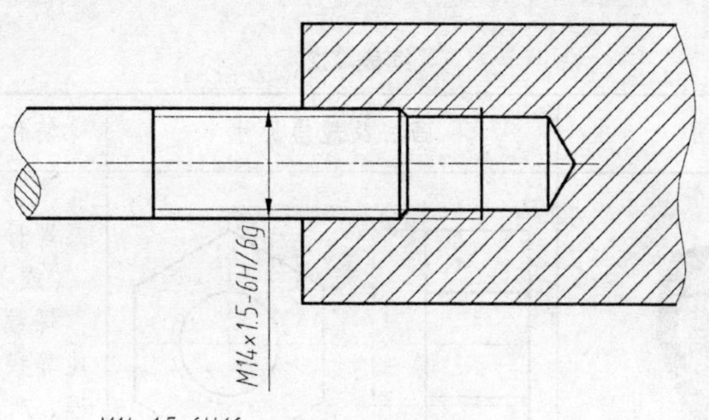

M14×1.5-6H/6g（中等旋合长度H不标注）

外螺纹的中径和顶径公差带（相同）

内螺纹的中径和顶径公差带（相同）

细牙普通螺纹，螺距1.5 mm

图 7.11　螺纹副的标注

表 7.2　常用螺纹紧固件的简化画法及标记

名称	立体图	画法及规格尺寸	简化标记示例及说明
六角头螺栓			螺栓 GB/T 5780　M12×80 （或）GB/T 5780　M12×80 螺纹规格：d＝M12，公称长度 l＝80，性能等级为 8.8 级，表面氧化，杆深半螺纹，产品等级为 C 级的六角头螺栓
双头螺柱			螺柱 GB/T 899　M12×60 （或）GB/T 899　M12×60 螺柱两端均为粗牙普通螺纹，螺纹规格：d＝M12，l＝60，性能等级为 4.8 级，不经表面处理，B 型（B 省略不标），b_m＝1.5d 的双头螺柱
螺钉			螺钉 GB/T 68　M8×30 （或）GB/T 68　M8×30 螺纹规格：d＝M8，公称长度 l＝30，性能等级为 4.8 级，不经表面处理的开槽沉头螺钉

续表 7.2

名称	立体图	画法及规格尺寸	简化标记示例及说明
六角螺母		D	螺母 GB/T 41 M12 （或）GB/T 41 M12 螺纹规格：D = M12，性能等级为 5 级，不经表面处理，产品等级为 C 级的六角螺母
垫圈		d_1	垫圈 GB/T 97.1 12 （或）GB/T 97.1 12 标准系列，规格 12，性能等级为 140HV 级，不经表面处理，产品等级为 A 级的平垫圈

七、螺纹紧固件的装配图画法

螺纹紧固件的装配图画法应遵循如下规定：① 在剖视图中，螺栓、螺柱、螺钉、螺母及垫圈等按未剖切绘制，倒角、退刀槽等均不绘制。② 两零件表面接触时，只画出一条粗实线；不接触时，不管距离多小都要画出两条粗实线，如果距离过小，可夸大画出。③ 相邻两零件的剖面线方向必须相反或者距离不等；如果是同一个零件，剖面线的方向和距离必须相同。

1. 螺栓连接

螺栓连接适用于两个不太厚并允许钻成通孔的零件间的连接。螺栓连接可以承受较大的载荷，并适用于常拆卸的场合。螺栓连接的画法见图 7.12 所示。

2. 双头螺柱连接

当被连接件之一较厚时，不宜采用螺栓连接，此时应将较薄零件制成通孔，较厚零件制成不通的螺孔。螺柱连接适用于载荷较大、经常拆卸的场合。螺柱连接的画法如图 7.13 所示。

3. 螺钉连接

螺钉一般适用于受力不大而又不经常拆卸的零件连接。被连接的两个工件，一个零件较薄，另一个零件较厚。螺钉连接的装配图画法如图 7.14 所示。

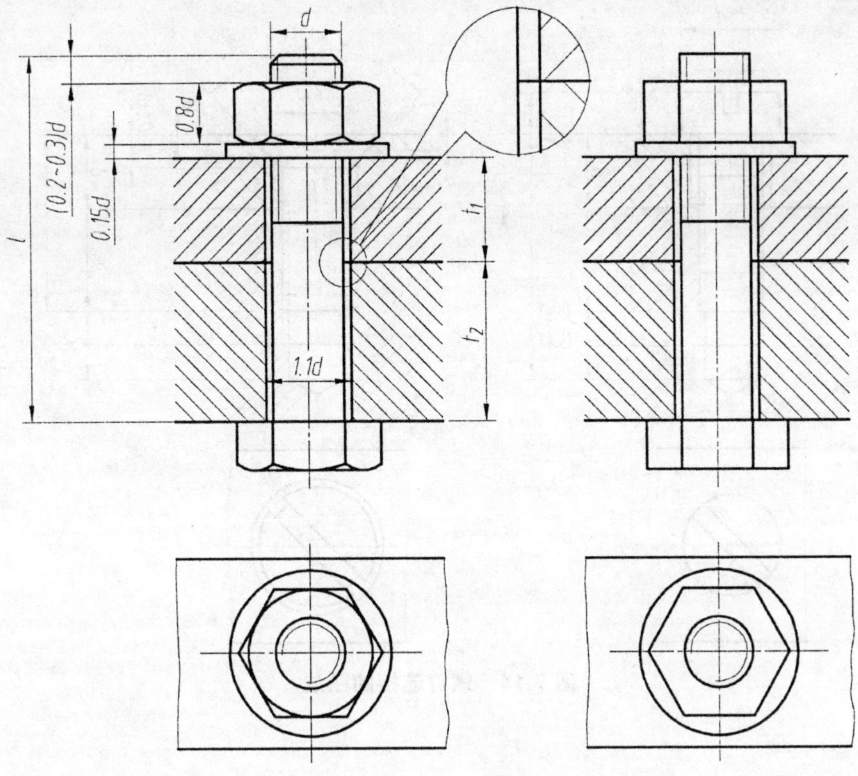

图 7.12　螺栓连接的画法

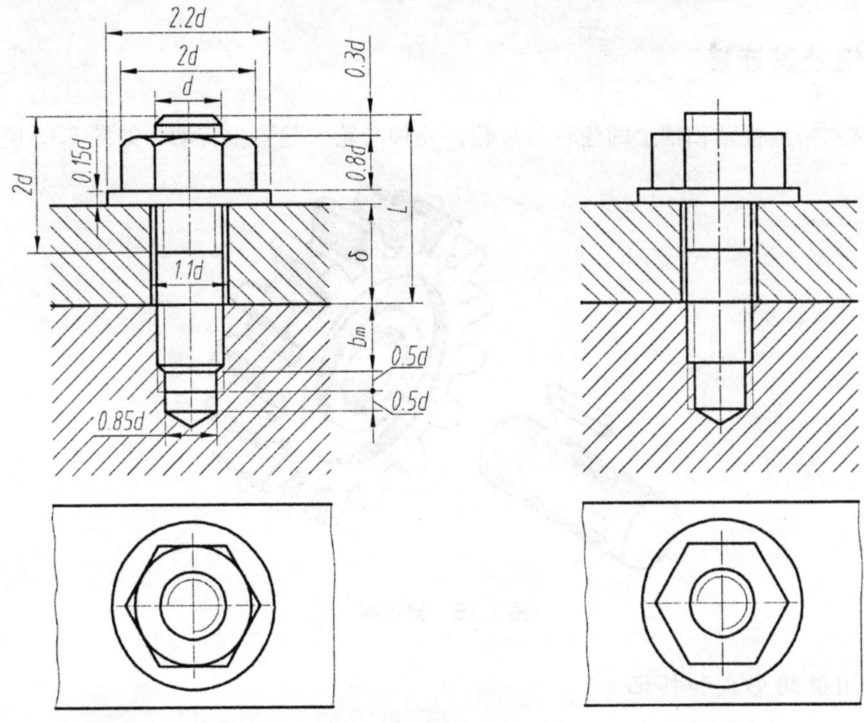

图 7.13　螺柱连接的画法

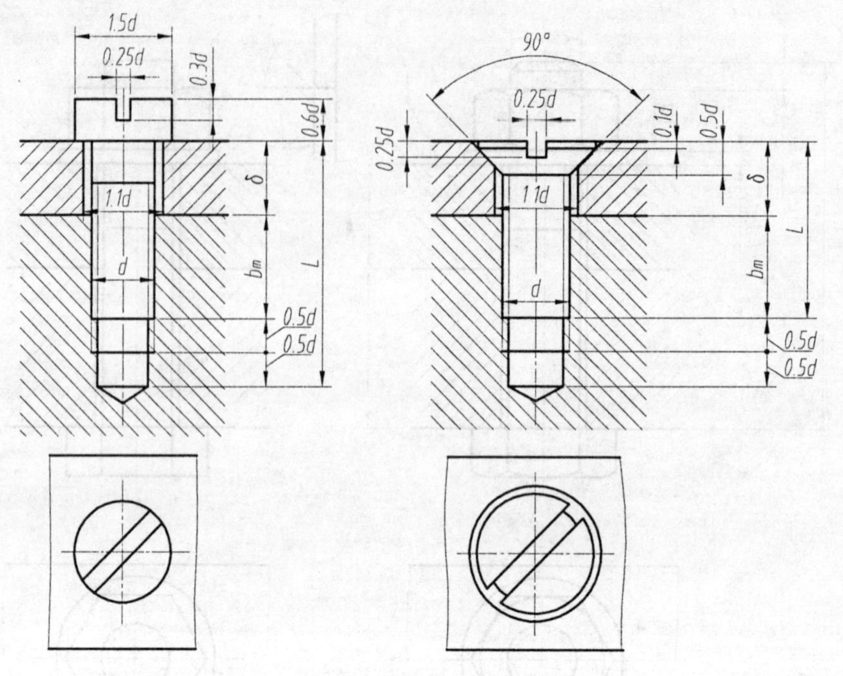

图 7.14 螺钉连接的画法

第二节 键连接与销连接

一、键及其连接

键通常用来连接轴和轴上的齿轮与带轮，使轴与轮一起同步转动，如图 7.15 所示。

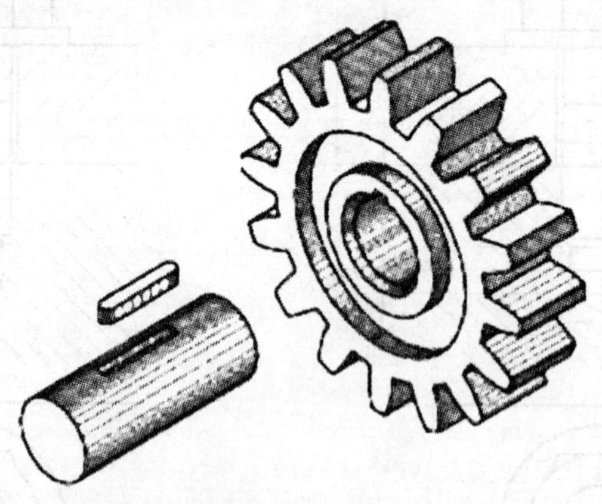

图 7.15 键连接

1. 常用键的形式和标记

常用键的种类包括平键、半圆键、钩头楔键和花键，如图 7.16（a）、（b）、（c）、（d）所示。其中平键应用最广泛，平键可分为圆头普通平键（A 型）、方头普通平键（B 型）和单圆头普通平键（C 型）三种形式，如图 7.17 所示。常用键的形式和规定标记见表 7.3 所示。

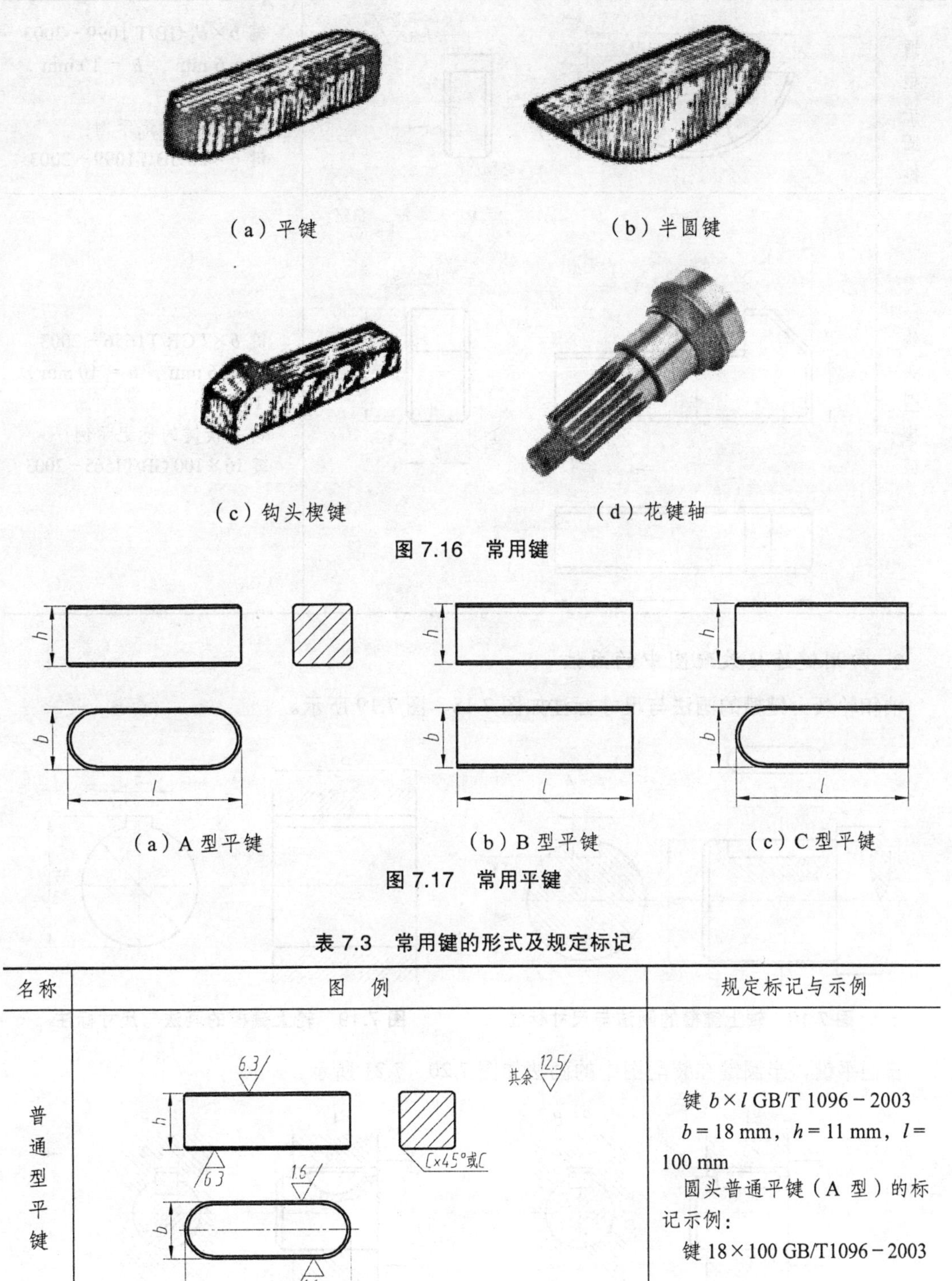

（a）平键　（b）半圆键

（c）钩头楔键　（d）花键轴

图 7.16　常用键

（a）A 型平键　（b）B 型平键　（c）C 型平键

图 7.17　常用平键

表 7.3　常用键的形式及规定标记

名称	图　例	规定标记与示例
普通型平键		键 $b \times l$ GB/T 1096－2003 $b = 18$ mm，$h = 11$ mm，$l = 100$ mm 圆头普通平键（A 型）的标记示例： 键 18×100 GB/T1096－2003

续表 7.3

名称	图 例	规定标记与示例
普通型半圆键		键 $b\times d_1$ GB/T 1099－2003 b = 6 mm， h = 10 mm， d_1 = 25 mm 半圆键的标记示例： 键 6×25GB/T1099－2003
钩头型楔键		键 $b\times l$ GB/T1656－2003 b = 16 mm， h = 10 mm， l = 100 mm 钩头楔键的标记示例： 键 16×100 GB/T1565－2003

2. 常用键连接装配图中的画法

轴和轮毂上键槽的画法与尺寸标注如图 7.18、图 7.19 所示。

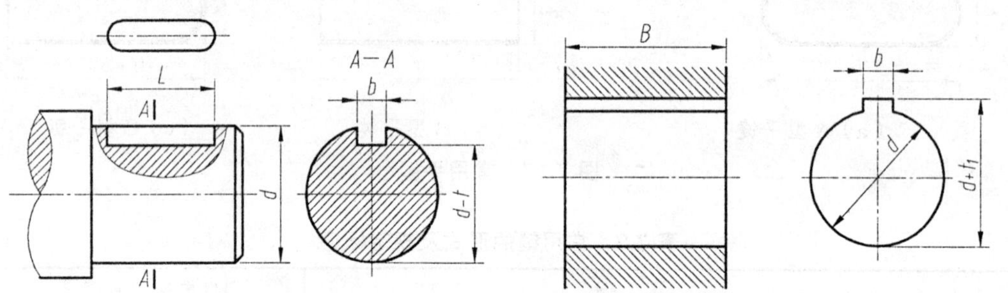

图 7.18 轴上键槽的画法与尺寸标注　　图 7.19 轮上键槽的画法与尺寸标注

普通平键、半圆键在装配图中的画法如图 7.20、7.21 所示。

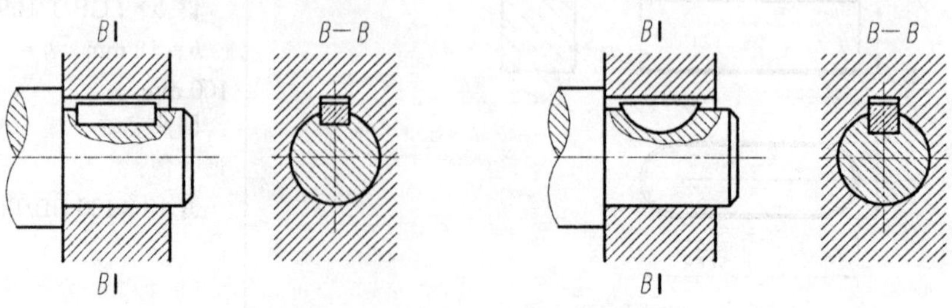

图 7.20 普通平键连接画法　　图 7.21 半圆键连接画法

二、销及其连接

1. 常用销及其标记

销是标准件，常用的有圆柱销、圆锥销和开口销等，如图 7.22 所示。圆柱销、圆锥销主要用于零件间的连接或定位；开口销用来防止螺母松动或固定其他零件。

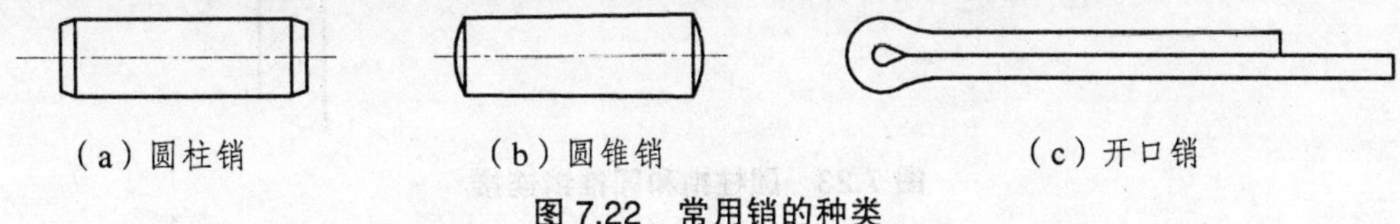

（a）圆柱销　　（b）圆锥销　　（c）开口销

图 7.22　常用销的种类

圆柱销和圆锥销的形式和标记如表 7.4 所示。

表 7.4　销的标准编号、画法和标记示例

名称	图　例	规定标记与示例
圆柱销	≈15°　c　c　l　d	圆柱销/T 199.1－2000 公称直径 d=6，公差为 6 m，公称长度 l=30，材料为钢，不经淬火，不经表面处理的圆柱销的标记： 销 GB/T199.1 6m6×30 d 公差 m6：R_a≤0.8 μm d 公差 h8：R_a≤0.8 μm
圆锥销	A 型（磨削）　B 型（切削或冷镦） 0.8　1:50　6.3　3.2　r_1　r_2　d　a　a　l	圆锥销 GB/T 117－2000 公称直径 d=10，公称长度 l=60，材料为 35 钢，热处理硬度 28～38 HRC，表面氧化处理的 A 型圆锥销的标记： 销 GB/T 117 10×60 锥度 1∶50 有自锁作用，打入后不会自动松脱
开口销	b　l　a　c　d	标记： 销 GB/T 117－2000 10×40 （公称直径 d=8，长度 l=60）

2. 销连接装配图画法

圆柱销和圆锥销连接在装配图中的画法如图 7.23 所示。

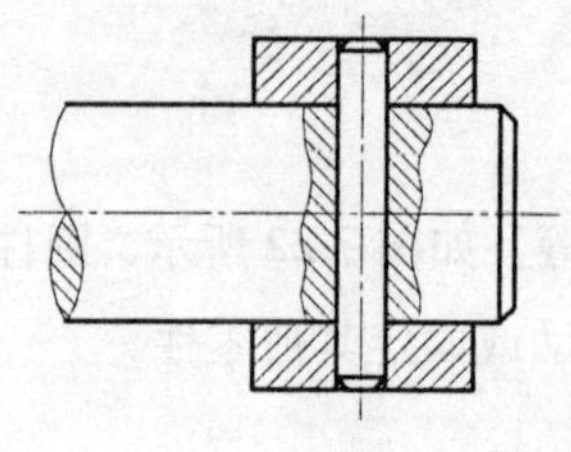
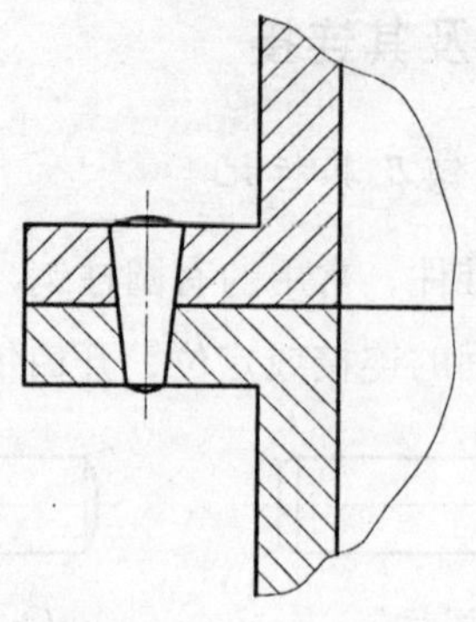

图 7.23　圆柱销和圆锥销连接

第三节　齿　轮

齿轮的主要作用是将一根轴的动力及旋转运动传递给另一根轴，也可改变运动速度和旋转方向。常用的齿轮副分为三种——圆柱齿轮、圆锥齿轮和蜗轮与蜗杆，如图 7.24 所示。

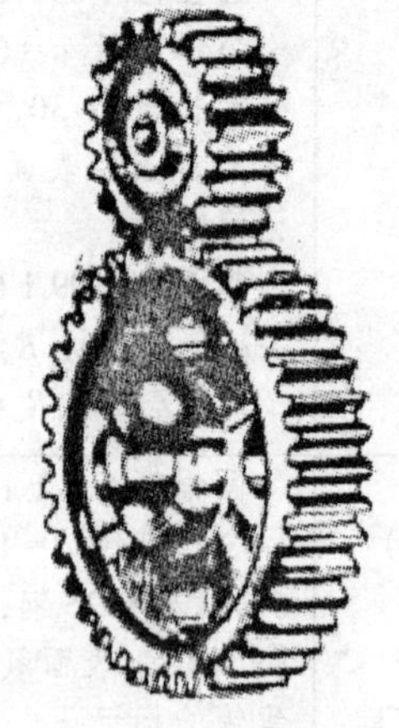

（a）直齿圆柱齿轮传动

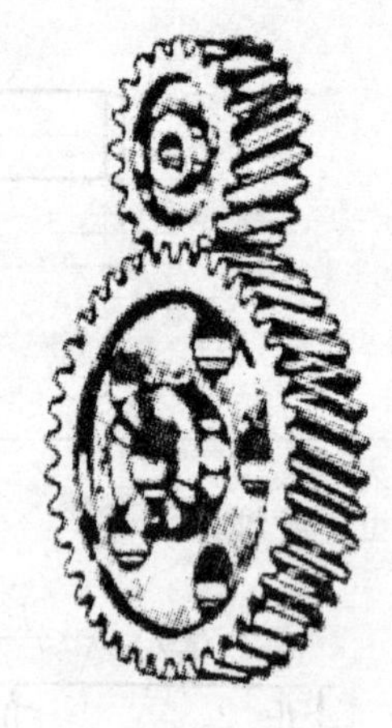

（b）斜齿圆柱齿轮传动

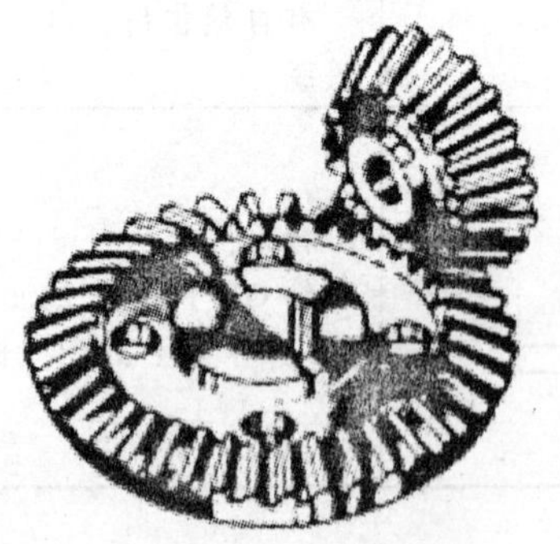

（c）圆锥齿轮传动

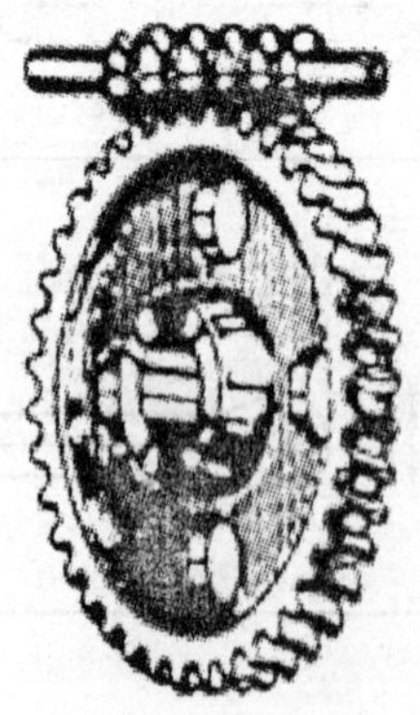

（d）蜗轮蜗杆传动

图 7.24　齿轮传动的种类

一、圆柱齿轮

圆柱齿轮用于平行两轴间的传动，如图 7.24（a）、（b）所示。

圆柱齿轮分为直齿、斜齿和人字齿等，其中直齿圆柱齿轮是最常用的一种。

1. 直齿圆柱齿轮轮齿的各部分名称及代号（见图 7.25）

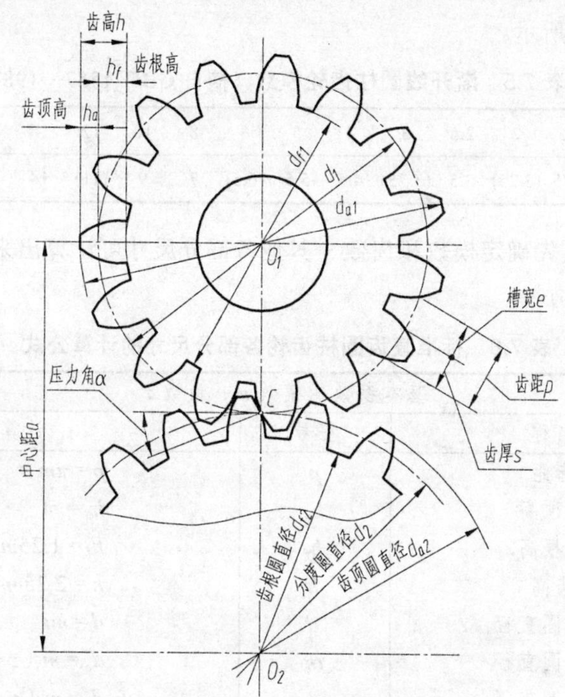

图 7.25 直齿圆柱齿轮各部分名称及代号

（1）齿顶圆。通过齿轮顶部的圆柱面与齿轮端面的交线称为齿顶圆，直径用 d_a 表示。

（2）齿根圆。通过轮齿根部的圆柱面与齿轮端面的交线称为齿根圆，直径用 d_f 表示。

（3）分度圆和节圆。圆柱齿轮的分度曲面与端平面的交线称为分度圆，直径用 d 表示；平行轴齿轮副中的圆柱齿轮的节曲面与端曲面的交线，称为节圆，直径用 d' 表示。在标准齿轮中，分度圆与节圆重合，即 $d=d'$。

（4）齿高。从分度圆到齿顶圆的径向距离称为齿顶高，用 h_a 表示；从分度圆到齿根圆的径向距离称为齿根高，用 h_f 表示。齿顶圆和齿根圆之和称为齿高，用 h 表示。即 $h_a+h_f=h$。

（5）齿距。分度圆上相邻两齿的对应点之间的弧长称为齿距，用 p 表示。在端平面上，一个齿槽的两侧齿廓之间的分度圆上的弧长，称为齿间，用 e 表示；每个齿廓在分度圆上的弧长，称为分度圆齿厚，用 s 表示。其中，$p=s+e$。

（6）压力角 α。一对齿轮啮合时，在齿廓接触点处的齿廓公法线（受力方向）与分度圆的切线方向（运动方向）之间的夹角称为压力角，压力角也称为齿形角，我国标准渐开线齿轮的压力角 $\alpha=20°$。

（7）中心距。平行轴或交错轴齿轮副的两轴线之间的最短距离，称为中心距，用 a 表示。

（8）模数。若齿轮的齿数为 z，则分度圆的周长为 $\pi d=pz$，即：

$$d=pz/\pi$$

令 $p/\pi=m$，则 $d=mz$。

其中，m 称为齿轮的模数，单位为“mm”。由于模数为齿距 p 和 π 的比值，因此 m 值越大，齿距就越大，齿轮的承载能力就越大。为了便于齿轮的加工和修配，国家标准对模数做了统一规定，见表 7.5 所示。

表 7.5　渐开线圆柱齿轮模数（摘自 GB/T 1357—1987）　　mm

第一系列	1	1.25	1.5	2	2.5	3	4	5	6	8	10	12	16	20	25	32	40	50
第二系列	1.75	2.25	2.75	(3.25)	3.5	(3.75)	4.5	5.5	(6.5)	7	9	(11)	14	18	22	28	36	45

在设计齿轮时，要先确定模数和齿数，其他各部分尺寸可计算出来，标准直齿圆柱齿轮的计算公式见表 7.6 所示。

表 7.6　标准直齿圆柱齿轮各部分尺寸的计算公式

基本参数：模数 m、齿数 z			
序号	名称	符号	计算公式
1	齿距	p	$p=\pi m$
2	齿顶高	h_a	$h_a=m$
3	齿根高	h_f	$h_f=1.25m$
4	齿高	h	$h=2.25m$
5	分度圆直径	d	$d=mz$
6	齿顶圆直径	d_a	$d_a=m(z+2)$
7	齿根圆直径	d_f	$d_f=m(z-2.5)$
8	中心距	a	$a=m(z_1+z_2)/2$

2. 直齿圆柱齿轮的规定画法

（1）单个圆柱齿轮的规定画法，如图 7.26 所示，具体为：

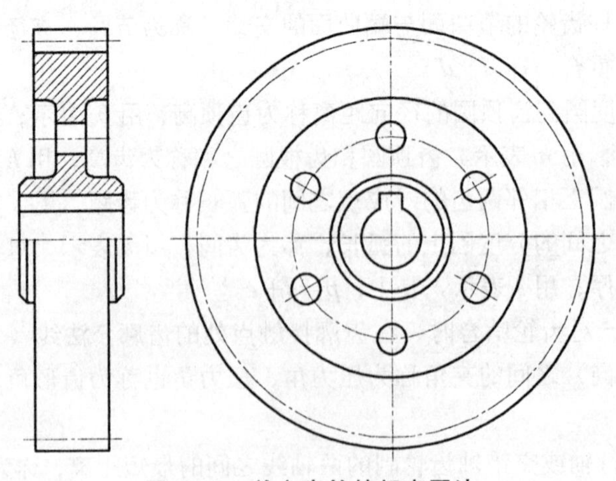

图 7.26　单个齿轮的规定画法

① 齿顶圆和齿顶线用粗实线绘制。

② 分度圆和分度线用细点画线绘制。

③ 齿根圆和齿根线用细实线绘制，也可省略不画；在剖视图中，齿根线用粗实线绘制。

④ 在剖视图中，当剖切平面通过齿轮轴线时，轮齿一律按不剖绘制。

(2) 圆柱齿轮啮合的规定画法：

① 在表示齿轮端面的视图中，啮合区内的齿顶圆均用粗实线绘制，如图 7.27 (a) 所示。

② 啮合区内的齿顶圆也可省略不画，但相切的两分度圆须用点画线绘制，两齿根圆省略不绘制，如图 7.27 (b) 所示。

③ 若不做剖视，则啮合区内的齿顶线不必画出，此时分度线用粗实线绘制，如图 7.27 (c) 所示。图 7.27 (d) 为齿条啮合图的画法。

④ 在剖视图中，啮合区的投影如图 7.27 (a) 所示，齿顶与齿根之间应有 0.25 m 的间隙，被遮挡的齿顶线也可省略不画。

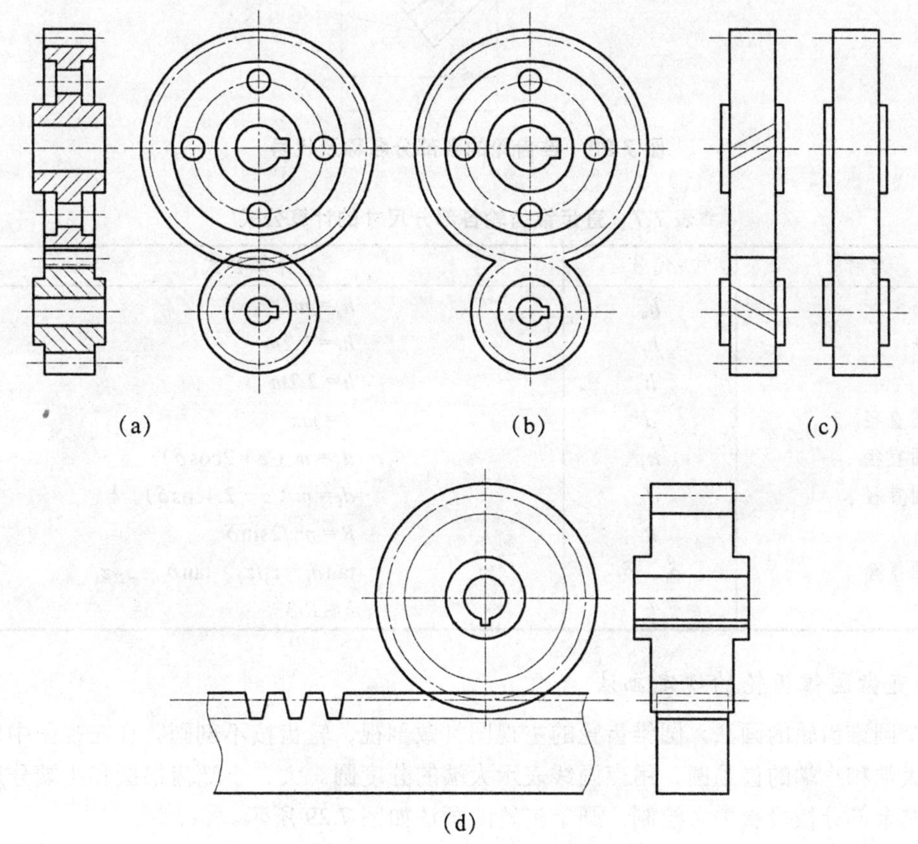

图 7.27 齿轮啮合的规定画法

二、直齿锥齿轮

1. 直齿圆锥齿轮各部分尺寸关系

直齿圆锥齿轮的轮齿位于圆锥面上，如图 7.28 所示，因而一端大一端小，规定以大端的模数（m_e）为标准来确定其他尺寸，图纸上标注的尺寸都指大端的尺寸。直齿圆锥齿轮的各部分尺寸关系见表 7.7 所示。

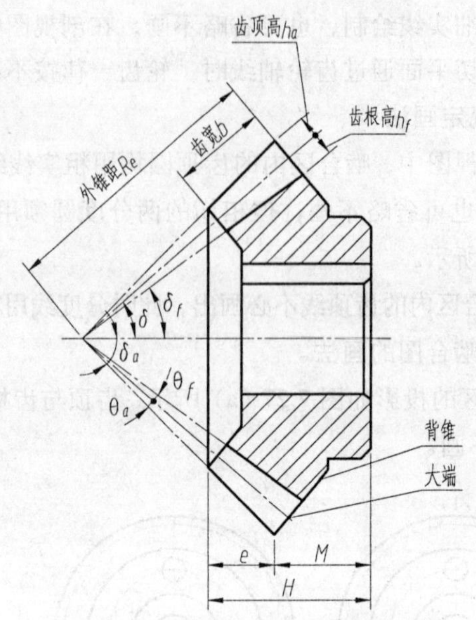

图 7.28　锥齿轮的各部分名称及代号

表 7.7　直齿锥齿轮各部分尺寸的计算公式

名称	代号	计算公式
齿顶高	h_a	$h_a = m$
齿根高	h_f	$h_f = 1.2m$
齿高	h	$h = 2.2m$
分度圆直径	d	$d = mz$
齿顶圆直径	d_a	$d_a = m(z + 2\cos\delta)$
齿根圆直径	d_f	$d_f = m(z - 2.4\cos\delta)$
锥距	R	$R = mz/2\sin\delta$
分度圆锥角	δ_1、δ_2	$\tan\delta_1 = z_1/z_2$、$\tan\delta_2 = z_2/z_1$
齿宽	b	$b \leqslant R/3$

2. 直齿圆锥齿轮的规定画法

单个圆锥齿轮的画法：圆锥齿轮的主视图常做剖视，轮齿按不剖画。在左视图中用粗实线表示大端和小端的齿顶圆，用点画线表示大端的分度圆。大、小端齿根圆和小端分度圆均不画，其余部分按投影关系绘制。圆锥齿轮的画法如图 7.29 所示。

三、蜗轮、蜗杆

蜗轮、蜗杆通常用于垂直交错的两轴之间的传动。蜗轮和蜗杆的齿向是螺旋形，蜗轮的轮齿顶面制成环面，以增加与蜗杆的接触面。工作时，蜗杆是主动件，蜗轮是从动件，用蜗轮蜗杆传动可以得到较大的传动比。

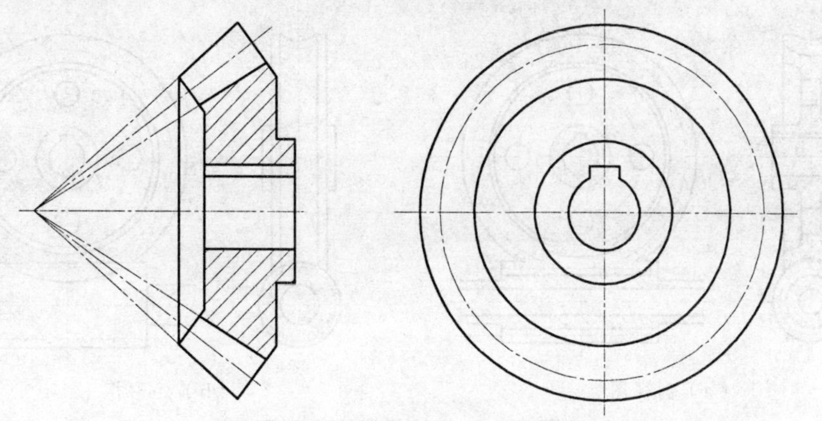

图 7.29　单个圆锥齿轮的画法

蜗杆和蜗轮各部分的尺寸代号和规定画法如图 7.30 和图 7.31 所示，其画法和圆柱齿轮基本相同，但是在蜗轮投影为圆的视图中，只画出分度圆和外圆，不画喉圆（齿顶圆）和齿根圆。

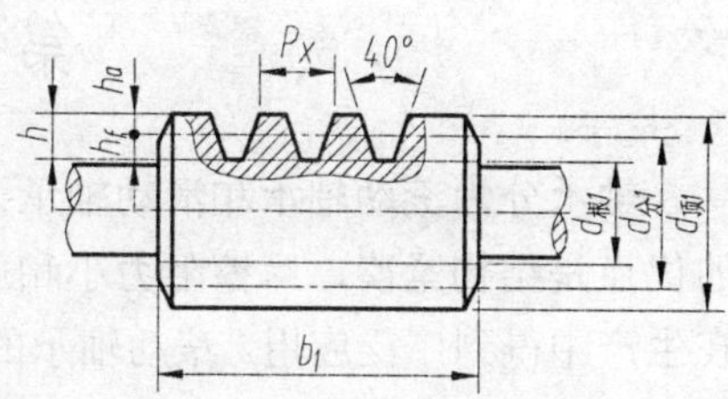

图 7.30　蜗杆各部分尺寸代号和画法

蜗轮和蜗杆的啮合画法如图 7.32 所示，在蜗杆投影为圆的视图上，啮合区只画蜗杆，蜗杆被遮挡住的部分可省略不画。在蜗轮投影为圆的视图上，蜗轮分度圆与蜗杆节线相切。

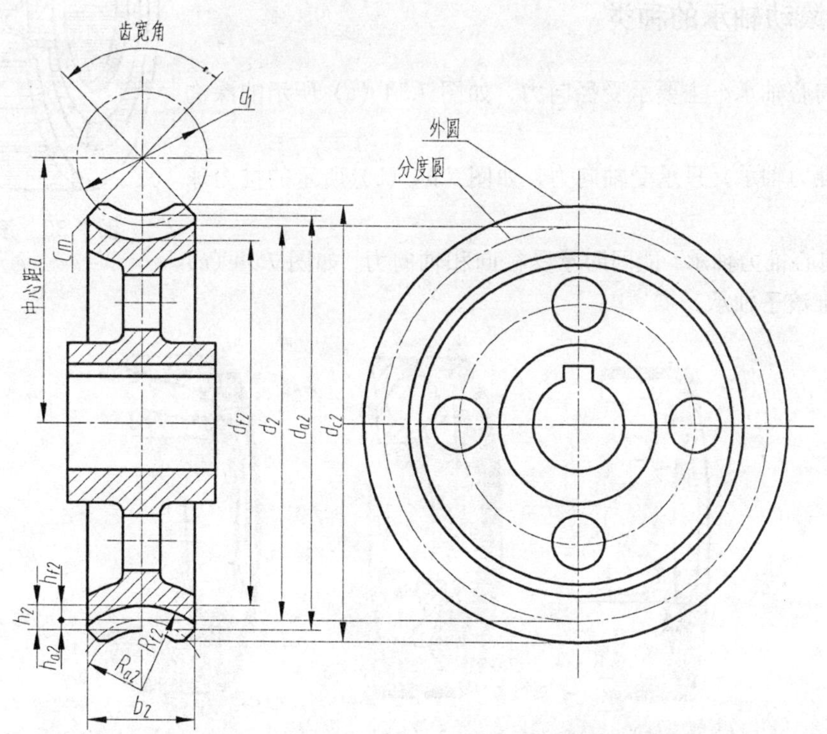

图 7.31　蜗轮各部分尺寸代号和画法

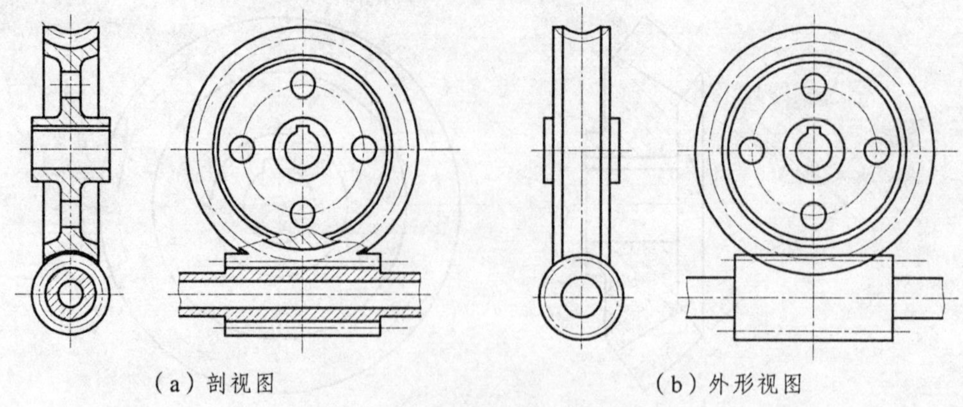

图 7.32　蜗轮蜗杆的啮合画法

第四节　滚动轴承

轴承分为滚动轴承和滑动轴承，用于支撑旋转轴。滚动轴承的优点是结构紧凑、摩擦阻力小和旋转精度高、使用寿命长等，在生产中得到广泛应用。滚动轴承的形式、尺寸已经做了标准化，在相应的国家标准中均可查出。滚动轴承的结构一般由外圈、内圈、滚动体和保持架组成，如图 7.33 所示。

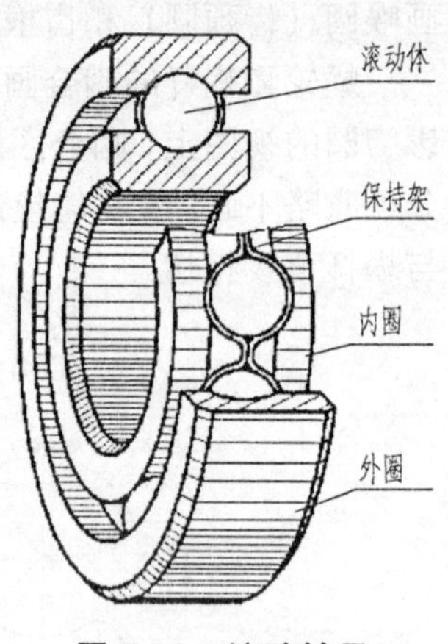

图 7.33　滚动轴承

一、滚动轴承的种类

（1）向心轴承：主要承受径向力，如图 7.34（a）所示的深沟球轴承。

（2）推力轴承：只承受轴向力，如图 7.34（b）所示的推力球轴承。

（3）向心推力轴承：能同时承受径向和轴向力，如图 7.34（c）所示的圆锥滚子轴承。

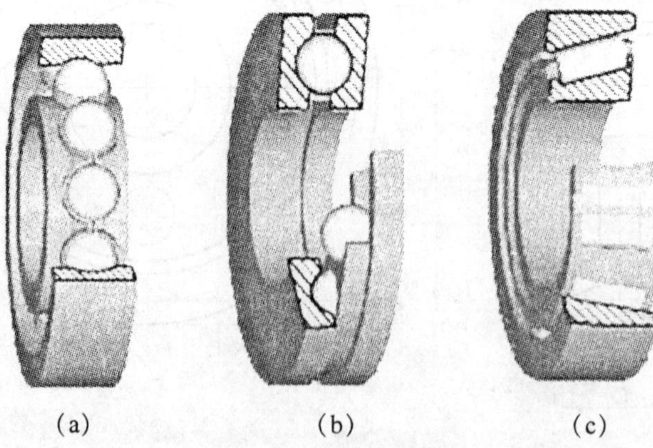

图 7.34　滚动轴承种类

二、滚动轴承的代号

1. 基本代号

滚动轴承的基本代号由轴承类型代号、尺寸系列代号和内径代号构成。

(1) 轴承类型代号用数字或字母表示，如表 7.8 所示。

表 7.8　轴承类型代号

代号	0	1	2	3	4	5	6	7	8	N	U	QJ
轴承类型	双列角接触球轴承	调心球轴承	调心滚子轴承和推力调心滚子轴承	圆锥滚子轴承	双列深沟球轴承	推力球轴承	深沟球轴承	角接触球轴承	推力圆柱滚子轴承	圆柱滚子轴承	外球面球轴承	四点接触球轴承

(2) 尺寸系列代号由轴承的宽（高）度系列代号和直径代号组成，具体代号可查阅相关标准。

(3) 内径代号表示轴承的公称直径，一般用两位阿拉伯数字表示：

代号数字为 00、01、02、03 时，分别代表轴承内径 d=10、12、15、17 mm；代号数字为 04～96 时，代号数字乘 5，即为轴承内径。

基本代号示例：

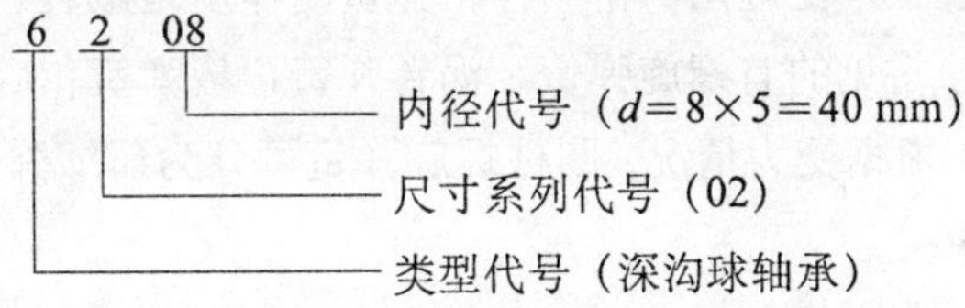

2. 前置、后置代号

前置代号用字母表示，后置代号用字母（或加数字）表示。前置、后置代号是轴承在结构形状、尺寸、技术要求等有改变时，在其基本代号左右添加的代号。

示例：

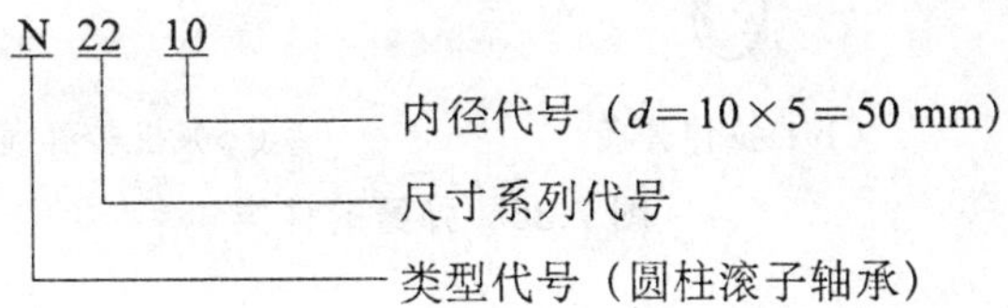

三、滚动轴承的画法

滚动轴承是标准件，由专门的工厂生产，使用单位一般不必画出其部件图。在装配图中，可依照国家标准的有关规定采用简化画法和规定画法，简化画法又分为通用画法和特征画法。

如图 7.35 所示为深沟球轴承的画法。

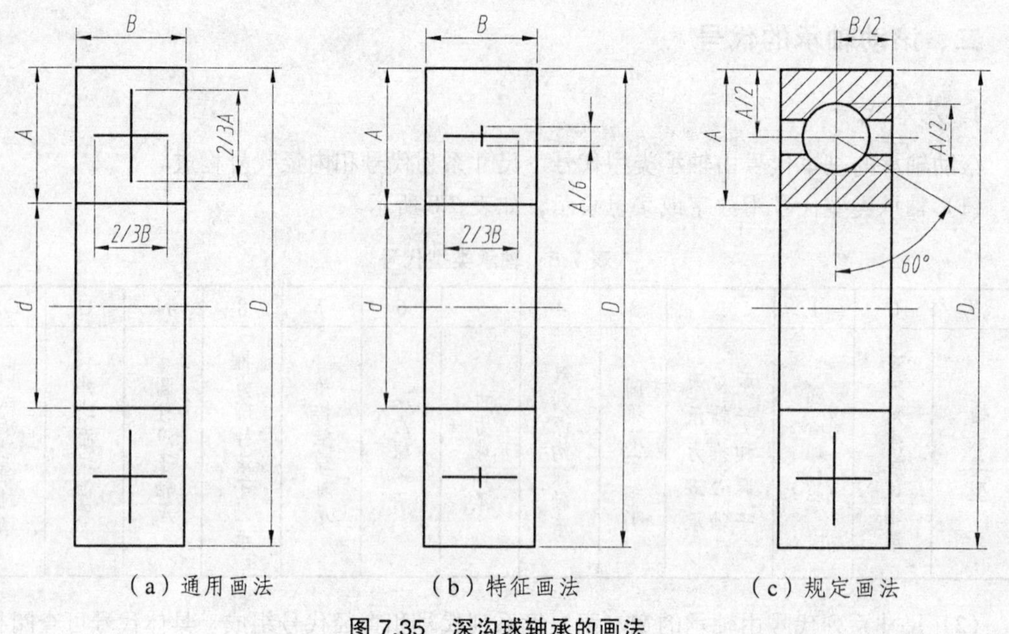

（a）通用画法　　（b）特征画法　　（c）规定画法

图 7.35　深沟球轴承的画法

第五节　弹　簧

弹簧是机器和仪表上广泛应用的常用件，弹簧的作用是减震、测力、复位、夹紧和储能等。弹簧的种类很多，常见的有螺旋弹簧、涡卷弹簧、板弹簧和碟形弹簧等。其中，圆柱螺旋弹簧应用最为广泛。根据受力情况，圆柱螺旋弹簧可分为压缩弹簧、拉伸弹簧和扭转弹簧。常用弹簧种类见图 7.36。

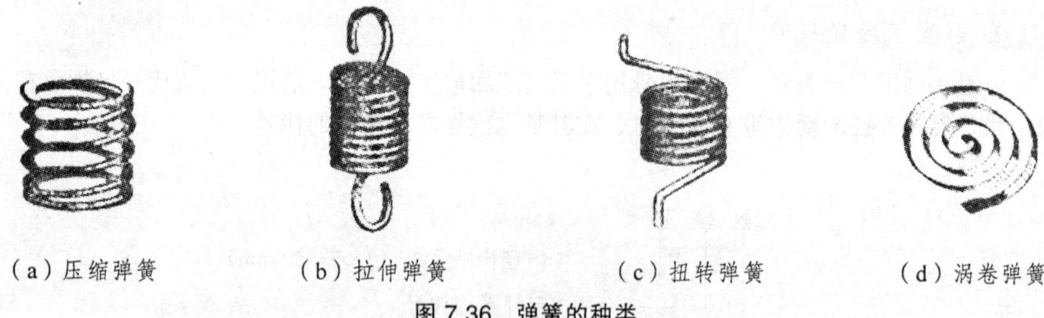
（a）压缩弹簧　　（b）拉伸弹簧　　（c）扭转弹簧　　（d）涡卷弹簧

图 7.36　弹簧的种类

这里主要介绍圆柱螺旋压缩弹簧的有关知识。其画法如图 7.37 所示。

弹簧的各部分名称及其代号如下所述。

(1) 支撑圈数 n_2：弹簧端部仅起支承或固定作用的圈数。这几圈可使弹簧端面受力均匀，放置平稳，制造时已经将其端面磨平。常见的为 1.5～2.5 圈，以 2.5 圈为多。

(2) 有效圈数 n：保持相等节距，产生弹力的圈数（计算弹簧刚度时的圈数）。

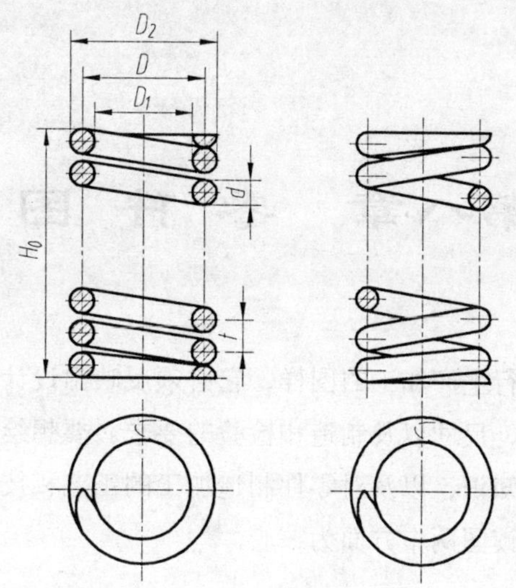

图 7.37　圆柱螺旋压缩弹簧的画法

(3) 总圈数 n_1：有效圈数与支撑圈数之和。即：

$$n_1 = n + n_2$$

(4) 簧丝直径 d：制造弹簧的钢丝直径，按标准选取。

(5) 弹簧中径 D：弹簧的平均直径，按标准选取。

(6) 弹簧内径 D_1：弹簧的最小直径。即：

$$D_1 = D - d$$

(7) 弹簧外径 D_2：弹簧的最大直径。即：

$$D_2 = D + d$$

(8) 弹簧节距 t：相邻两有效圈截面中心线的轴向距离，按标准选取。

(9) 自由高度 H_0：弹簧在不受外力时的高度。按下式计算：

$$H_0 = n_t + (n_2 - 0.5)d$$

(10) 旋向：螺旋弹簧分为左旋和右旋两种，常使用的是右旋弹簧，左旋弹簧应标注“LH”加以说明。

第八章　零　件　图

零件图是用来指导和进行生产加工的图样，它必须反映出设计者的意图，并应该完整地表达所要制造的零件的形状、尺寸以及制造和检验的要求。要想绘制出合格的零件图，还必须学习零件设计的其他许多知识，以及对零件制造加工的工艺和技术要求等知识。

本章的内容将以绘图和读图两个方面为核心。

第一节　零件图的作用和内容

一、零件图的作用

在生产中，加工制造零件的主要依据就是零件图。其生产过程是：先根据零件图中所注的材料进行备料，然后按零件图中的图形、尺寸和其他要求进行加工制造，再按技术要求检验加工出的零件是否达到规定的质量标准。由此可见，零件图是工厂加工制造和检验零件质量的重要技术文件。

常见的零件类型有轴套类、盘盖类、叉架类和箱体类等。图 8.1 为一传动轴的零件图。

二、零件图的内容

零件图是直接用于生产的，因此必须符合实际。为了满足生产部门制造零件的要求，零件图必须包括以下几个方面的内容。

(1) 一组视图：用一组图形，根据投影规律和相关标准，将零件各部分的结构形状正确、完整、清晰地表达出来，其表达方法在前面章节中已作介绍。

(2) 尺寸标注：用一组尺寸，正确、完整、清晰、合理地标注出零件各部分的形状大小及相对位置，以便于零件的加工、检测和装配。

(3) 技术要求：用规定的代号、数字、字母或另加文字注解，注明在制造和检验零件时应该达到的各项技术指标。如尺寸公差、形状和位置公差、表面结构、材料和热处理要求等。

(4) 标题栏：由名称及代号区、更改区和其他区组成的栏目。用来填写零件的名称、材料、数量、比例、图号、制图及审核人员的姓名、完成时间、设计单位名称等项内容。

其余 12.5
C2
1.6
6.3
3.2
Ø45 +0.052 +0.034
Ø52
Ø55 +0.032 +0.020
Ø58 +0.060 +0.041
Ø55
Ø65
2×0.5
5
60
70
36
50
15
20
270
14 0 -0.043
39.5 0 -0.016
16 0 -0.043
52 0 -0.019
技术要求
1.经调质处理，50~55 HRC。
2.未注长度尺寸允许偏差±0.5mm。
3.未注圆角半径R1。
45
轴
标记
处数
分区
更改文件号
签名
年.月.日
设计
标准化
审核
工艺
批准
阶段标记
重量
比例
1:1
共 张 第 张

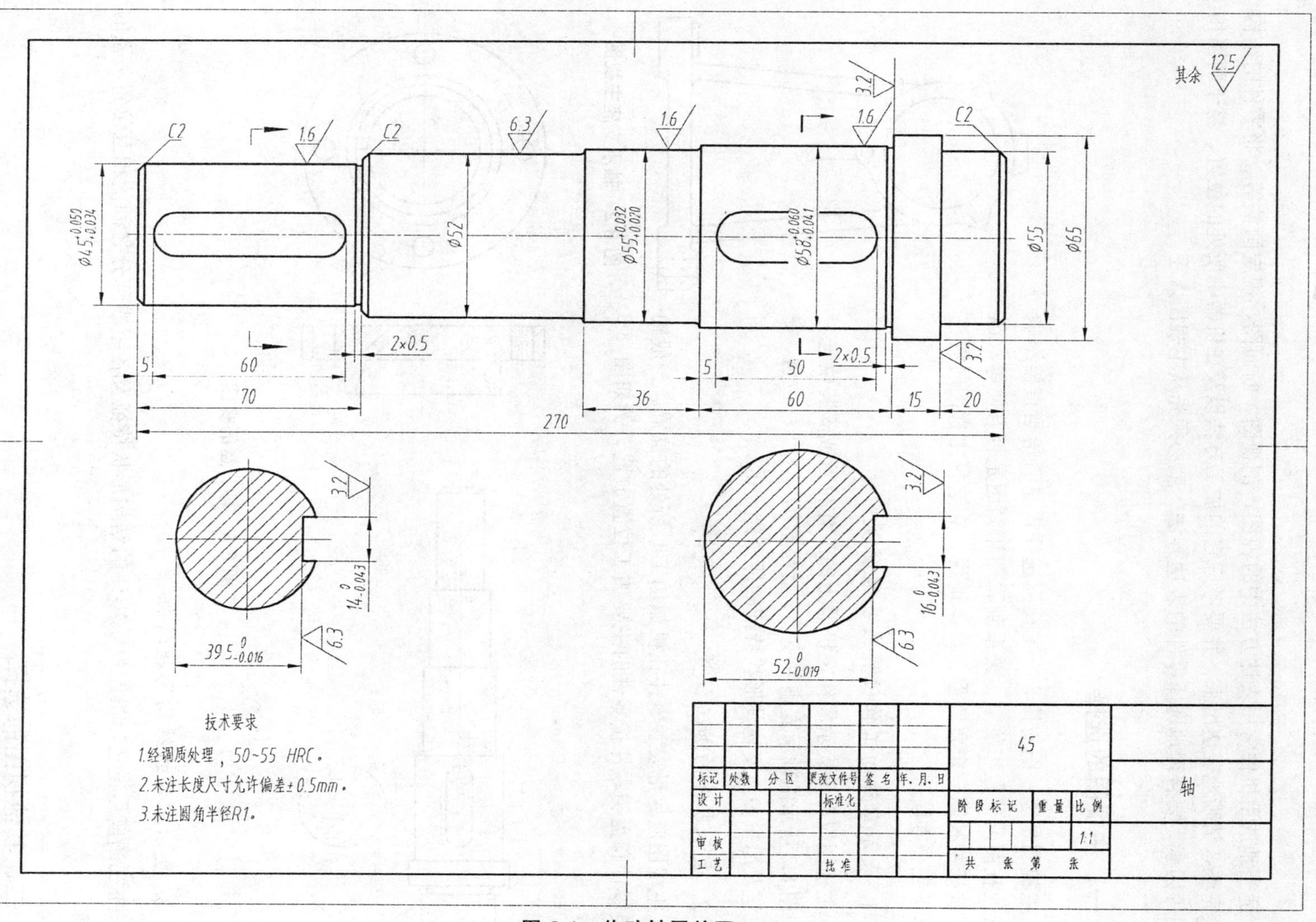

图 8.1 传动轴零件图

第二节　零件的表达方法

适当地选用机件常用表达方法中的视图、剖视图、断面图、规定画法等，将零件的结构形状完整、清晰地表达出来，并要考虑它的加工方法以及在机器中所处的位置、易于画图和看图等因素。要合理地选择零件的表达方法，就必须先从主视图入手。

一、主视图的选择

主视图是零件图的核心，主视图选择得是否恰当直接影响到其他视图的位置和数量，关系到看图和画图是否方便等。因此，选择主视图一定要慎重，具体地说，在选择主视图时要注意以下三个方面。

1. 表示零件的工作位置或安装位置

主视图应尽量表示零件在机器上的工作位置或安装位置。例如图 8.2 所示的轴承支座主视图，就是根据它的工作位置、安装位置及尽量多地反映其形状特征的原则选定的。

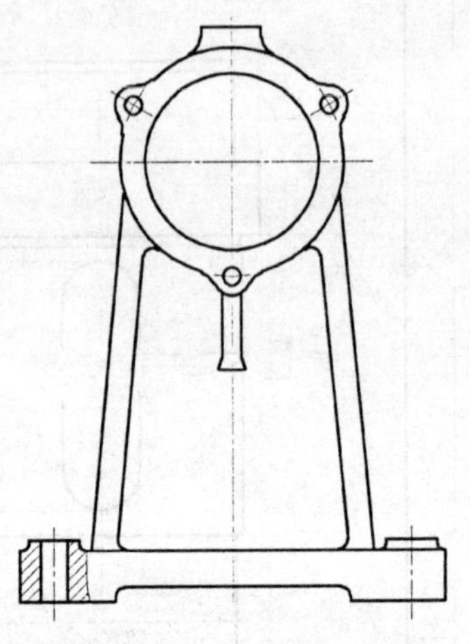

图 8.2　轴承支座主视图

2. 表示零件的加工位置

主视图应尽量表示零件在机械加工时所处的位置。一般轴套类零件和盘类零件按零件的主要加工位置放置，例如图 8.3 所示。

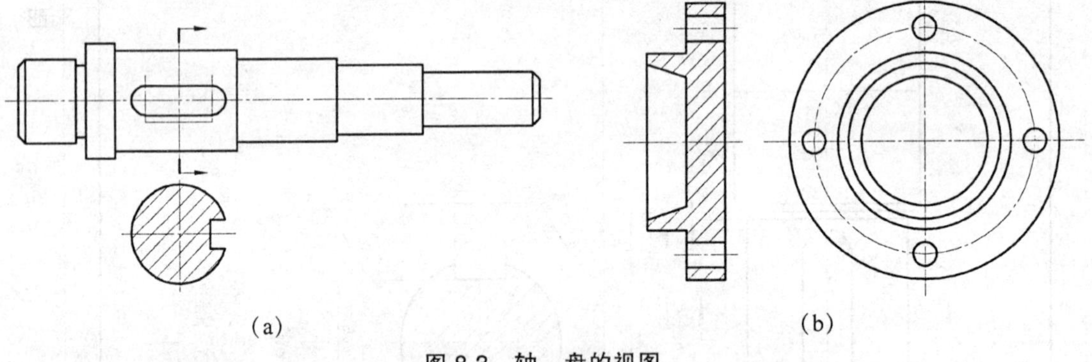

图 8.3　轴、盘的视图

3. 表示零件的结构形状特征

主视图应尽量选择最能反映零件的结构形状特征及各组成部分之间的相互位置关系的方向。

二、其他视图的选择

主视图确定后，应该对零件的各个组成部分逐一进行分析，对主视图表达未尽的部分，再选定其他视图完善其表达。选用时，首先选用基本视图或在基本视图上取剖视，做到每一个视图都有表达的重点。对于局部结构，可以用局部视图或局部剖视图进行表达。需要注意的是，零件结构的表达要内外兼顾、大小兼顾，力求视图简洁、精炼。

三、零件表达方案的分析

零件结构形状的表达方案，并不是只有一种，可以有多种方案，所以要对多种方案进行分析比较，选择最恰当的方案。

1. 轴和盘类零件

轴盘类零件的结构一般比较简单，主要结构为回转体，表达方案比较确定。轴盘类零件的视图选择：在主视图上将主体轴线水平放置（加工位置），必要时采用断面图、局部放大图、局部剖视图等表示局部结构形状，如图 8.3 所示。

2. 箱体类零件

箱体类零件是组成机器或部件的主要零件之一，其内、外结构形状一般都比较复杂，一般为铸件。它们主要用来支承、包容和保护运动零件或其他零件，因此，这类零件多为有一定壁厚的中空腔体，壁上有支承孔和与其他零件装配的孔或螺孔等结构；为使运动零件得到润滑，箱体内常存放有润滑油，因此，有注油孔、放油孔和观察孔等结构；为了与其他零件或机座装配，有安装底板、安装孔等结构。

箱体类零件的视图选择：

(1) 以工作位置放置，选择反映其形状特征、主要结构及其各组成部分之间的相对位置关系最明显的方向作为主视图的投射方向。

(2) 根据零件的复杂程度通常至少选用三个视图，并结合断面图、局部视图、剖视图等表达方法。

以上视图的选择在选用视图数量最少的原则下，使得各个视图都有一个表达的重点，将零件的结构形状清晰地表达出来。

箱体类零件的视图选择，可参见本书图 8.26。

3. 叉架类零件

叉架类零件的结构比较复杂且形状不规则，其视图选择原则为：

(1) 一般以工作位置放置，选择表达其形状特征、主要结构及其各组成部分之间的相对位置关系最明显的方向为主视图的投射方向。

(2) 结合主视图，选择其他视图。倾斜结构常用斜视图或斜剖视图来表示；安装孔、安装板、支承板、肋板等结构常采用局部剖视、移出断面来表示。

4. 零件表达方案分析实例

下面以支架为例分析其表达方案，图 8.4 为支架的立体图。这类零件用来支撑轴及轴上零件，主要结构有轴承孔、底板、支撑板、肋板等，支撑板外侧及肋板左右两面与轴承孔外表面相交。

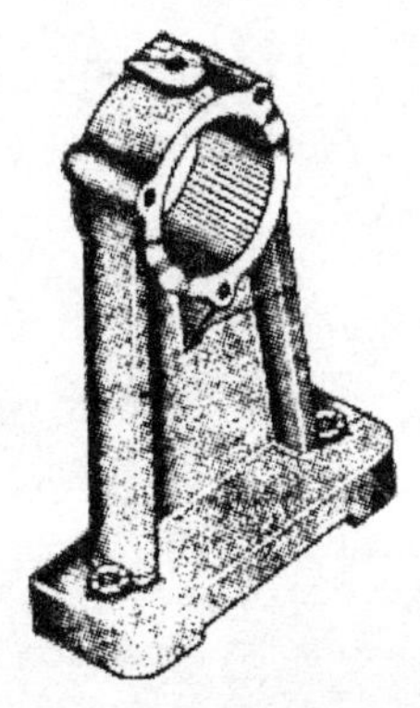

图 8.4　支架立体图

对于这样一个零件，如何选择视图呢？图 8.5、图 8.6 和图 8.7 给出了三种不同的表达方案。

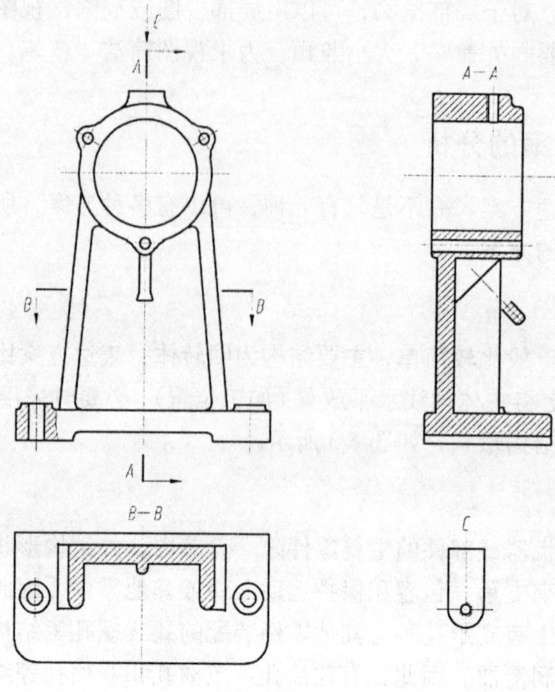

图 8.5　支架视图（一）

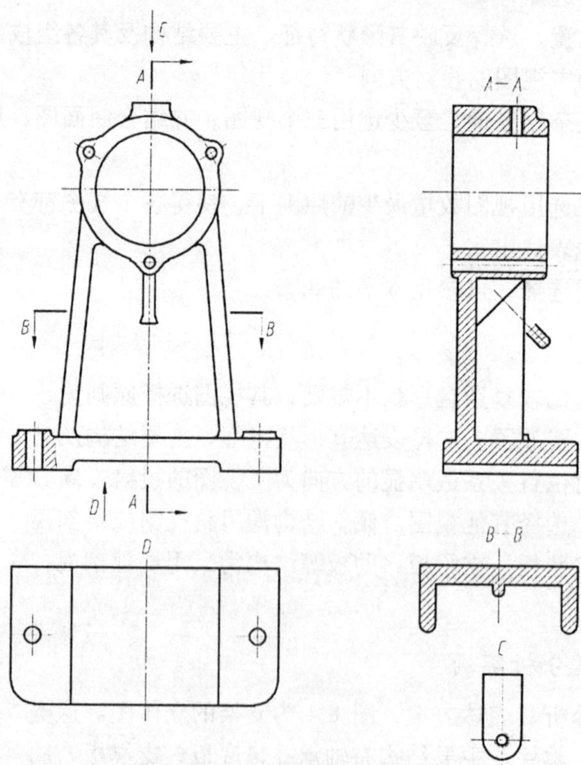

图 8.6　支架视图（二）

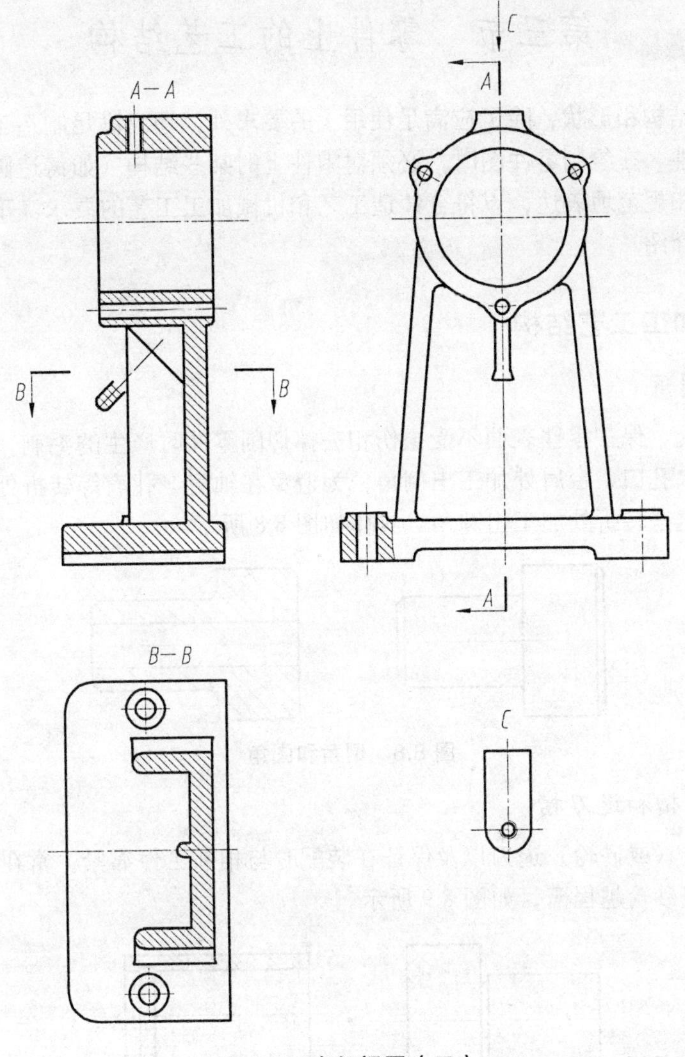

图 8.7　支架视图（三）

上面给出的三个方案，方案三（图 8.7）的主视图没有反映出零件的主要形状特点，因此不宜选用。

方案二（图 8.6）选全剖的左视图表达轴承孔的内部结构及肋板形状，选择 *D* 向视图表达底板的形状，选择移出断面表达支撑板断面及肋板断面的形状，*C* 向局部视图表达上面凸台的形状。

方案一（图 8.5）选全剖的左视图表达轴承孔的内部结构及肋板形状，俯视图采用 *B*－*B* 剖视图，选择移出断面表达支撑板断面及肋板断面的形状，*C* 向局部视图表达上面凸台的形状。

显然，方案二和方案一对比，虽然在视图表达方面都达到了要求，但是方案二多用了一个 *B*－*B* 视图，而且 *B*－*B* 视图与主视图也没有按投影关系配置，给读者一种比较凌乱的感觉。而方案一更清晰、明了。因此，综合比较，方案一为最佳方案。读者还可以进一步提出更好的表达方案，并比较分析其优缺点。

第三节　零件上的工艺结构

零件的工艺结构和形状，除了应满足使用上的要求外，还应满足制造工艺的要求，即应具有合理的工艺性。在绘制零件图时，必须对零件上的某些结构（如铸造圆角、退刀槽等）进行合理地设计和规范地表达，以符合铸造工艺和机械加工工艺的要求。下面将零件上常见的工艺结构加以介绍。

一、机械加工工艺结构

1. 倒角与圆角

为了便于装配，保护零件表面不受损伤和去掉切削零件时产生的毛刺，防止锐边划伤手指，经常在轴端、孔口、台肩处加工出倒角；为避免在轴肩、孔肩等转折处由于应力集中而产生裂纹，常在这些转折处加工出圆角。具体如图 8.8 所示。

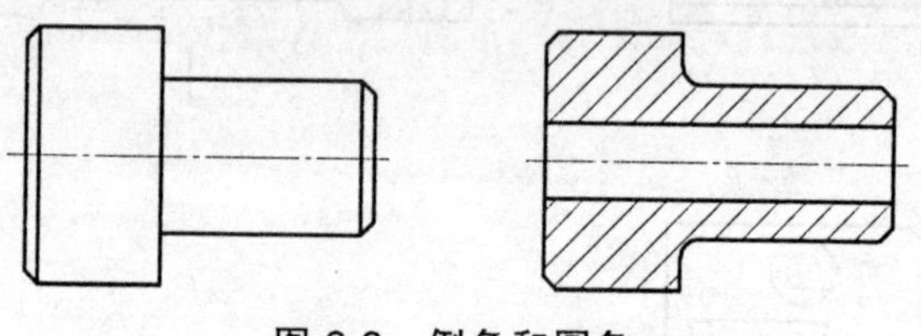

图 8.8　倒角和圆角

2. 砂轮越程槽和退刀槽

为了便于刀具（或砂轮）退刀以及保证在装配时与相邻工件靠紧，常在待加工表面的末端加工出退刀槽或砂轮越程槽，如图 8.9 所示。

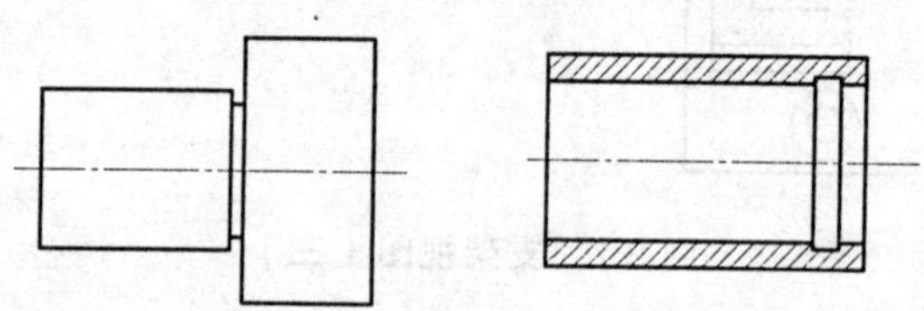

图 8.9　砂轮越程槽和退刀槽

3. 润滑槽

为了便于轴承等旋转机件的润滑，在轴承支座的内部有时还加工出润滑槽，如图 8.10 所示。

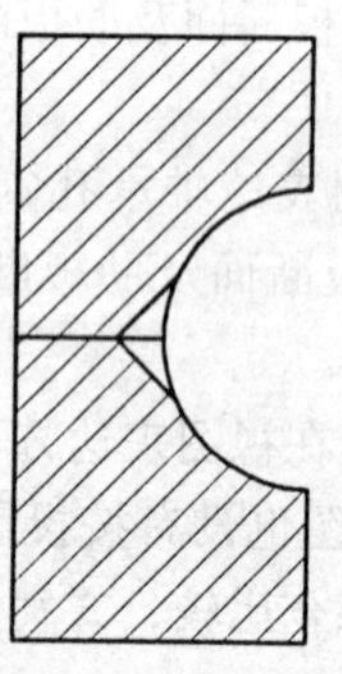

图 8.10　润滑槽

二、铸造工艺结构

1. 最小壁厚

为了防止金属溶液在未充满砂型之前就凝固，铸件的壁厚不应小于表 8.1 所示的数值。

表 8.1　铸件的最小壁厚（≥）　　mm

铸造方法	铸件尺寸	灰铸铁	铸钢	球墨铸铁	可锻铸铁	铝合金	铜合金
砂型	<200×200	5~6	8	6	5	3	3~5
	(200×200)~(500×500)	7~10	10~12	12	8	4	6~8
	>500×500	15~20	15~20			6	

2. 铸造圆角

为避免在铸件表面相交处产生应力集中，防止产生裂纹、夹沙、缩孔等铸造缺陷，或防止金属溶液冲毁砂型转角处，铸件相邻表面相交处应以圆角过渡，如图 8.11 所示，称为铸造圆角。因此，铸造零件的非加工表面留有铸造圆角。

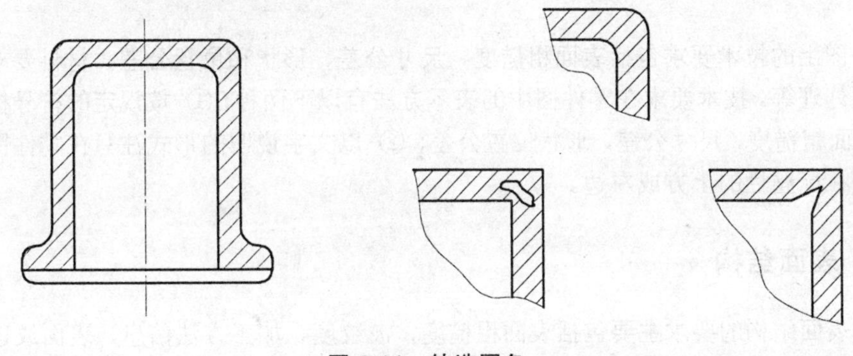

图 8.11　铸造圆角

铸造圆角半径一般小于 6 mm，不必在图中一一注出，可统一在技术要求中用文字注明，例如“未注铸造圆角 *R*3～*R*5”。

3. 壁厚均匀

为了避免由于铸件的壁厚不均匀，浇注零件时各部分的冷却速度不一致，形成缩孔等铸造缺陷，所以在设计铸件时，铸件的壁厚应尽量均匀或逐渐变化，如图 8.12 所示。

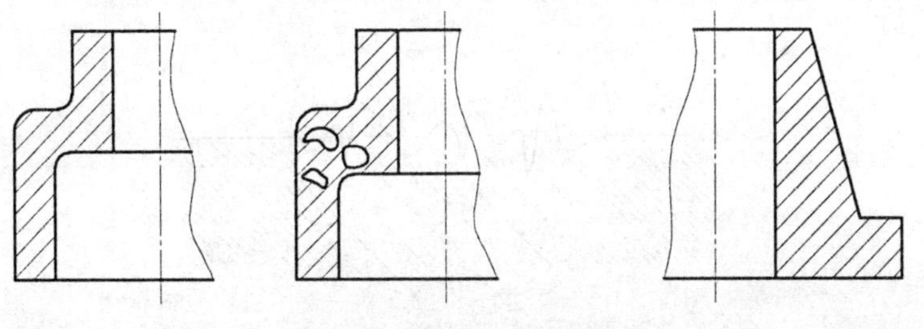

图 8.12　壁厚与缺陷

4. 起模斜度

铸造零件时，为了便于将木模顺利地从砂型中取出，在铸件的内、外壁沿起模方向设计一定的斜度，称为起模斜度，通常取 1 : (10～20)。若斜度比较小，零件图中可以不必画出，如图 8.13 所示。图 8.13（a）标注出起模斜度；图 8.13（b）既没有标注出起模斜度，也没有画出斜度。

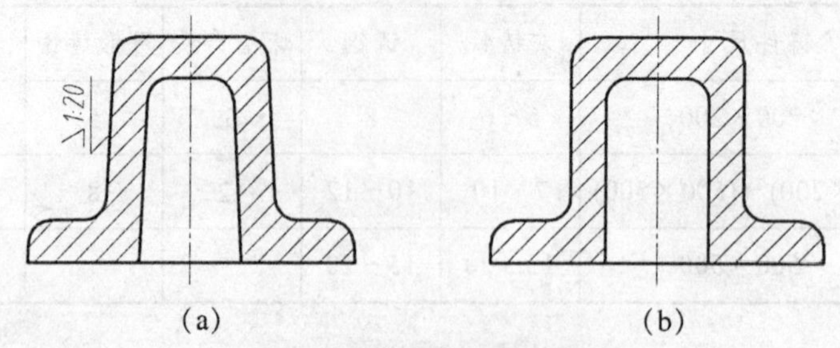

图 8.13　起模斜度的标注法

第四节　零件图的技术要求

零件图上的技术要求包括表面粗糙度、尺寸公差、形状和位置公差、材料要求、热处理及其表面处理等。技术要求在零件图中的表示方法有以下两种：① 按规定的符号标注在图形中，如表面粗糙度、尺寸公差、形状位置公差；② 以文字说明的形式注写在零件图的适当位置，一般在标题栏的上方或左边。

一、表面结构

零件表面结构的要求主要包括表面粗糙度、波纹度、加工方法信息、表面纹理等，表面结构的各项要求在图样上的表示法在 GB/T 131－2006 中均有具体规定。其中表面粗糙度是最常用的表面结构参数。

1. 表面粗糙度的概念

在零件加工时，由于切削变形和机床振动等因素的影响，使零件的实际加工表面存在着微观的高低不平，这种微观的高低不平程度称为表面粗糙度，如图 8.14 所示。

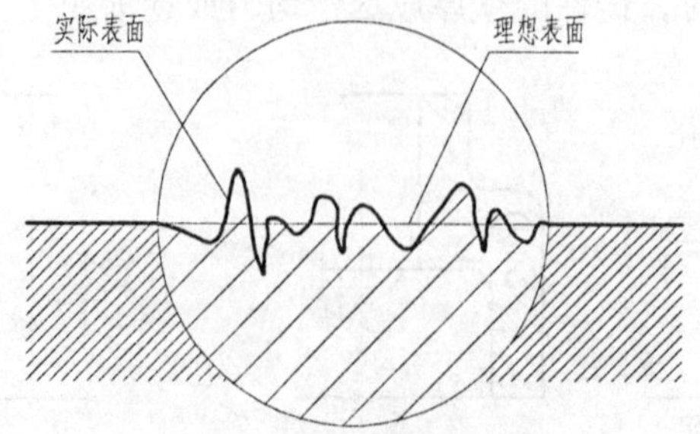

图 8.14　表面粗糙度的概念

表面粗糙度是评定零件表面质量的一项技术指标，它对零件的接触刚度、疲劳强度、耐磨性、耐腐蚀性、密封性等都有较大影响。因此，在零件设计时，为了提高产品的使用寿命、保证产品质量和合理地控制加工成本，必须对零件表面提出合理的表面粗糙度要求。

2. 评定表面粗糙度的参数及图形符号

国家标准对表面粗糙度的评定参数做了规定，分别为轮廓算术平均偏差 R_a 和轮廓最大高度 R_z，其中轮廓算术平均偏差 R_a 能够较充分地反映零件表面微观形状高度方向的特性，应用广泛。R_a 的数值越小，零件表面越光滑平整；R_a 的数值越大，零件表面越粗糙。

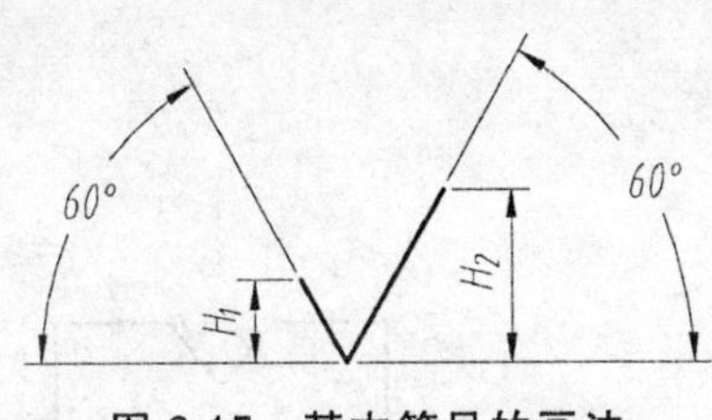

图 8.15　基本符号的画法

表面粗糙度代号是由规定的符号和有关参数值组成，零件表面粗糙度基本符号的画法如图 8.15 所示，其意义如表 8.2 所示。

图 8.15 中，当粗实线的宽度为 0.5 mm 时，表面粗糙度符号线宽 0.35 mm，表面粗糙度参数值字高 3.5 mm，高度 H_1 为 5 mm，高度 H_2 为 10.5 mm。

表 8.2　表面粗糙度符号的画法及意义

符　号	意义及说明
	基本符号，表示表面可用任何方法获得。当不加注粗糙度参数值或有关说明（例如：表面处理、局部热处理状况等）时，仅使用于简化代号标注
	基本符号加一短画，表示表面是用去除材料的方法获得的。例如：车、铣、钻、磨、剪切、抛光、腐蚀、电火花加工、气割等
	基本符号加一小圆，表示表面是用不去除材料的方法获得的。例如：铸、锻、冲压变形、热轧、冷轧、粉末冶金等。或者是用于保持原供应状况的表面（包括保持上道工序的状况）
	在上述三个符号的长边上均可加一横线，用于标注有关参数和说明
	在上述三个符号上均可加一小圆，表示所有表面具有相同的表面粗糙度要求

3. 表面结构要求在图形符号中的注写位置

为了明确表面要求，除了标注表面结构参数和数值外，必要时应标注补充要求，其注写位置如图 8.16 所示。

图 8.16　表面结构要求在图形符号中的注写位置

图中各位置表示：

位置 a——注写表面结构的单一要求。

位置 a 和 b——注写多个表面的结构要求。

位置 c——注写加工方法。

位置 d——注写表面纹理方向。

位置 e——注写加工余量。

4. 表面结构要求在图样中的注法举例

如图 8.17 所示。

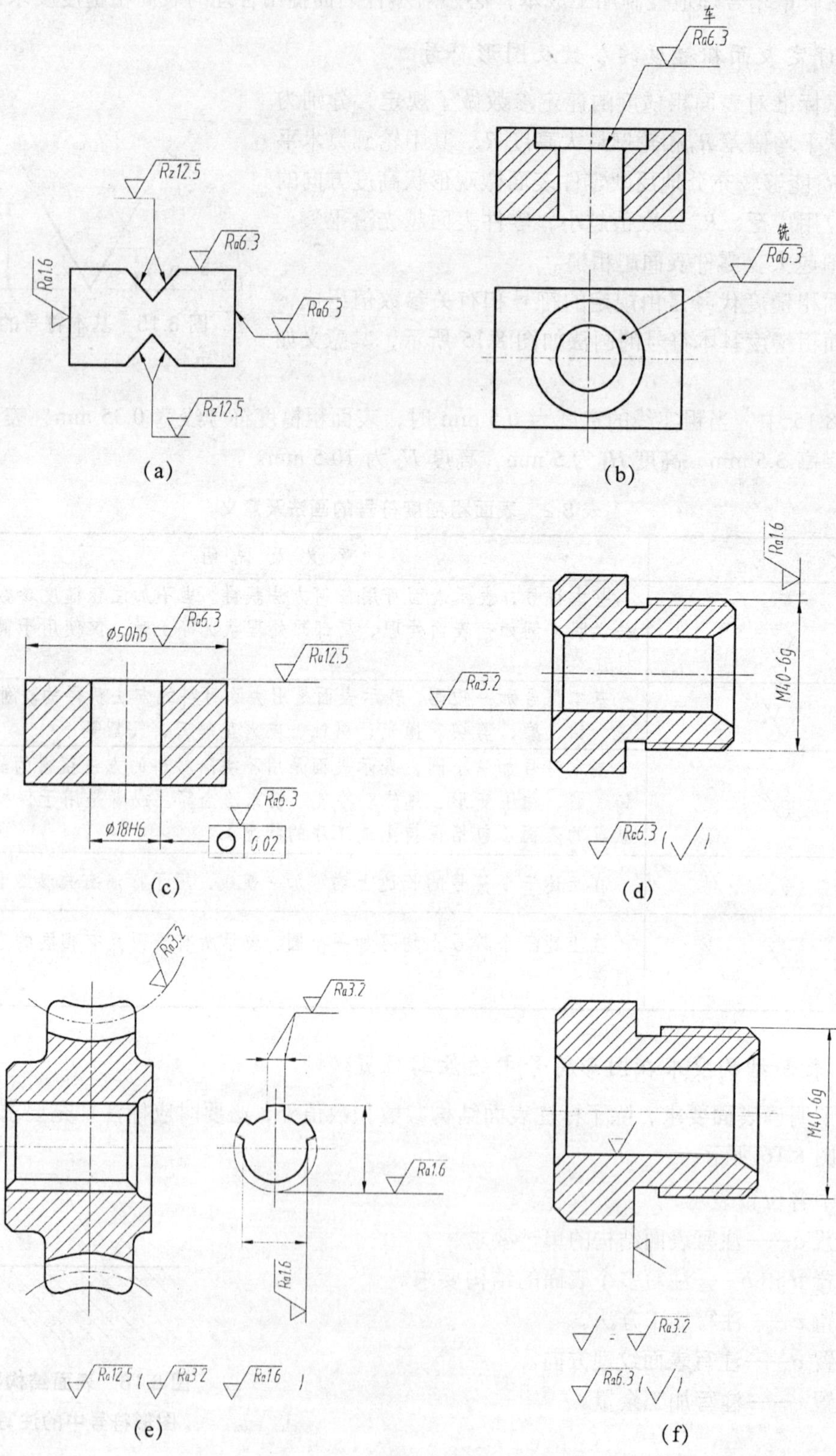

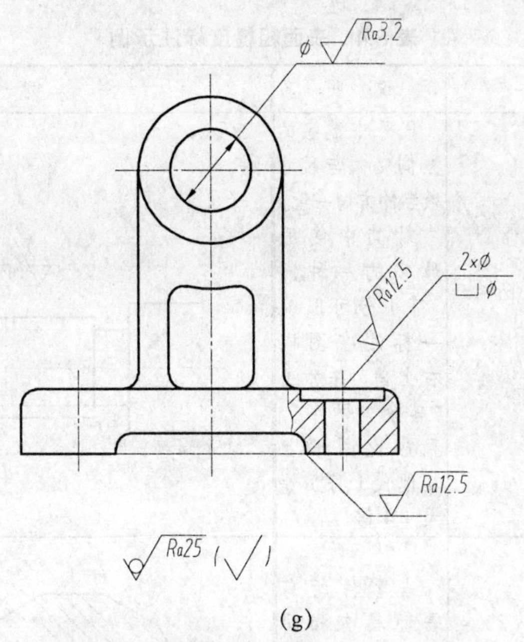

(g)

图 8.17　表面结构要求在图样中的注法

说明：

GB/T131－1993《机械制图　表面粗糙度符号、代号及其标注》国家标准被修订为GB/T131－2006《产品几何技术规范（GPS）技术产品文件中表面结构的表示法》。考虑到目前多数读者一直习惯于使用 GB/T131－1993，所以本书对此也进行介绍，而且，一些图样当中也使用了 GB/T131－1993 的标注方法。

轮廓算术平均偏差 R_a 值标注的方法及意义见表 8.3。表面粗糙度代号在图样上的标注方法见表 8.4。

表 8.3　轮廓算术平均偏差 R_a 值的标注示例及其意义

代　号	意　义	代　号	意　义
3.2	用任何方法获得的表面粗糙度，R_a 的上限值为 3.2 μm	3.2max	用任何方法获得的表面粗糙度，R_a 的最大值为 3.2 μm
3.2	用去除材料的方法获得的表面粗糙度，R_a 的上限值为 3.2 μm	3.2max	用去除材料的方法获得的表面粗糙度，R_a 的最大值为 3.2 μm
3.2	用不去除材料的方法获得的表面粗糙度，R_a 的上限值为 3.2 μm	3.2max	用不去除材料的方法获得的表面粗糙度，R_a 的最大值为 3.2 μm
3.2 1.6	用去除材料的方法获得的表面粗糙度，R_a 的上限值为 3.2 μm，R_a 的下限值为 1.6 μm	3.2max 1.6min	用去除材料的方法获得的表面粗糙度，R_a 的最大值为 3.2 μm，R_a 的最小值为 1.6 μm

表 8.4　表面粗糙度标注示例

图　例	说　明	图　例	说　明
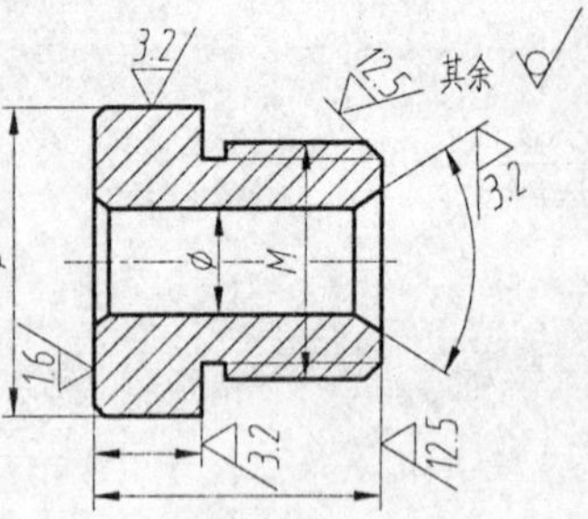 3.2　12.5　其余　3.2　φ　φ　M　1.6　3.2　12.5	代号中数字的方向必须与尺寸数字的方向一致。 对其中使用最多的一种代（符）号可以统一标注在图样右上角，并加注“其余”两字，且应比图形上其他代（符）号大 1.4 倍	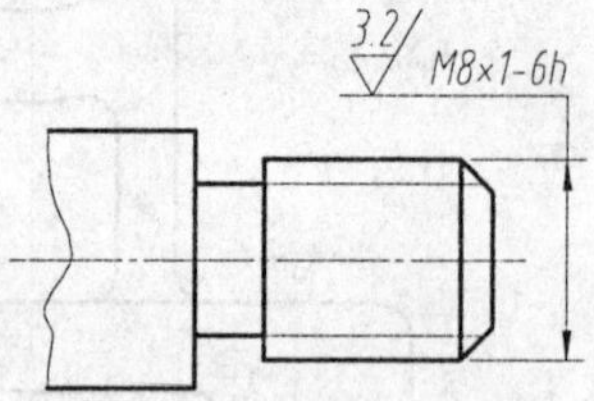 3.2　M8×1-6h	螺纹的表面粗糙度注法
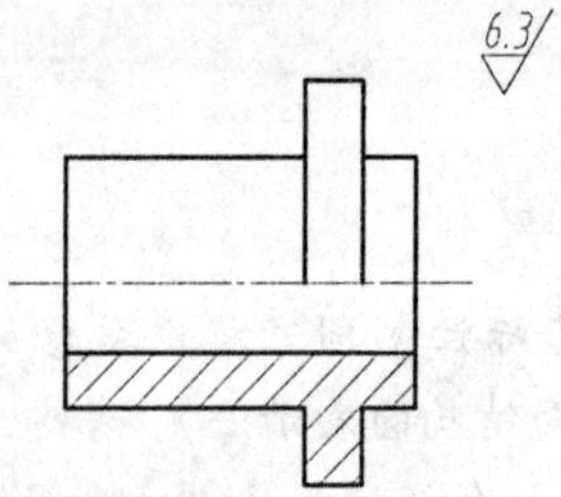 6.3	当零件所有表面具有相同的粗糙度时，代（符）号可在图样的右上角统一标注，且符号应较一般的代号大 1.4 倍	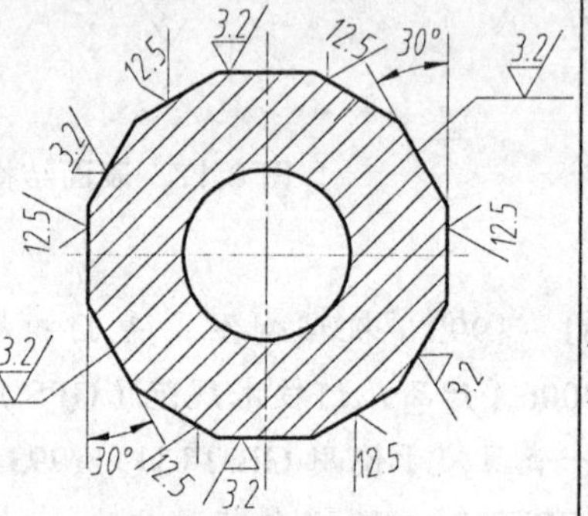 12.5　3.2　12.5　30°　3.2　3.2　12.5　12.5　3.2　3.2　30°　12.5　3.2　12.5	各倾斜表面代号的注法，符号的尖端必须从材料外指向表面
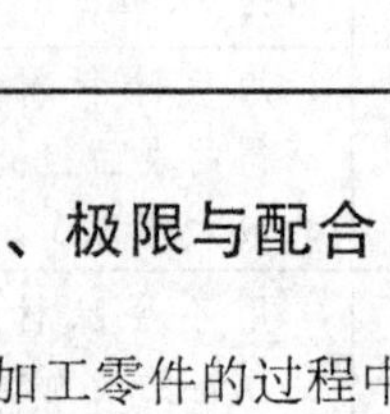 抛光　3.2	零件上连续表面及重复要素（孔、槽、齿等）的表面粗糙度只标注一次	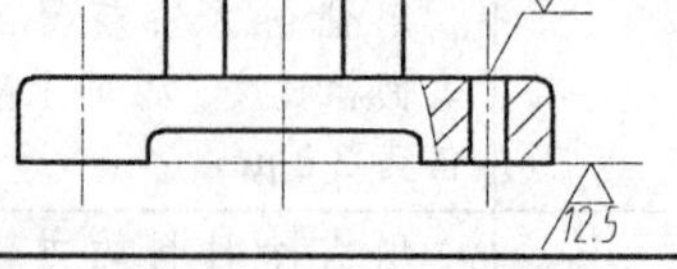 3.2　12.5　12.5	用细实线相连不连续的表面粗糙度标注一次

二、极限与配合

在加工零件的过程中，由于刀具、机床精度等各种因素的影响，零件的尺寸不可能制造得绝对准确。实际上，只要把零件尺寸等几何参数控制在一定范围之内，就能保证零件的使用。允许零件尺寸和几何参数的变动量就是公差。

1. 基本术语

基本尺寸：根据零件结构和强度要求，设计给出的尺寸。

极限尺寸：一个尺寸允许变动的两个极限值。两个极限值为最大极限尺寸（D_{max}、d_{max}）和最小极限尺寸（D_{min}、d_{min}）。

尺寸偏差：零件实际尺寸减去其基本尺寸所得的代数差。尺寸偏差分为上偏差和下偏差。最大极限尺寸减去其基本尺寸所得的代数差为上偏差，最小极限尺寸减去其基本尺寸所得的代数差为下偏差，上偏差和下偏差统称为极限偏差。孔的上偏差用 *ES* 表示，下偏差用 *EI* 表示；轴的上偏差用 *es* 表示，下偏差用 *ei* 表示。

尺寸公差（简称公差）：允许尺寸的变动量，即最大极限尺寸减去最小极限尺寸之差。

公差带：在公差带图中，由代表上偏差和下偏差或最大极限尺寸和最小极限尺寸的两条直线所限定的一个区域。

公差带图：表示基本尺寸和尺寸公差大小、位置的图形。

极限与配合的基本概念如图 8.18 所示。

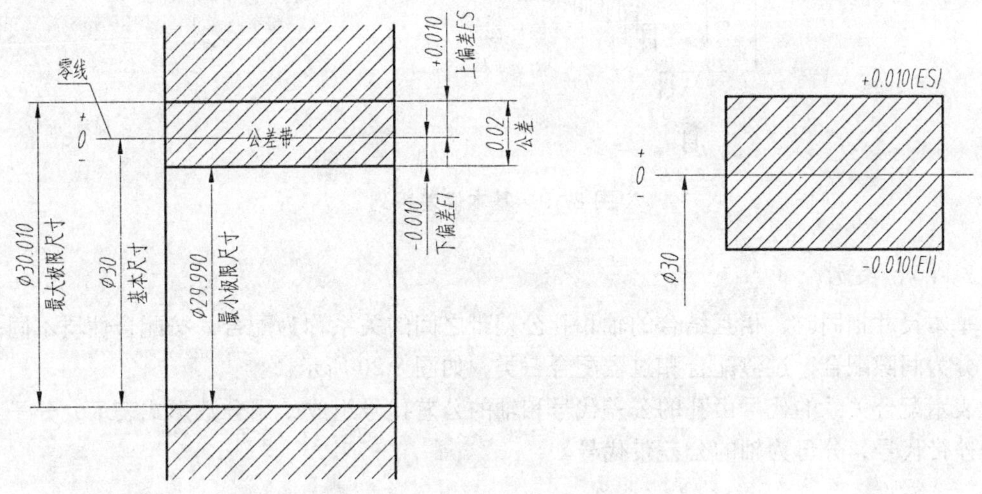

图 8.18　极限与配合的基本概念

2. 标准公差与基本偏差

国家标准 GB/T 1800.2—1998 中规定，公差带是由标准公差和基本偏差组成的，标准公差决定公差带的高度，基本偏差确定公差带相对零线的位置。

(1) 标准公差是由国家标准规定的公差值。其大小由两个因素决定，一个是公差等级，另一个是基本尺寸。国家标准将公差划分为 20 个等级，分别为 IT01、IT0、IT1、IT2、IT3…IT18，其中 IT01 精度最高，IT18 精度最低。

(2) 基本偏差是用以确定公差带相对于零线位置的那个极限偏差。基本偏差有正号和负号。孔和轴的基本偏差代号各有 28 种，用字母或字母组合表示，孔的基本偏差代号用大写字母表示，轴的基本偏差代号用小写字母表示。根据实际需要，国家标准规定了基本偏差系列，如图 8.19 所示。

一个公差带的代号由表示公差带位置的基本偏差代号和表示公差带大小的公差等级以及基本尺寸组成。如 Ø50H8，Ø50 是基本尺寸，H 是基本偏差代号，大写表示孔，公差等级为 IT8。

基本偏差只表示公差带的位置，而不表示公差带的大小，所以公差带一端画成开口。国家标准对不同的基本尺寸和基本偏差规定了轴和孔的基本偏差数值。

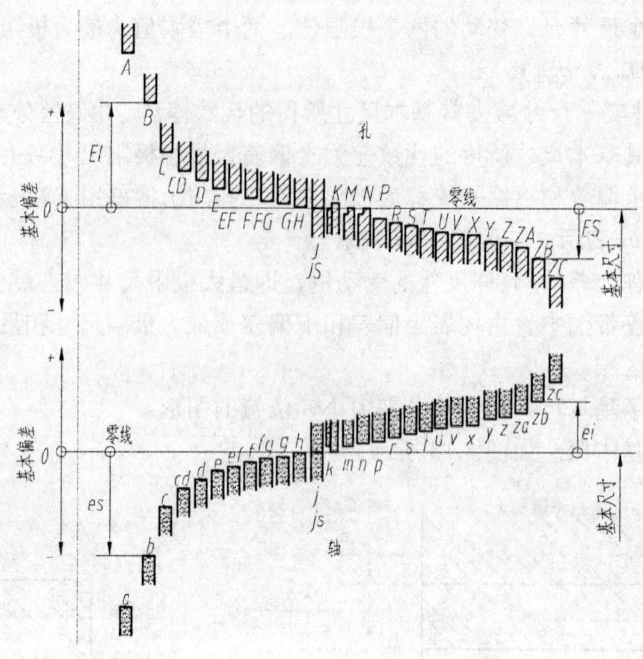

图 8.19　基本偏差系列

3. 配合类别

基本尺寸相同时，相互结合的轴和孔公差带之间的关系称为配合。按配合性质不同，配合可分为间隙配合、过渡配合和过盈配合三类，如图 8.20 所示。

表示配合关系的代号由孔的公差代号和轴的公差代号组成，用分数形式表示，分子为孔的公差带代号，分母为轴的公差带代号。

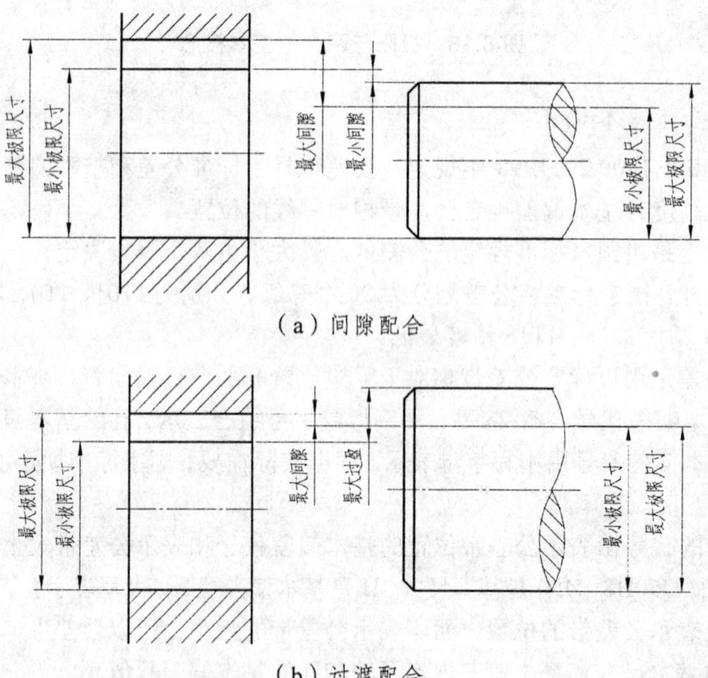

（a）间隙配合

（b）过渡配合

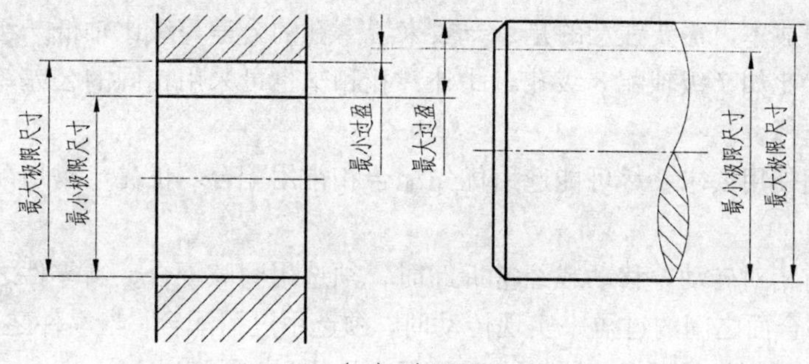

（c）过盈配合

图 8.20　配合种类

4. 配合制

基本尺寸相同的孔、轴公差带组合起来，就可以组成各种不同的配合。国家标准规定了两种配合制，即基孔制和基轴制，如图 8.21 所示。

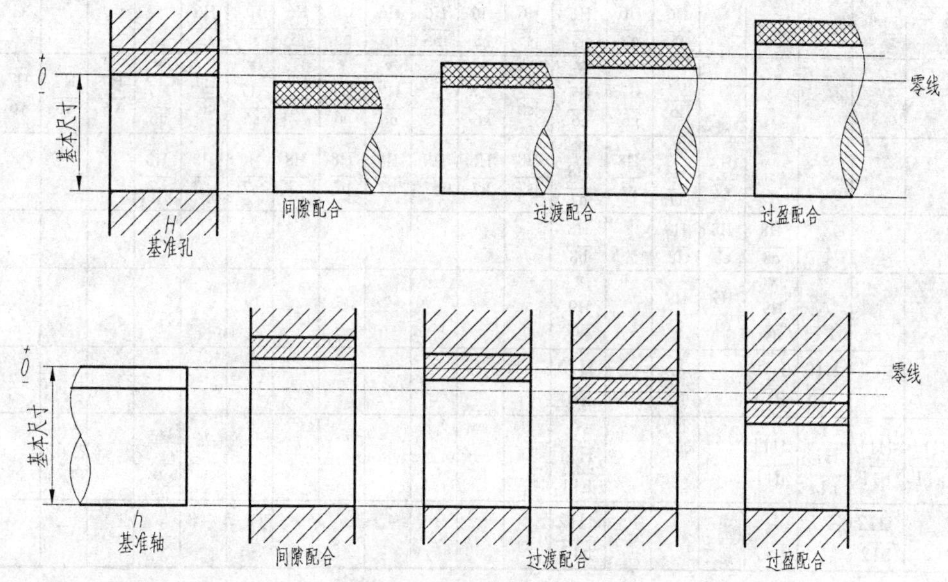

图 8.21　基孔制和基轴制

基孔制是基本偏差固定的孔的公差带，与不同基本偏差的轴的公差带形成各种配合的制度。基孔制中孔的基本偏差代号为 H，上偏差为正值，下偏差为 0。

基轴制是基本偏差固定的轴的公差带，与不同基本偏差的孔的公差带形成各种配合的制度。基轴制中轴的基本偏差代号为 h，上偏差为 0，下偏差为负值。

5. 公差与配合的选用

（1）基准制的选择：

一般情况下，应优先选用基孔制。与标准件配合时，基准制依据标准件而定，比如滚动轴承的外圈与座孔的配合应选用基轴制，而内圈与轴的配合应选用基孔制。

（2）公差等级的选择：

公差等级的选用原则是在满足零件使用要求的前提下，尽可能选用比较低的公差等级，以降低零件的生产成本。需要注意的是：一般来说，孔的公差等级比轴低一级，因为加工孔相对来说难一些，比如 7 级轴配 8 级孔。此外，孔和轴也可采用相同的公差等级。

(3) 配合的选择：

设计时应根据使用要求，尽可能选用优先配合和常用配合。优先、常用配合见表 8.5 和表 8.6。

当零件之间有相对转动、移动或经常拆卸时，须选用间隙配合；当零件之间无键、销等紧固件，只依靠结合面之间的过盈来实现传动时，须选用过盈配合；当零件之间无相对运动，同轴度要求较高，且不依靠配合传递动力时，经常选用过渡配合。

表 8.5　基孔制优先、常用配合

基准孔	轴																				
	a	b	c	d	e	f	g	h	js	k	m	n	p	r	s	t	u	v	x	y	z
	间隙配合								过渡配合				过盈配合								
H6						H6/f5	H6/g5	H6/h5	H6/js5	H6/k5	H6/m5	H6/n5	H6/p5	H6/r5	H6/s5	H6/t5					
H7						H7/f6	▼H7/g6	▼H7/h6	H7/js6	▼H7/k6	H7/m6	▼H7/n6	▼H7/p6	H7/r6	▼H7/s6	H7/t6	▼H7/u6	H7/v6	H7/x6	H7/y6	H7/z6
H8					H8/e7	▼H8/f7	H8/g7	▼H8/h7	H8/js7	H8/k7	H8/m7	H8/n7	H8/p7	H8/r7	H8/s7	H8/t7	H8/u7				
				H8/d8	H8/e8	H8/f8		H8/h8													
H9			H9/c9	▼H9/d9	H9/e9	H9/f9		▼H9/h9													
H10			H10/c10	H10/d10				H10/h10													
H11	H11/a11	H11/b11	▼H11/c11	H11/d11				▼H11/h11													
H12		H12/b12						H12/h12													

注：① $\frac{H6}{n5}$、$\frac{H7}{p6}$ 在基本尺寸小于或等于 3 mm 和 $\frac{H8}{r7}$ 在小于或等于 100 mm 时，为过渡配合。

② 标注▼的配合为优先配合。

表 8.6　基轴制优先、常用配合

基准轴	孔																				
	A	B	C	D	E	F	G	H	JS	K	M	N	P	R	S	T	U	V	X	Y	Z
	间隙配合								过渡配合			过盈配合									
h5						F6/h5	G6/h5	H6/h5	JS6/h5	K6/h5	M6/h5	N6/h5	P6/h5	R6/h5	S6/h5	T6/h5					
h6						F7/h6	▼G7/h6	▼H7/h6	JS7/h6	▼K7/h6	M7/h6	▼N7/h6	▼P7/h6	R7/h6	▼S7/h6	T7/h6	▼U7/h6				

续表 8.6

基准轴	孔																				
	A	B	C	D	E	F	G	H	JS	K	M	N	P	R	S	T	U	V	X	Y	Z
	间隙配合								过渡配合				过盈配合								
h7					$\frac{E8}{h7}$	▼ $\frac{F8}{h7}$		▼ $\frac{H8}{h7}$	$\frac{JS8}{h7}$	$\frac{K8}{h7}$	$\frac{M8}{h7}$	$\frac{N8}{h7}$									
h8				$\frac{D8}{h8}$	$\frac{E8}{h8}$	$\frac{F8}{h8}$		$\frac{H8}{h8}$													
h9				▼ $\frac{D9}{h9}$	$\frac{E9}{h9}$	$\frac{F9}{h9}$		▼ $\frac{H9}{h9}$													
h10				$\frac{D10}{h10}$				$\frac{H10}{h10}$													
h11	$\frac{A11}{h11}$	$\frac{B11}{h11}$	▼ $\frac{C11}{h11}$	$\frac{D11}{h11}$				▼ $\frac{H11}{h11}$													
h12		$\frac{B12}{h12}$						$\frac{H12}{h12}$													

注：标注▼的配合为优先配合。

6. 公差与配合在图样上的标注

(1) 公差在零件图上的标注有 3 种形式：

① 在基本尺寸后直接注出公差带代号，如图 8.22（a）所示。

② 在基本尺寸后直接注出上、下偏差，这是基本的标注形式，如图 8.22（b）所示。

③ 在基本尺寸后同时注出公差带代号和上、下偏差，这时上、下偏差必须加上括号，如图 8.22（c）所示。

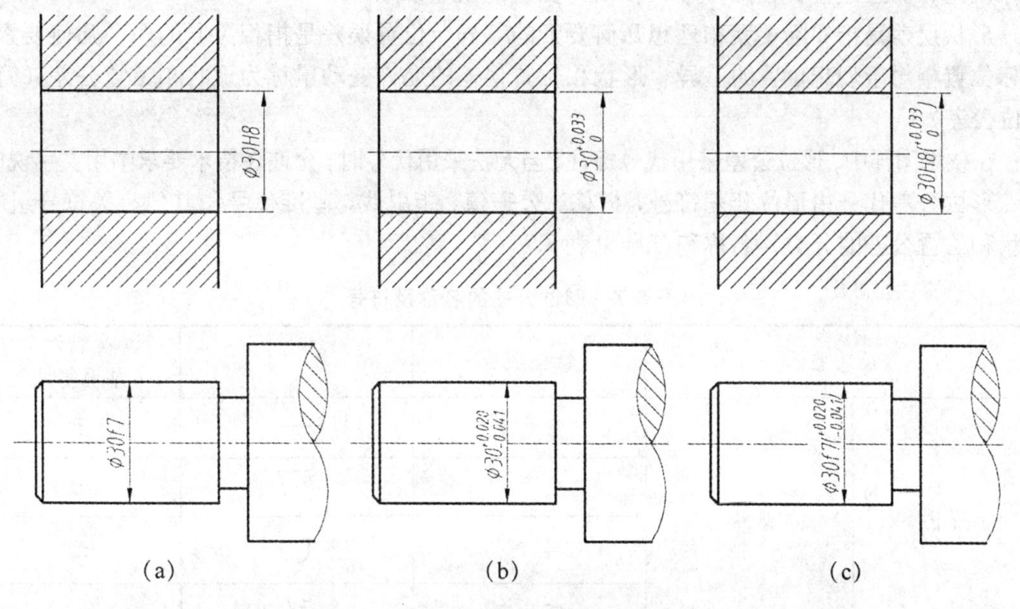

图 8.22　零件图上尺寸公差的标注

（2）配合代号在装配图上的标注：

将配合代号标注在基本尺寸的右边即可，如图 8.23 所示。

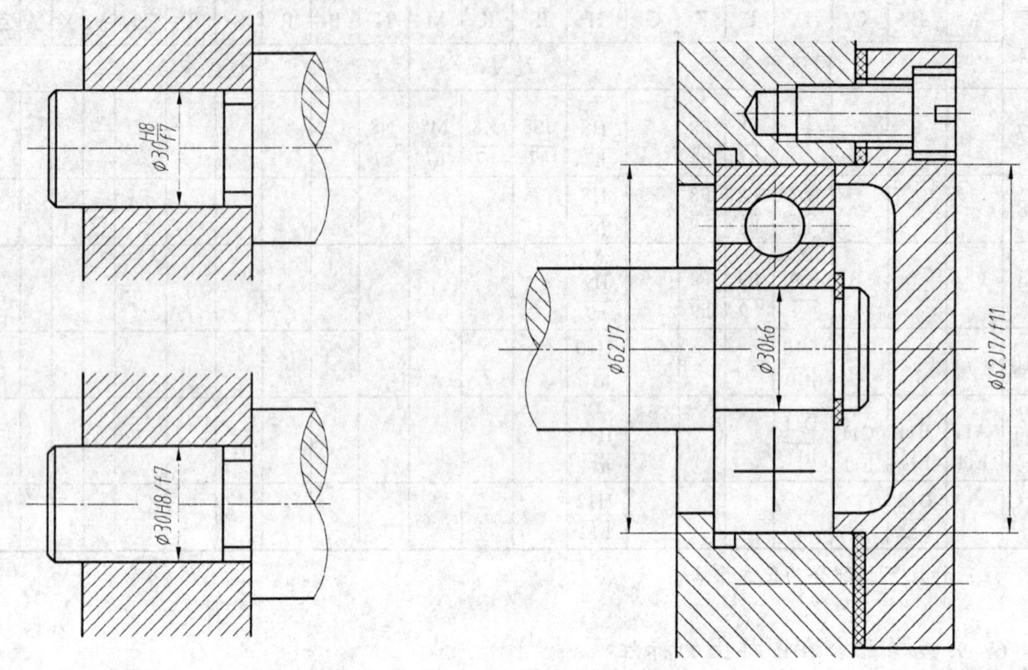

图 8.23　装配图中配合代号的标注

三、形状和位置公差

形状和位置公差是机械零件设计图上的一项重要技术要求。加工后的零件，不仅会产生尺寸误差，而且还会存在几何形状和相对位置的误差。

形状误差是指实际要素和理想几何要素的差异；位置误差是指相关联的两个几何要素的实际位置相对于理想位置的差异。形状和位置误差的允许变动量称为形状和位置公差（简称形位公差）。

在技术图样中，形位公差采用代号标注，当无法采用代号时，允许在技术要求中用文字说明。

形位公差代号由形位公差符号、框格、公差值、指引线、基准代号和其他有关符号组成。形状和位置公差的分类、名称和符号见表 8.7。

表 8.7　形位公差的名称及符号

公差		特征项目	符号	有或无基准要求
形状	形状	直线度	⏤	无
		平面度	⏥	无
		圆度	○	无
		圆柱度	⌭	无

续表 8.7

公差		特征项目	符号	有或无基准要求
形状或位置	轮廓	线轮廓度	⌒	有或无
		面轮廓度	⌓	有或无
位置	定向	平行度	//	有
		垂直度	⊥	有
		倾斜度	∠	有
	定位	位置度	⌖	有或无
		同轴（同心）度	◎	有
		对称度	⌯	有
	跳动	圆跳动	↗	有
		全跳动	⌰	有

形位公差的标注示例如图 8.24 所示。

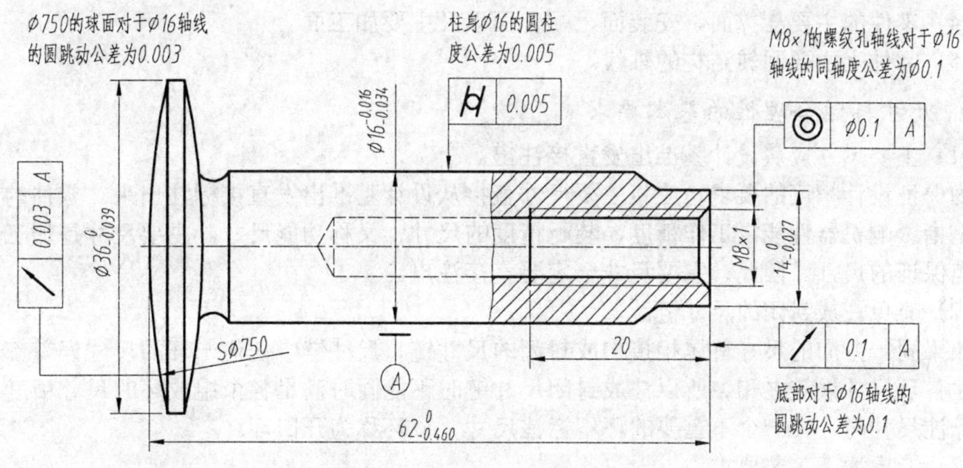

图 8.24　形位公差的标注示例

第五节　零件图的绘制

一、绘制零件图的基本步骤

（1）画图前首先要分析所画图样的内容，确定科学的表达方案，比如图幅的大小、画图的比例、视图的种类和数量等。

（2）根据视图数量和大小布置图面，画出各视图的定位基准线。

（3）逐一绘制各视图。

（4）标注尺寸和各种工程符号、代号。

（5）填写标题栏，注写文字说明。

二、零件图标注尺寸时的注意事项

1. 合理选择尺寸基准

要使零件图尺寸标注合理，就必须根据零件的结构形状和工艺特点，确定恰当的尺寸基准。一般说来，基准分为设计基准和工艺基准。设计基准是根据设计的要求，在所绘制的图样上标注尺寸时选定的尺寸基准。工艺基准是在加工、测量、检验时所选定的尺寸基准。

标注尺寸时，应尽可能地将设计基准和工艺基准统一起来，即工艺基准与设计基准要重合，称为"基准重合原则"。这样既能满足设计要求，又能满足工艺要求。如果要使零件图上的所有尺寸标注都能同时满足设计要求和工艺要求，有时是不可能的，当遇到设计要求和工艺要求相矛盾时，一般应首先满足设计要求，在这个前提下力争满足工艺要求。

如果按主次所处的位置来分，基准可以分为主要基准和辅助基准。任何一个零件都有长、宽、高三个方向的尺寸，每个方向至少要有一个基准。同一方向上有多个基准时，其中有一个必定是主要的，称为主要基准。

一般情况下，选作零件图上尺寸基准的线和面主要有以下几种：

(1) 轴套类零件的轴线、轴肩平面。

(2) 零件的底面。

(3) 零件的对称面。

(4) 零件的主要支撑面、安装面、配合面以及主要加工面。

(5) 零件上主要回转结构的轴线。

2. 尺寸标注合理性的基本要求

(1) 主要尺寸应从设计基准出发直接注出。

为保证设计精度的要求，应将主要尺寸直接从设计基准出发直接标注出来。零件的主要尺寸是指影响机器性能、工作精度、装配精度的尺寸，又称功能尺寸。主要尺寸是加工过程中重点保证的尺寸。因此，主要尺寸一定要直接注出。

(2) 避免注成封闭的尺寸链。

如果同一方向的尺寸首尾相接构成封闭的尺寸链，尺寸链中任何一环的尺寸误差都将等于其他各环尺寸误差之和，所以注成封闭尺寸链时不能同时满足各个组成环的尺寸精度。标注尺寸时，在一个不重要的环不标注尺寸，该环称为开口环。

(3) 考虑加工工艺要求。

零件的尺寸标注还应该考虑要便于加工和便于测量。

三、零件图绘制举例

现以铣刀头支撑座为例，解讲绘制零件图的方法和基本步骤。

(1) 分析表达方案。铣刀头支撑座是一种箱体类零件。主视图需要表达该零件的安装位置，同时为了表达该零件的主要形状和结构，主视图采用全剖视；左视图主要辅助表达该零件的侧面、肋板以及安装底板；另外，安装底板未表达完全的部分采用局部视图的方法。

(2) 确定图幅、画图比例，布置视图，如图 8.25 (a) 所示。

(3) 逐一画出各个视图，如图 8.25 (b) 所示。

(4) 标注尺寸，如图 8.25 (c) 所示。

(5) 标注表面粗糙度、形位公差、基准符号，注写文字说明，如图 8.25 (d) 所示。

(6) 检查修改，注写标题栏，完成作图，如图 8.25 (e) 所示。

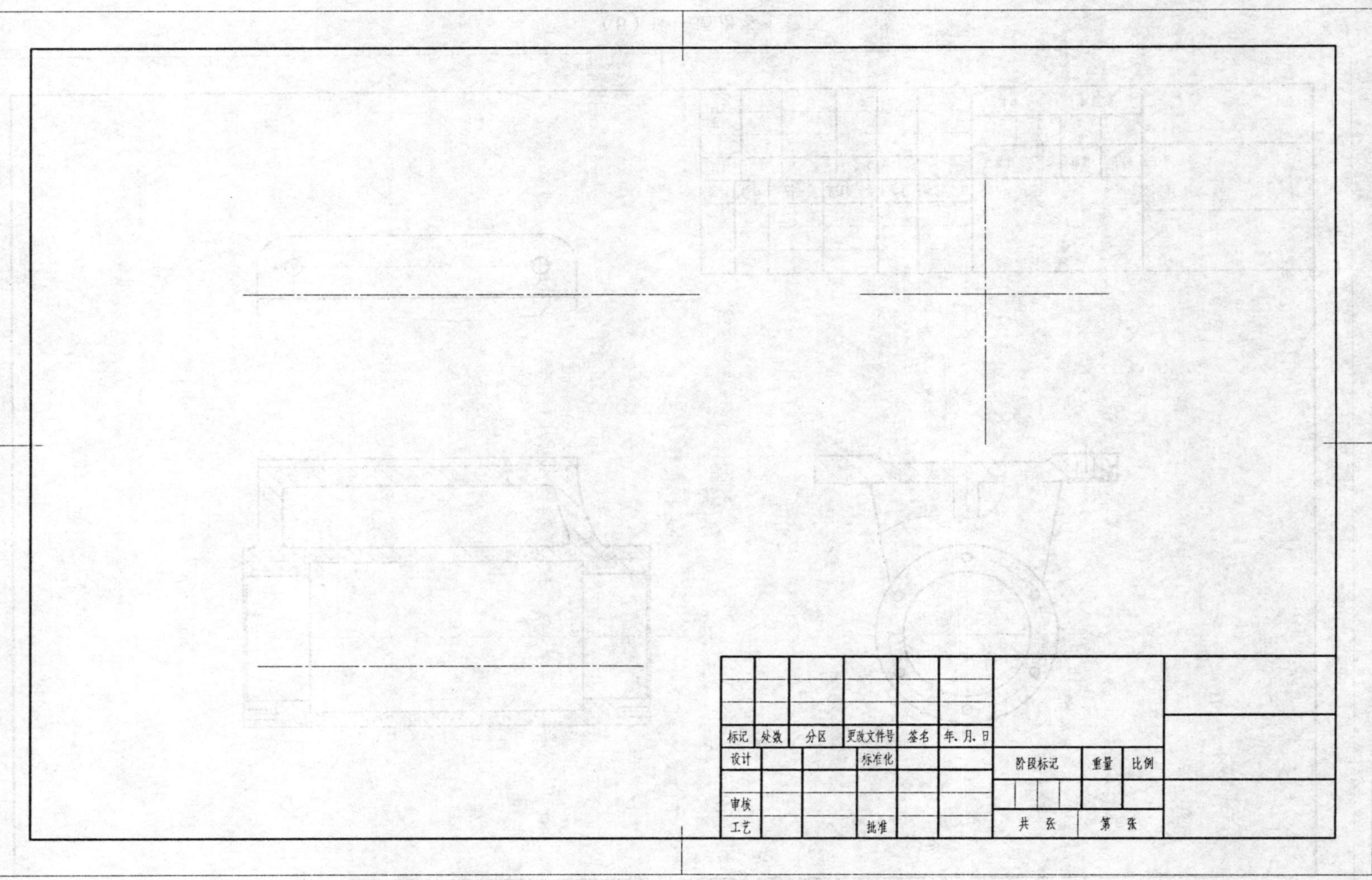

（a）画出各视图的定位基准线

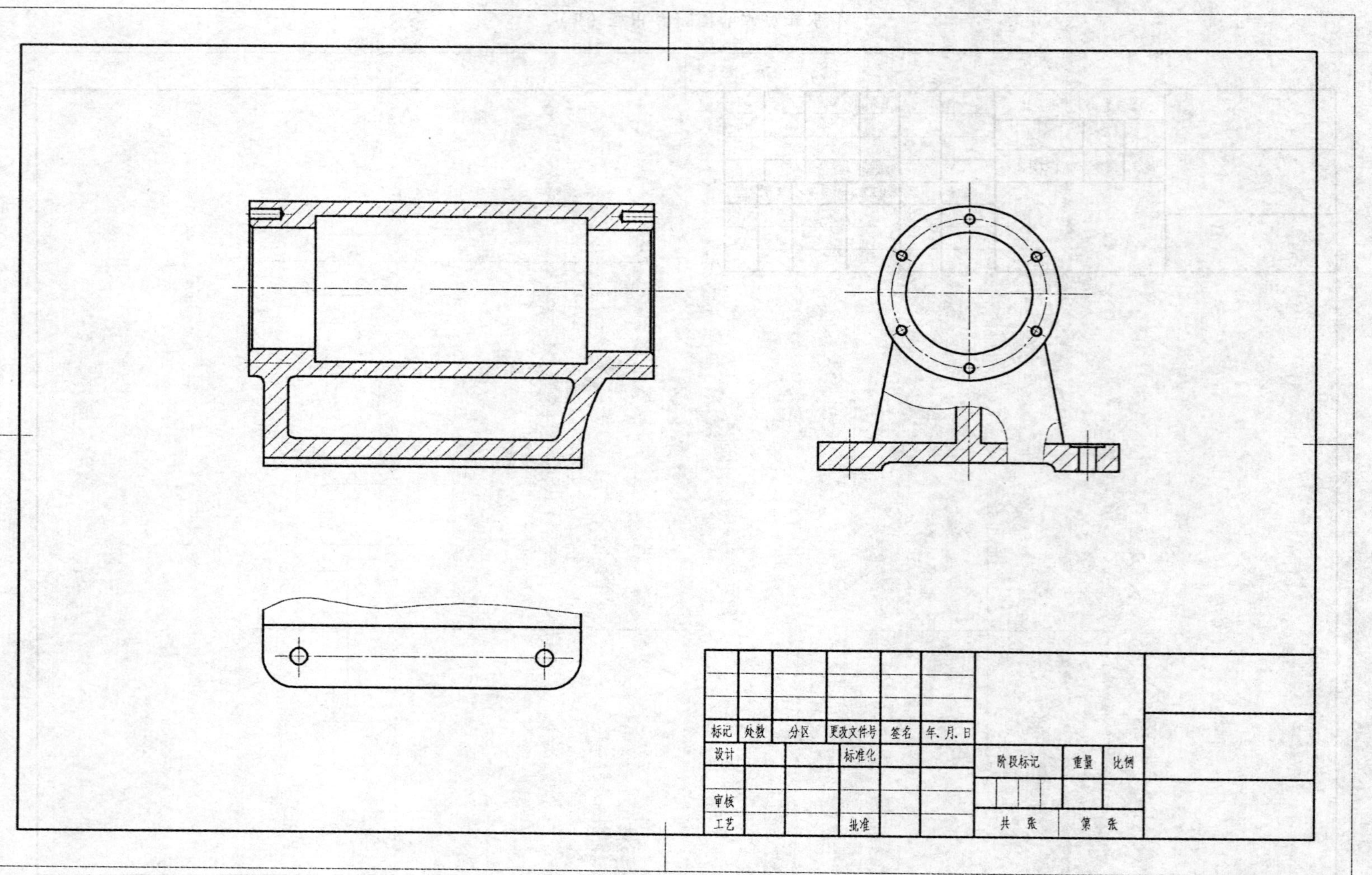

（b）逐一画出各个视图

255
12×M8↧20
Φ80k7(-0.009/-0.021)
40
Φ96
40
Φ80k7(-0.009/-0.021)
115
C2
C2
115
15
10
R110
R95
6
200
R20
155
Φ98
96
4×Φ11
⌴Φ22×2
120
18
110
150
190
标记
处数
分区
更改文件号
签名
年.月.日
设计
标准化
阶段标记
重量
比例
审核
工艺
批准
共 张
第 张

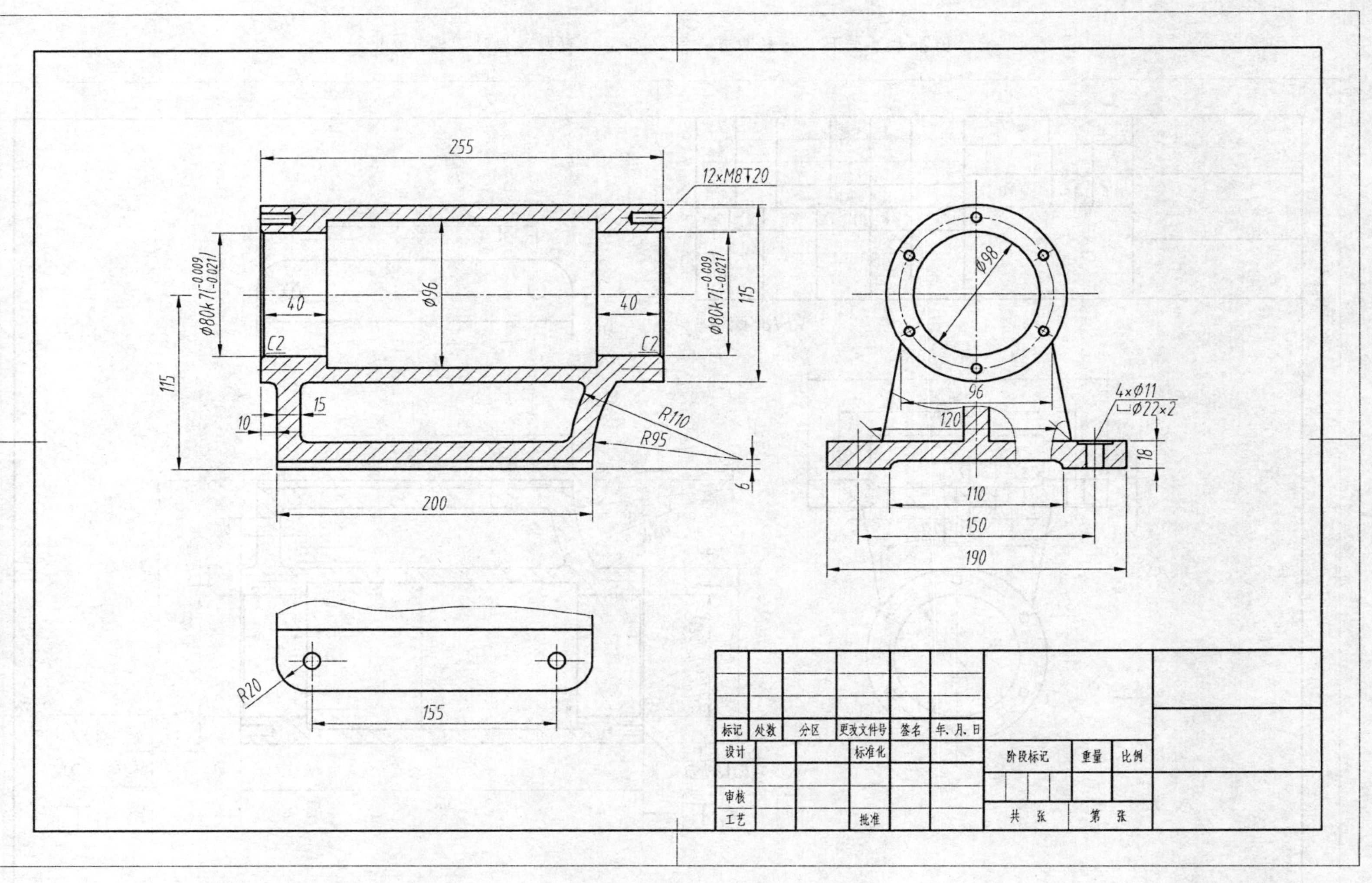

（c）标注尺寸

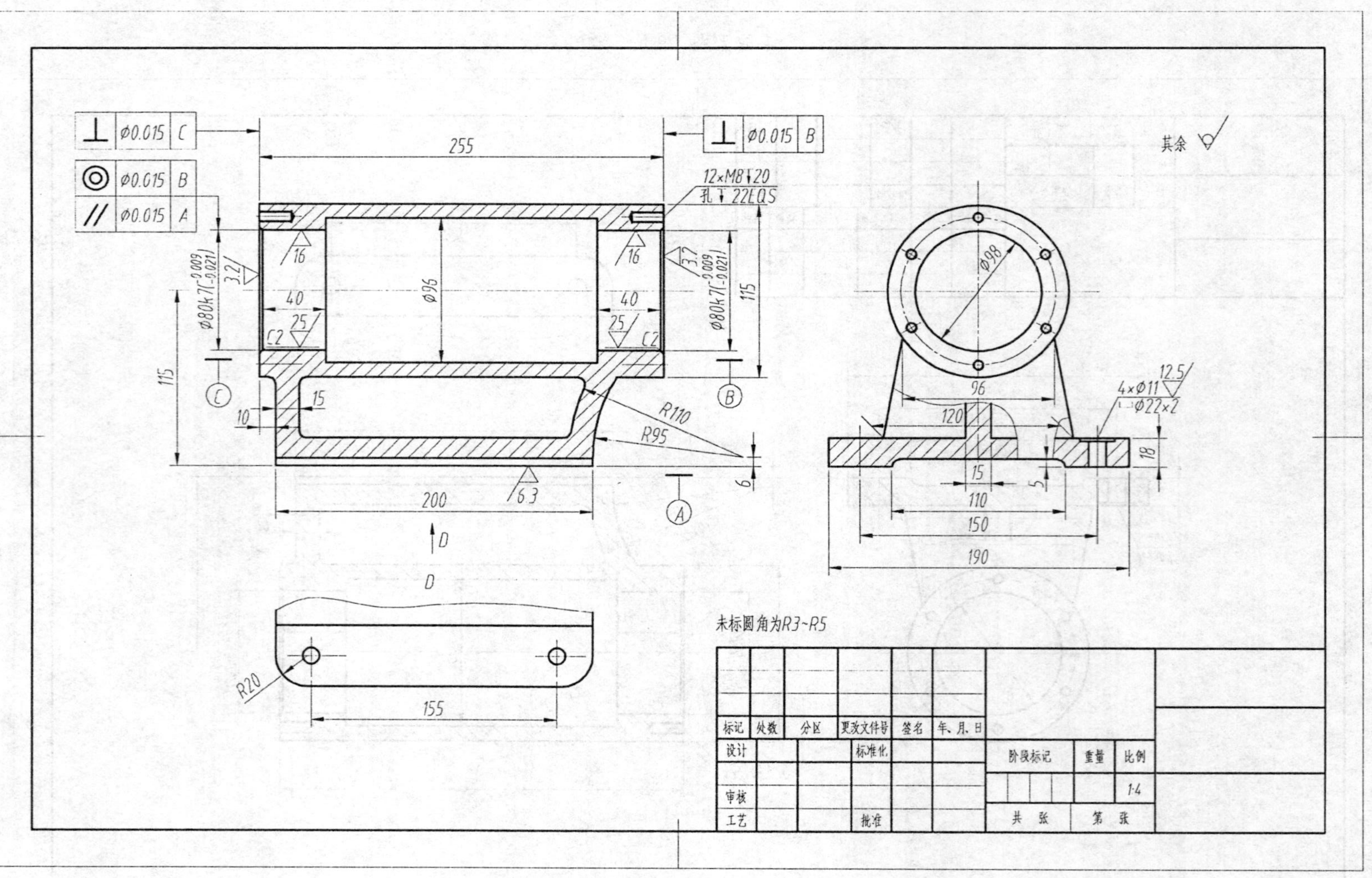

（d）标注表面粗糙度、形位公差、基准符号，注写文字说明

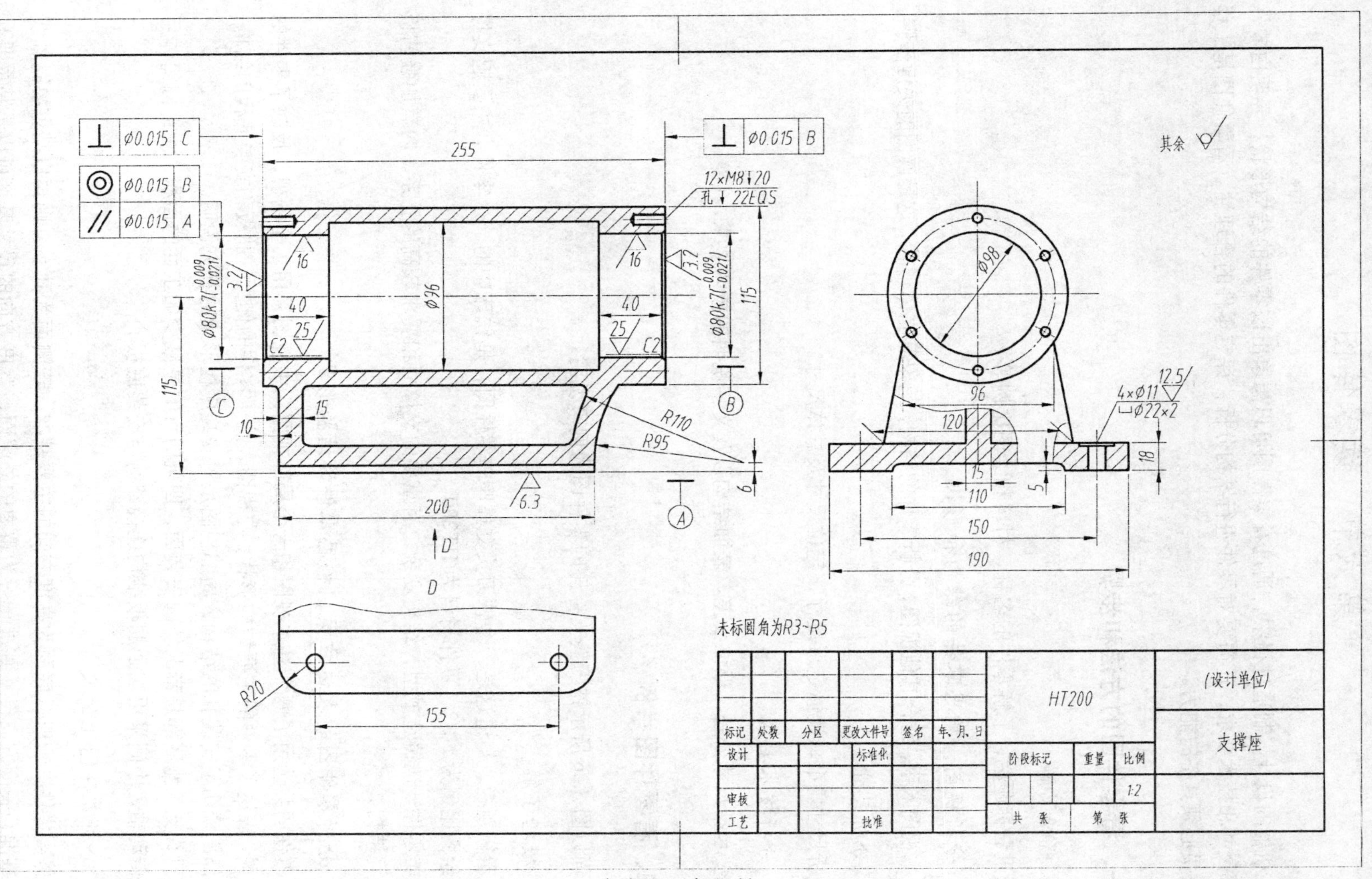

（e）注写标题栏

图 8.25 绘制零件图的方法及步骤

第六节　读零件图

在机器的设计、制造过程中，通过看零件图可以想象出该零件的结构形状，弄明白零件的全部尺寸和技术要求，还需要对零件进行结构分析，评定零件的合理性。看零件图是工程技术人员必须具备的能力。

一、看零件图的方法和步骤

1. 概括了解

通过看标题栏，了解零件的名称、材料和绘图比例等。

2. 分析视图，构思零件的结构和形状

从主视图入手，结合其他视图，分析零件的结构，想象其立体形状，这是读图的关键步骤。

3. 分析尺寸

分析尺寸基准，读懂定形尺寸、定位尺寸及总体尺寸。

4. 分析技术要求

主要包括尺寸公差、形位公差、表面结构以及文字说明的技术要求。

二、看零件图举例

下面以图 8.26 所示铣刀头支撑座的零件图为例来说明。

1. 概括了解

先看标题栏，知道这是一个铣刀头支撑座的零件图，是铣床中的一个零件，主要起支撑作用。绘图比例为 1：2，零件材料为 HT200。

这类零件一般铸造成型，结构复杂，有重要的支撑面和要求较高的孔系，内有加强筋板和凸台等结构。

2. 分析零件图的表达方案，构思零件的结构形状

该零件图共选用了两个基本视图和一个局部视图。主视图采用了全剖视，反映了零件的安装位置，表达了零件的主要结构形状；左视图表达了零件的侧面、肋板和安装底板的结构，并用局部剖说明了安装孔的结构；局部视图是对安装底板形状的补充说明。

铣刀头支撑座底部是带凹坑的安装面，凹坑的目的是减少加工面的面积，上部圆筒体用来支撑传动轴，中间采用加强肋板结构连接圆筒与安装底板。

3. 分析零件图上的尺寸

箱体类零件，一般以底面为高度方向的主要基准，若侧面为孔系，则再以某重要孔轴线为辅助基准；长度方向尺寸基准一般为重要的外端面；宽度方向的尺寸基准可以是某重要孔的轴线。

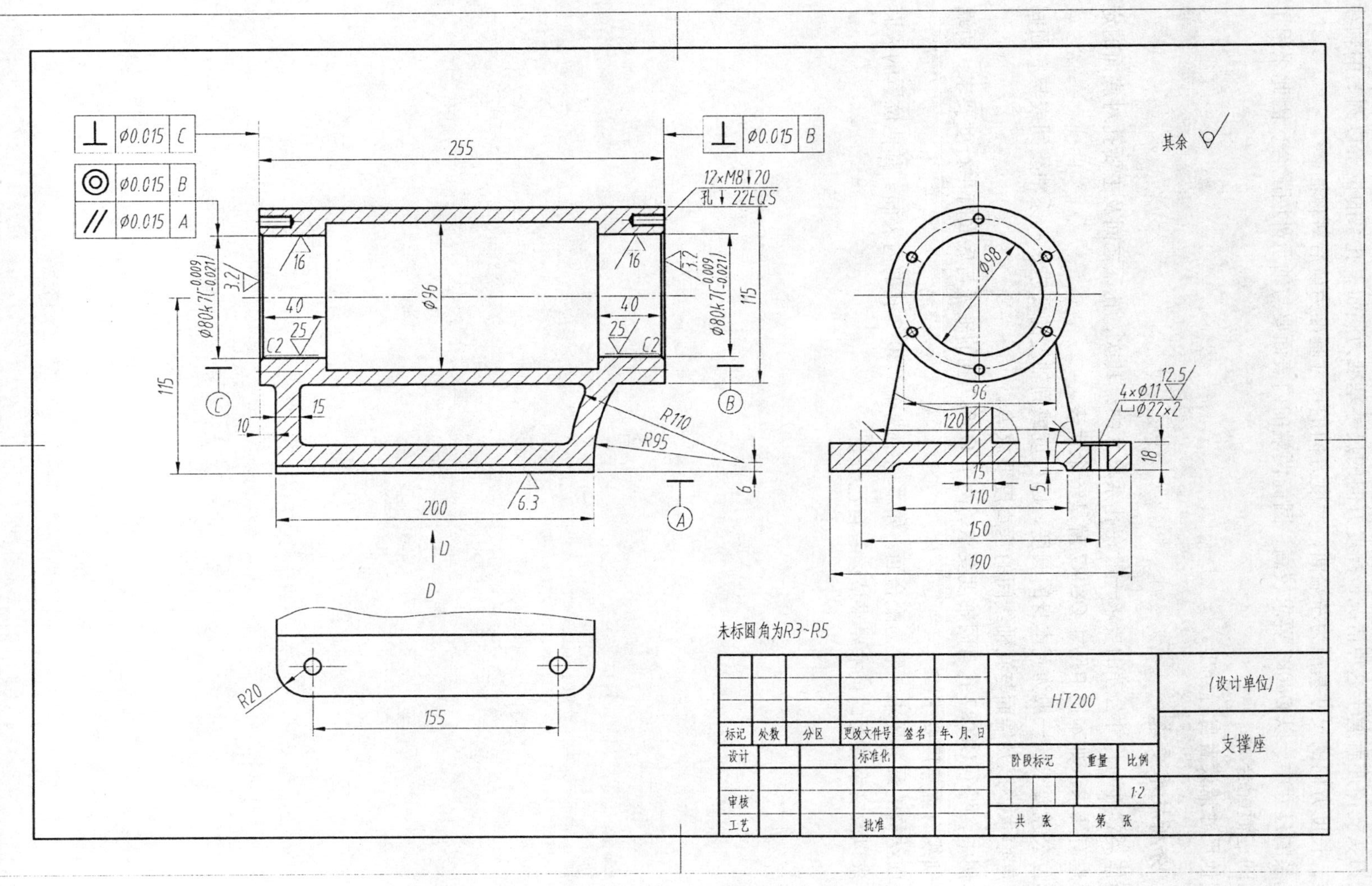

图 8.26 铣刀头支撑座零件图

铣刀头支撑座就属于这种情况：高度方向的尺寸基准为底面，孔系的位置以圆筒的轴线为基准；长度方向的尺寸基准为左端面；宽度方向的尺寸基准为前后对称面。

孔系的尺寸中，以 Ø80k7 要求较高，圆筒两端的内表面要与轴承外圈配合，因此采用了基轴制的过渡配合。

其他尺寸请读者自行分析。

4. 分析技术要求

箱体类零件对尺寸公差的要求一般在孔系尺寸中，其次，孔系之间及主要孔对底面的定位公差也有要求。如本例中尺寸 Ø80k7 就是一个代表。

形位公差要求，一般为孔本身的圆度、圆柱度或同轴度的要求，孔系轴线间或与底面间的平行度要求，以及端面与孔轴线间的垂直度要求等。

本例中，两个 Ø80k7 孔有同轴度要求，两个 Ø80k7 孔的轴线与底面有平行度要求，两端面与孔轴线有垂直度要求。

表面结构的最高要求一般为配合面，如本例中两个 Ø80k7 孔的内表面。其他位置的表面结构要求以及文字注写的技术要求请读者自己分析。

第九章　装　配　图

无论多么复杂的机器，都是由若干个部件组成，而部件又是由许多零件装配而成。装配图是表达机器及其组成部分的连接、装配关系的图样。表达机器中某个部件的装配图，称为部件装配图；表达一台完整的机器的装配图，称为总装配图。图 9.1 为滑动轴承的轴测图，图 9.2 为滑动轴承的装配图。

第一节　装配图的作用和内容

一、装配图的作用

在工业生产中，无论是新产品开发还是产品仿制、改型，一般都要先画出机器或部件的装配图，然后根据装配图拆画出零件图。装配图要反映出设计者的意图，表达出机器或部件的工作原理、性能要求、零件间的装配关系和零件的主要结构形状，以及在装配、检验、安装时所需要的尺寸数据和技术要求等;同时，装配图又是调试、操作和机修时不可缺少的技术资料。因此，装配图是指导生产的重要技术文件。

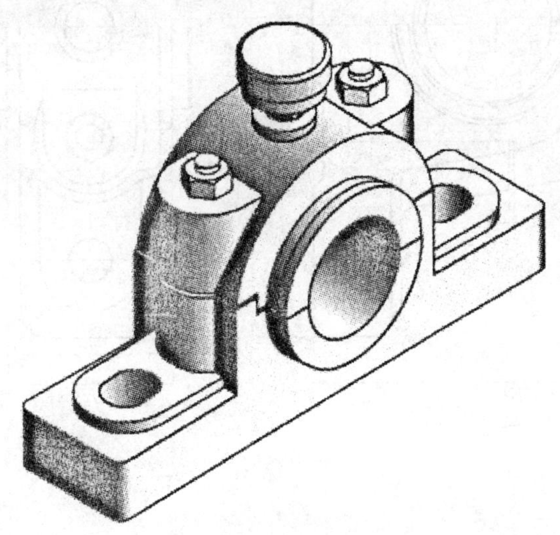

图 9.1　滑动轴承轴测图

二、装配图的内容

一张完整的装配图主要包括以下几个方面的基本内容，如图 9.2 所示。

技术要求
1.上、下轴衬与轴承座及轴承盖间应保证接触良好.
2.轴衬最大单位压力P小于等于29.4 MPa。
3.轴衬与轴颈最大线速度V不大于8 m/mm。
4.轴承温度低于120°
拆去轴承盖、上轴衬等
8 油杯 1 JB27560
7 螺母M12 4 A3 GB52—76
6 螺栓M12 2 A3 GB8—76
5 轴衬固定套 1 A3
4 上轴衬 1 ZQA19-4
3 轴承盖 1 HT15-33
2 下轴衬 1 ZQA19-4
1 轴承座 1 HT15-33
序号 名称 数量 材料 单件 总计 重量 备注
滑动轴承

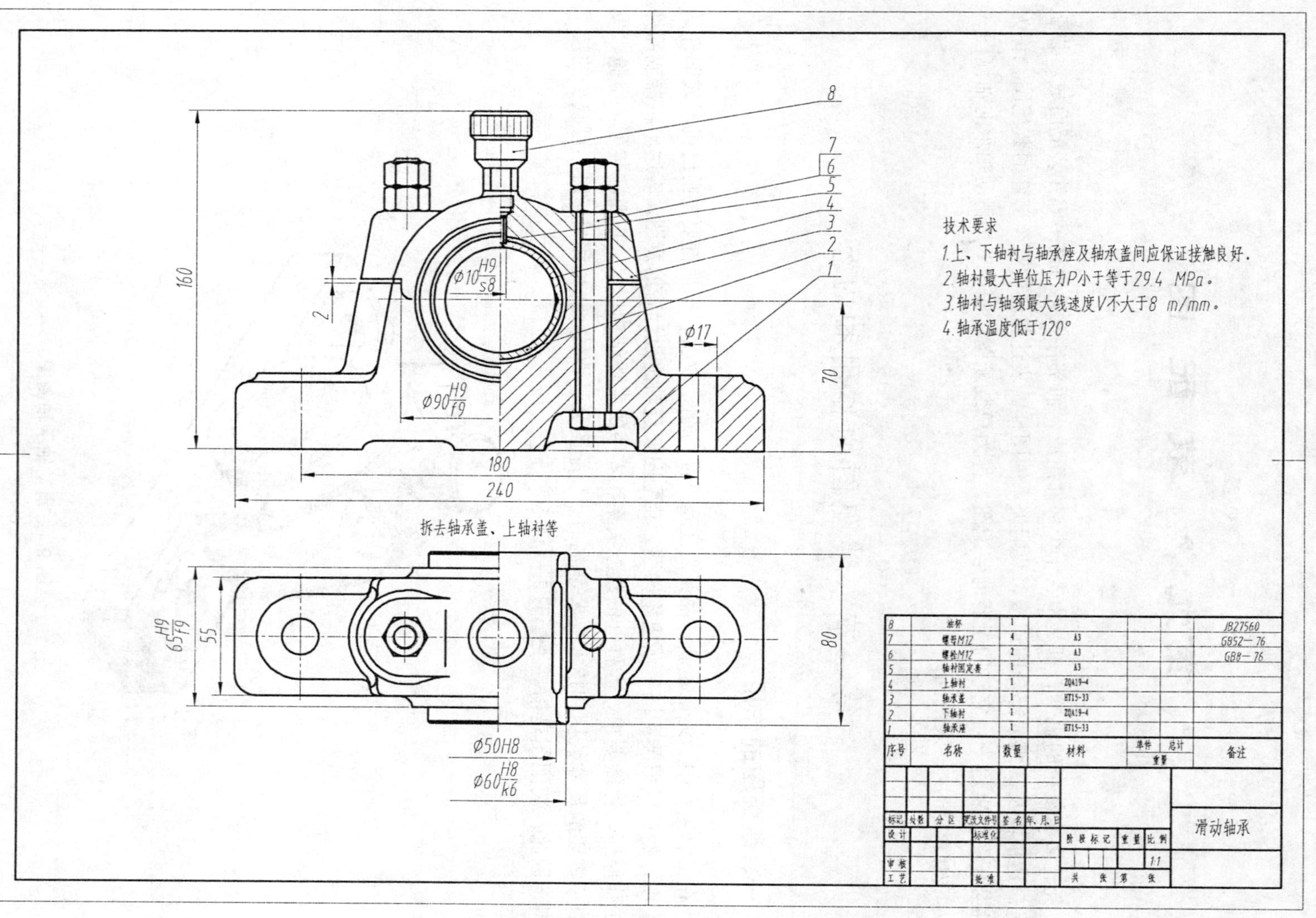

图 9.2 装配图示例

1. 一组图形

用各种表达方法来正确、完整、清晰地表达装配体（机器或部件）的构造、工作原理及各零部件间的装配关系、零件的连接方式、传动路线及主要零件的结构形状等。

2. 必要的尺寸

标明表示机器或部件的规格（性能）、整体外形以及零件间的配合、连接、定位和安装等方面的尺寸。

3. 技术要求

有关产品在装配、安装、检验、调试以及运转时应达到的技术要求，常用符号或文字注写。一般包括：对机器或部件在装配、检验时的具体要求；有关机器或部件性能指标方面的要求；安装、运输及使用方面的要求；有关试验项目的规定，等等。

4. 零件序号和明细表

为了便于进行生产的准备工作，编制其他技术文件和管理图样及文件，在装配图上必须对每个零件标注序号并编制明细表。明细表说明机器或部件上各个零件的名称、序号、数量、材料以及备注等。序号的另一个作用是将明细表与图样联系起来，使看图时便于找到零件的位置。

5. 标题栏

标题栏用来填写机器或部件的名称、绘图比例、质量、图号、设计者与审核者的姓名和设计单位等。

第二节　装配图的视图表达

在表达部件和零件的时候，共同点是都要表达出它们的内外结构。因此，表达零件的各种方法和选用原则，在表达部件时同样适用。但是也有不同点，装配图需要表达的是部件的总体情况，而零件图仅表达零件的结构形状。针对装配图的特点，为了清晰简便地表达出部件的结构，国家标准《机械制图》对画装配图提出了一些规定画法和特殊的表达方法。

一、装配图的规定画法

零件图上所采用的图样画法（如视图、剖视图、剖面图、局部放大图等），在表达装配体时也同样适用。下面介绍国家制图标准中的基本规定。

（1）两相邻零件的接触面和配合面规定只画一条线，如图 9.3 中 1 处所示。但是当两相邻零件的基本尺寸不相同时，即使间隙再小，也必须画出两条线，如图 9.3 中 2 处所示。

（2）两个金属零件相邻时，其剖面线的倾斜方向应相反，如果有第三个零件相邻，则采用疏密间距不同的剖面线，最好与同方向的剖面线错开，如图 9.3 中 3 处所示。

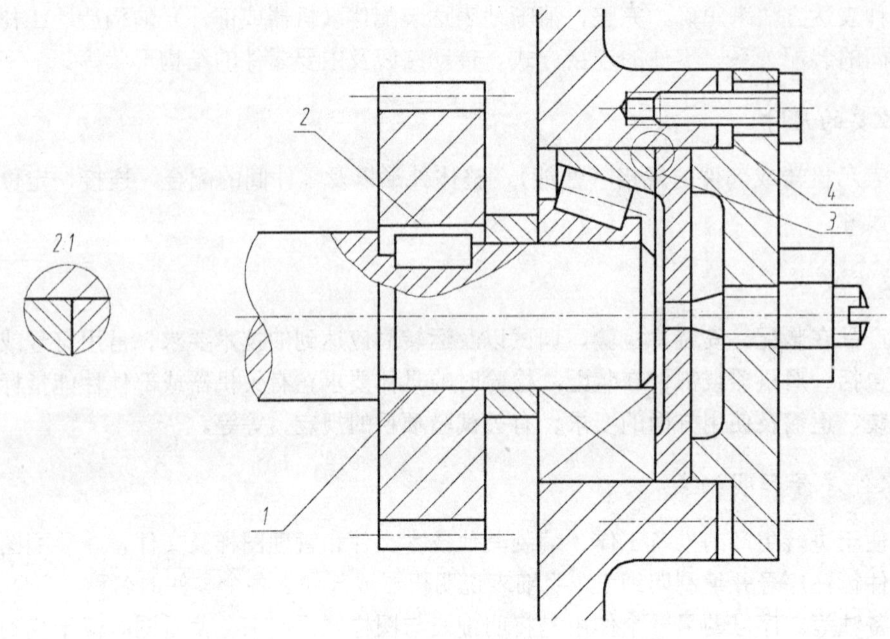

图 9.3　规定画法

(3) 同一零件在同一张装配图样中的各个视图上，其剖面线方向必须一致且间隔相等，如图 9.3 所示。当零件的厚度＜2 mm 时，可采用涂黑的方式代替断面符号，如图 9.3 中 4 处所示。

(4) 对于实心杆件、螺纹紧固件，当剖切平面通过其轴线纵向剖切时，均按不剖绘制（如轴、杆、球、键、销、螺钉、螺母、螺栓等）。如需要特别表明零件的结构，如凹槽、键槽、销孔等，则可采用局部剖视图表示。但是，如果剖切面垂直这些零件的轴线横向剖切，则必须画出剖面线，如图 9.3 所示。

二、装配图中的特殊表达方法

装配图上所表达的零件比较多，除了前面所讲的表达方法以外，国家标准还规定了以下一些特殊的表达方法。

1. 假想画法

在装配图中，如果需要表达运动零件的极限位置与运动范围，可以用双点画线假想地画出其外形轮廓，如图 9.4 所示，它用双点画线表示出了手柄的另一个极限位置；另外，如果需要表达与相关零部件的安装连接关系时，也可以采用双点画线画出其轮廓。

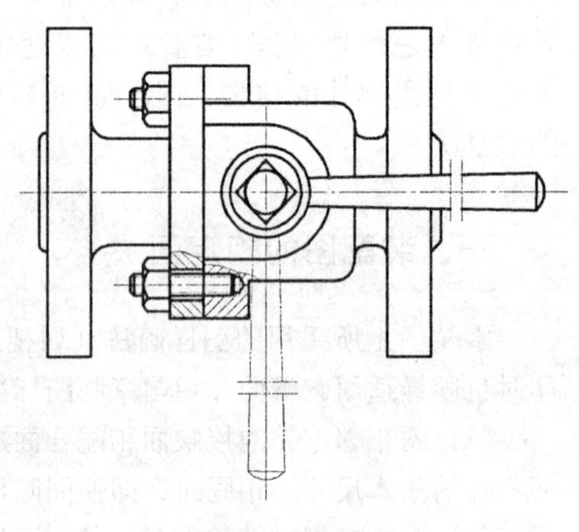
图 9.4　假想画法

2. 夸大画法

画装配图时，有时会遇到较小的结构，比如薄片零件、细丝弹簧、微小间隙等。对这些结构，无法按其实际尺寸画出，即使能按其实际尺寸画出，也不能明细地表达其结构，此时，可采用夸大画法，即可把垫片厚度、弹簧丝直径以及锥度都适当地夸大画出，如图 9.5 所示。

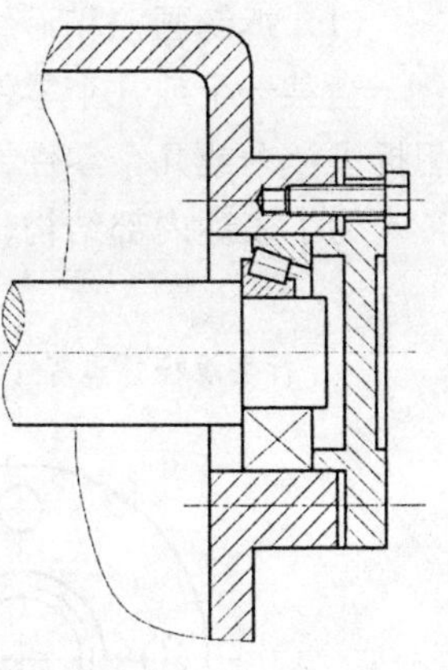

图 9.5　夸大画法

3. 展开画法

在传动机构中，为了表示传动关系及各轴的装配关系，可假想用剖切平面按传动顺序沿它们的轴线剖开，然后将其展开、摊平，画在同一平面上（平行于某一投影面），如图 9.6 所示。这种展开画法，在表达机床的主轴箱、进给箱以及变速器等较复杂的变速装置时经常使用。

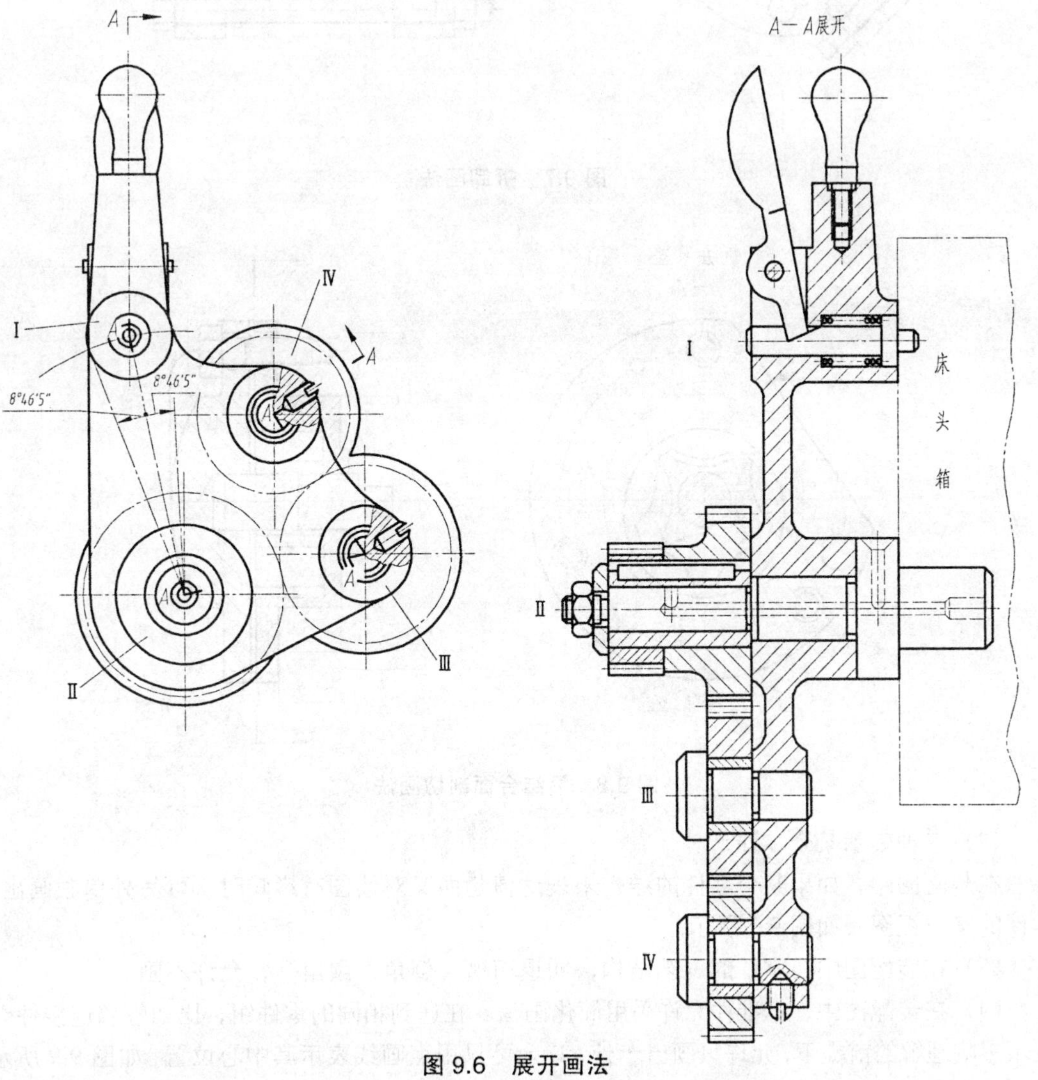

图 9.6　展开画法

4. 简化画法

(1) 拆卸画法和沿结合面剖切画法:

当某一个或几个零件在装配图的某一视图中遮住了大部分装配关系或其他零件时，可假想拆去一个或几个零件，只画出所表达部分的视图，这种画法称为拆卸画法，如图 9.7 所示。

为了表达内部结构，可采用沿结合面剖切画法，如图 9.8 所示。

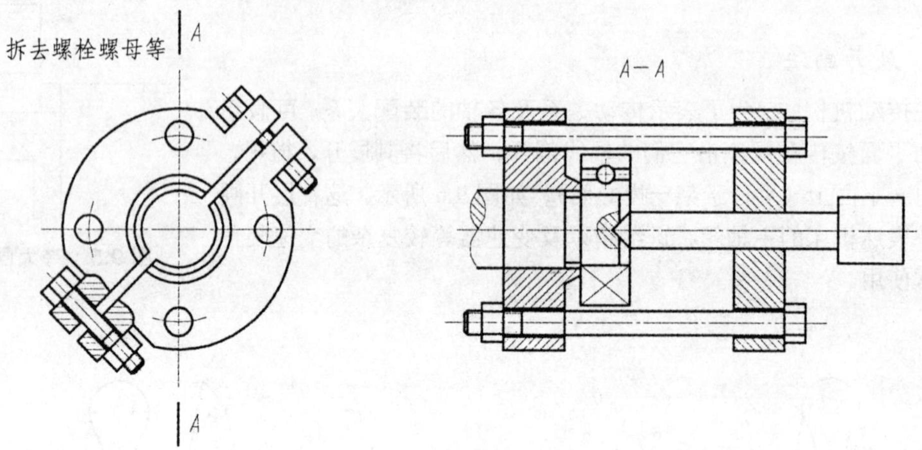

图 9.7 拆卸画法

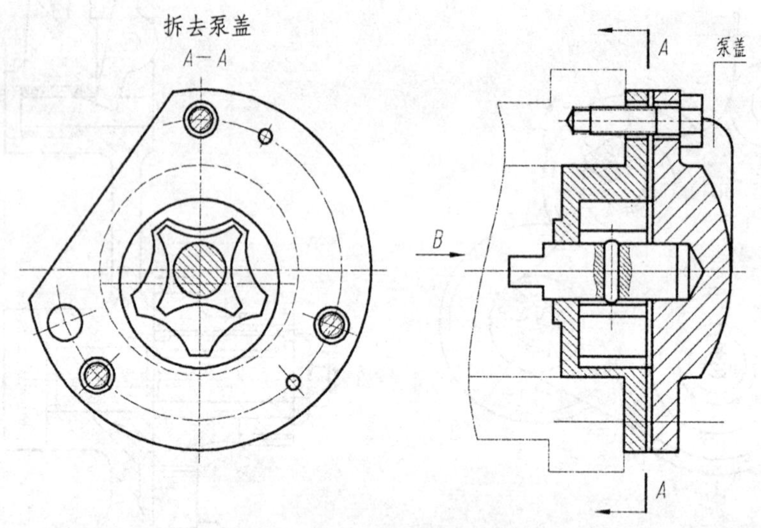

图 9.8 沿结合面剖切画法

(2) 单独表示某个零件:

在装配图中，如果某个零件的结构未表达清楚而又对读图有影响时，可另外单独画出该零件的某一视图，如图 9.9 所示。

(3) 在装配图中，零件的工艺结构，如退刀槽、倒角、圆角等，允许不画。

(4) 在装配图中，标准件允许采用简化画法。在遇到相同的零件组，比如螺纹连接件时，在不影响理解的前提下，允许只画出一处，其余可只用点画线表示其中心位置，如图 9.9 所示。

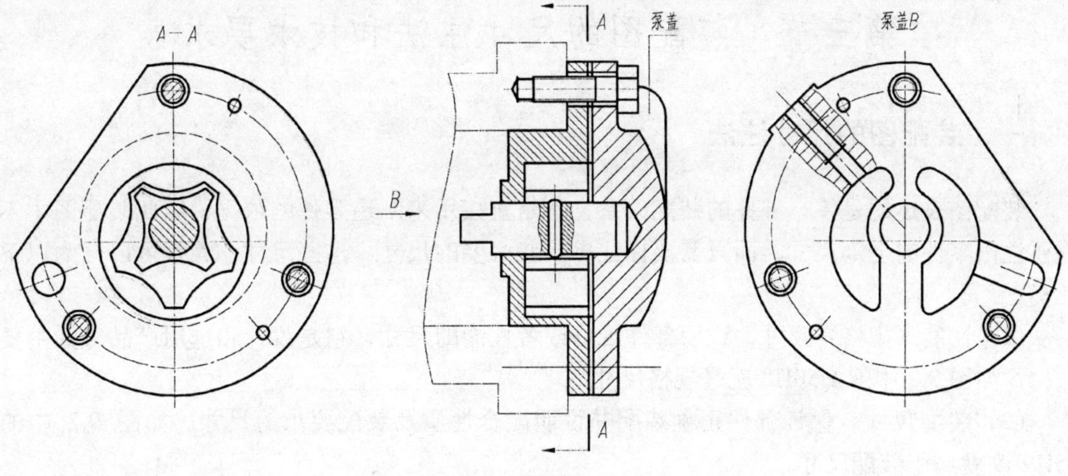

图 9.9　单独表示法

（5）在剖视图中，表示滚动轴承时，允许画出对称图形的一半，另一半画出其轮廓，并用细实线画出轮廓的对角线，如图 9.3、图 9.5 所示。

（6）在装配图中：可用粗实线表示带传动中的带，如图 9.10（a）所示；用细点画线表示链传动在的链，如图 9.10（b）所示。

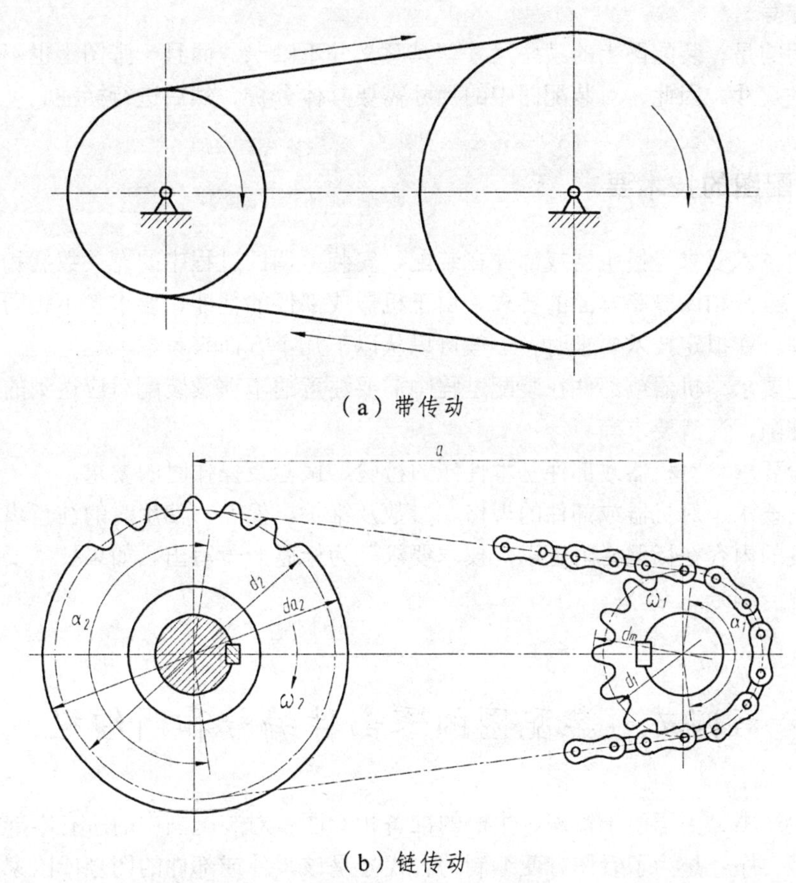

（a）带传动

（b）链传动

图 9.10　带传动与链传动

第三节　装配图的尺寸注法和技术要求

一、装配图的尺寸注法

装配图表达的是零、部件的装配关系，不是直接用来制造零件的依据，因此装配图中不需要注出零件的全部尺寸，而只需要标注出一些必要的尺寸。这些尺寸，大致可以分为以下几类。

(1) 性能（规格）尺寸：说明部件规格或者性能的尺寸，它是设计和选用产品时的主要依据。如图 9.2 中的 Ø50H8 就是规格尺寸。

(2) 装配尺寸：保证部件正确装配并说明配合性质及装配要求的尺寸。如图 9.2 中的 65H9/f9 就属于装配尺寸。

(3) 安装尺寸：机器或部件安装时所需要的尺寸。如图 9.2 中的螺栓孔中心距 100 就是安装尺寸。

(4) 外形尺寸：表示机器或部件的总长、总宽和总高的尺寸，它反映了机器或部件的体积大小，即包装、运输和安装过程所占空间的大小。如图 9.2 中的 140、80、160 就是外形尺寸。

(5) 其他重要尺寸：除以上四类尺寸以外，在装配或使用中必须说明的尺寸，如运动零件的位移尺寸等。

需要说明的是，装配图上的某些尺寸，其意义并不唯一。而且一张图上也不一定都同时具有上述五类尺寸。因此，对装配图中的尺寸需要具体分析，然后进行标注。

二、装配图的技术要求

装配图的技术要求是指机器或部件在装配、安装、调试过程中的有关数据和性能指标，以及在使用、维修和保养等方面的要求。由于机器或部件的性能、要求各不相同，因此其技术要求也不同。在拟定技术要求时，一般可以从以下几个方面来考虑。

(1) 装配要求：机器或部件在装配过程中需要注意的事项及装配后应达到的要求，如准确度、装配间隙、润滑要求等。

(2) 检验要求：对机器或部件基本性能的检验、试验及操作时的要求。

(3) 使用要求：对机器或部件的规格、参数及维护、保养、使用时的注意事项及要求。

上面所说的内容在标题栏附近以“技术要求”为标题一一写出。如果技术要求不是一条时，要进行逐一编号。

第四节　装配图的零部件编号和明细栏

在实际生产中，为了便于管理、生产的准备和看图，对装配图中的所有零部件都必须编写序号和代号。序号是为了看图方便编制的，代号是该零件或部件的图号或国家标准代号。零部件的的序号和代号要和明细栏中的序号和代号相一致，不能产生差错。另外，装配图中的所有零部件都必须编注序号，规格相同的零件只编注一个序号，标准化组件如电动机、滚动轴承等，可看做一个整体编注一个序号。

一、序号的编排方法

零部件的序号表示方法如图 9.11 所示，一般由指引线（细实线）、圆点（或箭头）、横线（或圆圈）和数字组成。具体要求如下：

(1) 指引线不要与剖面线或轮廓线等图线平行，指引线之间不允许相交，但是指引线允许转折一次。

(2) 指引线末端不便画出圆点时，可以在指引线末端画出箭头，箭头指向该零件的轮廓线，如图 9.11（b）所示。

(3) 序号的数字比装配图中的尺寸数字大一号或两号。

(4) 一组紧固件或装配关系明显的零件组，允许采用公共指引线，如图 9.12 所示。

(5) 零件的序号应沿着水平或垂直方向按顺时针或逆时针方向排列，并且尽量使序号间隔一致。

(6) 同一装配图中，编注序号的形式应该一致。

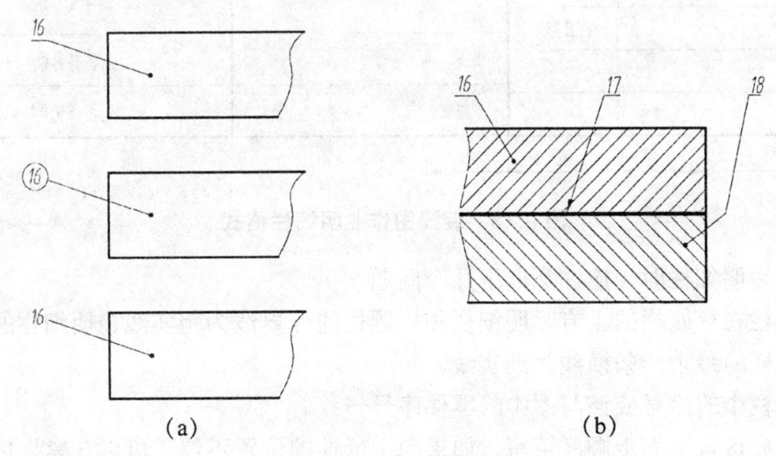

图 9.11　序号的组成

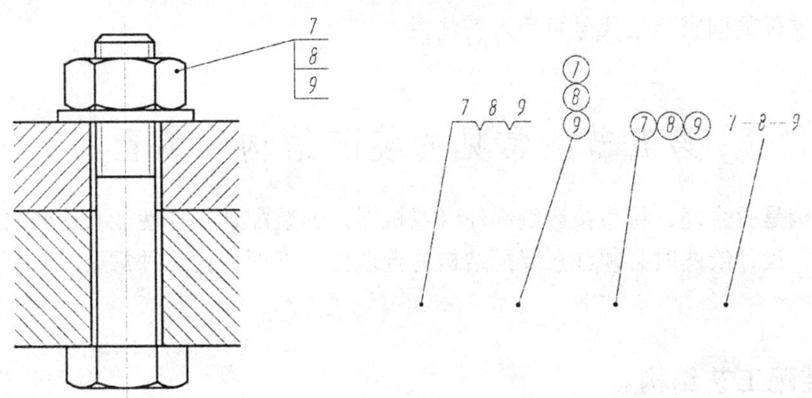

图 9.12　零件组序号

二、明细栏

装配图的明细栏按 GB/T 10609.2－1989 规定绘制。企业有时也制定了自己的明细栏格式。图 9.13 为本书推荐的装配图作业明细栏格式。

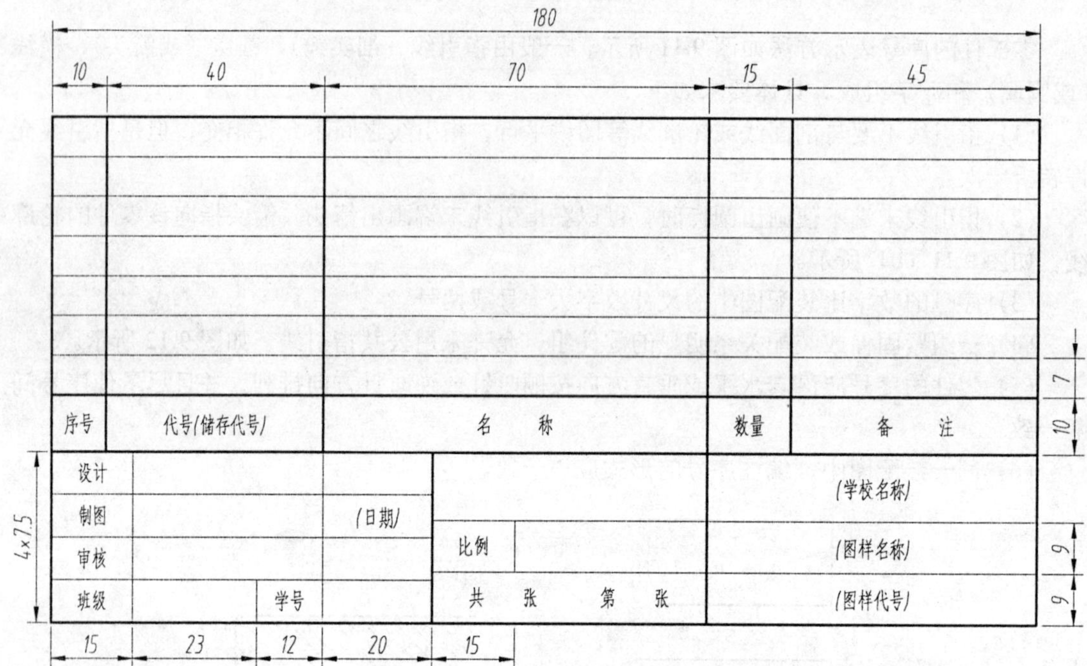

图 9.13　装配图作业明细栏格式

绘制和填写明细栏时，应注意以下几个问题：

(1) 明细栏在标题栏的上方，明细栏和标题栏的分界线为粗实线，明细栏的外框竖线是粗实线，明细栏的最上一条横线为细实线。

(2) 明细栏中的序号应该与图中的零件序号一致。

(3) 序号应该自下而上顺序填写，如果向上延伸的位置不够，可以在紧靠标题栏左边自下而上延续，还可以作为装配图的序页单独给出。

(4) 标准件的国家标准代号可写入备注栏。

第五节　常见的装配结构和装置

装配结构是否合理，将直接影响部件（或机器）的装配、工作性能及检修时是否方便拆装等。因此，设计绘图时必须注意装配结构的合理性。下面讨论几种常见的装配结构，并讨论其合理性。

一、装配工艺结构

(1) 为避免干涉，两零件在同一方向上只应有一个接触面或配合，如图 9.14 所示。

（2）两零件有相交表面接触时，在转角处应制出倒角、圆角、凹槽等，以保证表面接触良好，如图 9.14 所示。

（3）零件的结构设计要考虑维修时拆卸方便。

（4）用螺纹连紧的地方要留足装拆的活动空间，如图 9.15 所示。

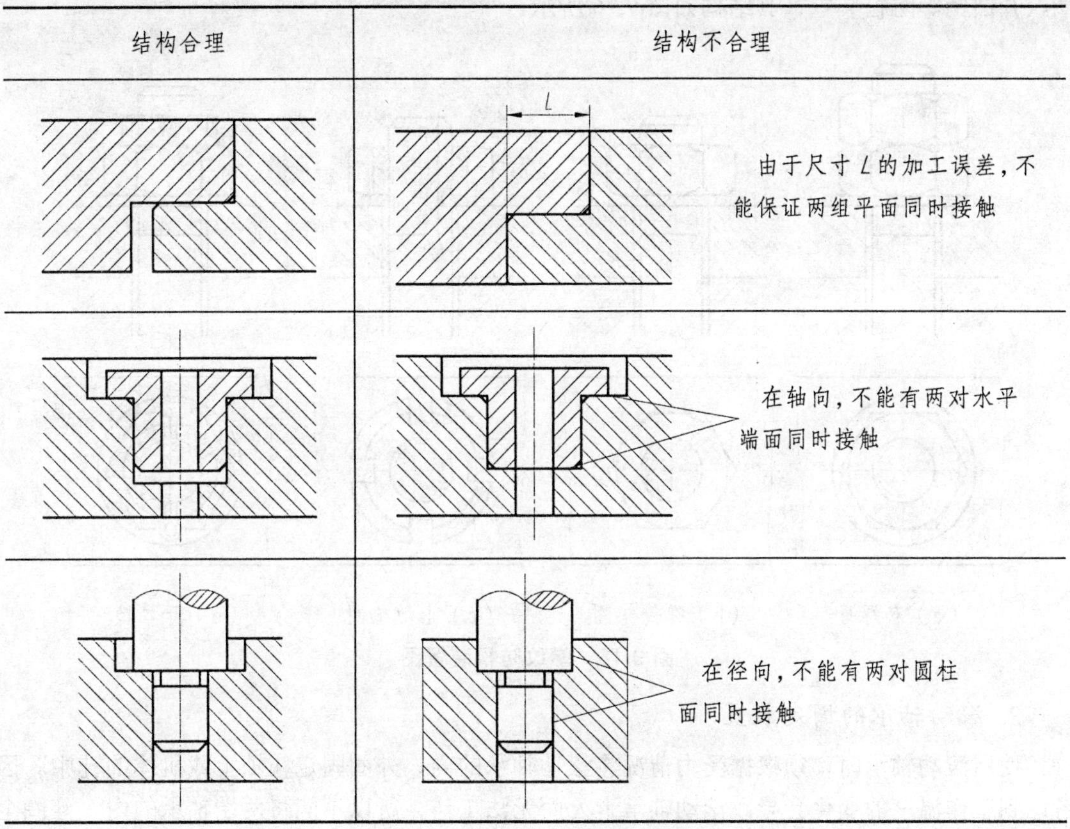

结构合理
结构不合理
L
由于尺寸 L 的加工误差，不能保证两组平面同时接触
在轴向，不能有两对水平端面同时接触
在径向，不能有两对圆柱面同时接触

图 9.14　两零件接触面的结构图

不合理
合理
不合理
合理

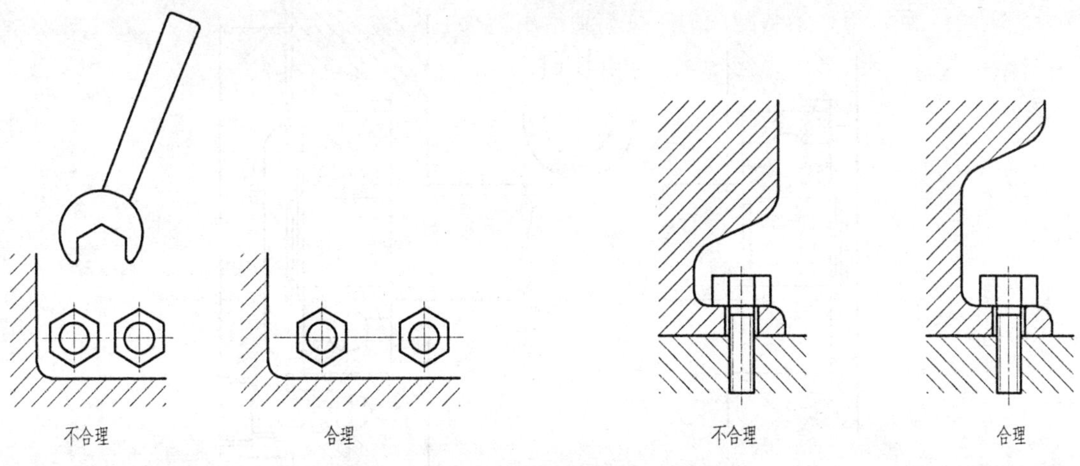

图 9.15　螺栓连接装配结构

二、机器上的常见装置

1. 螺纹防松装置

为防止机器在工作中由于振动而使螺纹紧固件松开，常采用双螺母、弹簧垫圈、止动垫圈、开口销等防松装置，其结构如图 9.16 所示。

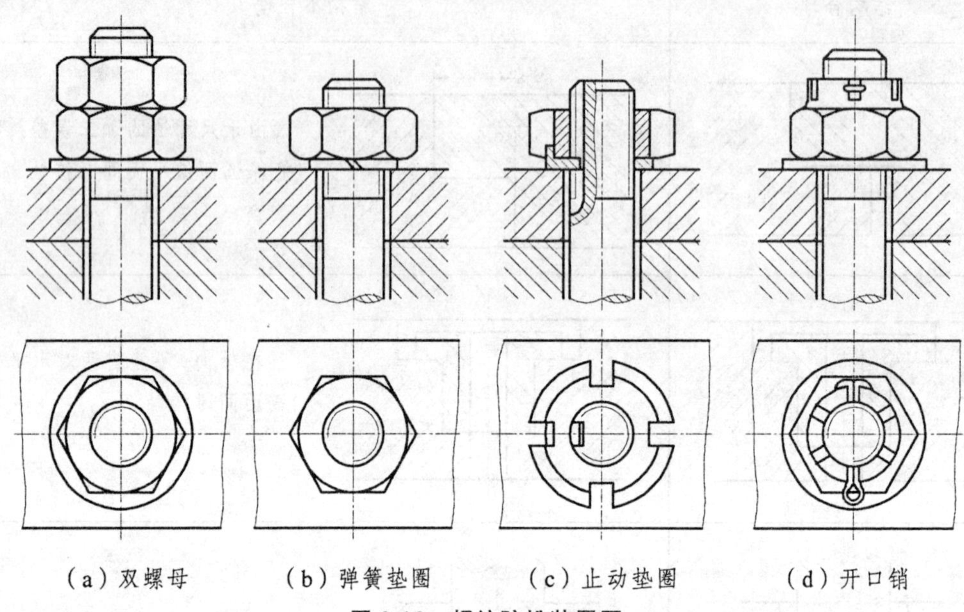
（a）双螺母　（b）弹簧垫圈　（c）止动垫圈　（d）开口销

图 9.16　螺纹防松装置图

2. 滚动轴承的固定装置

使用滚动轴承时，须根据受力情况将滚动轴承的内、外圈固定在轴上或机体的孔中。因考虑到工作温度的变化会导致滚动轴承卡死而无法工作，所以不能将两端轴承的内、外圈全部固定，一般可以一端固定，另一端留有轴向间隙，允许有极小的伸缩。如图 9.17 所示，右端轴承内、外圈均作了固定，左端只固定了内圈。

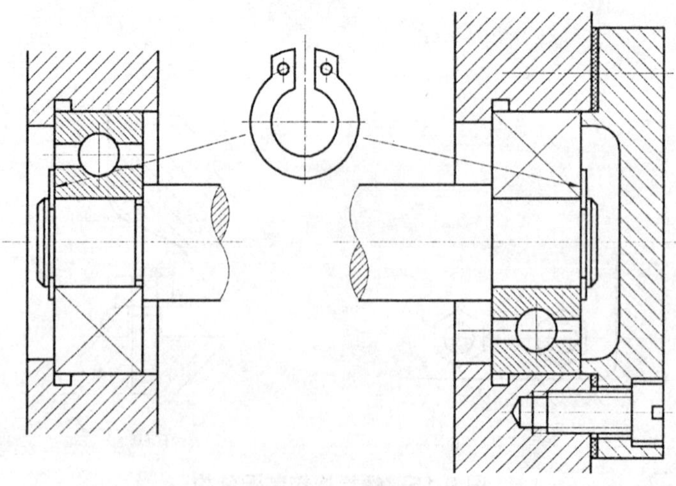

图 9.17　滚动轴承固定装置

3. 密封装置

为了防止灰尘、杂屑等进入轴承，并防止润滑油的外溢和阀门或管路中的气、液体的泄漏，通常采用密封装置，如图 9.18 所示。

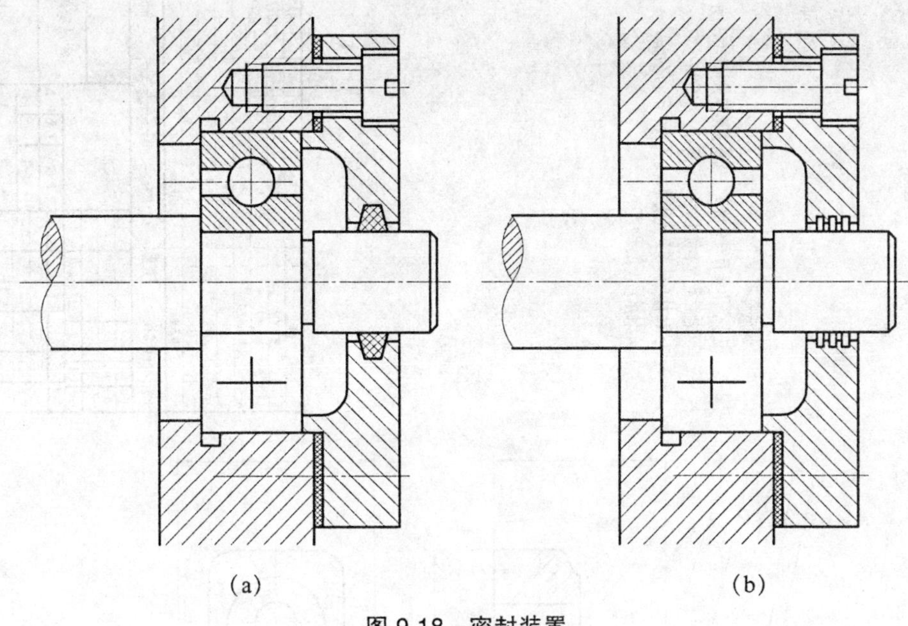

(a)　　(b)

图 9.18　密封装置

第六节　读装配图

在机器或部件的设计、制造、装配、检验、使用、维修以及技术交流等活动中，都会遇到看装配图的问题。例如：在设计过程中，要根据装配图的要求来设计和绘制零件图；在安装机器时，要按照装配图来装配零件或部件；在技术交流中，要参阅装配图来了解零件、部件的结构和位置；在使用过程中，要参阅装配图来了解机器的工作原理，掌握正确的操作方法。因此，读懂装配图是工程技术人员的基本技能之一。

看装配图的基本目的是搞清机器或部件的性能、工作原理、装配关系和各零件的主要结构、作用以及拆卸顺序等。

下面以图 9.19 所示滑动轴承的装配图为例，说明看装配图的一般方法和步骤。

一、概括了解部件的作用和组成

首先要概括了解一下整个装配图的内容，即首先要看标题栏、明细栏和说明书等有关技术资料。从标题栏和说明书了解此部件的名称、性能和用途；从明细栏了解组成该部件的零件名称、数量、材料以及标准件的规格等。通过浏览，对装配图的大体情况和内容有一个概括地了解。

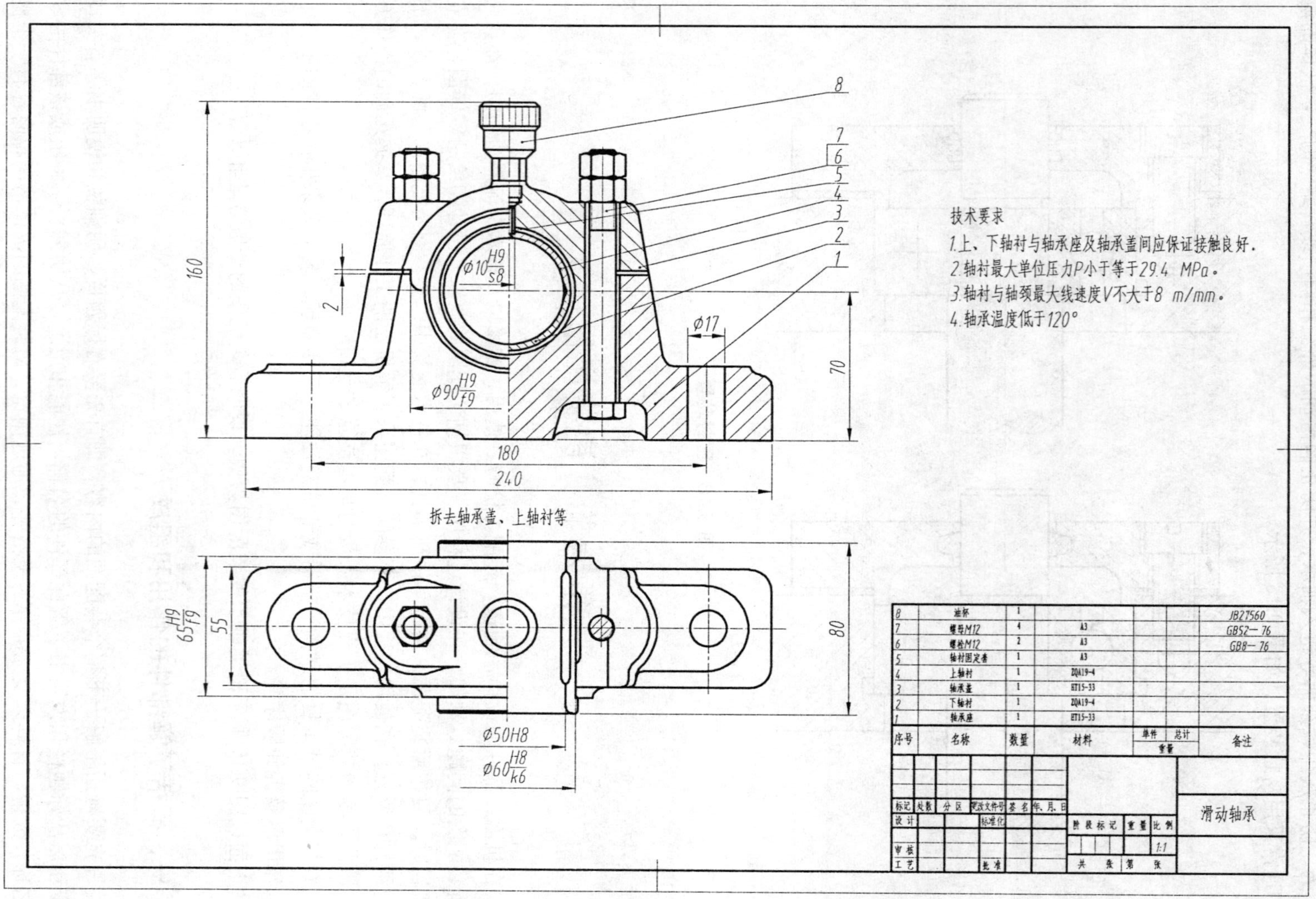

技术要求

1.上、下轴衬与轴承座及轴承盖间应保证接触良好.
2.轴衬最大单位压力P小于等于29.4 MPa。
3.轴衬与轴颈最大线速度V不大于8 m/mm。
4.轴承温度低于120°

序号	名称	数量	材料	单件重量	总计重量	备注
8	油杯	1				JB27560
7	螺母M12	4	A3			GB52—76
6	螺栓M12	2	A3			GB8—76
5	轴衬固定套	1	A3			
4	上轴衬	1	ZQA19-4			
3	轴承盖	1	HT15-33			
2	下轴衬	1	ZQA19-4			
1	轴承座	1	HT15-33			

标记	处数	分区	更改文件号	签名	年、月、日	阶段标记	重量	比例	滑动轴承
设计			标准化					1:1	
审核						共 张	第 张		
工艺			批准						

图 9.19 滑动轴承装配图

如图 9.19 所示，首先看标题栏，知道该部件叫滑动轴承，它是安装在机器中的一个支撑部件，用于支撑轴的，工作时要求运行平稳，而且需要良好的润滑。它的画图比例为 1∶1，由轴承座 1、下轴衬 2、轴承盖 3、上轴衬 4、轴衬固定套 5、螺栓 6、螺母 7、油杯 8 等零件装配组成，其中标准件 3 种，非标准件 5 种。

二、深入分析

1. 分析视图

了解各视图、剖视图、断面图的数量，各自的表达意图和它们相互之间的关系，明确视图名称、剖切位置、投射方向，为下一步深入看图做准备。

如图 9.19 所示，滑动轴承装配图共选用了两个基本视图。主视图采用了半剖视图的表达方法，将该部件的结构特点和零件间的装配、连接关系大部分表达出来；俯视图也采用了半剖视图，它对滑动轴承的结构和装配关系做了进一步的补充说明。

2. 分析工作原理

一般可从图样上直接分析，当部件比较复杂时，可参考说明书。分析时，应从机器或部件参与运动的结构入手。如图 9.19 所示：滑动轴承中的上下轴衬要与被滑动轴承支撑的轴相配合，起到支撑轴的作用，从而保障轴能够平稳地转动。

轴承类部件都需要考虑润滑的问题。因此，该在滑动轴承的上下轴衬内表面开有油沟，以储存油杯中经油路进入到上下轴衬内的润滑油。

3. 分析装配关系

分析清楚零件之间的装配关系、连接方式和接触情况，能够进一步了解为保证实现部件的功能所采取的相应措施，以更加深入地了解部件。

比如连接方式，从图中可以看出，它是通过 2 个螺栓连接将轴承座和轴承盖紧固连接在一起的。

配合关系，如上下轴衬与轴承座、轴承盖内表面之间采用 Ø60H8/k6 的基孔制过渡配合，轴承座与轴承盖之间采用 Ø90H9/f9 的基孔制间隙配合，上下轴衬的内径为 Ø50H8，一般与被支撑的轴构成基孔制间隙配合。另外一些配合代号，请读者自行分析。

4. 分析零件主要结构形状和用途

前面的分析是综合性的，为深入了解部件，还应进一步分析零件的主要结构形状和用途。

分析时，应先看简单件，后看复杂件。即将标准件、常用件及一些一看即懂的简单零件看懂后，再将其从图中“剥离”出去，然后集中精力分析剩下的为数不多的复杂零件。

分析时，应根据剖面线划定各零件的投影范围。根据同一零件的剖面线在各个视图上方向相同、间隔相等的规定，首先将复杂零件在各个视图上的投影范围及其轮廓搞清楚，进而运用形体分析的方法并辅之以线面分析的方法进行仔细推敲。此外，分析零件主要结构形状时，还应考虑零件为什么要采用这种结构形状，以进一步分析该零件的作用。

当某些零件的结构形状在装配图上表达得不够完整时，可先分析相邻零件的结构形状，根据它和周围零件的关系及其作用，再来确定该零件的结构形状就比较容易了。但是有时还需参考零件图来加以分析，以弄清零件的细小结构和作用。

三、总结归纳

经过上述分析，一般可以概括出该机器或部件的工作原理、结构特点、装配关系以及连接关系，但是可能还不够深透。为了加深对所看装配图的全面认识，还要结合图上所注写的尺寸、技术要求等对全图作总结归纳，把性能、结构、装配、操作、维修等几个方面联系起来研究，才能达到完全看懂装配图的目的。

上述看图方法和步骤只是一个概括的说明，是初学者看图时的一个思路，看图的几个步骤不能截然分开，往往要交替进行。只有不断地实践，才能逐步提高看图的能力。

第十章　展开图与焊接图

第一节　表面展开图

在工业生产中，经常会遇到金属板制件，特别是在机械制造、纺织、冶金和化工等部门应用尤为广泛，现代企业正逐步面向用户的模式发展，板材制件的应用将更加广泛。制造此类产品时通常要将制件的各个部分画出展开图，以便完成下料加工成型。

按制件表面的真实形状和大小依次地画出在一个平面上的图形称为表面展开图，简称展开图。画展开图实质上是一个如何求立体表面实形的问题。如图 10.1（a）所示为圆管的投影图，图 10.1（b）为其展开图。

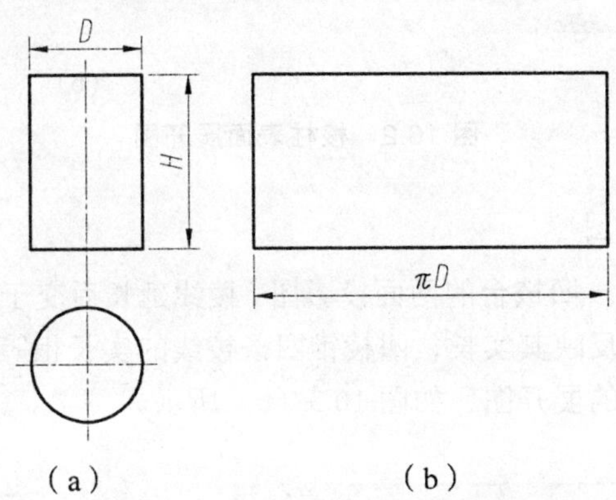

图 10.1　圆管的投影图及展开图

立体表面按其性质可分为可展表面与不可展表面。对于平面立体，因其表面都是平面，所以属于可展开表面；但对于曲面立体，根据其组成曲面的性质分为可展曲面（圆柱面、圆锥面、切线面）与不可展曲面（球面、圆环）两种。

绘制展开图可采用图解法或计算法。图解法是根据前面学过的投影原理，用几何作图的方法画出展开图。计算法是根据已知表面的数学模式，建立相应的展开曲线的数学表达式，再计算出展开曲线上一系列点的坐标值，然后画出展开图。

图解法是普遍应用的方法，本课程做主要介绍。然而，计算机的大量使用为计算法的应用提供了条件，其应用将逐渐增多，本书结合实例做简单介绍。

一、平面立体的表面展开

由于平面立体的表面都是平面，因此将组成立体表面的各个平面分别求出其实形，然后依次排列在一个平面上，即得到平面立体的表面展开图。

1. 棱柱表面的展开图

如图 10.2 (a) 所示为斜口正四棱柱的两面投影图。由于各棱线与底面垂直，因此正面投影反映各棱实长；底边与水平面平行，因此水平投影反映各底边实长。由此可直接画出展开图，如图 10.2（b）所示。

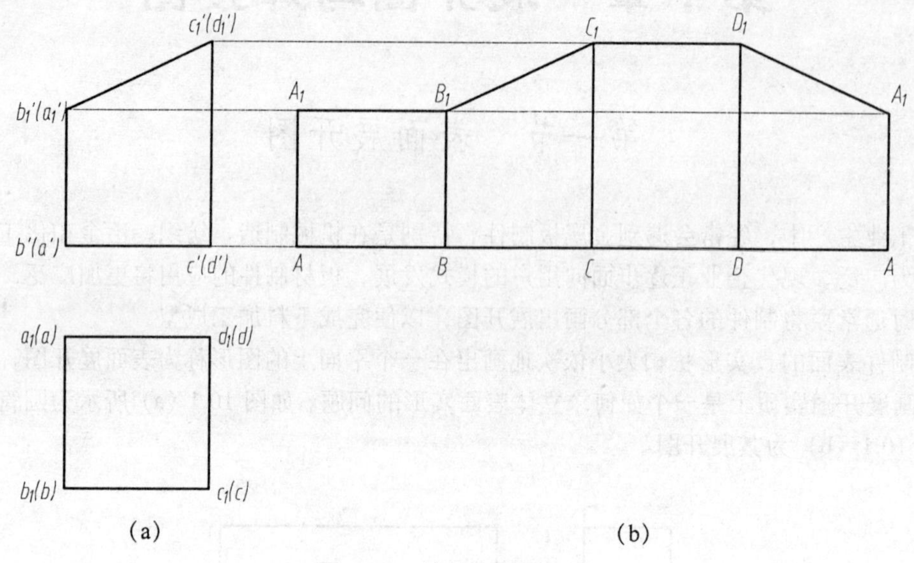

图 10.2 棱柱表面展开图

2. 棱锥表面的展开图

如图 10.3 (a) 所示为一四棱台的两面投影图。棱线延长后交于一点 S，形成一个四棱锥。其上底、下底的水平投影反映其实长，四棱锥四条棱线的实长相等，用求实长的方法即可求出，由此可画出正四棱台的展开图，如图 10.3（b）所示。

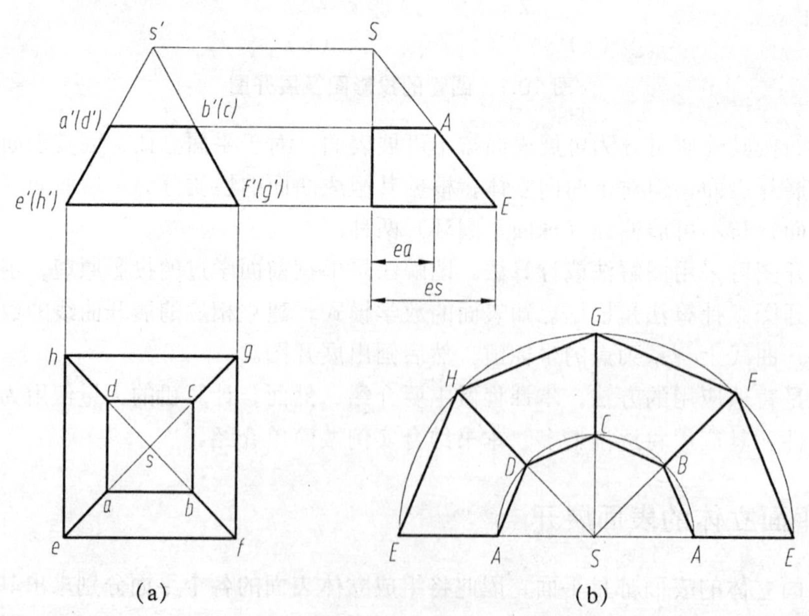

图 10.3 棱锥表面展开图

二、可展曲面的展开

（一）圆柱面的展开图

1. 正圆柱面的展开

如图 10.4 所示，圆柱面的展开图是一个矩形。矩形的一边长为圆柱高度 H，另一边长为圆柱正截面的周长πD（D 为圆柱直径）。

2. 斜截正圆柱面的展开

如图 10.5（a）所示，斜截圆柱面与圆柱面的区别是圆柱表面上的素线长短不等。为了画出斜截圆柱面的展开图，要在圆柱表面上取若干条素线，求出它们的实长。由于表面素线是铅垂线，因此正面投影反映实长。

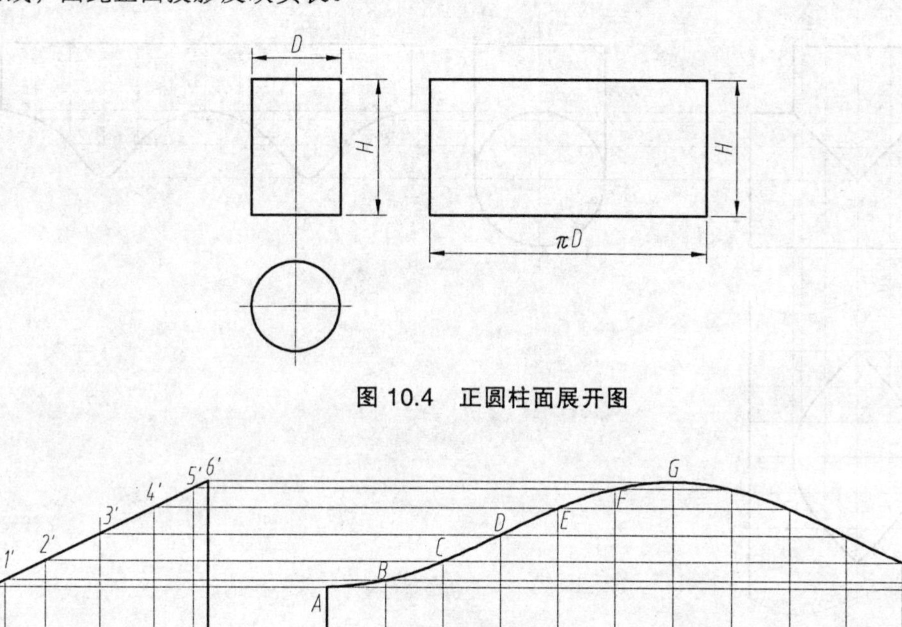

图 10.4　正圆柱面展开图

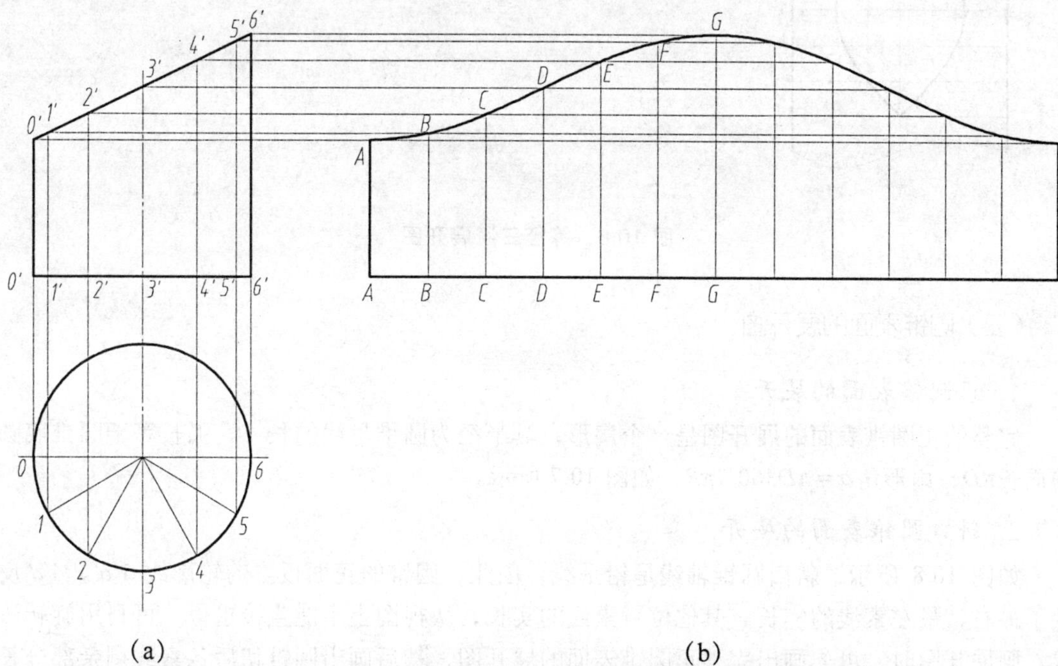

（a）　（b）

图 10.5　斜截正圆柱面展开图

画展开图时，首先将投影圆等分为1、2、3…，并根据投影关系求出其所对应素线的长。画出底圆的展开为直线（长为πD），将其等分为A、B、C…，过A、B、C点向上作垂线，在垂线上截取相对应素线的实长，然后将各素线的端点连成光滑曲线即可得到展开图，如图10.5（b）所示。

3. 等径三通的展开

如图10.6所示，由于两圆柱面都平行于正投影面，其表面素线的正面投影均反映实长，故可按图10.5（b）的方法画出上部分展开图。下部分的展开图：首先将其展成一个矩形，然后从对称线开始，分别向两侧量取$ab=1''2''$，$bc=2''3''$，$cd=3''4''$（直线长等于弧长），得等分点a、b、c、d，再过各等分点作水平线，与过1′、2′、3′、4′各点向下所引的OX轴的垂线相交，将各点光滑连接，即得到下部分的展开图，如图10.6所示。

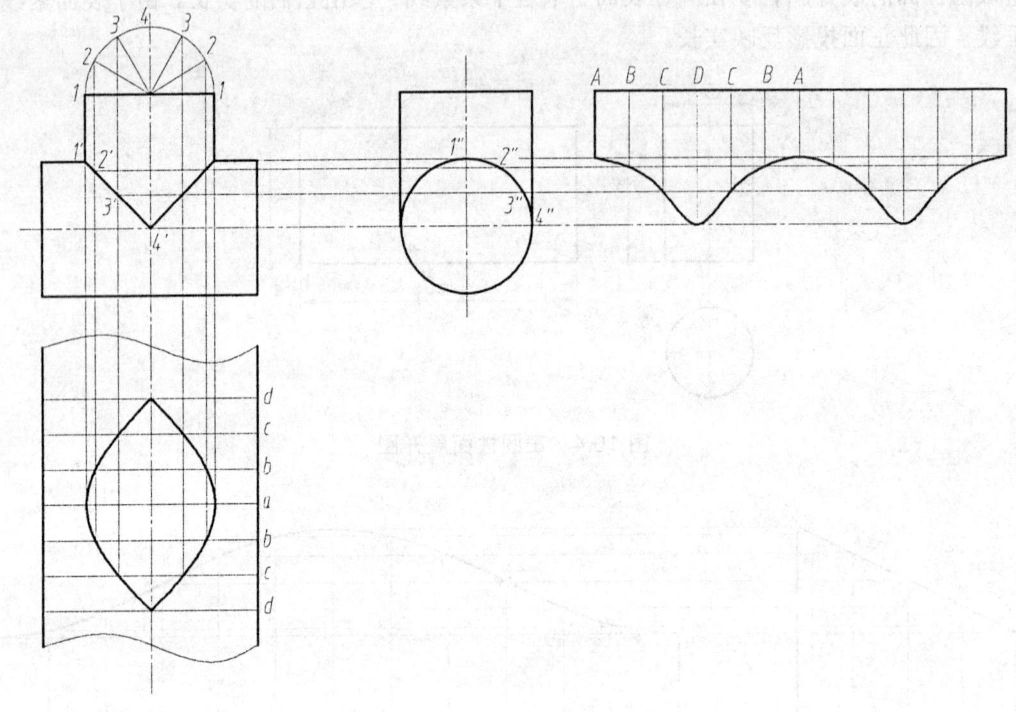

图10.6　等径三通展开图

（二）圆锥表面的展开图

1. 正圆锥表面的展开

完整的正圆锥表面的展开图是一个扇形，其半径为圆锥母线的长 L，弧长等于圆锥底圆的周长πD，扇形角$\alpha=\pi D360/2\pi R$，如图10.7所示。

2. 斜口圆锥表面的展开

如图10.8所示，斜口圆锥轴线是铅垂线，因此，圆锥的正面投影的轮廓线$1'a'$、$4'd'$反映了最右、最左素线的实长。其他位置素线的实长，从视图上不能直接求得，可利用旋转法求。画展开图时，可先画出完整正圆锥表面的展开图，然后画出圆锥切后各素线剩余部分长度，如ⅡF、ⅢE…，最后将A、B、C、D等点光滑连接，即可得到斜口圆锥表面的展开图。

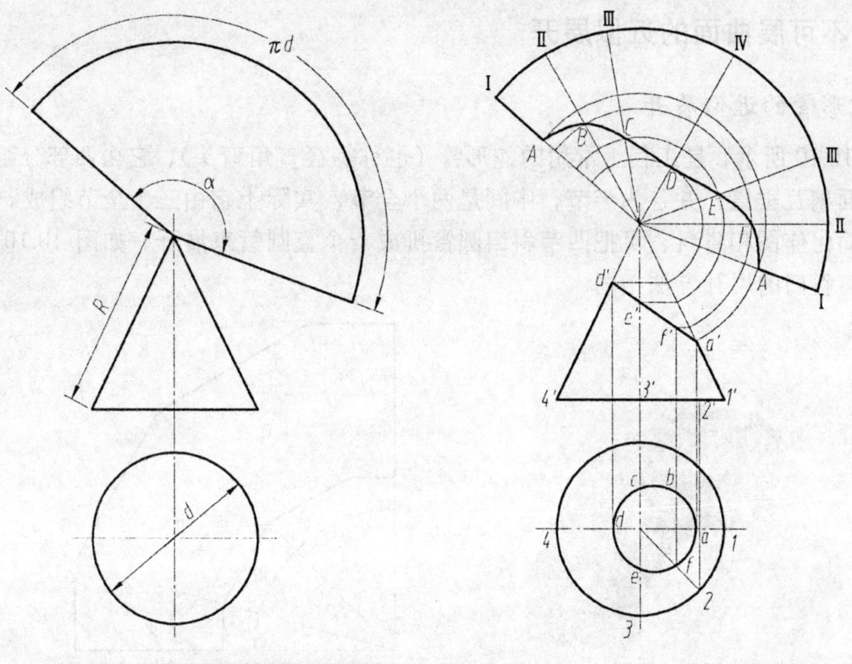

图 10.7　正圆锥表面展开图　　图 10.8　斜口圆锥展开图

3. 天圆地方表面的展开

如图 10.9 所示为一上圆下方的变形接头，它由四个三角形和四个部分椭圆锥面组成。将这些组成部分的实形依次画于同一平面上，即可得到天圆地方表面的展开图，如图 10.9 所示。

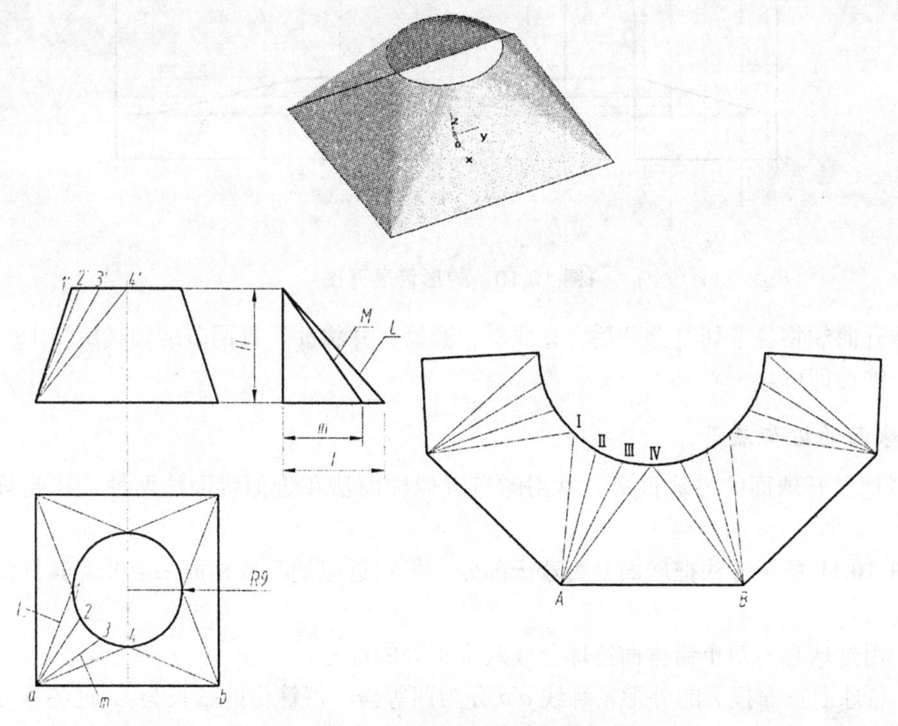

图 10.9　天圆地方展开图

三、不可展曲面的近似展开

1. 蛇形管的近似展开

如图 10.10 所示，是工程上常用的蛇形管（也称等径直角弯头），它由四部分组成，弯管两端口平面相互垂直，并各为半节，中间是两个全节，实际上它由三个全节组成。

为了简化作图和省料，可把四节斜口圆管拼成一个直圆管来展开，如图 10.10 所示，其作图方法与斜口的展开方法相同。

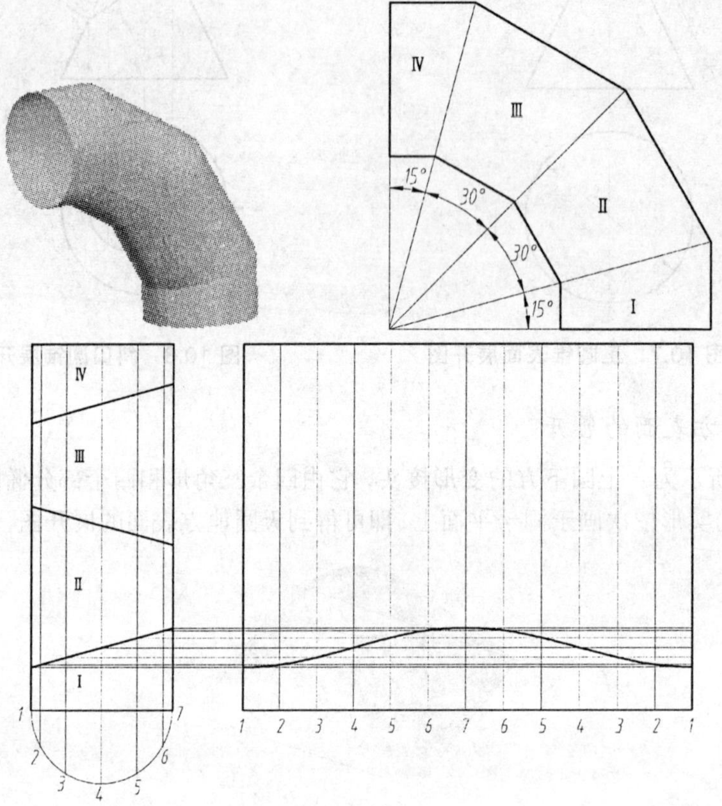

图 10.10　蛇形管展开图

按展开曲线将各节切割分开后，卷成斜口圆管，并将Ⅱ、Ⅲ两节绕轴线旋转 180°，按顺序将各节连接即可。

2. 球面的近似展开

近似地展开球面的方法很多，常用的有近似柱面法和近似锥面法两种，在此只介绍柱面法。

如图 10.11 所示方法把球面分为若干部分，将它近似地看成柱面来展开。其具体作图步骤如下：

(1) 用过球心的四个铅垂面把球分成八个相等的部分。

(2) 将球面正面投影的外形轮廓线 $a'd'$ 分为四等份，每等份的弦长为 t。过各等分点作水平面与球面相交，并画处各截交线（即水平圆的水平投影）。

(3) 将 $o'd'$ 展开成直线 OD，并将其进行四等分，得到 A、B、C 三点。

(4) 过 A、B、C、D 各点分别作 OD 的垂线，并截取 AⅠ$=a1$，BⅡ$=b2$，CⅢ$=c3$ 和 DⅣ$=d4$。

(5) 光滑地将 O、Ⅰ、Ⅱ、Ⅲ、Ⅳ等点连接，即得半球面部分的展开图，按同样画法可画出球面全部的展开图。

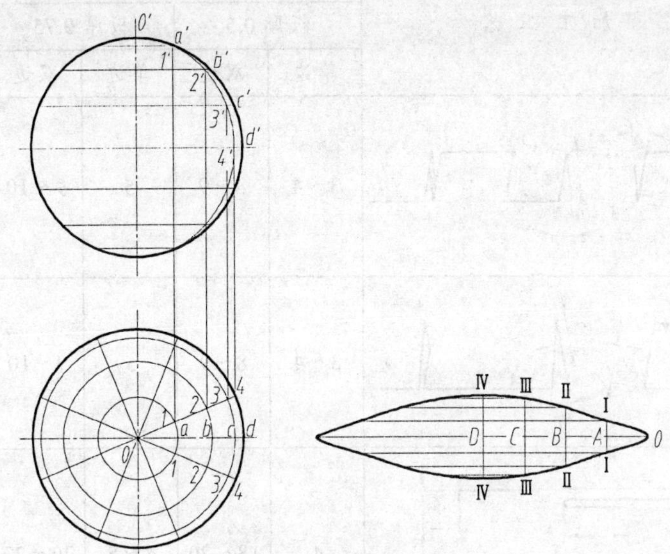

图 10.11 球面展开图

四、金属板制件的工艺简介

在实际生产中，金属板的表面展开不仅要按前面所述的方法绘制表面展开图，还必须考虑板厚的影响及接口形式、加工工艺和用料的经济性等问题。

1. 板厚的处理

如图 10.12 所示，当钢板卷成圆管时，靠内的部分表面受压缩变短，靠外的表面拉伸变长，两者之间有一层既不变短又不伸长，称之为中性层，画弯曲制件的展开图时，应以中性层尺寸为依据。对于 $r/t \geqslant 5$ 时（r 为圆内壁半径，t 为板厚），中性层半径 $R=r+t/2$。因此，圆口周长计算以中径为准，才能保证内外径符合预定的尺寸，如图 10.12 所示。

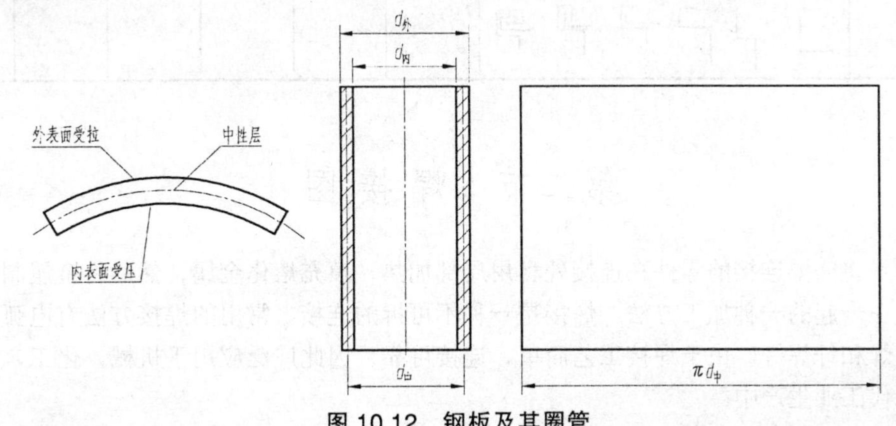

图 10.12 钢板及其圈管

2. 接口的处理

1 mm 以下的薄板制件，其接口多采用咬缝工艺。咬缝的形式与尺寸可参考表 10.1。

表 10.1 各种咬缝形式的加工工艺和下料尺寸 mm

常用咬缝名称和形式	加工工艺	下料尺寸					
		板厚 0.5		板厚 0.75		板厚 1	
		单边	双边	单边	双边	单边	双边
平缝 Ⅰ 	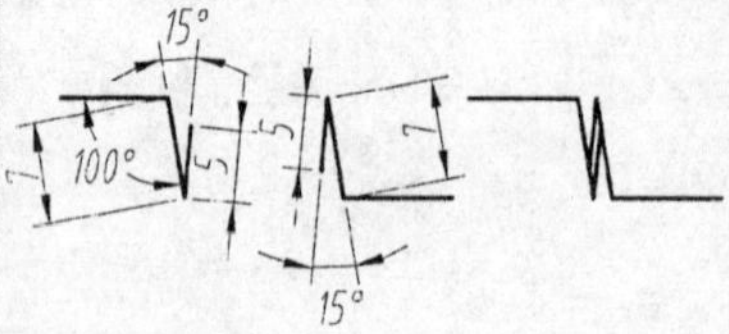	3 ~ 4	8 ~ 9	5	9 ~ 10	5	11
平缝 Ⅱ 	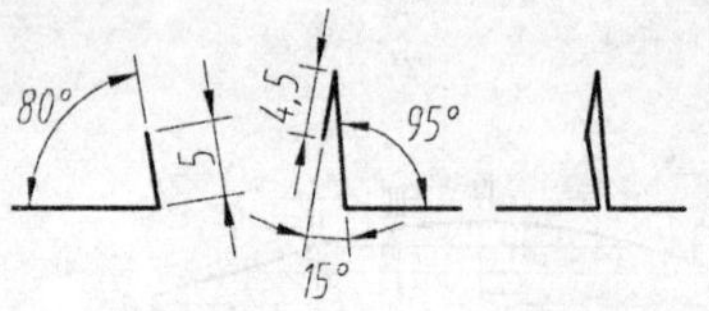	3 ~ 4	8 ~ 9	5	9 ~ 10	5	11
角缝 Ⅰ	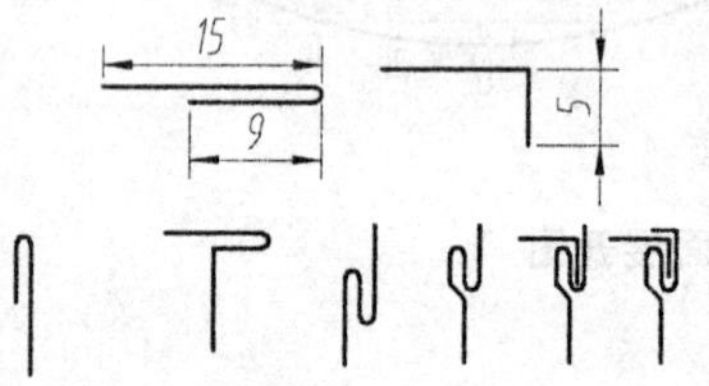	4	18 ~ 20	4 ~ 5	20 ~ 22	5 ~ 6	22 ~ 25
角缝 Ⅱ 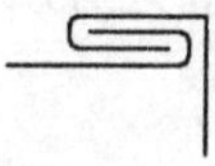	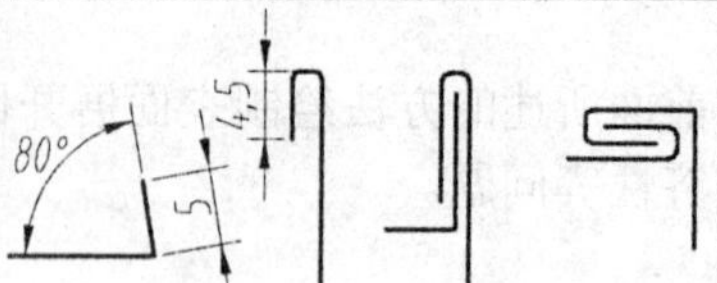	4	9 ~ 10	4 ~ 5	10 ~ 11	5	12
嵌底咬缝 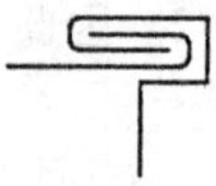	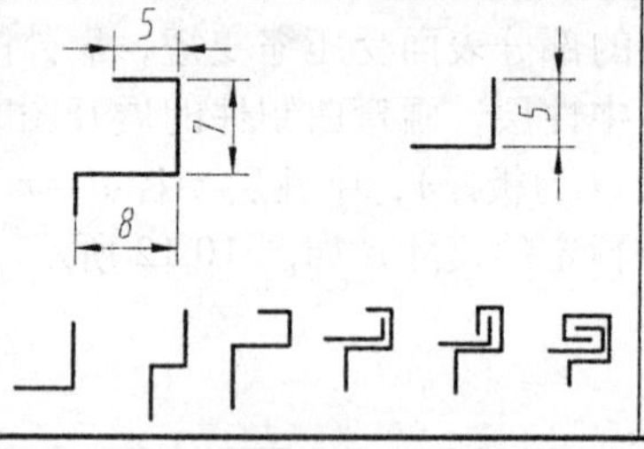	4	16 ~ 18	5	18 ~ 20	5	20 ~ 22

第二节 焊接图

焊接是将需要连接的零件在连接处利用局部加热、填充熔化金属，然后将金属制品连接部分熔合在一起的一种加工方法。焊接是一种不可拆的连接。常用的焊接方法有电弧焊、电阻焊、气焊和纤焊等。由于焊接工艺简单、连接可靠，因此广泛应用于机械、化工、电子及建筑等现代工业生产中。

焊接图就是利用图形和代号明确地表示零部件的焊接结构和工艺技术要求的图样。

一、焊缝的画法

（一）焊缝的图示法

常见的焊接接头形式有对接、T形接、角接和搭接等四种，焊缝形式有对接焊缝、角接焊缝和点焊焊缝等，如图10.13所示。

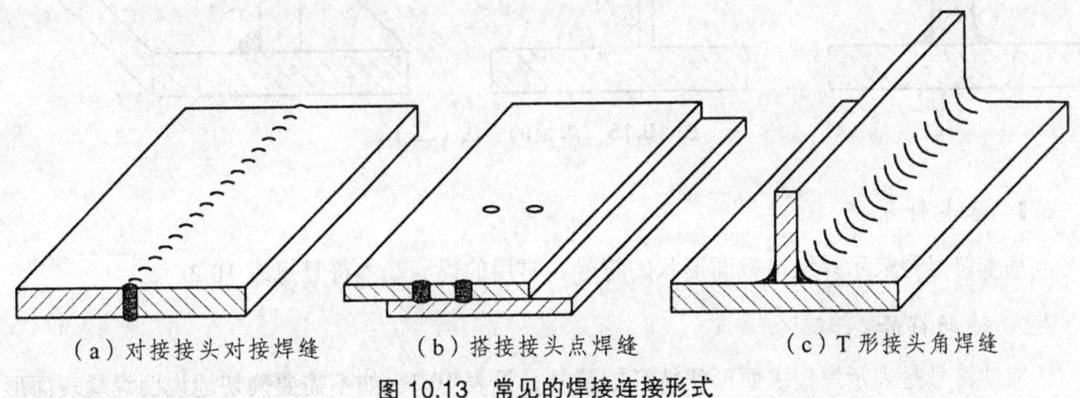

图10.13 常见的焊接连接形式

工件经焊接后所形成的接缝称为焊缝。国家标准 GB/T 324—1988 对焊缝的画法作了规定。焊缝可用视图、剖视图或断面图表示，也可用轴测图示意地表示。

在视图中，焊缝用一系列细实线段（允许徒手绘制）表示，也允许采用粗线（宽度为粗实线的2～3倍）表示，如图10.14所示。

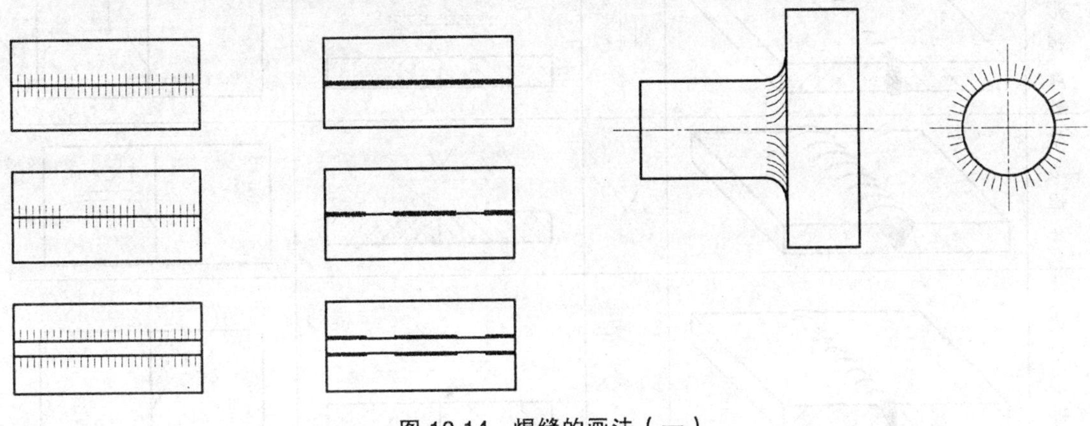
图10.14 焊缝的画法（一）

在同一图样中只允许采用一种画法。在剖视图或断面图上，焊缝的金属熔焊区通常应涂黑表示，如图10.15所示。

（二）焊缝符号

焊缝分布比较简单时，可不必画出焊缝，只需在焊缝处标注焊缝符号。焊缝符号一般由基本符号与指引线组成，必要时还可加上辅助符号、补充符号和焊缝尺寸符号。

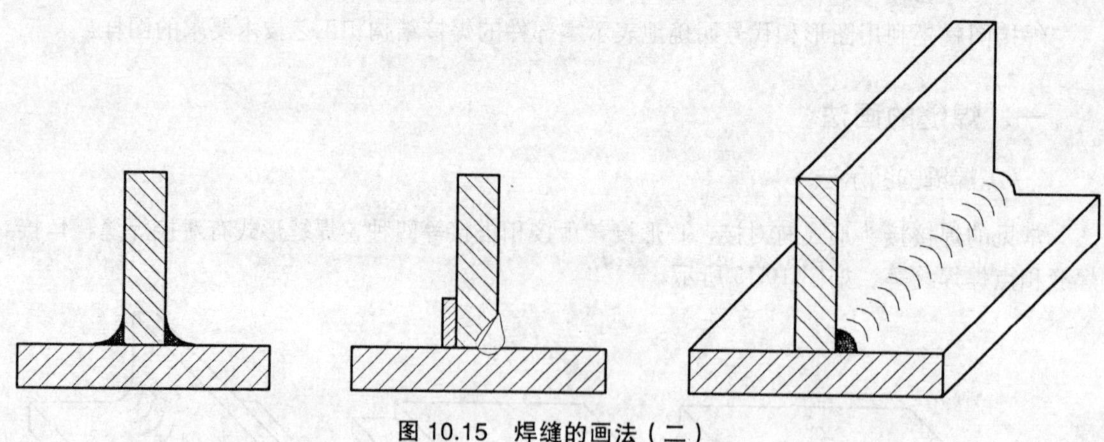

图 10.15　焊缝的画法（二）

1. 基本符号

基本符号是表示焊缝横截面形状的符号。常用的焊缝基本符号见表 10.2。

2. 辅助符号

辅助符号是表示焊缝表面形状特征的符号，见表 10.3。如不需要确切地说明焊缝表面形状时，可以不用辅助符号。

表 10.2　常用焊缝的基本符号（摘自 GB/T 324—1988）

名称	示意图	符号	标注方法示例	
I形焊缝				
V形焊缝				
单边V形焊缝				
角焊缝				

续表 10.2

名称	示意图	符号	标注方法示例	
U形焊缝	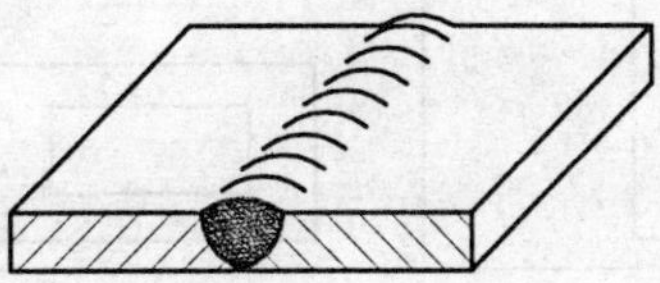		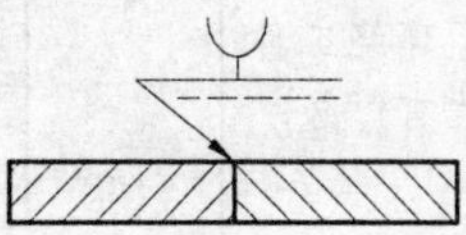	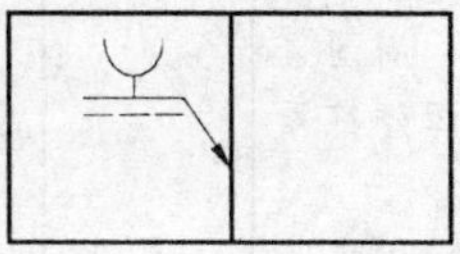
点焊缝	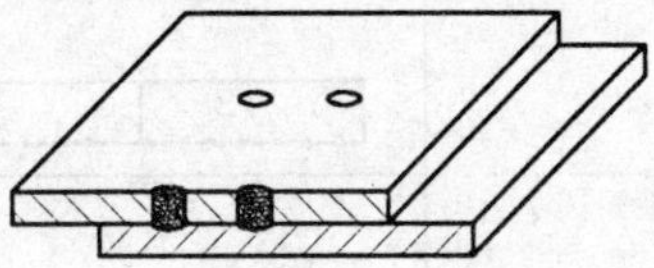		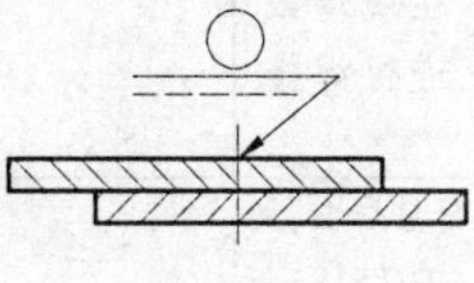	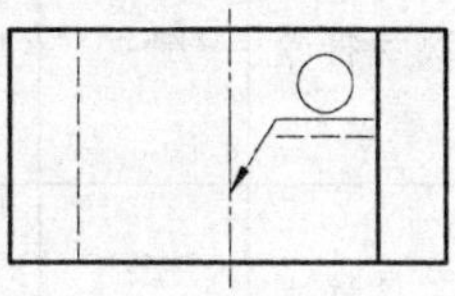

表 10.3 辅助符号及标注示例

名称	符号	符号说明	焊缝形式	标注示例
平面符号	——	焊缝表面平齐		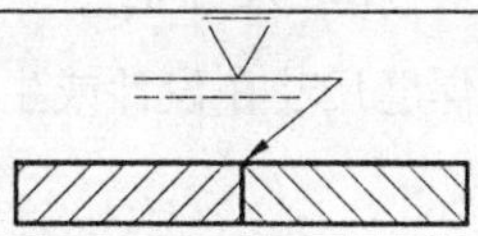
凹面符号	 ◡	焊缝表面凹陷	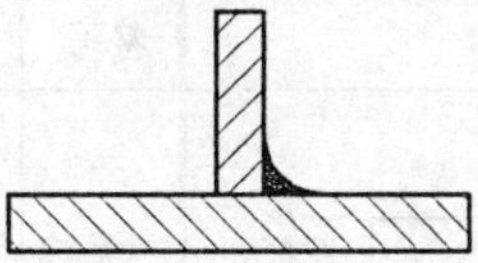	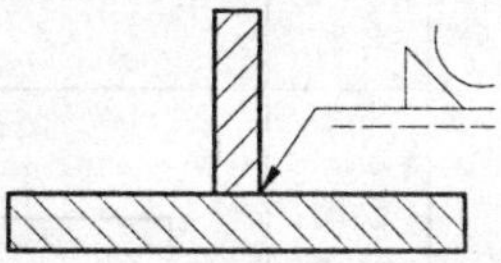
凸面符号	 ◠	焊缝表面凸起		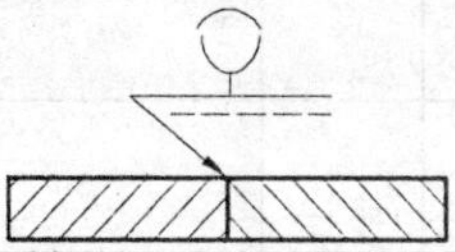

3. 补充符号

补充符号是为了补充说明焊缝的某些特征而采用的符号，见表 10.4。

表 10.4 补充符号及标注示例

名称	符号	符号说明	一般图示法	标注示例
带垫板符号	▭	表示焊缝底部有底板	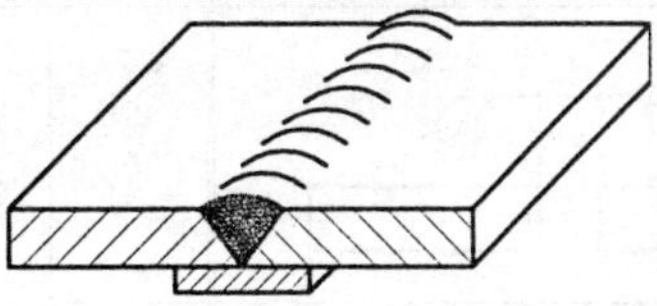	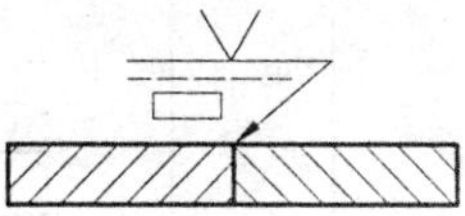
三面焊缝符号	 ⊏	表示三面带有焊缝，开口的方向应与焊缝开口的方向一致	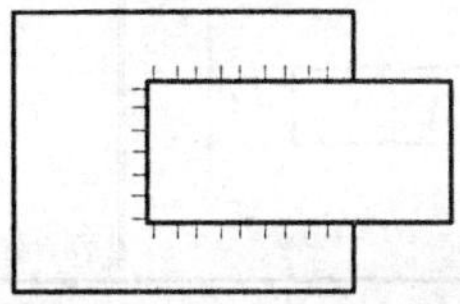	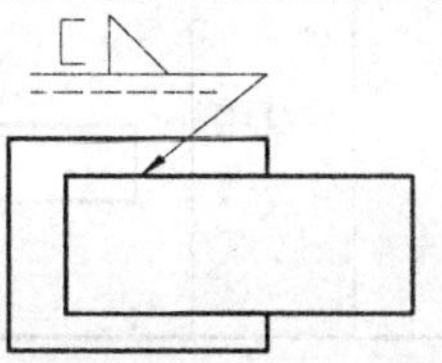

续表 10.4

名称	符号	符号说明	一般图示法	标注示例
周围焊缝符号	○	表示环绕工件周围均有焊缝	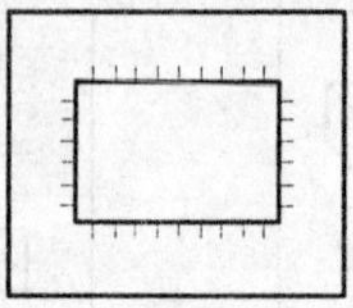	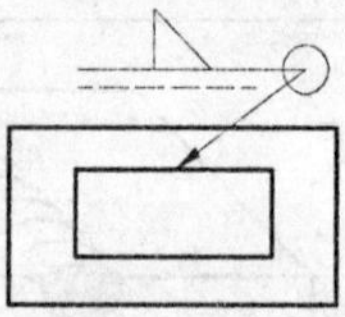
现场符号	▶	表示在现场或工地上进行焊接		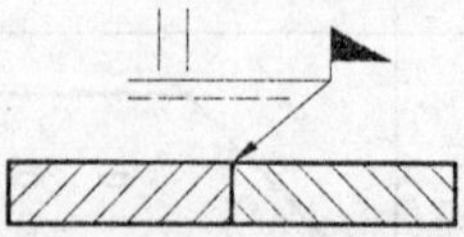
尾部符号	<	在该符号后面，可以参照GB/T5185标注焊接工艺方法以及焊缝条数等		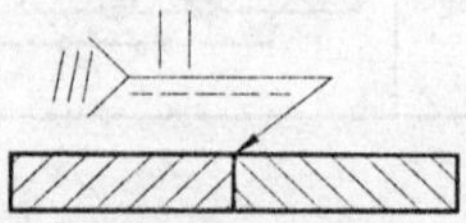

4．焊缝尺寸符号

焊缝尺寸在设计或生产需要注明时，可按表 10.5 标注。

表 10.5　常用的焊缝尺寸符号

符号	名称	示意图	符号	名称	示意图
δ	板材厚度	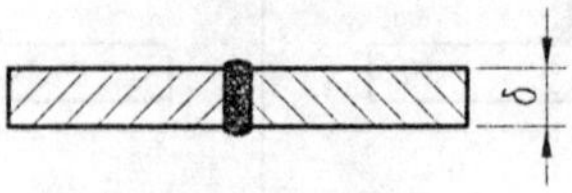	k	焊角高度	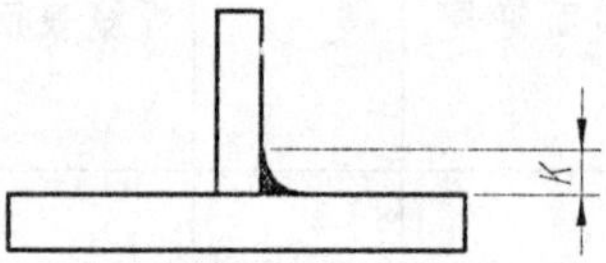
α	坡口角度	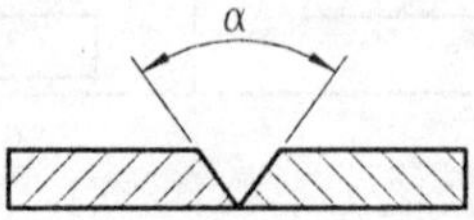	l	焊缝长度	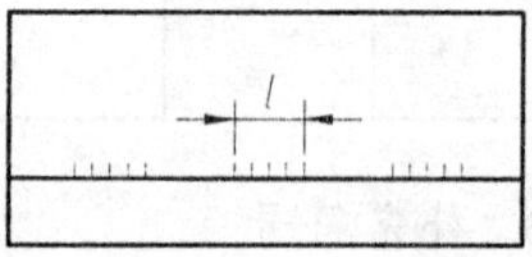
p	钝边高度	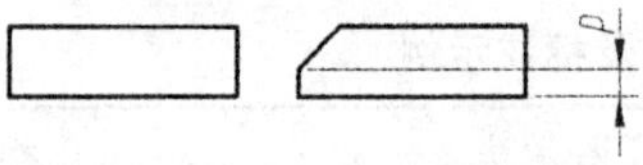	e	焊缝间距	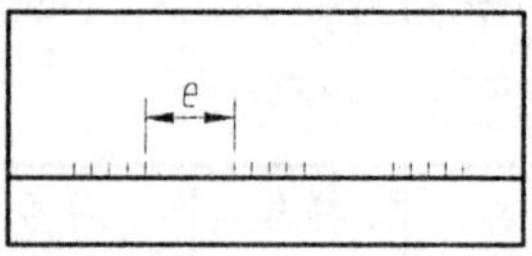
b	根部间隙	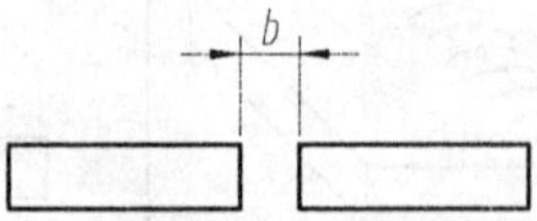	n	焊缝段数	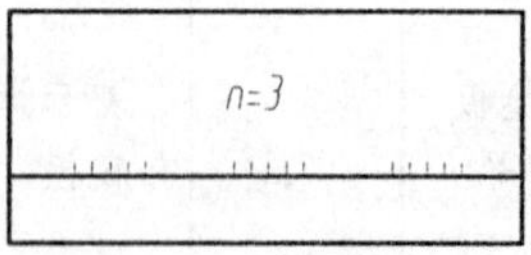 n=3
s	焊缝有效厚度	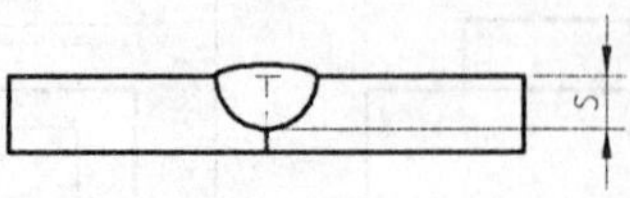	d	熔核直径	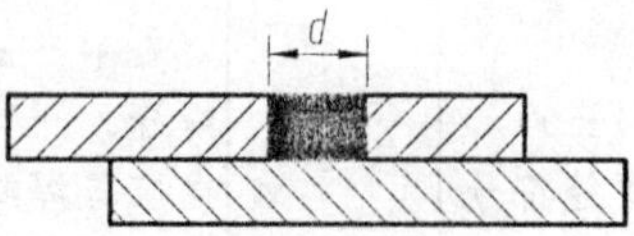

二、焊缝的标注

完整的焊缝符号包括指引线、箭头、基准线、尾部、基本符号、辅助符号、补充符号、尺寸符号及尺寸数据等，如图 10.16 所示。

指引线一般由带箭头的引出线和两条基准线两部分组成，指引线采用细实线绘制。两条基准线一条为实线，另一条为虚线，必要时可加上尾部（90°夹角）。

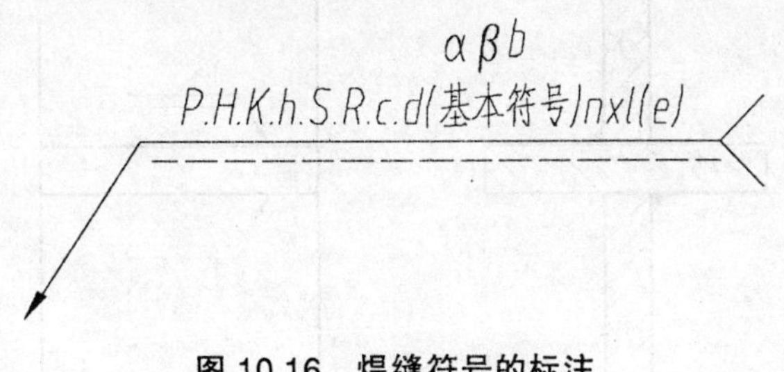

图 10.16　焊缝符号的标注

1. 箭头线与焊缝位置的关系

箭头可以标在有焊缝的一侧，也可以标在没有焊缝的一侧，但在标注 V 形、Y 形、J 形焊缝时，箭头应指向带有坡口一侧的工件，如图 10.17 所示。

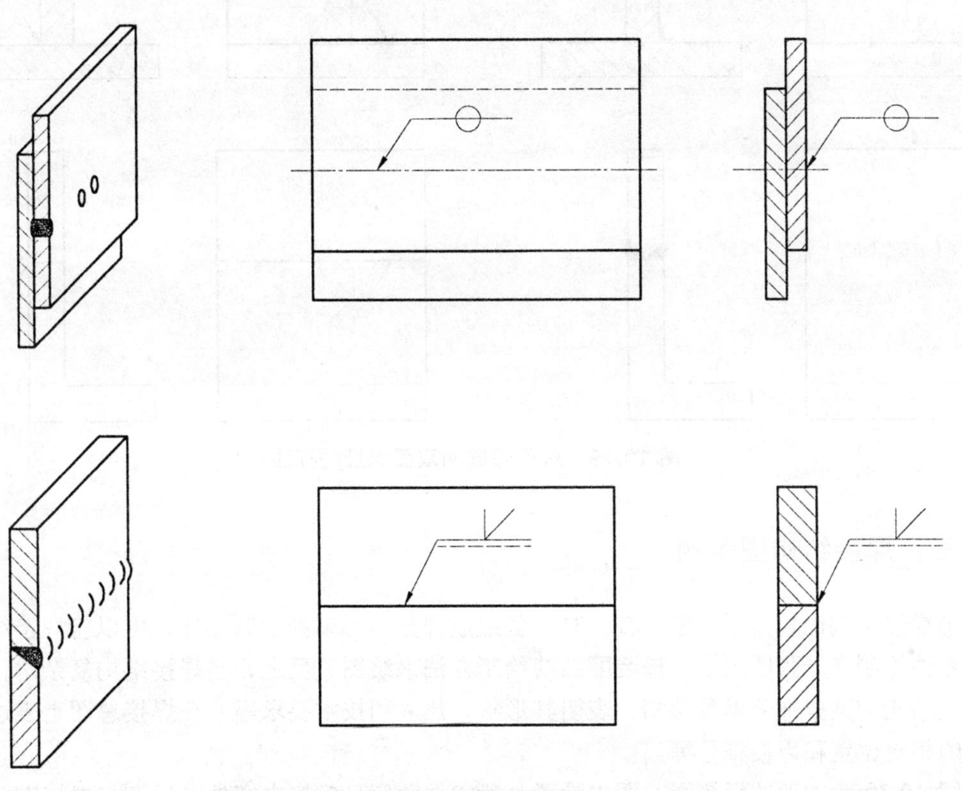

图 10.17　箭头与焊缝的位置关系

2. 基本符号在指引线上的位置

为了在图样上能确切地表示焊缝的位置，国家标准中将基本符号相对于基准线的位置作了如下规定：

(1) 箭头指向焊缝的施焊面，则将基本符号标在基准线的实线一侧；箭头指向焊缝的施焊背面，则将基本符号标在基准线的虚线一侧，如图 10.18 所示。

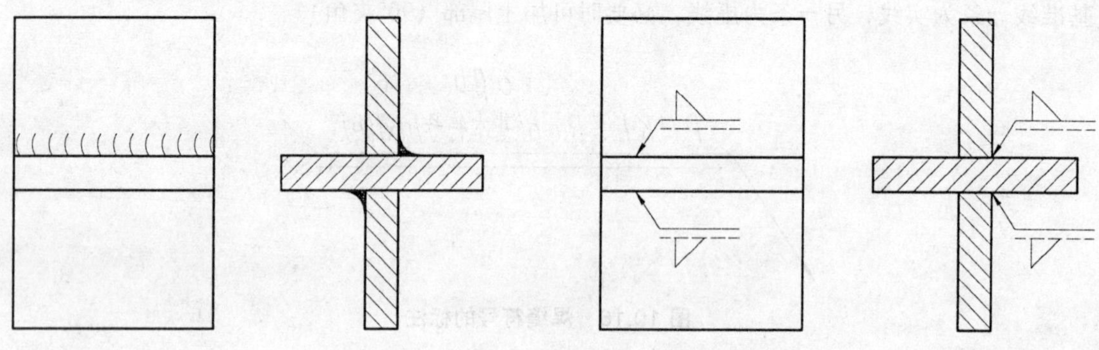

图 10.18　基本符号相对于基准线的位置

(2) 标注对称焊缝和双面焊缝时，基准线中的虚线可以省略不画，如图 10.19 所示。

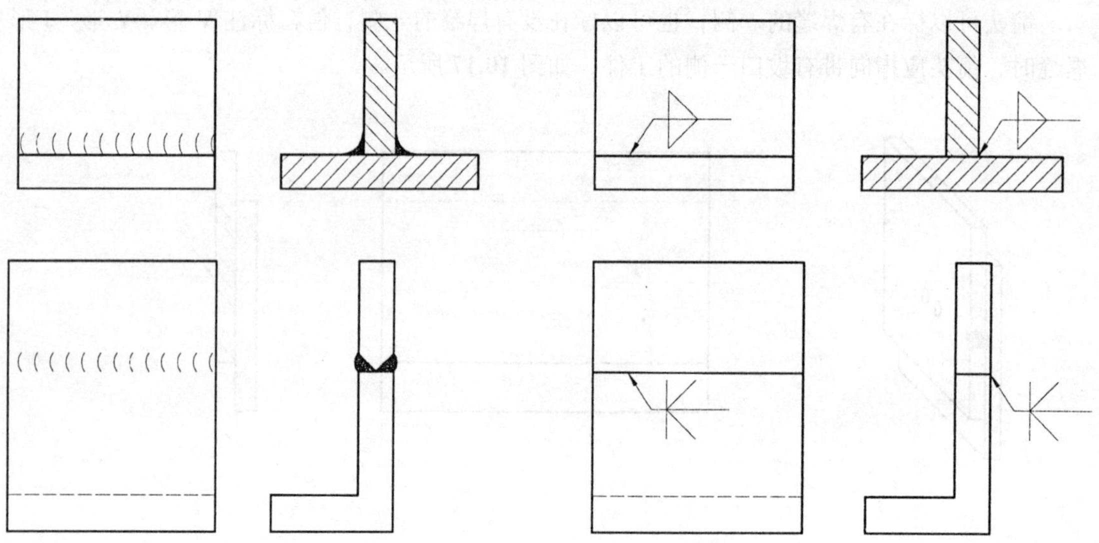

图 10.19　对称焊缝和双面焊缝的标注

三、焊接结构图示例

当焊接结构比较简单、零件较少时，各组成部分不必单独绘制图样，可以将焊接结构的全部零件绘制在一张图纸上，按装配图的绘制方法来绘图。反之，当焊接结构复杂时，可以将焊接结构的某些部分单独绘制，表明其形状、尺寸和技术要求等，在焊接总图上表达各部分间的相对位置和焊接符号等。

图 10.20 为支架的焊接图，图中除了一般零件图应具备的内容外，还有与焊接有关的说明、标注和构件的明细表。

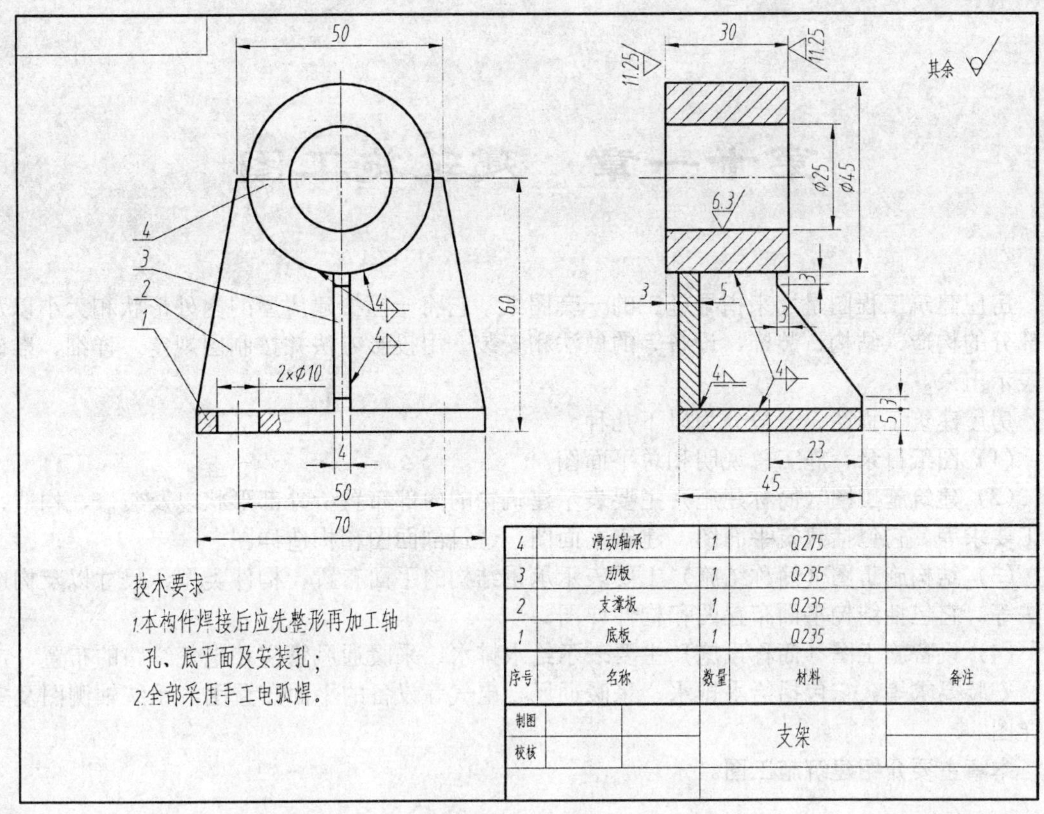

4	滑动轴承	1	Q275	
3	肋板	1	Q235	
2	支撑板	1	Q235	
1	底板	1	Q235	
序号	名称	数量	材料	备注
制图			支架	
校核				

图 10.20　支架焊接图

第十一章　建筑施工图

房屋建筑工程图是用来指导施工的一套图纸。它将一幢拟建房屋的内外形状和大小以及各部分的构造、结构、装饰、设备等的做法和安装，用投影方法并按制图规定，详细、准确地表示出来。

房屋建筑工程图，一般分为以下几种：

（1）图纸目录、施工总说明和总平面图。

（2）建筑施工图（简称建施）主要表示建筑物的内部布置、外部形状以及装修、构造、施工要求等。它包括建筑平面图、建筑立面图、建筑剖面图和构造详图。

（3）结构施工图（简称结施）主要表示承重结构的平面布置、构件类型、尺寸以及构造做法等。它包括结构平面布置图和构件详图。

（4）设备施工图（简称设施）主要表示给水排水、采暖通风管道和电气线路的布置、走向及安装要求等。它包括给水排水、采暖通风、电气等设备的平面布置图、系统轴测图及安装详图。

本章主要介绍建筑施工图。

第一节　建筑施工图的基本知识

一、图　例

由于建筑平面图所用的比例较小，建筑构配件的细部不能详细画出，故需用《建筑制图标准》所规定的图例代替，见表 11.1 所示。

表 11.1　建筑图例

名　称	图　例	说　　明
普通砖	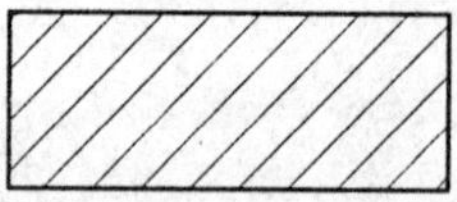	1. 包括砌体、砌块； 2. 断面较窄，不易画出图例线时，可涂红
空心砖	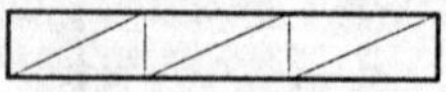	包括各种多孔砖
混凝土	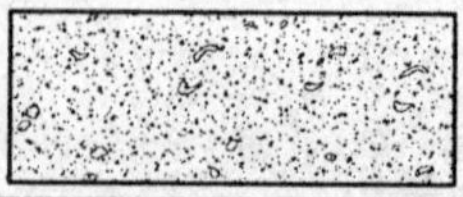	1. 本图例仅适用于能承重的混凝土和钢筋混凝土； 2. 包括各种强度等级、骨料、添加剂的混凝土； 3. 在剖面图上画出钢筋时，不画图例线； 4. 断面较窄，不易画出图例线时，可涂黑
钢筋混凝土	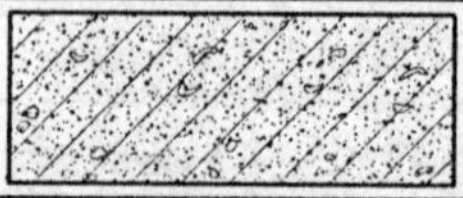	

续表 11.1

名　称	图　例	说　　明
金属		1. 包括各种金属； 2. 图形小时，可涂黑
检查孔	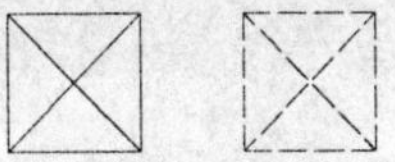	左图为可见检查孔，右图为不可见检查孔
孔洞	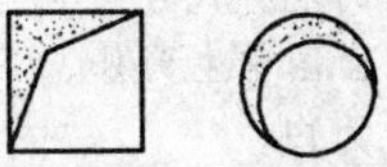	
坑槽	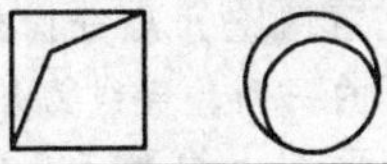	
墙预留洞	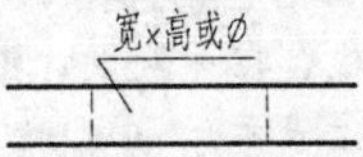 宽×高或Ø	
墙预留槽	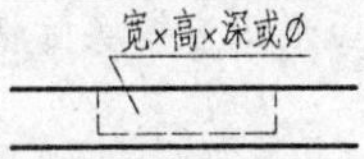 宽×高×深或Ø	
烟道	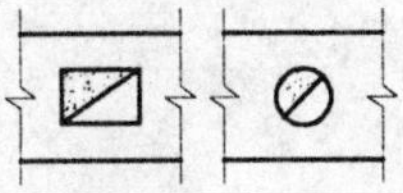	
通风道	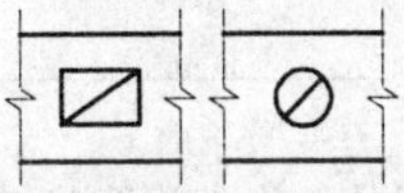	
电梯	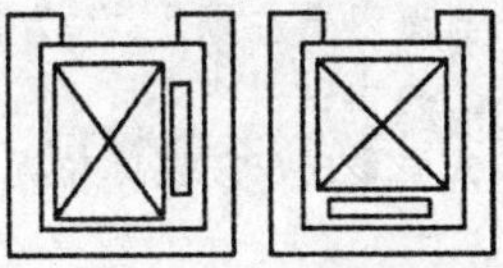	1. 电梯应注明类型； 2. 门和平衡锤的位置应按实际情况绘制
楼梯顶层	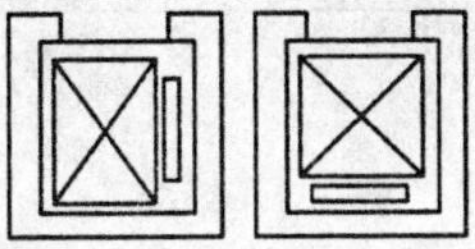	
楼梯标准层	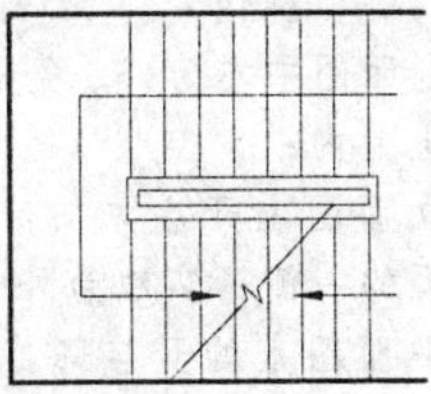	
楼梯首层	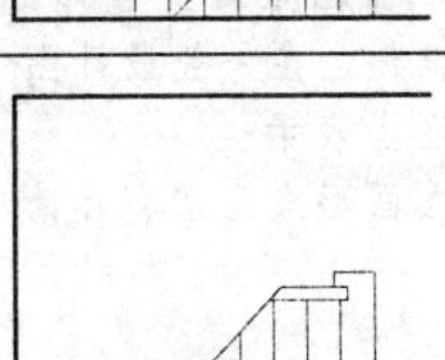	

续表 11.1

名称	图例	说明
单扇门（包括平开或单面弹簧）	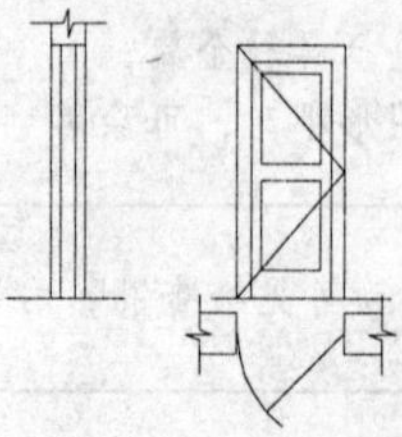	1. 门的名称代号用 M 表示； 2. 剖面图中左为外、右为内，平面图中下为外、上为内； 3. 立面图上开启方向线交角的一侧为安装合页的一侧，实线为外开，虚线为内开； 4. 平面图上的开启弧线及立面图上的开启方向线，在一般设计图上不需表示，仅在制作图上表示； 5. 立面形式应按实际情况绘制
双扇门（包括平开或单面弹簧）	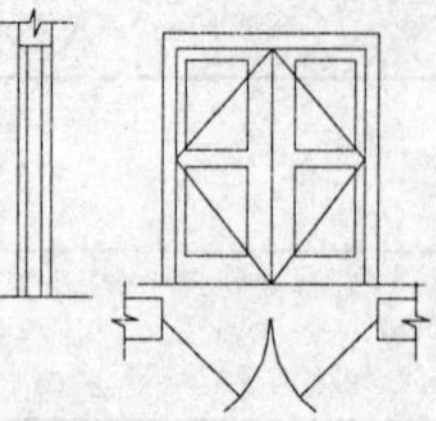	
对开折叠门	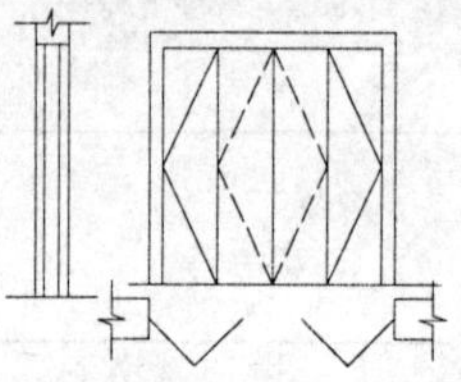	
墙内单扇推拉门	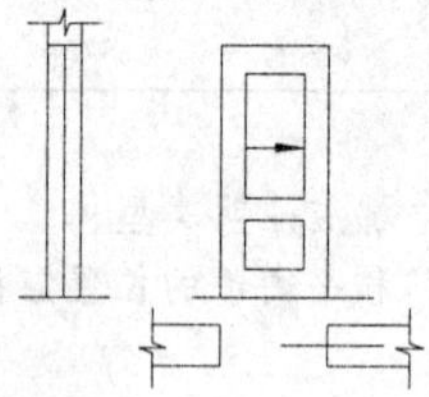	1. 门的名称代号用 M 表示； 2. 剖面图上左为外、右为内，平面图上下为外、上为内； 3. 立面形式应按实际情况绘制
单扇双面弹簧门	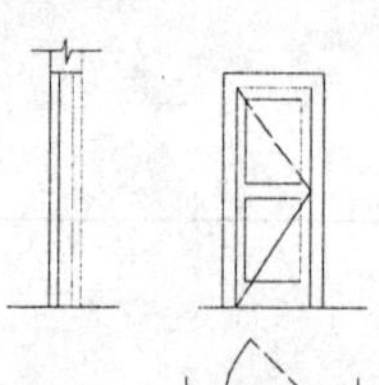	1. 门的名称代号用 M 表示； 2. 剖面图中左为外、右为内，平面图中下为外、上为内； 3. 立面图上开启方向线交角的一侧为安装合页的一侧，实线为外开，虚线为内开； 4. 平面图上的开启弧线及立面图上的开启方向线，在一般设计图上不需表示，仅在制作图上表示； 5. 立面形式应按实际情况绘制
双扇双面弹簧门	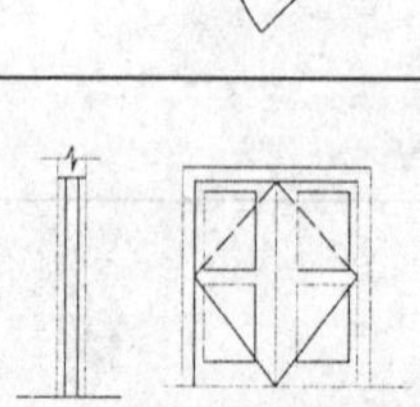	

续表 11.1

名　称	图　例	说　明
单层固定窗	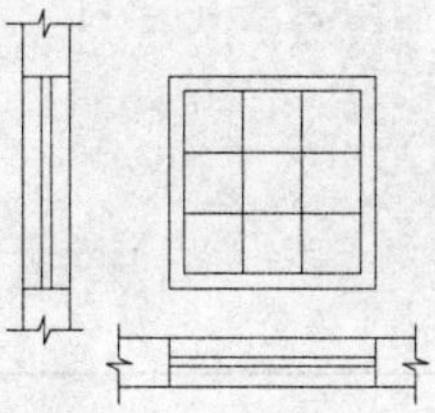	1. 窗的名称代号用 C 表示； 2. 立面图中的斜线表示窗的开关方向，实线为外开，虚线为内开；开启方向线交角的一侧为安装合页的一侧，一般设计图中可不表示； 3. 在剖面图中，左为外，右为内；在平面图中，下为外，上为内； 4. 平、剖面图中的虚线，仅说明开关方式，在设计图中不需要表示； 5. 窗的立面形式应按实际情况绘制
单层外开上悬窗	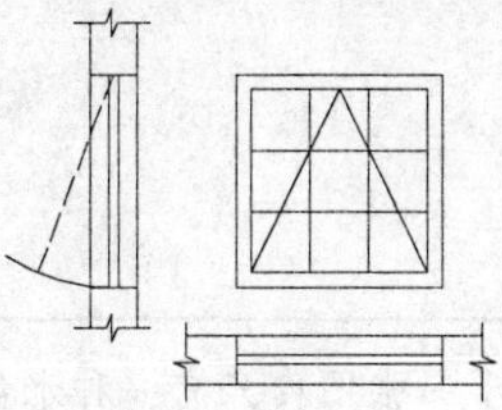	
单层中悬窗	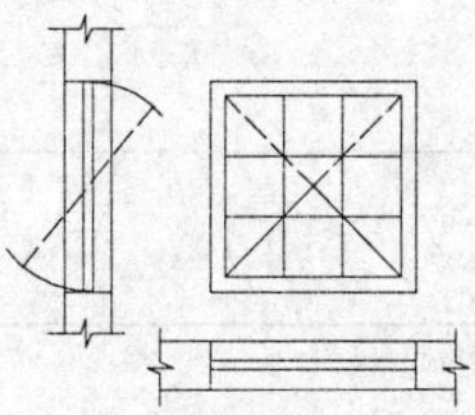	
单层外开平开窗	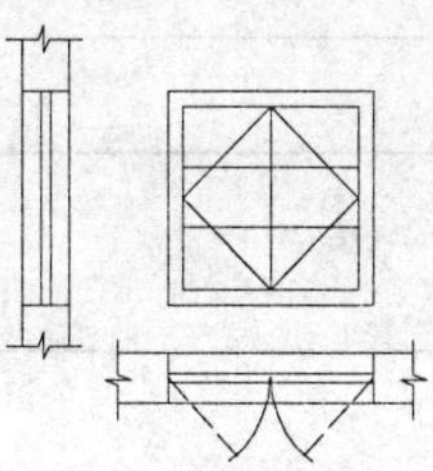	
卷门	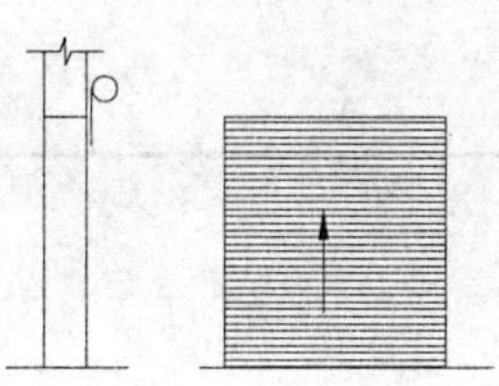	
百叶窗	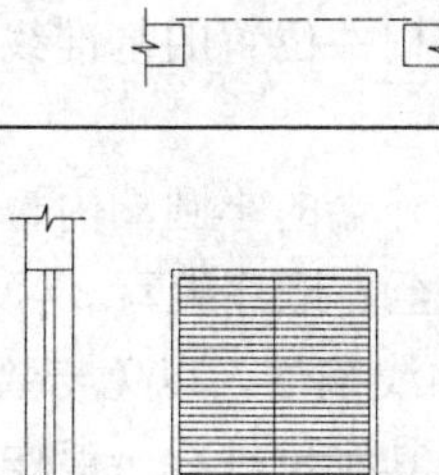	

续表 11.1

名　称	图　例	说　　明
左右推拉窗	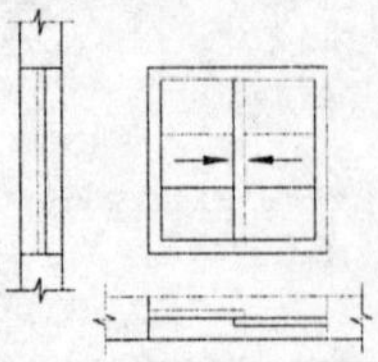	
上推窗	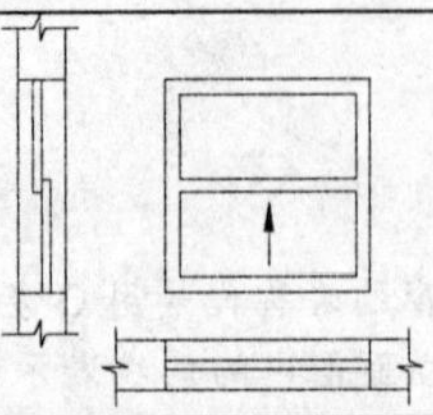	
水盆、水池		用于一张图内只有一种水盆或水池
洗脸盆		
洗涤盆、化验盆	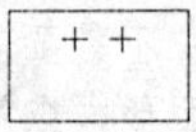	
浴盆	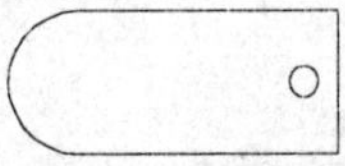	
挂示小便器		
污水池	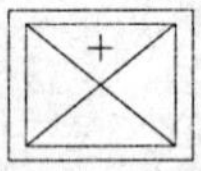	
蹲式大便器	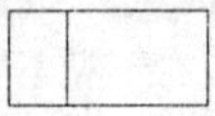	
坐式大便器	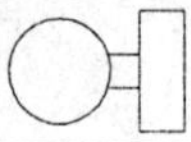	

二、定位轴线及其编号

所谓定位轴线，就是房屋建筑中用以确定承重构件位置的基准线，并加以编号，作为施工定位放线的主要依据。

定位轴线用细点画线绘制，编号应注写在轴线外端的小圆圈内，小圆圈用细实线绘制，其直径为 8 mm。横向编号采用阿拉伯数字，从左至右顺序编写。竖向编号采用大写拉丁字母，从下至上顺序编写，其中 I、O、Z 不得用做轴线编号，以免与数字 1、0、2 混淆。

对于一些与主要承重构件相联系的次要构件，其定位轴线一般作为附加轴线，编号以分数表示，分母表示前（或后）一轴线的编号，分子表示附加轴线的编号，并用阿拉伯数字顺序编号。定位轴线及编号如图 11.1 所示。

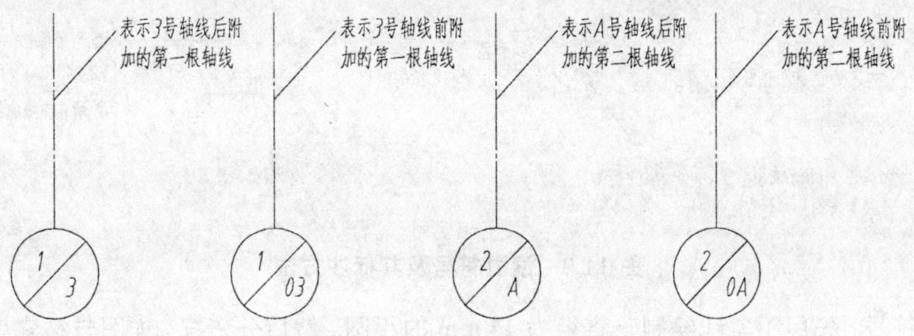

图 11.1 定位轴线及编号

三、标高符号

标高是标注建筑物某部位高度的一种方法，高度数值以 m 为单位。在总平面图中，标高注到小数点后两位，其余的都标注到小数点以后三位。需要注意的是，零标高处的数值形式为±0.000，高于零标高时为正标高，数值前不加“+”号，低于零标高时为负标高，数值前加“−”号。

标注标高时，需在被标注部位作一引出线，标高符号的尖端要指向被标注部位的高度上，尖端向上，也可向下。处于同一侧的各标高符号最好位于同一条铅直线上。标高符号及标注方法如图 11.2 所示。

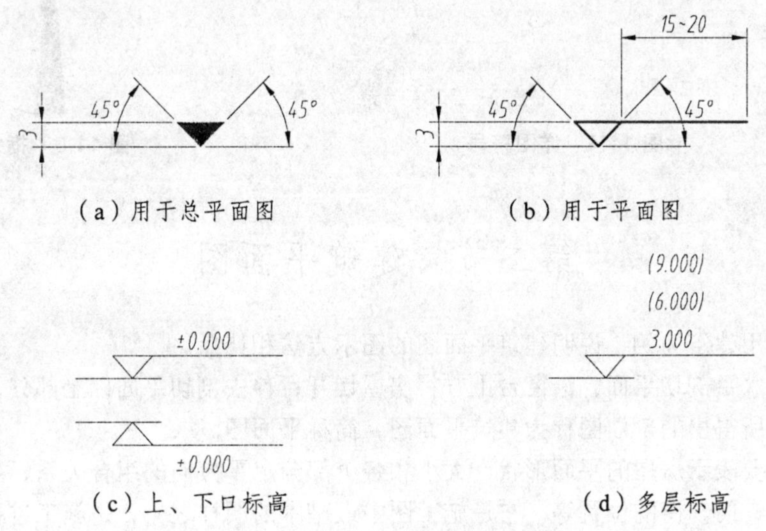

图 11.2 标高符号及其标注方法

四、索引符号与详图符号

在建筑施工图中，当图纸的一部分图形或某一构件需要放大时，放大绘制的图样称为详图。在原图上用索引符号注明详图所表示的部位和详图所在图纸的编号及详图编号。在详图的正下方用详图符号注明详图的编号和原图的编号。

索引符号用直径为 10 mm 的细实线圆绘制，圆内用细实线再画一条水平直径，并用指引线指向需索引的部位，索引符号及标注方法如图 11.3 所示。

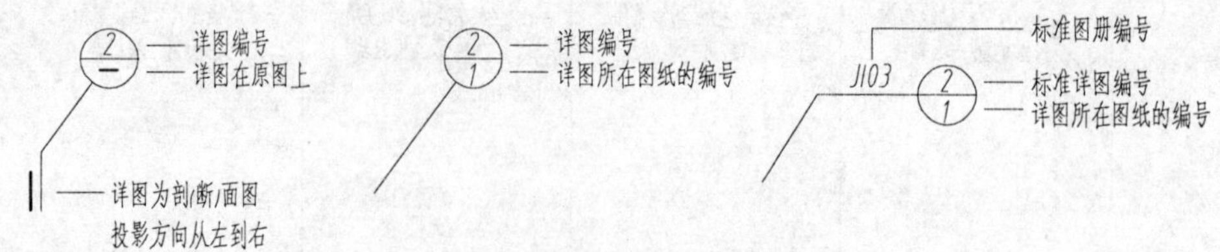

图 11.3 索引符号及其标注方法

详图符号，先用粗实线绘制一直径为 14 mm 的小圆，然后分情况：详图与被索引的图样，如果同在一张图纸内，应在详图符号中用阿拉伯数字注明详图的编号；如果不在同一张图纸内，可在圆中间用细实线绘制一条水平直径，在上半圆内注明详图编号，在下半圆内注明被索引的图样所在的图纸编号。详图符号如图 11.4 所示。

五、指北针

通常在底层平面图图形之外，画一个指北针，表示建筑物的方位、朝向，该符号的圆圈直径为 24 mm，指北针尾部宽为 3 mm，如图 11.5 所示。

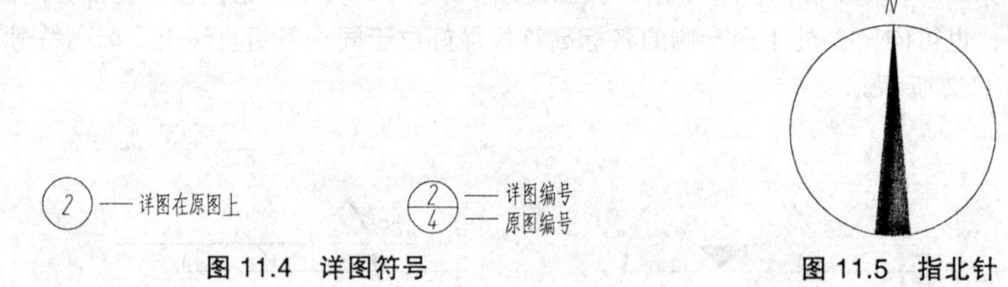

图 11.4 详图符号　　**图 11.5 指北针**

第二节 建筑平面图

现以某民用建筑为例，说明建筑平面图的图示方法和特点。

假想用一水平剖切平面，沿窗台上方将房屋切开，移去剖切平面以上部分，将剩余部分向水平投影，所得出的剖面图称为建筑平面图，简称平面图。

平面图主要表示房屋的平面形状、大小和各个部分水平方向的组合关系，如房间布置、墙、柱、楼梯、门、窗的位置等，它是施工图中最基本的图样之一，是施工过程中放线、砌墙、安装门窗、室内装修、备料的重要依据。

一般房屋有几层就应画出几个平面图，并在图的下方注明相应的图名，依次称为首层平面图、二层平面图……如果上下各层的房间数量、大小和布置完全一样，则相同的楼层可只画一个平面图表示，它称为标准层平面图。此外，还有顶层平面图，是房屋顶面的水平投影。

平面图上的线型要求粗细分明。凡被剖切到的墙、柱等的断面轮廓线用粗实线绘制，未被剖切到的可见轮廓线（如台阶、花池、窗台等）用中粗线绘制，其余图线同机械制图的要求。粗实线、中粗线、细实线的宽度比为 4∶2∶1。平面图的绘图比例常采用 1∶50，1∶100，1∶200 等。

图 11.6、图 11.7 和图 11.8 是某建筑的首层、二层、顶层平面图。现以图 11.6 所示首层平面图为例，说明建筑平面图的内容及其阅读方法。

首层平面图 1:100
首层平面图
图号
J-01
日期
制图
审核
(设计单位)
步级
1998ZJ901
R760
R520
-0.020
2.960
3.000
-0.300
F2
C1
C2
C3
M1
19800

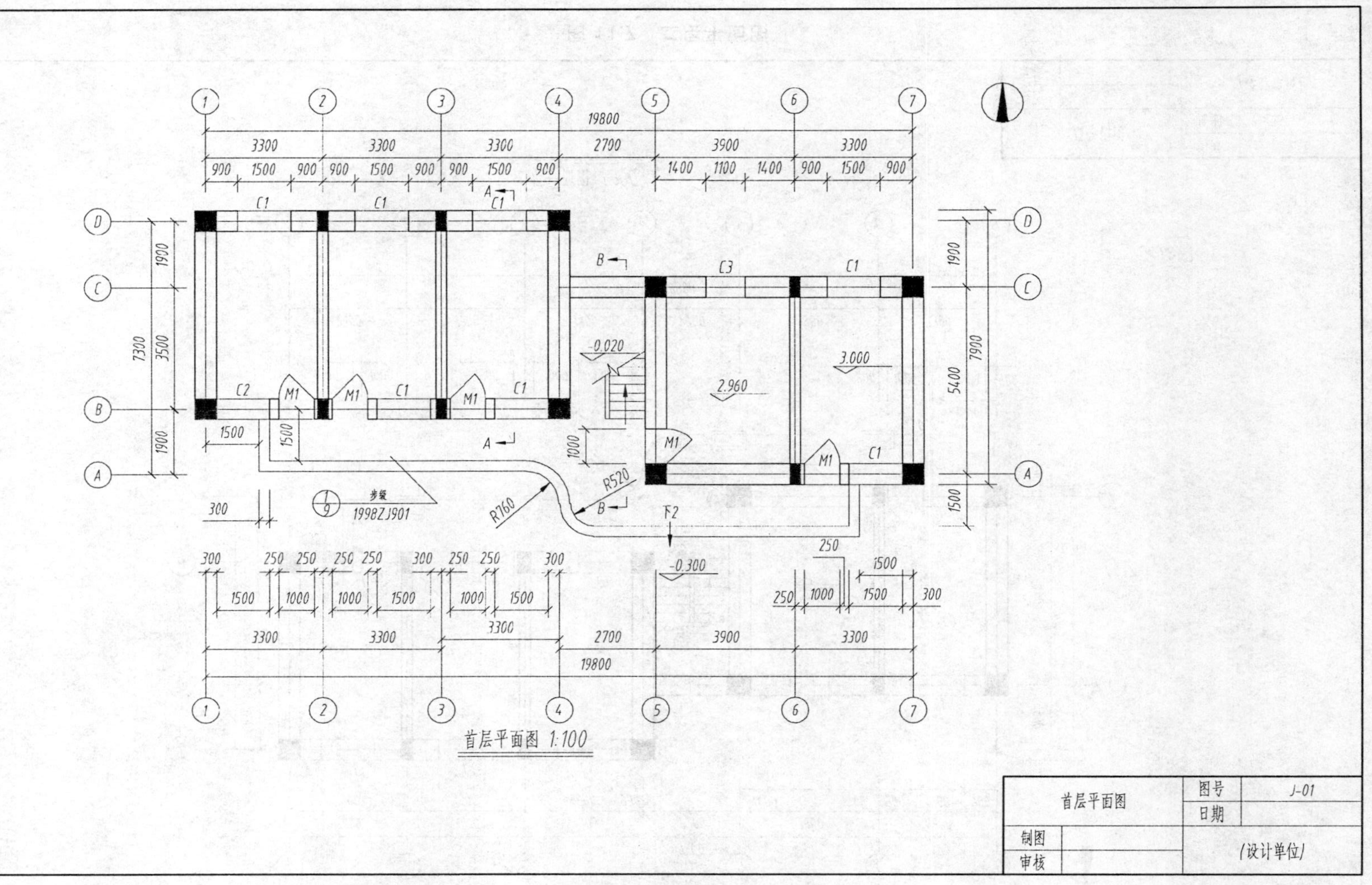

图 11.6 首层平面图

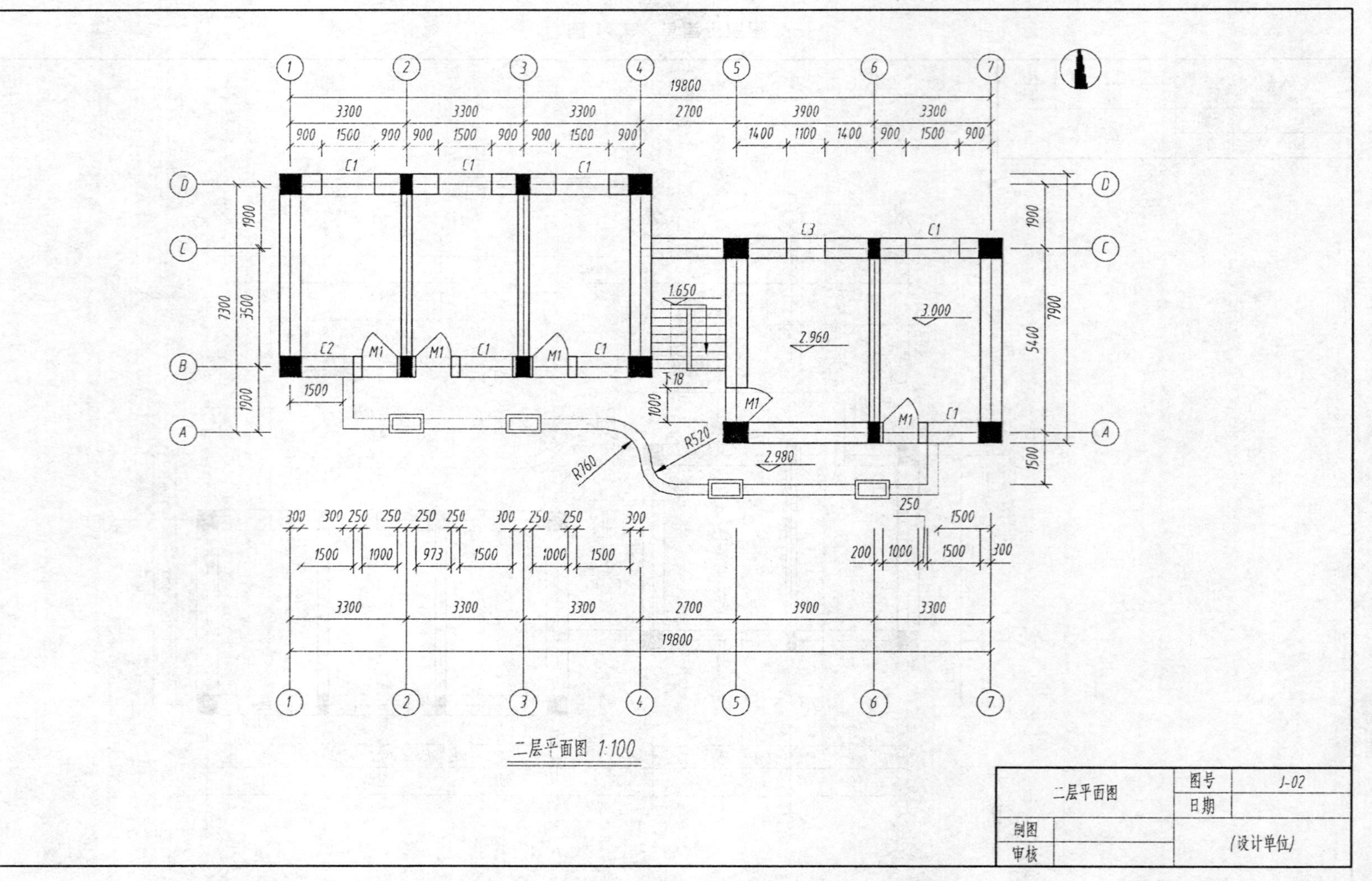

图 11.7　二层平面图

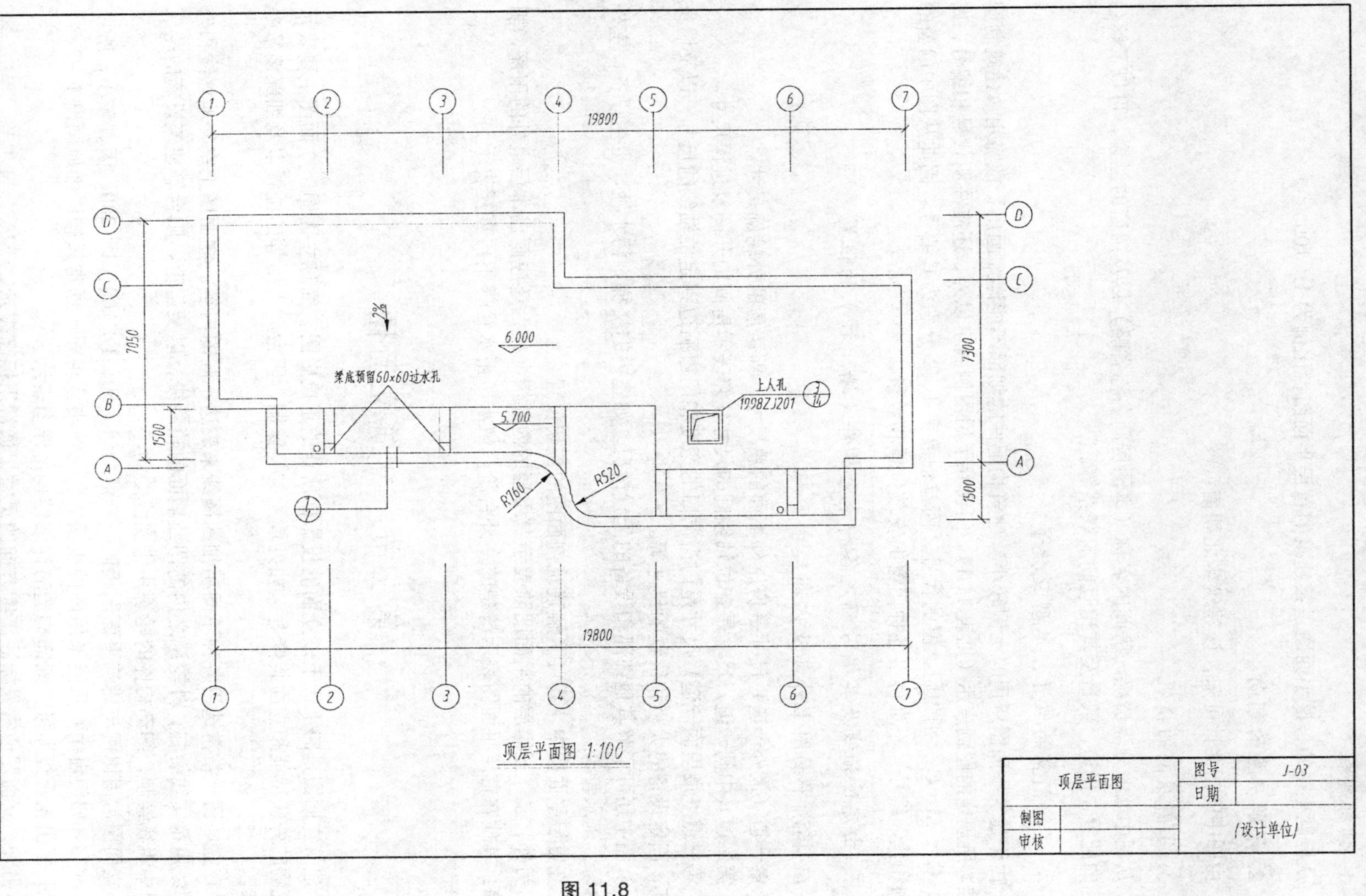

图 11.8

1. 读标题栏

从标题栏得知，该平面图是某建筑的首层平面图，比例为 1∶100。

2. 了解房屋的朝向

由图中的指北针可知，该建筑坐北朝南。

3. 了解房间的情况

从图中墙的分隔情况、房间的名称（本图房间名称省略）以及门窗的位置，可以了解各房间的配置、用途、数量及其相互间的联系等。

4. 了解门窗的位置、类型及数量

由于建筑平面图所用的比例较小，建筑构配件的细部不能详细画出，故需用《建筑制图标准》所规定的图例表示（见表 11.1）。门窗除了用图例画出以外，还应注明代号和编号，如 M2、C1，M、C 分别为门、窗的代号，阿拉伯数字 1、2 分别为其编号。因此从图中门窗的图例和代、编号，不难得出各种门窗的安放位置和数量。

5. 由定位轴线及其编号确定各种承重构件（墙、柱）的位置

6. 搞清平面图上外部及内部尺寸

第一道（最外一道）尺寸是房屋外墙面的总尺寸，即房屋的外轮廓尺寸。

第二道（中间一道）尺寸是定位轴线间的尺寸，它表示房间的开间及进深尺寸。

第三道（最里面一道）尺寸是门窗洞口的宽度和门窗洞边到定位轴线的尺寸，以及墙身厚度、固定设备的大小和位置的尺寸等。

从图中还可了解其他细部和设备的配置情况，如室内的楼梯、污水池、卫生设备，室外的台阶、雨水管等。

在首层平面图中，还可了解建筑剖面图的剖切位置。

另外，二、三等层的平面图除表示其本层的内部情况外，还应画出本层室外的雨篷、阳台等。其他在首层平面图表示清楚的室外台阶、散水、雨水管等不再重复表示。

第三节　建筑立面图

建筑立面图是向平行于该立面的投影面所作的正投影图，简称立面图。立面图主要表示建筑物的外貌特征和立面装修等，如外墙上的门窗洞、阳台、入口等的位置以及细部装修处理等。

在立面图上常常选用各种不同粗细的图线来表达不同的内容。立面图上室外地坪线和外轮廓线用粗实线绘制；外轮廓之内的凹凸墙面的轮廓线，以及门窗、阳台等建筑设施的轮廓线用中粗线绘制；细部构件的轮廓用细实线绘制。

立面图常用比例与建筑平面图相同，一般为 1∶50，1∶100，1∶200。因其较小，所以很多细部（如门窗扇）只能采用图例表示。若门窗类型相同，通常只较详细地画出 1～2 个，其他只画出轮廓线即可。细部构造的详细结构用详图表示。

另外，立面图通常只标注高度方向的尺寸，通常用标高表示。

现以图 11.9 为例，说明立面图的内容及其阅读方法。

深咖啡条形砖
浅棕色墙面砖
白色墙面砖
7.500
7.200
6.000
3.000
±0.000
-0.300
1000
200
1
7
南向立面图 1:100
7.200
6.000
3.000
±0.000
-0.300
白色墙面砖
浅棕色墙面砖
7
1
北向立面图 1:100
立面图
图号
J-04
日期
制图
审核
(设计单位)

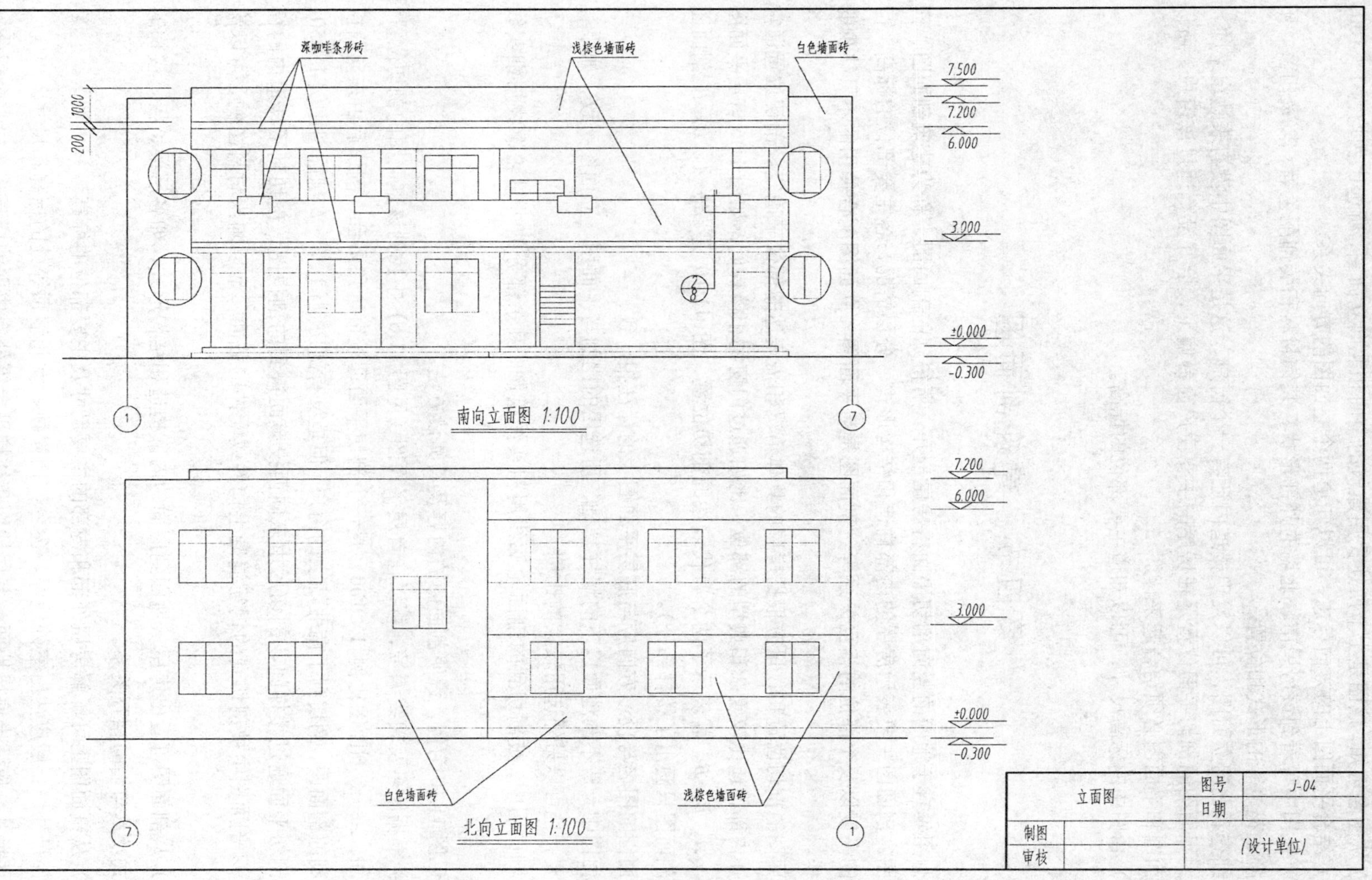

图 11.9 立面图

(1) 从图名可知，该图是上节所述民用建筑的南向和北向立面图，所选比例均为 1∶100。

(2) 结合平面图上的方向标志，可以知道两个立面图的方向关系。

(3) 从图中可看到该房屋南、北墙的外部形状、装饰材料和装饰配色等，以及门窗、阳台、台阶、花池等的形式和位置。

仔细查看北向立面图，可以发现楼道内还有一个窗户，这是平面图中没有表达出来的，这是因为平面图的剖切平面位置是在房屋的主要窗户窗台偏上，恰好没有通过该窗户。所以说，立面图和平面图必须结合起来读。

(4) 由图中的标高尺寸，可以知道主要部位的标高。

第四节　建筑剖面图

假想用垂直于地面的竖向剖切平面将房屋剖开，所得到的剖面图，称为建筑剖面图，简称剖面图。剖面图主要表示房屋的内部构造和结构形式、分层情况、各主要部位的标高、门窗洞口的高度以及个部位的相互关系等。剖面图是与平面图、立面图配合使用的不可缺少的工程图样。

剖面图的剖切位置和数量应根据房屋的具体情况和需表达的部位来确定。剖切位置通常应选择在内部构造比较复杂和典型的部位，比如通过门窗洞和楼梯间。如图 11.6 首层平面图中的 $A-A$、$B-B$，就表示了两个有代表性的剖切位置，图 11.10 是 $A-A$、$B-B$ 剖面图（$B-B$ 剖面图只画出了楼梯部分）。

剖面图的图名与投影方向应与底层平面图上的标注相一致。

剖面图中一般不画地面以下的墙柱基础，所选用的比例与平面图、立面图一致，如果有特殊需要，也可以另外选用较大的比例。

在剖面图中，被剖切到的剖面轮廓线用粗实线绘制，其余部分的可见轮廓线用细实线绘制。

现以图 11.10 为例，说明剖面图的内容及其阅读方法。

(1) 根据图名及轴线编号，可以在首层平面图（见图 11.6）中找到该剖面图的剖切位置，进而可知：$A-A$ 剖面图比例 1∶100，是一个剖切平面通过宿舍和阳台、剖切后由东向西投影而得到的剖面图，剖切到了南北墙上的窗户，但是没有剖切到门。$B-B$ 剖面图比例 1∶50，是一个剖切平面通过楼梯间、剖切后由东向西投影而得到的剖视图，剖切到了楼道内的窗户。$A-A$ 剖面图中被剖切到的钢筋混凝土构件或配件的截面，难以画出材料图例，可以涂成黑色。

(2) 从剖面图可看出房屋从地面到屋面的内部构造和结构形式，如各层梁、板、楼梯的结构形式及其与墙的相互关系。

(3) 从剖面图上可了解房屋外部和内部的主要尺寸及主要部位的标高。

外部尺寸：一般应注出室外地坪、窗台、门窗顶、女儿墙顶等处的标高和尺寸。

内部尺寸：应注出底层地面、各层楼面和楼梯平台等处完成面的标高。室内其余部分，如门窗洞、搁板和设备等，则应注出其大小和位置尺寸。

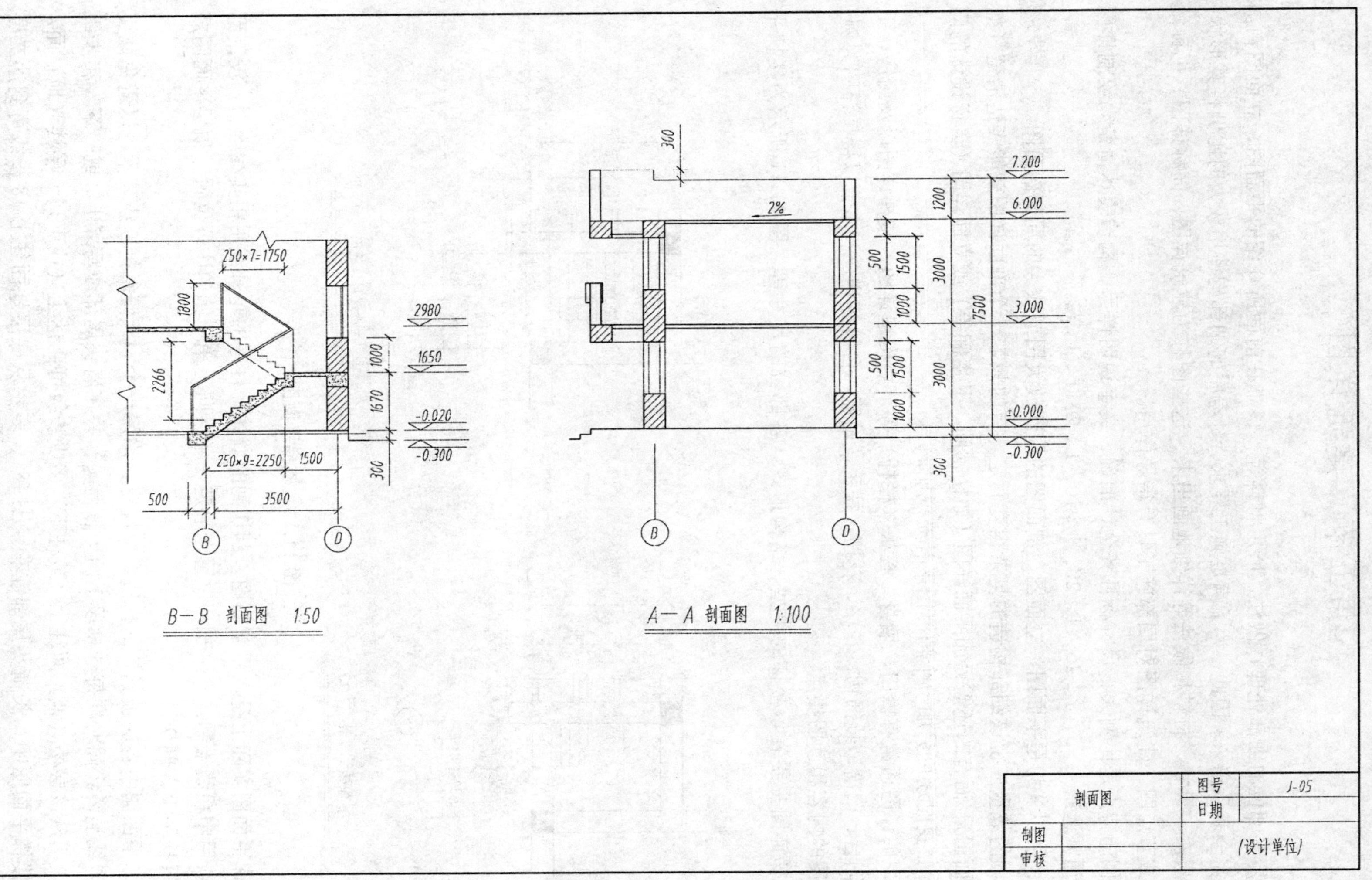

图 11.10 *A*－*A*、*B*－*B* 剖面图

第五节　建筑详图

房屋各部位的细部处理、做法、所用材料等，很难在前面所介绍的平面图、立面图和剖面图中完全表示出来，因此，为了满足施工要求，对房屋的细部构造用较大的比例将其形状、大小、层次、尺寸、材料和做法等详细地画出来，这些图称为建筑详图，简称详图，也称做大样图或节点图。建筑详图对局部施工具有指导作用。

详图的特点是比例大，尺寸标注齐全、准确，文字说明详尽，构造表达清楚。绘制详图的比例通常选用 1 : 5，1 : 25，1 : 20，1 : 10，1 : 2，1 : 1 等。

详图可以认为是平面图、立面图、剖面图的局部放大图或放大的局部剖面图。

详图的数量应视该细部构造的复杂程度而定。有的只需一个剖面详图就能表达清楚（如墙身剖面图），而有的还需另加平面详图（如楼梯间、卫生间等）或立面详图（自行设计的门窗等），必要时还可另加一个轴测图来补充说明。

房屋的详图通常有檐口、墙身、栏板（栏杆）等节点构造详图，楼梯详图以及厨房、卫生间、阳台、门窗、装饰物、花格、花槽、扶手、雨篷、台阶等详图，本节以楼梯详图为例，说明详图的内容和读图要点。

楼梯详图主要表示楼梯的类型、结构形式、各部位的尺寸等。图 11.11 所示为楼梯平面图。

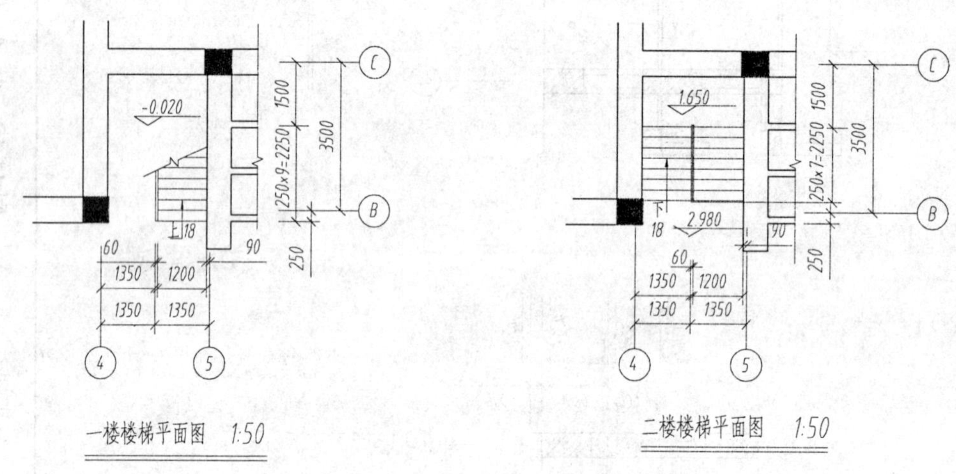

图 11.11　楼梯平面图

楼梯平面图实际上是水平剖面图，剖切到的墙体、柱等的轮廓线用粗实线绘制，没剖到的轮廓线用中粗线绘制。水平剖切位置一般定在各层向上第一跑的中段位置，顶层平面图规定在顶层扶手上方剖切。

楼梯平面图中各层被剖切的梯段，按规定，均用一个 45°倾斜折断线表示，以避免截交线与踏步线混淆。同时在每一梯段上画一长箭头，并在肩头尾部注写“上”或“下”和步级数，以表明从该层楼（地）面往上（或往下）多少步级可到达上（或下）一层楼（地）面。如一楼楼梯平面图中，长箭头尾部注有“上 18”，表示从底层地面往上 18 步级可到达二层楼面。

楼梯平面图一般每层画一个，三层以上的房屋，若中间各层的楼梯相同时可以合并为一个平面图，并注明“中间层平面图”，本图例没有中间标准层，二层平面图即顶层平面图。楼梯平面图应注明相应轴线编号，以表明楼梯在房屋中的位置。而且要在楼梯底层平面图上注明楼梯剖面图的剖切位置和投影方向（本例楼梯平面图的剖切位置标注在首层平面图上）。为绘图和读图方便，各层楼梯平面图应与各层平面图中的楼梯相一致，楼梯以外的部分可省略不画，通常将各个楼梯平面图画在同一张图纸内并互相对齐，这样有利于读图，还可避免一些尺寸的重复标注。

在楼梯平面图中，除注出楼梯间的开间和进深尺寸、楼地面和平台面的标高尺寸外，还需注出各细部的详细尺寸。通常梯段长度尺寸采取“踏面宽×踏面数＝梯段长度”的方式注写，如一楼楼梯平面图中的 250×9＝2 250。

第十二章 计算机绘图

第一节 AutoCAD 2008 概述

一、AutoCAD 简介

AutoCAD 是由美国 Autodesk 公司开发的通用计算机辅助绘图与设计软件包，具有功能强大、易于掌握、使用方便、体系结构开放等特点，能够绘制平面图形与三维图形、标注图形尺寸、渲染图形以及打印输出图纸，深受广大工程技术人员的欢迎。

1982 年 12 月，美国 Autodesk 公司推出 AutoCAD 的第一个版本——AutoCAD 1.0 版。

1990 年和 1992 年，Autodesk 公司分别推出 11.0 版和 12.0 版，新版本的绘图功能进一步增强。

1994 年，Autodesk 公司推出 13.0 版。

1997 年 6 月，Autodesk 公司推出 R14 版。

1999 年 3 月，Autodesk 公司推出 2000 版。

2000 年 7 月，Autodesk 公司推出 2000i 版。

2001 年 5 月，Autodesk 公司推出 2002 版。

2003 年初，Autodesk 公司推出 2004 版。

2004 年，Autodesk 公司推出 2005 版。

2005 年，Autodesk 公司推出 2006 版。

2006 年，Autodesk 公司推出 2007 版。

如今，Autodesk 公司又推出 2008 版。AutoCAD 自 1982 年问世以来，已经进行了 10 余次升级，功能日趋完善，已成为工程设计领域应用最为广泛的计算机辅助绘图与设计软件之一。

二、AutoCAD2008 的工作界面

AutoCAD 2008 提供了“二维草图与注释”、“三维建模”和“AutoCAD 经典”三种工作空间模式。在默认状态下，打开的工作空间为“二维草图与注释”工作空间；对于 AutoCAD 传统界面用户来说，可以采用“AutoCAD 经典”工作空间。AutoCAD2008 的工作界面主要由标题栏、菜单栏、工具栏、绘图窗口、文本窗口与命令行、状态栏等元素组成，如图 12.1 所示。

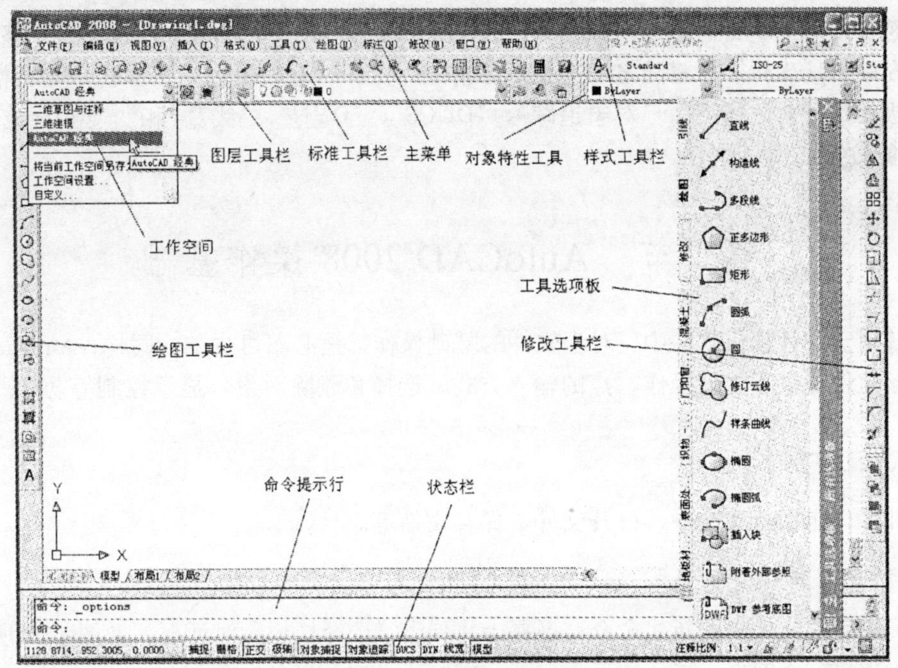

图 12.1　AutoCAD2008 的工作界面

标题栏位于应用程序窗口的最上面，它的用途是显示当前正在运行的程序名及文件名等信息，对于 AutoCAD 默认的图形文件，其名称为 DrawingN.dwg（N 代表数字）。单击标题栏右端的按钮、和，可以最小化、最大化和关闭应用程序窗口。标题栏最左边是应用程序的小图标，单击它将会弹出一个 AutoCAD 窗口控制的下拉菜单，可以进行最小化、最大化、关闭 AutoCAD 等操作。

工具栏包含有许多由图标表示的命令按钮。在 AutoCAD 中，系统共提供了 20 多个已命名的工具栏。在默认情况下，工具栏中的“标准”、“图层”、“绘图”和“修改”等工具栏处于打开状态。如果要显示当前隐藏的工具栏，可在任意工具栏上单击鼠标右键，便可弹出一个快捷菜单（如图 12.2 所示），通过选择命令可以显示或关闭相应的工具栏。图 12.2 中被勾选上的为已显示的工具栏。

绘图区是用户绘图的工作区域，所有绘图结果都显示在这个区域中。在绘图区除了显示当前绘图结果以外，还显示出坐标原点、坐标轴方向等信息。绘图区的下方有“模型”和“布局”选项卡，单击“模型”或“布局”可以在模型空间和布局空间切换。

命令提示行位于绘图区的下面，用于接收用户输入的命令，并且显示提示信息。在 AutoCAD2008 中，“命令行”窗口可以拖放为浮动窗口。

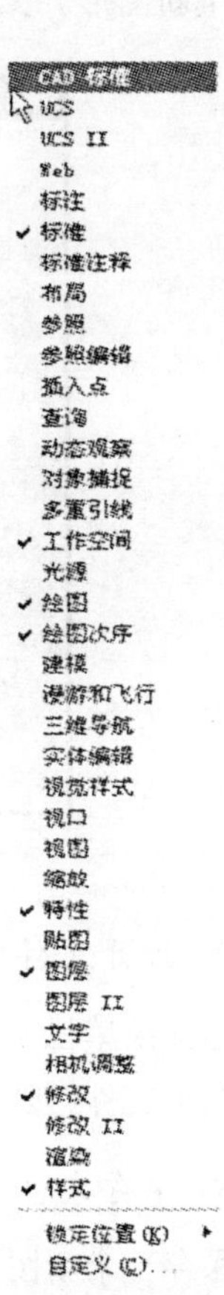

图 12.2　工具栏快捷菜单

状态栏用来显示当前状态，如当前光标位置的坐标、按钮说明等。在绘图区中移动光标，状态栏左端的“坐标”区将随之动态显示当前坐标值。状态栏还包括“捕捉”、“栅格”、“正交”、“极轴”、“对象捕捉”、“对象追踪”、“DUCS”、“DYN”、“线宽”和“模型”（或“图纸”）10 个功能按钮。

第二节　AutoCAD 2008 操作基础

在任何一种计算机软件中，对于软件的基础操作都是必不可少的。同样，AutoCAD 也不例外，该软件提供了文件操作、点的输入方式、选择和删除对象、显示控制等功能。

一、文件操作

文件操作包括新建文件、打开文件、保存文件等。

1. 新建文件

选择菜单栏文件中的新建命令，屏幕上将弹出“选择样板”对话框，如图 12.3 所示。在对话框中选择一个图形样板（如 acad），然后单击 打开(O) 按钮即可根据指定的图形样板创建一个新图形。

图 12.3 “选择样板”对话框

2. 打开文件

选择菜单栏文件中的打开命令，在“选择文件”对话框（如图 12.4 所示）中选择需要打开的图形文件，然后单击 打开(O) 按钮即可打开所选图形。

3. 保存文件

保存一个新图形时，可选择菜单栏文件中的“保存”或“另存为”命令，选择保存的路径，输入文件名，单击 保存(S) 按钮即可，如图 12.5 所示。

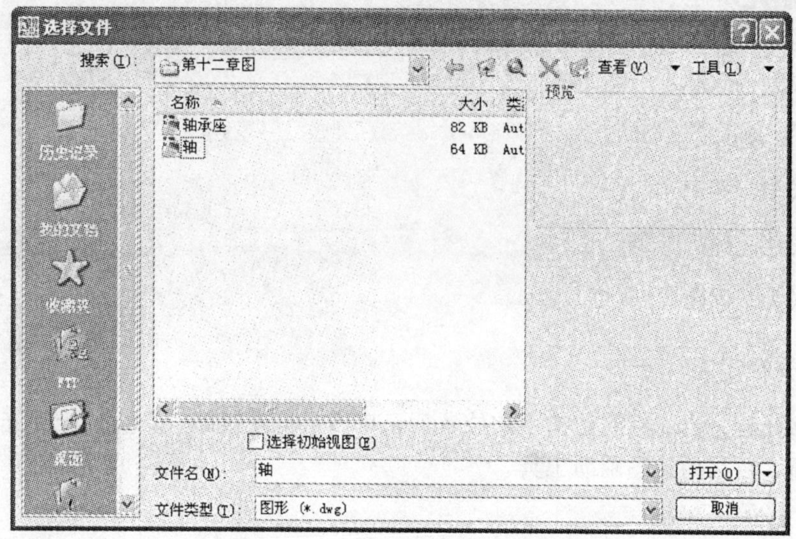

图 12.4 “选择文件”对话框

图 12.5 “图形另存为”对话框

二、点的输入方式

用 AutoCAD 绘制工程图，是靠给出点的位置来实现的，如圆的圆心、直线的起点和终点等。在此介绍定点的几种方法。

（一）坐标输入法

1. 绝对直角坐标

输入格式为“X，Y”。

2. 相对直角坐标

输入格式为“@X，Y”。

3. 绝对极坐标

输入格式为“距离<角度”。

4. 相对极坐标

输入格式为“@距离<角度”。

（二）用光标定点

移动十字光标，当光标到达指定的位置后，单击鼠标左键即可。要让十字光标能精确地到达指定位置，可采用绘图辅助工具。

1. 栅格和栅格捕捉

栅格是指在屏幕中显示的很多等距点，利用这些等距点可以方便、快捷地确定绘制图形的位置、长度和倾斜度。单击状态栏中的栅格按钮使其凹下（即打开显示栅格开关），绘图区就会显示栅格点，如图 12.6 所示。

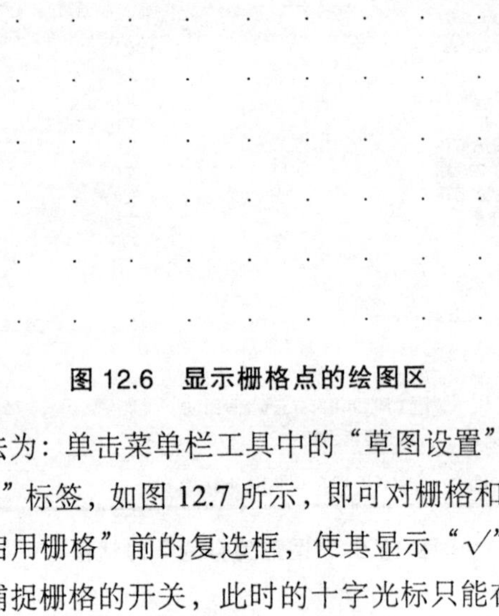

图 12.6　显示栅格点的绘图区

栅格点间距的设置方法为：单击菜单栏工具中的“草图设置”命令，将弹出“草图设置”对话框，选择“捕捉和栅格”标签，如图 12.7 所示，即可对栅格和捕捉栅格的间距进行设置。若单击“启用捕捉”和“启用栅格”前的复选框，使其显示“√”，相当于使栅格和捕捉按钮凹下，即打开了栅格和捕捉栅格的开关，此时的十字光标只能在捕捉的间距点上跳动。

2. 正　交

单击状态栏中的正交按钮使其凹下，此时所画的直线只能与 X 轴或 Y 轴平行，即画的是正交线。需要注意的是，在正交模式下，从键盘输入点的坐标来确定点的位置时不受正交的影响。

3. 对象捕捉

在 AutoCAD 中绘图时，通过输入坐标值可以精确定位点的位置，但当多条线段通过同一点时，就需要重复输入该点坐标，这样会大大降低绘图效率。而运用对象捕捉方式，就可有效地避免点坐标的重复输入。

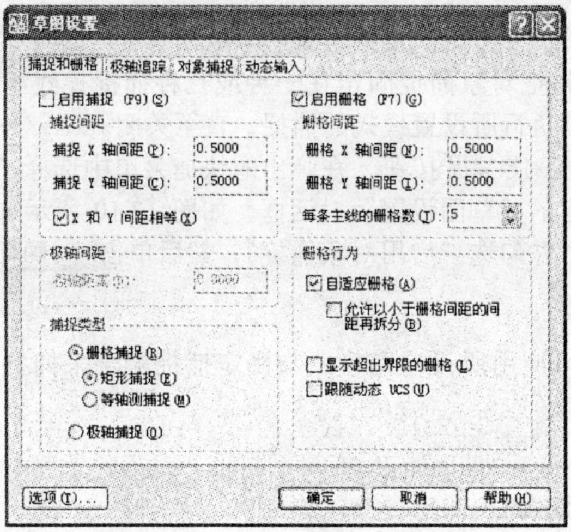

图 12.7 “草图设置”对话框

对象捕捉是一种点坐标的智能输入法，当在绘图过程中需要输入点的坐标时，调用对象捕捉命令，系统将自动捕捉图形中已存在的端点、交点、中心、垂足、圆心、切点等具有特殊位置的点作为输入点，以便快速准确地输入点的坐标。在“对象捕捉”工具栏中，共提供了 15 种对象捕捉工具，如图 12.8 所示。

图 12.8 “对象捕捉”工具条

1）单一对象捕捉方式

单一对象捕捉可以通过以下常用的两种方式来激活：

第一，可在草图设置中的“对象捕捉”工具栏中单击相应的捕捉模式按钮。

第二，在绘图区任意位置，先按住“Shift”键，再单击鼠标右键，将弹出如图 12.9 所示的快捷菜单，从该菜单中选择相应的捕捉模式。

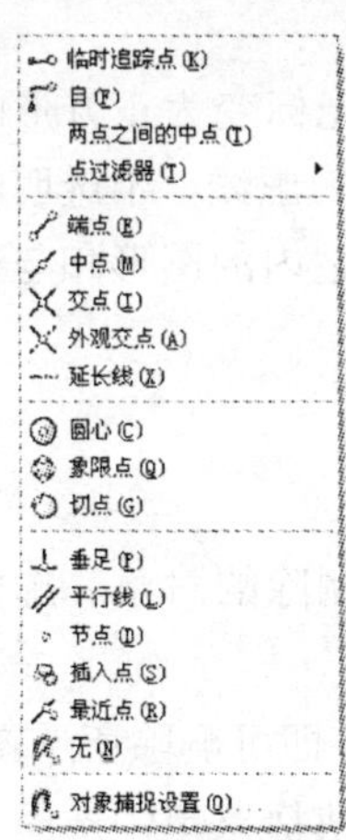

图 12.9 捕捉模式快捷菜单

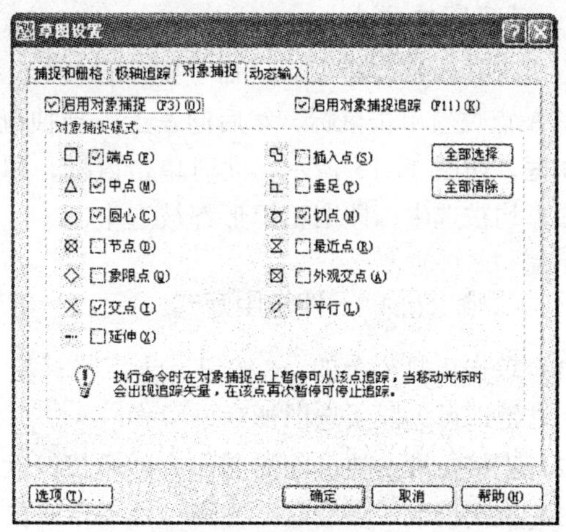

图 12.10 “草图设置”对话框

2）固定对象捕捉方式

固定对象捕捉方式是把对象捕捉固定在一种或几种捕捉模式下，通过单击状态栏中的 对象捕捉 按钮，就可连续执行所设置模式的捕捉，直至关闭。

右键单击状态栏中的 对象捕捉 按钮，在弹出的快捷菜单中选择“设置”命令，将弹出显示“对象捕捉”标签内容的“草图设置”对话框，如图 12.10 所示，在“对象捕捉模式”区勾选所需要的捕捉模式，并勾选“启用对象捕捉”，然后单击 确定 按钮。

4. 对象捕捉追踪

对象捕捉追踪方式可应用所设追踪模式与固定捕捉配合来捕捉通过某指定对象点延长线上的任意点。

三、选择和删除对象

用计算机绘图不可避免地会出现多余的线条或错误的操作，这就需要进行选择和删除。

（一）选择图形的三种常用方式

1. 单选方式

单选方式是指单击鼠标一次只能选择一个对象。

当执行某一修改命令后，命令提示区提示“选择对象”时，十字光标将变为正方形的拾取框，此时将光标放置到选择的对象上，对象将以虚线并加厚显示，如图 12.11 所示的矩形；单击该对象即可将其选中，图形被选择后将以虚线的形式显示，如图 12.11 中的圆形。

2. 包含窗口方式

当执行某一修改命令后，命令提示区提示“选择对象”，十字光标变为正方形的拾取框时，在 A 点位置单击鼠标，然后向右下方拖拽鼠标，拉出一个边线为实线、半透明的蓝色矩形选择框，如图 12.12 所示，此时单击鼠标，只有选择框内部的图形（即圆形）被选中，而矩形不能被选中。

3. 交叉窗口方式

当执行某一修改命令后，命令提示区提示“选择对象”，十字光标变为正方形的拾取框时，在 A 点位置单击鼠标，然后向左上方拖拽鼠标，拉出一个边线为虚线、半透明的绿色矩形选择框，如图 12.13 所示，此时单击鼠标，则全部包含在选择框之内的图形和与选择框交叉的图形均被选中，即圆和矩形都被选中。

（二）删除图形的三种常用方式

（1）单击工具栏上的 按钮，十字光标变为拾取框后选择要删除的对象，选择完后单击鼠标右键即可删除所选图形。

（2）直接拾取所要删除的图形，然后按键盘上的“Delete”键，即可删除所选图形。

（3）直接拾取所要删除的图形，然后单击鼠标右键，在弹出的快捷菜单中选择“删除”，即可删除所选图形。

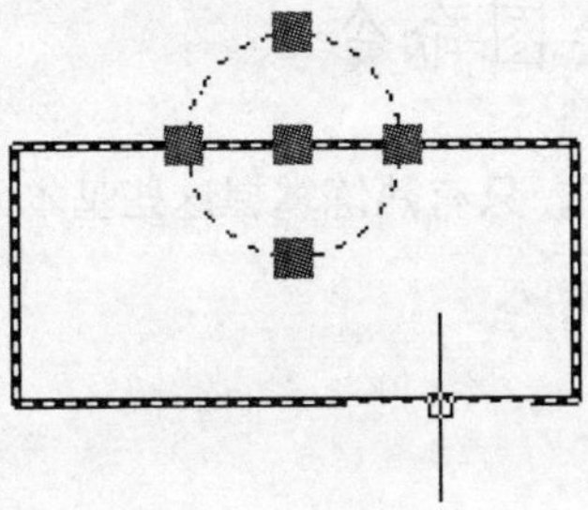

A

A

图 12.11　单选方式 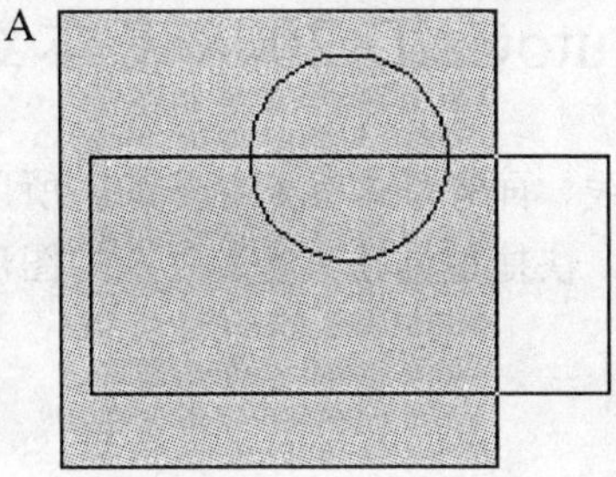　　图 12.12　包含窗口方式 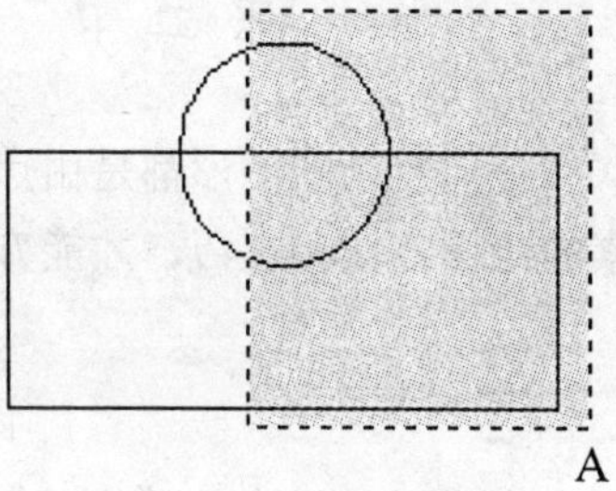　　图 12.13　交叉窗口方式

四、显示控制

1. 平　移

"平移"命令用于移动图形在屏幕上的显示位置。单击工具栏中的按钮，十字光标将会变为形的平移光标，此时按住鼠标左键拖拽鼠标，屏幕中的图形会随光标的移动而移动。当将图形移动到合适的位置时，按键盘上的回车键即可退出平移操作。

2. 缩　放

"缩放"命令用于改变图形在屏幕上显示的大小。"缩放"命令只改变图形在屏幕上的显示情况，不改变图形在坐标系中的实际位置和大小。执行"缩放"命令可以选择工具栏中的，则会弹出如图 12.14 所示的快捷菜单，根据需要选择不同的"缩放"命令。表 12.1 列出了所有选项的作用。

图 12.14　缩放选项快捷菜单

表 12. 1　缩放选项的作用

选项名称	选项作用
实时	通过向上或向下移动定点设备进行动态缩放
上一步	显示上一次显示过的视图
窗口	指定对角点来定义矩形即放大区域
动态	可以平移视图以重新确定其在绘图区域中的位置，或缩放视图以更改比例
比例	用于修改图纸单位与图形单位的比率
中心点	用于显示由中心点和缩放比例或高度所定义的窗口
对象	用于在当前窗口中缩放显示指定的图形
放大	以绘图区的中心点为基点进行按比例地逐级放大
缩小	以绘图区的中心点为基点进行按比例地逐级缩小
全部	用于在当前窗口中按图形界限或当前图形范围缩放显示整个图形
范围	用于在观察屏幕上按图形范围缩放显示整个图形

第三节　AutoCAD 2008 基本绘图命令

任何复杂的图形都是由点、线、面等基本元素组成的，所以，只有熟练掌握这些基本元素的绘图方法和技巧，才能方便、快捷地创建出各种复杂的图形。

一、创建点

点击菜单栏中的“格式”下的“点样式”，系统弹出“点样式”对话框，在该对话框中可设置点的样式和大小，如图 12.15 所示。

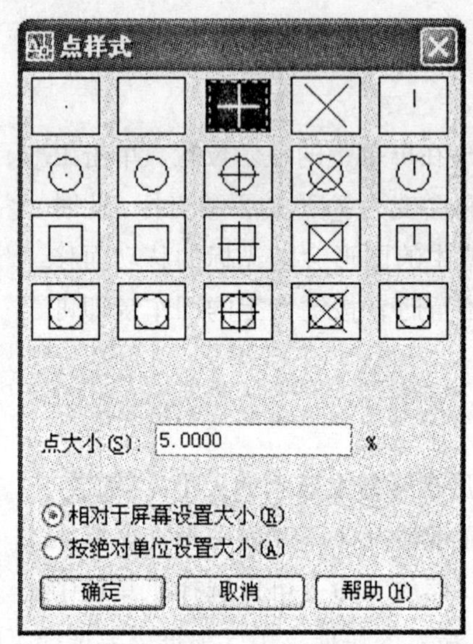

图 12.15 “点样式”对话框

在 AutoCAD 中，可以创建的点对象主要包括单点、多点、定数等分点和定距等分点，下面分别介绍创建每一种点对象的方法。

1. 单点和多点

当需要创建单点时，可以在菜单栏中选择“绘图”中“点”命令下的“单点”选项，接着在绘图区单击鼠标左键，即创建一个单点。

当需要创建多点对象时，可选择“绘图”中“点”命令下的“多点”选项，然后在绘图区连续单击左键，即可创建多个点。

2. 定数等分点

选择“绘图”中“点”命令下的“定数等分”选项，然后选择需要定数等分的对象，并输入对该对象进行等分的数目即可。

3. 定距等分点

选择“绘图”中“点”命令下的“定距等分”选项，命令行将提示选择需要定距等分的对象，然后按要求输入等分线段的长度即可。

二、创建直线、射线和构造线

1. 直 线

单击绘图工具栏中的 按钮，即可启动直线命令。通常绘制直线可在绘图区给定两点，则连接两点构成一条直线；也可输入两点坐标来指定直线。

2. 射线和构造线

射线是一端固定另一端无限延伸的直线，即只有起点没有终点或终点无穷远的直线；而构造线是一条没有起点和终点的直线。这两种直线主要用于绘制辅助参考线，从而方便绘图。

创建射线时可选择“绘图”中的“射线”选项，指定射线的起点和通过点即可绘制一条射线。

创建构造线的方法有多种，比如可单击绘图工具栏中的 按钮，命令行将提示“指定点或[水平（H）/垂直（V）/角度（A）/二等分（B）/偏移（O）]:”，根据命令行的显示信息，可以创建多种类型的构造线。

三、创建矩形

单击绘图工具栏中的 按钮，即进入绘制矩形状态。使用矩形命令不仅可以画直角矩形，还可以画四角为圆角或倒角的矩形。

点击矩形命令后，命令行提示为“指定第一角点或[倒角（C）/标高（E）/圆角（F）/厚度（T）/宽度（W）]:”，则：直接指定第一角点和第二角点即可绘制出直角的矩形；如果输入 C，则可根据提示绘制出带有倒角的矩形；输入 F，即可绘制出带有圆角的矩形。

四、创建正多边形

在 AutoCAD 中，单击 按钮即可进入绘制正多边形命令。利用正多边形工具可创建 3～1 024 边的正多边形。正多边形包括两种，即内接正多边形和外切正多边形。可根据需要自由选择。

内接正多边形是由多边形中心到多边形顶角点间的距离相等的边组成的，也就是整个多边形位于一个虚构的圆中。

外切正多边形是由多边形中心到边中点的距离相等的边所组成的，即整个多边形外切于一个指定半径的圆。

五、创建圆

选择“绘图”菜单中的“圆”命令，或直接单击绘图工具栏中的 按钮，即可绘制圆。在 AutoCAD 2008 中，可以使用 6 种方法绘制圆，如图 12.16 所示。

命令行如下：

指定圆的圆心或[三点（3P）/两点（2P）/相切、相切、半径（T）]:

（1）直接指定圆心，可输入半径值或直径值确定圆。

（2）输入 3P，再按 Enter 键，可依次指定三点确定圆；若利用对象捕捉功能依次选取三个相切点，即可确定一个以“相切、相切、相切”为方式的圆。

（3）输入 2P，再按 Enter 键，可依次指定两点，则以两点为直径确定圆。

（4）输入 T，再按 Enter 键，依次选取被相切对象并输入半径值，即可确定圆。

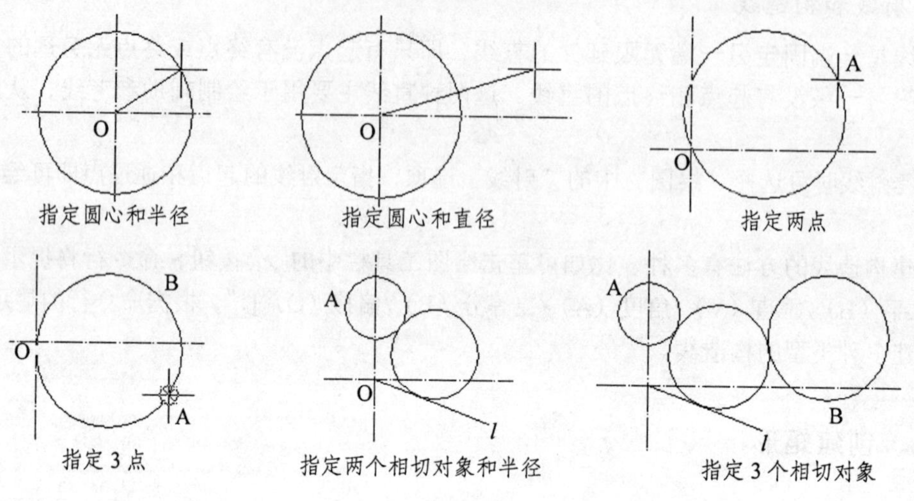

图 12.16　圆的绘制方法

六、创建圆弧

单击绘图工具栏中的 按钮，即可进入绘制圆弧状态。或者单击菜单栏“绘图”中的“圆弧”命令，在弹出的如图 12.17 所示的子菜单中选择绘制圆弧子命令。

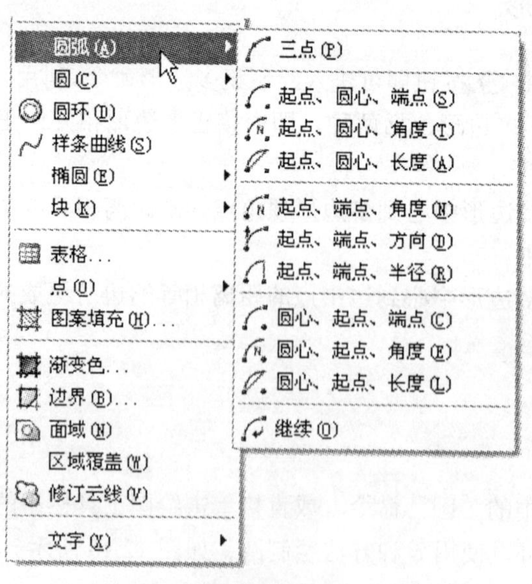

图 12.17　“绘制圆弧”子菜单

绘制圆弧的各种方法的含义如下所述。

(1) 三点 (P): 给定圆弧的起点、第二点和端点。

(2) 起点、圆心、端点 (S): 给定圆弧的起点、圆心和端点，按照逆时针的方向绘制圆弧。

(3) 起点、圆心、角度 (T): 给定圆弧的起点、圆心和角度，其中角度的单位是度。若角度为正值，表示按逆时针方向绘制圆弧；若角度为负值，表示按顺时针方向绘制圆弧。

(4) 起点、圆心、长度 (A): 给定圆弧的起点、圆心和弦长，按照逆时针绘制圆弧。若弦长为正值，则绘制小于半圆的劣弧；若弦长为负值，则绘制大于半圆的优弧。

(5) 起点、端点、角度 (N): 给定圆弧的起点、端点和圆心角。

(6) 起点、端点、方向 (D): 给定圆弧的起点、端点和起点的切线方向。

(7) 起点、端点、半径 (R): 给定圆弧的圆心、端点和半径。若半径为正值，则按照逆时针方向绘制圆弧；若半径为负值，则按照顺时针方向绘制圆弧。

(8) 圆心、起点、端点 (C): 给定圆弧的圆心、起点和端点，按照逆时针方向绘制圆弧。

(9) 圆心、起点、角度 (E): 给定圆弧的圆心、起点和角度。

(10) 圆心、起点、长度 (L): 给定圆心、起点和弦长。

(11) 继续 (O): 与上一线段相切，继续绘制圆弧，此时只需给出圆弧的端点。

图 12.18 列出了经常使用的几种绘制圆弧的方法。

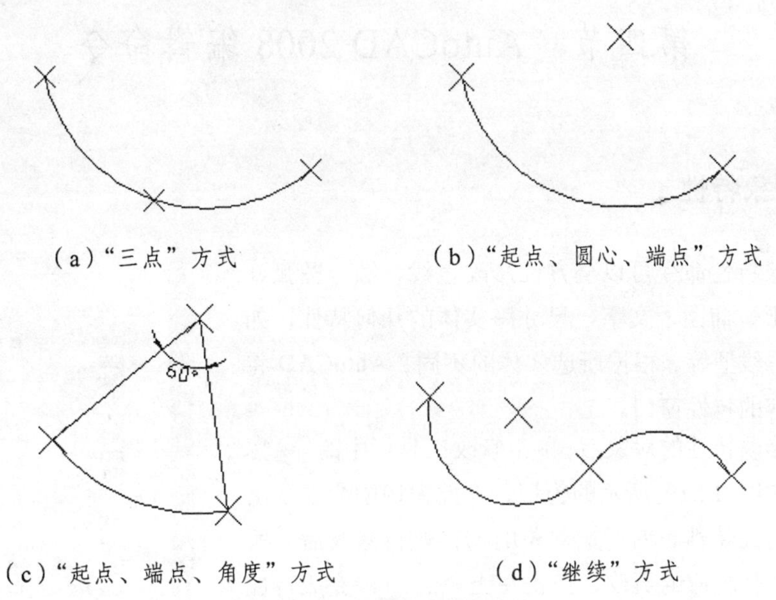

图 12.18 圆弧的绘制方法

七、创建椭圆和椭圆弧

1. 椭　圆

在绘图工具栏单击 按钮，则进入绘制椭圆状态。命令行提示如下：

指定椭圆的轴端点或[圆弧 (A) /中心点 (C)]:

可以直接指定轴端点或输入字母 A、C，共三种方式绘制椭圆。在上述三种方式下，具体的绘制椭圆的方式为：

(1) 一条轴的两个端点和另一条轴半径。

依次指定长轴的两个端点和另一条半轴的长度，其中长轴是通过两个端点来确定的，已经限定了两个自由度，只需要给出另外一个轴的长度就可以确定椭圆。

(2) 一条轴的两个端点和旋转角度。

这种方式实际上相当于将一个圆在空间上绕长轴转动一个角度以后投影在二维平面上。根据命令行提示，输入 r 以及旋转的角度，即可完成椭圆的绘制。

(3) 中心点和轴端点或旋转角度。

这种方式需要一次指定椭圆的中心点、一条轴的端点，以及另外一条轴的半径或旋转角度。

2. 椭圆弧

在绘图工具栏单击按钮，即可进入绘制椭圆弧的状态。命令行提示如下：

指定椭圆弧的轴端点或[中心点（C）]：

绘制方法与绘制椭圆一致，不再赘述。

第四节　AutoCAD 2008 编辑命令

一、对象特性

利用对象特性命令可以全方位修改直线、圆、圆弧、多段线、矩形、椭圆、文字、尺寸等实体的几何特性，如图层、颜色、线型等。根据所选实体的不同，AutoCAD 将显示不同内容的特性窗口。

选中要修改特性的对象后，单击修改工具栏中的按钮，将弹出如图 12.19 所示的窗口，在此窗口中会显示出所选对象的有关特性，对所选对象的特性进行修改后，所选对象随之就作相应的更改，点击左上角的即完成特性的修改。

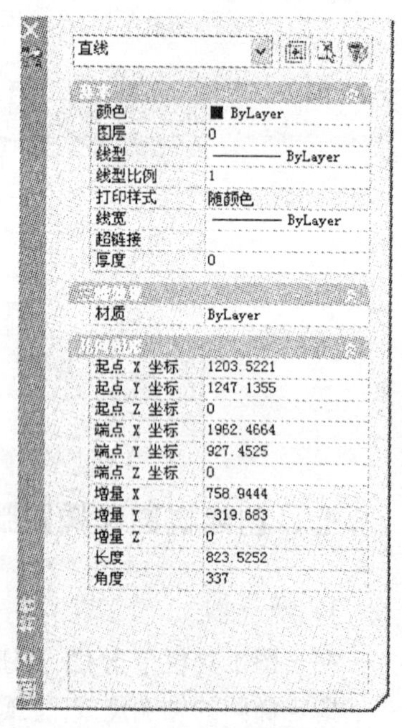

图 12.19 “对象特性”对话框

二、编辑对象的基本操作

在使用 AutoCAD 的基本绘图命令绘制图形对象后，通常还需要对图形对象进行编辑和修改操作，从而完成各种复杂图形的绘制。

所谓图形对象的编辑是指对图形进行复制、旋转、拉伸、修剪和镜像等操作，下面将详细介绍编辑对象的基本操作。

1. 复制对象

复制对象，就是将选择对象的一个或多个副本复制到指定位置。该功能一般用在需要绘制多个相同形状的图形操作中。

要使用复制命令，需要单击工具栏中的 。其命令行为：

命令：copy

选择对象：（选择需要被复制的对象）

选择对象：（也可继续选择，直到选择结束后按鼠标右键结束选择）

指定基点或[位移（D）/模式（O）]<位移>:

指定第二点或[使用第一个点作位移]:

如图 12.20 所示，把以 O 为圆心的同心圆复制到以 A 为圆心的位置上。图（a）为复制前，图（b）为复制后。

复制操作的另外一种方法就是使用位移量，如果在出现指定基点或位移提示后，输入位移量并按回车键，AutoCAD 将会按给出的位移量来复制对象。

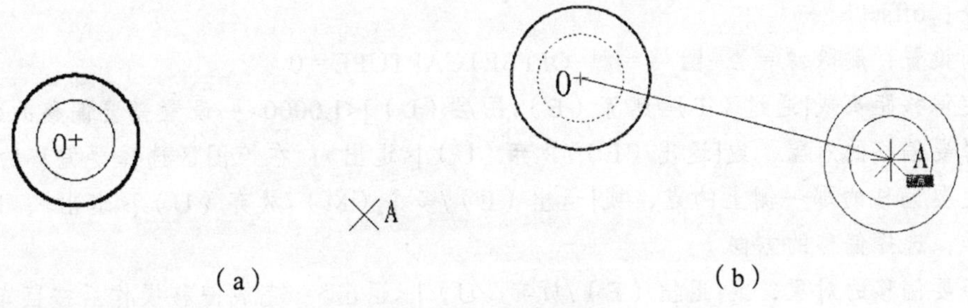

图 12.20 复制示例

2. 镜像对象

在创建图形时，当图形对象以中心线或中心点呈对称分布时，就可以通过创建对象的一半或几分之一，然后使用镜像命令，将图形对象的其他部分镜像复制，这样就可以快速地完成整个图形对象的创建工作，大大提高工作效率。

要使用镜像命令，可单击工具栏中的 按钮。命令行提示如下：

命令：mirror

选择对象：选择需要被镜像的对象

指定镜像线的第一点：选取镜像线上一点

指定镜像线的第二点：选取镜像线上另一点

要删除源对象吗？[是（Y）/否（N）]<N>：若要保留源对象则按回车键；若要删除源对象，按“Y”

以图 12.21 所示的圆、线段、圆弧镜像为例，选择镜像命令后，进行如下设置即可得到所需的镜像效果。图（a）为镜像前，图（b）为镜像后。

命令：mirror

选择对象：选择需要被镜像的对象

指定镜像线的第一点：选取 A 点

指定镜像线的第二点：选取 B 点

要删除源对象吗？[是（Y）/否（N）]<N>：按回车键

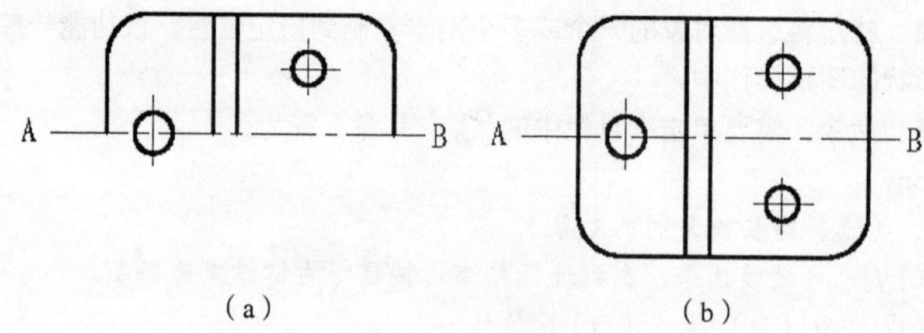

图 12.21 镜像示例

3. 偏移对象

偏移图形命令可以根据指定距离或通过点，创建一个与原有图形对象平行或具有同心结构的形体，偏移的对象可以是直线段、射线、圆弧、圆、椭圆弧、椭圆等。

在工具栏中单击 按钮，即可利用偏移命令绘制图形。命令行为：

命令：offset

当前设置：删除源＝否 图层＝源 OFFSETGAPTUPE＝0

指定偏移距离或[通过（T）/删除（E）/图层（L）]<1.0000>：设置需要偏移的距离

选择要偏移的对象，或[退出（E）/放弃（U）]<退出>：在绘图区选择要偏移的对象

指定要偏移的那一侧上的点，或[退出（E）/多个（M）/放弃（U）]<退出>：以偏移对象为基准，选择偏移的方向

选择要偏移的对象，或[退出（E）/放弃（U）] <退出>：完成偏移操作后按回车键。

下面以图 12.22 为例说明偏移命令的用法。要求将椭圆向外偏移 10 mm。

命令：offset

当前设置：删除源＝否 图层＝源 OFFSETGAPTUPE＝0

指定偏移距离或[通过（T）/删除（E）/图层（L）]<1.0000>：10

选择要偏移的对象，或[退出（E）/放弃（U）]<退出>：选择椭圆

指定要偏移的那一侧上的点，或[退出（E）/多个（M）/放弃（U）]<退出>：选择椭圆外侧

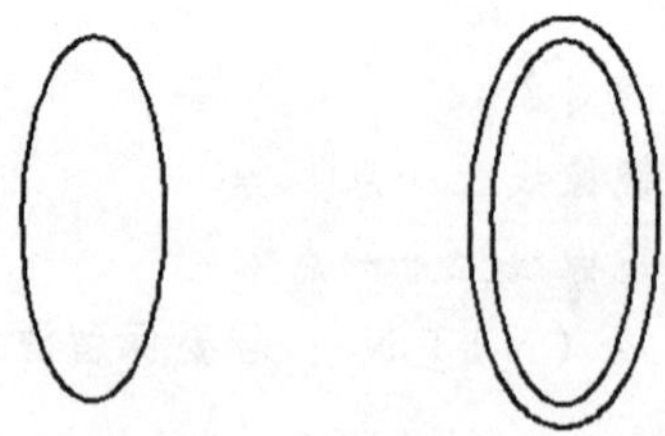

图 12.22 偏移示例

4. 旋转对象

AutoCAD 为使用者提供了旋转命令，单击工具栏中的 按钮即可使用旋转命令。该命令可使图形对象以某个点为中心，然后设定角度旋转。一般情况下，旋转的基点都定在图形

的中心或特殊点上，当旋转的基点不同时，旋转后的对象的位置也不相同，如图 12.23 所示。在设定旋转角度后，对象绕旋转基点旋转该角度。如果输入的角度为正值，则按逆时针方向旋转；如果输入的角度为负值，则按顺时针方向旋转。

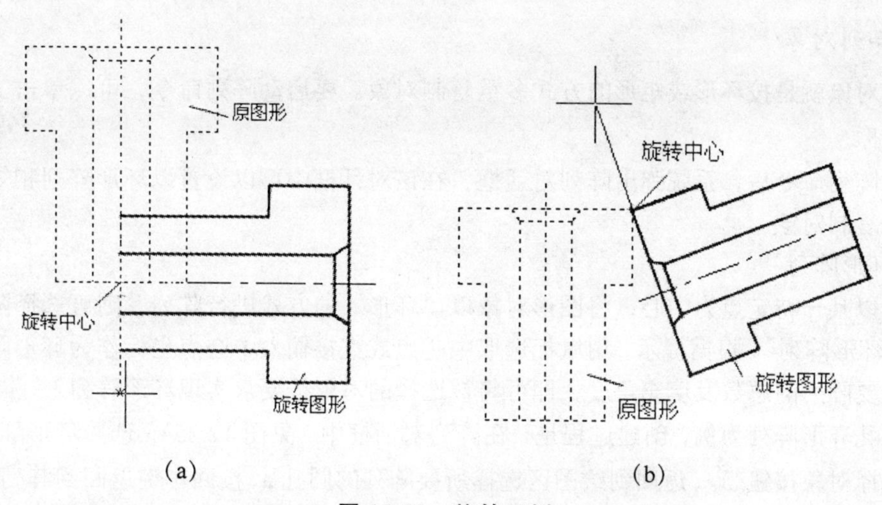

图 12.23　旋转示例

5. 移动对象

移动仅仅是将所选对象的位置平移，并不改变对象的方向和大小。要启动移动命令，可以单击工具栏中的 ✣ 按钮，根据命令行的提示，选择要移动的对象，指定移动基点将其移动到另一指定点位置。命令行如下：

命令：move

选择对象：选取需要被移动的对象

选择对象：若选取完毕，单击右键，否则继续选取

指定基点或[位移（D）]<位移>：选取基点（或者按 D 以位移方式移动）

指定第二个点或[使用第一个点作为位移]：选取目标点

具体设置如下，即可得到如图 12.24 所示的移动效果。

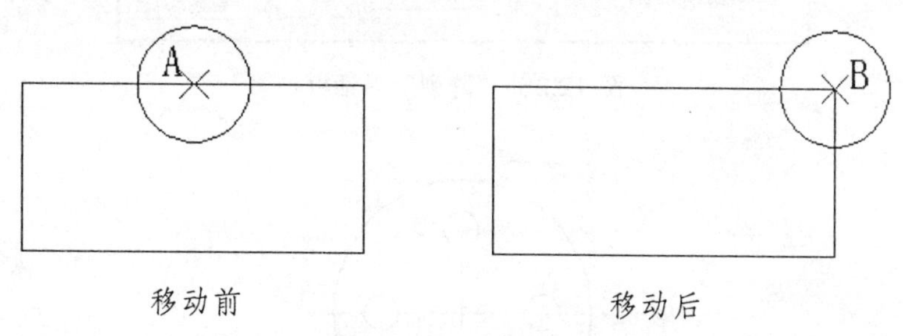

图 12.24　移动示例

命令：move

选择对象：拾取圆

选择对象：单击右键结束选取

指定基点或[位移（D）]<位移>：拾取点 A

指定第二个点或[使用第一个点作为位移]：拾取点 B

6. 阵列对象

阵列对象就是按环形或矩形的方式多重复制对象。要启动阵列命令，可以单击工具栏中的 按钮。

启用阵列命令后，系统弹出阵列对话框，在该对话框中可以设置以环形阵列和矩形阵列方式多重复制对象。

1）环形阵列

若要以某一特定点为中心，将图形对象以“环形”的方式进行阵列，则可选择阵列对话框中的“环形阵列”。根据提示，用鼠标选取中心点或直接输入中心点坐标作为环形阵列的中心，设置要阵列的总数及填充角度，即可将被选择的对象按要求实现环形阵列。

以圆孔环形阵列为例，创建过程是：在阵列对话框中（见图 12.25），选择环形阵列方式，并单击选择对象按钮 ，返回到绘图区选择所要阵列的圆孔 a，按回车键返回到阵列对话框，在中心点文本框内输入中心点的坐标，或单击拾取中心点按钮 ，拾取环形阵列的中心坐标点 O。接着在项目总数文本框内输入要阵列对象的个数，在填充角度文本框内输入要在多少度范围内进行阵列，本例中应输入 360，即可得到如图 12.26 所示的环形阵列效果。

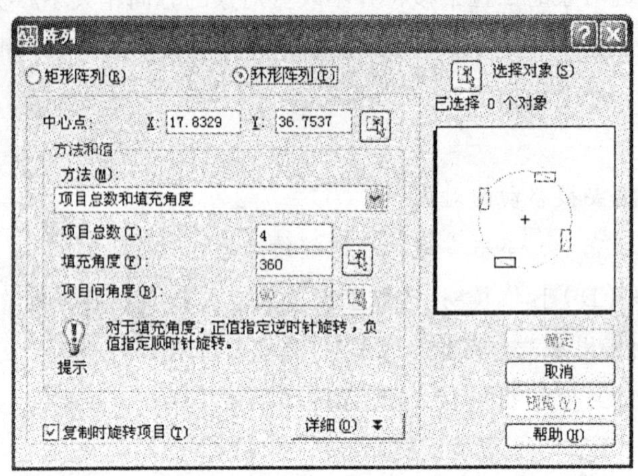

图 12.25 “阵列”对话框

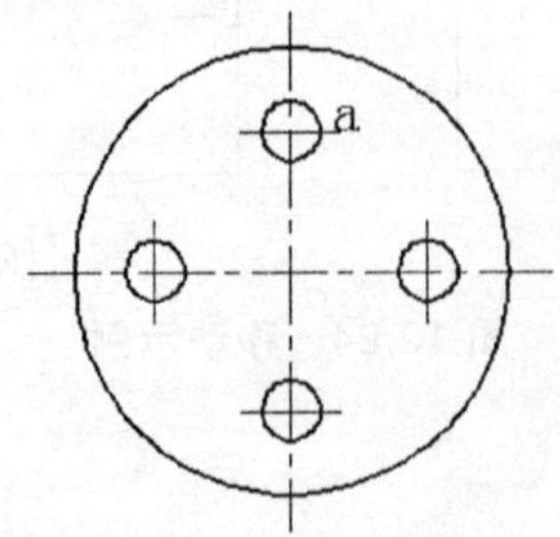

图 12.26 环形阵列示例

2）矩形阵列

若要将图形对象以“矩形”的方式进行阵列，则可选择阵列对话框中的“矩形阵列”。设置被选择对象的阵列行数与列数，并输入行偏移量及列偏移量，若有阵列角度要求，则输入所需的角度，即可完成举行阵列的操作。

下面以图 12.28 所示为例说明矩形阵列的创建过程：在阵列对话框中，选择矩形阵列方式，如图 12.27 所示，单击选择对象按钮，这时返回到绘图区选择所要阵列的对象——矩形，右击或按回车键将自动返回到阵列对话框，输入所要阵列的行数 3 与列数 3，接下来可以直接在行偏移、列偏移、阵列角度编辑框中输入具体数值，比如设定行偏移为 5、列偏移为 3、阵列角度为 0，或单击拾取两个偏移量按钮、拾取行偏移按钮、拾取列偏移按钮，在绘图区内选择要阵列的偏移量，按回车键确认操作，在设置好这些参数值后，单击确定即可。

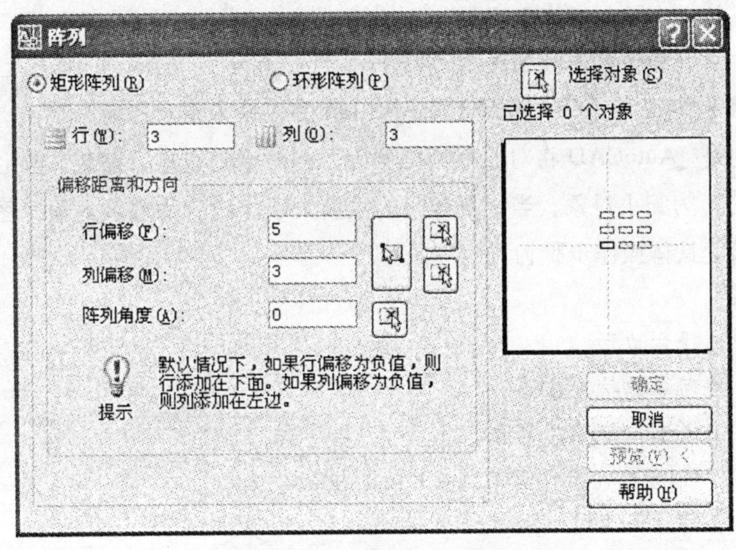

图 12.27 “阵列”对话框

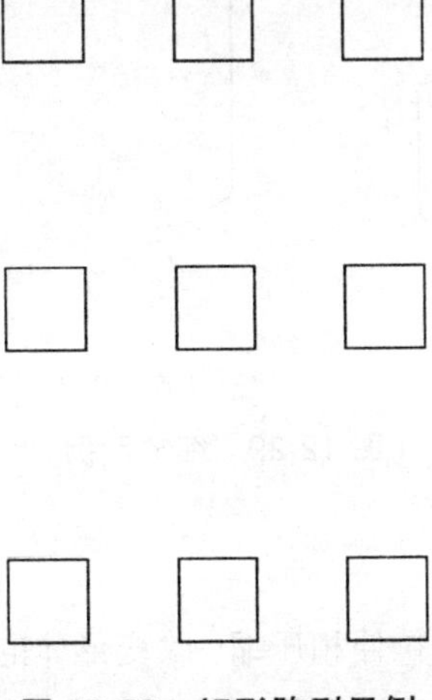

图 12.28 矩形阵列示例

7. 缩　放

缩放命令可以调整图形对象的大小。利用 AutoCAD 的比例缩放功能，可在 X 轴和 Y 轴方向使用相同的比例因子进行缩放，在不改变对象宽高比的前提下改变对象的尺寸。指定比例因子有如下三种方法：

（1）通过制定长度作为比例因子；

（2）直接输入比例因子；

（3）通过制定参照长度和新长度指定比例因子。

要启动缩放命令，可选择工具栏中的 按钮，命令行提示如下：

命令：scale

选择对象：选择需要缩放的对象

选择对象：按回车键结束选取或继续选择对象

指定基点：用光标捕捉缩放基点

指定比例因子或[复制（C）/参照（R）]<1.0000>：输入缩放比例

需要注意的是：AutoCAD 将对象根据比例因子相对于基点进行缩放。当比例因子的数值在 0 和 1 之间时，为缩小对象；当比例因子的数值大于 1 时，为放大对象。图 12.29 为图形缩放前后的效果。具体操作步骤为：

命令：scale

选择对象：选择六边形

选择对象：按回车键结束选取

指定基点：用光标捕捉缩放基点

指定比例因子或[复制（C）/参照（R）]<1.0000>：2

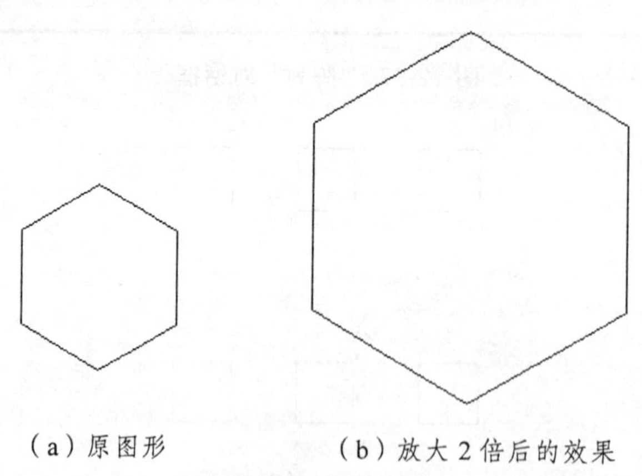

（a）原图形　　（b）放大 2 倍后的效果

图 12.29　缩放示例

8. 拉伸对象

使用拉伸命令可以将对象进行拉伸和压缩，改变形体的形状和大小。在选择拉伸对象时，必须用交叉窗口方式或交叉多边形来选择需要拉伸和压缩的对象。

拉伸的一般原则是：与选取窗口相交的对象会被拉长或压缩；完全在选取窗口外的对象不会有任何改变；完全在选取窗口内的对象将发生移动；用交叉窗口方式或交叉多边形方式选择圆对象，若圆心不在窗口内，则圆保持不变，若圆心在窗口内，则圆只作平移；选择文字对象，若文字行的起点不在窗口内，则文字行保持不变，若文字行的起点在窗口内，文字行只作平移；拉伸命令不能拉压立体图，只能移动。

单击工具栏中的 按钮即可使用拉伸对象功能：

命令行：strtch

以交叉窗口选择要拉伸的对象

选择对象：选择要被拉伸的对象

选择对象：选择要被拉伸的对象，若选择完毕，按回车键结束选择

指定基点或[位移（D）]<位移>：拾取基点（或按D以位移方式拉伸）；直接按回车键则为位移方式

指定第二个点或<使用第一个点作为位移>：拾取第二个点或输入位移量

下面以实例来说明拉伸命令的使用。如图12.30中，要把右端的轴拉长，具体步骤如下：

命令行：strtch

以交叉窗口或交叉多边形选择要拉伸的对象

选择对象：选择要被拉伸的对象

选择对象：按回车键结束选择

指定基点或[位移（D）]<位移>：拾取基点

指定第二个点或<使用第一个点作为位移>：拾取第二个点

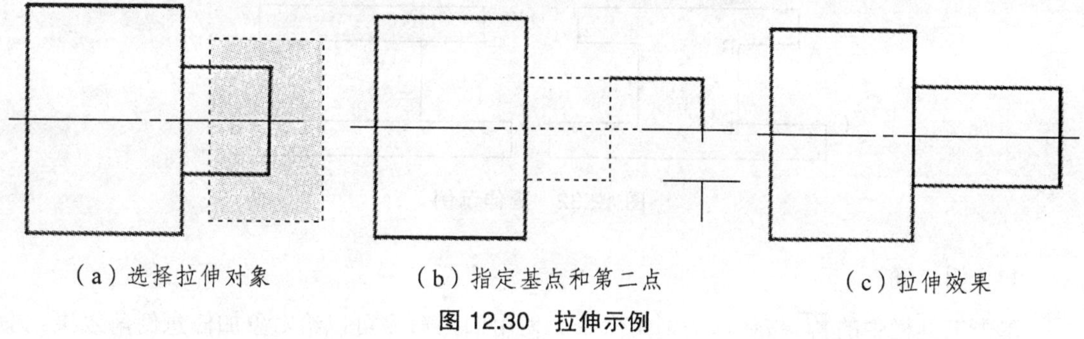

（a）选择拉伸对象　　（b）指定基点和第二点　　（c）拉伸效果

图12.30　拉伸示例

9. 修　剪

绘图中经常需要修剪图形，将超出的部分去掉，以使图形精确相交。修剪命令是以指定的对象为边界，将要修剪对象超出的部分剪切掉。

要启用修剪命令，可以单击工具栏中的 -/-- 按钮。在修剪对象时，通常以剪切边为边界，将被修剪对象上位于剪切边某一侧的部分剪掉。命令行提示“选择对象”，这里的对象是指作为剪切边的对象，可以根据设计需要选取图形。

选择对应的对象后，右击或按回车键，命令行将提示“选择要修剪的对象”，也就是选

择需要剪切掉的对象。这时 AutoCAD 将以剪切边为边界，将被剪对象上位于选择点一侧的对象剪掉，如图 12.31 所示。如果被剪对象没有与剪切边交叉，在该提示下按 Shift 键，然后选择被剪对象，AutoCAD 可以延伸该对象到剪切边。

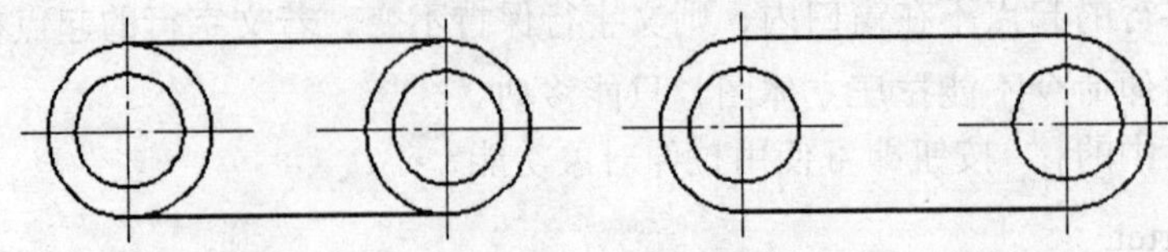

图 12.31　修剪示例

10. 延　伸

延伸命令可以将选定的对象延伸至指定的边界上，用户可以将所选的直线、射线、圆弧、椭圆弧等延伸到指定的直线、射线、圆弧、椭圆弧等的上面。

单击工具栏中的 按钮进入延伸状态，命令行提示如下：

命令：extend

选择对象行或<全部选择>：选择指定的边界

选择对象：按回车键结束选择，或者继续选择

选择要延伸的对象，或按住 Shift 键选择要修剪的对象，或[栏选（F）/窗交（C）/投影（P）/边（E）/放弃（U）]：选择要延伸的对象

选择要延伸的对象，或按住 Shift 键选择要修剪的对象，或[栏选（F）/窗交（C）/投影（P）/边（E）/放弃（U）]：按回车键，完成选择

图 12.32 所示为将图中的线段 AB、CD 延伸后的效果。

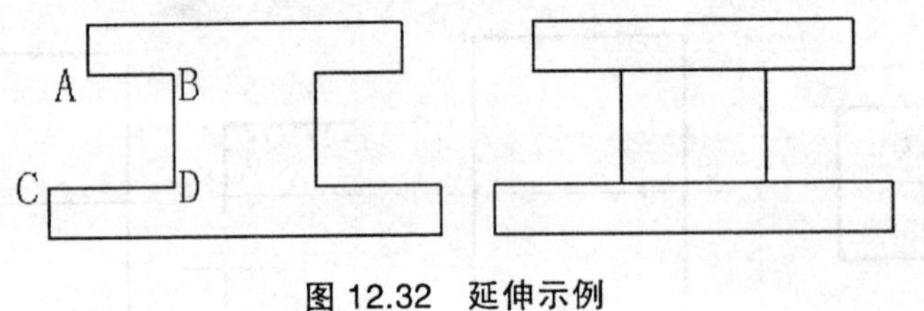

图 12.32　延伸示例

11. 倒　角

单击工具栏中的 按钮即为倒角命令。使用倒角命令可以给对象加任意倒角效果。命令行如下：

命令：chamfer

选择第一条直线或[放弃（U）/多段线（P）/距离（D）/角度（A）/修剪（T）/方式（E）/多个（M）]：选择一种方式然后按回车，如 D

指定第一个倒角距离<5.00>：输入距离数值

指定第二个倒角距离<5.00>：输入距离数值

选择第一条直线或[放弃（U）/多段线（P）/距离（D）/角度（A）/修剪（T）/方式（E）/多个（M）]：

选择第二条直线，或按住 Shift 键选择要应用角点的直线：

如图 12.33 所示，完成倒角操作，具体步骤为：

命令：chamfer

选择第一条直线或[放弃（U）/多段线（P）/距离（D）/角度（A）/修剪（T）/方式（E）/多个（M）]：按 D

指定第一个倒角距离<5.00>：默认距离 5，直接按回车键

指定第二个倒角距离<5.00>：按回车键

选择第一条直线或[放弃（U）/多段线（P）/距离（D）/角度（A）/修剪（T）/方式（E）/多个（M）]：拾取第一条直线

选择第二条直线，或按住 Shift 键选择要应用角点的直线：拾取第二条直线

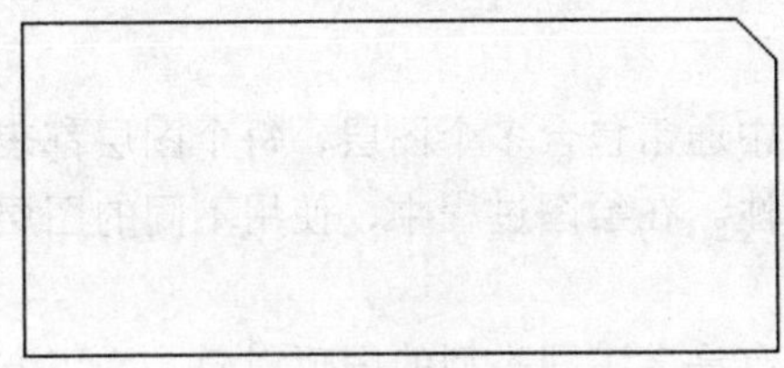

图 12.33　倒角示例

12. 圆　角

使用圆角命令可以给对象加圆角，实际上就是用圆弧把对象光滑连接起来。单击工具栏中的 即可对图形进行倒圆角操作。命令行如下：

命令：fillet

选择第一个对象或[放弃（U）/半径（R）/修剪（T）/多个（M）]：选择一种方式，如 R

指定圆角半径<0>：输入圆角半径

选择第一个对象或[放弃（U）/半径（R）/修剪（T）/多个（M）]：

选择第二个对象，或按住 Shift 键选择要应用角点的对象：

如图 12.34 所示，完成倒圆操作，具体步骤如下：

命令：fillet

选择第一个对象或[放弃（U）/半径（R）/修剪（T）/多个（M）]：按 R

指定圆角半径<0>：5

选择第一个对象或[放弃（U）/半径（R）/修剪（T）/多个（M）]：拾取第一条线

选择第二个对象，或按住 Shift 键选择要应用角点的对象：拾取第二条线

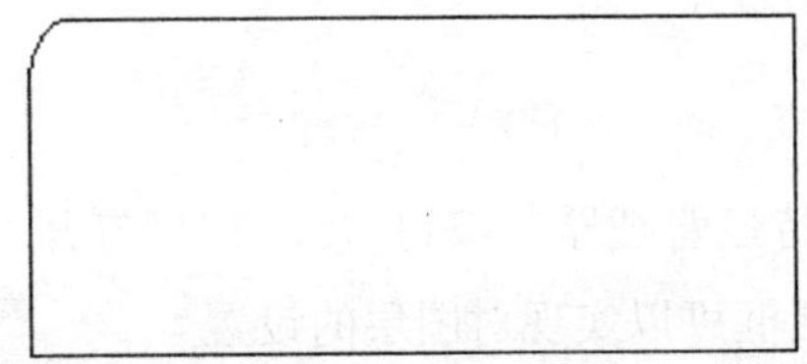

图 12.34　倒圆示例

13. 分　解

使用分解命令可将合成对象分解为部件对象。该命令可将多段线、矩形、正多边形、图块、剖面线、尺寸、多行文字等含多项内容的一个对象分解成若干个独立的对象。当只需编辑这些对象中的一部分时，可先选择该命令分解对象。

单击工具栏中的 按钮即可根据命令行提示对图形进行分解，命令行如下：

命令：explode

选择对象：选取要进行分解的对象

选择对象：按回车键或继续选取

第五节　AutoCAD 2008 图层控制

在 AutoCAD 中，图形中通常包含多个图层，每个图层都表明了一种图形对象的特性，包括颜色、线型和线宽等属性。在绘图过程中，使用不同的图层可以方便地控制对象的显示和编辑，提高绘图效率。

在一个复杂的图形中，有许多不同类型的图形对象，为了方便区分和管理，可以通过创建多个图层，将特性相似的对象绘制在同一个图层上。例如，将图形的所有尺寸标注绘制在标注图层上。

一、图层的特点

（1）在一幅图形中可指定任意数量的图层。系统对图层数没有限制，对每一图层上的对象数也没有任何限制。

（2）每个图层有一个名称，以加以区别。当开始绘制新图时，AutoCAD 自动创建层名为 0 的图层，这是 AutoCAD 的默认图层，其余图层需要自定义。

（3）一般情况下，相同图层上的对象应该具有相同的线型、颜色。可以改变各图层的线型、颜色和状态。

（4）AutoCAD 允许建立多个图层，但只能在当前图层上绘图。

（5）各图层具有相同的坐标系、绘图界限及显示时的缩放倍数。可以对位于不同图层上的对象同时进行编辑操作。

可以对各图层进行打开、关闭、冻结、解冻、锁定与解锁等操作，以决定各图层的可见性与可操作性。

二、创建新图层

在工具栏上单击“图层特性管理器”按钮 ，即可打开“图层特性管理器”对话框，如图 12.35 所示，通过该对话框可以实现对图层的设置。

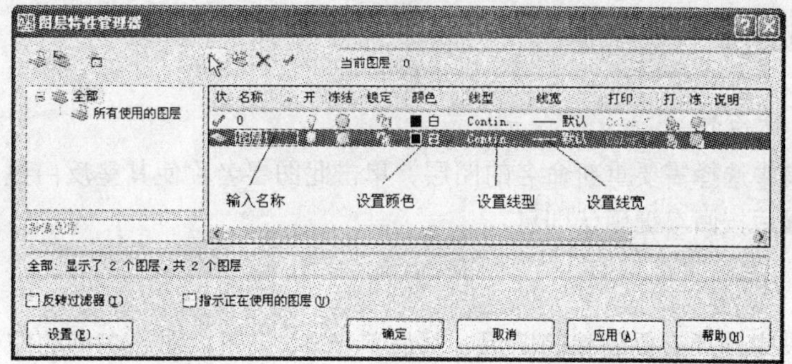

图 12.35 “图层特性管理器”对话框

在“图层特性管理器”对话框中单击“新建图层”按钮，则出现图 12.35 中的图层 1，在新建图层中可以输入新建图层名称、设置颜色、设置线型以及设置线宽等。

设置线型时，单击线型相对应的位置，则弹出如图 12.36 所示的“选择线型”对话框。在“选择线型”对话框中，已加载的线型只有“Continous”实线，没有其他线型，需要加载。单击 加载(L)... 按钮，弹出“加载或重载线型”对话框，如图 12.37 所示，选择需要的线型之后，单击 确定 按钮返回到“选择线型”对话框，选中需要的线型后单击 确定 按钮完成操作。

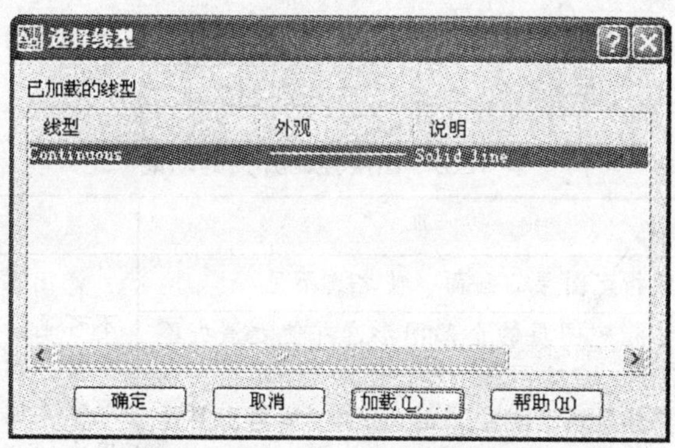

图 12.36 “选择线型”对话框

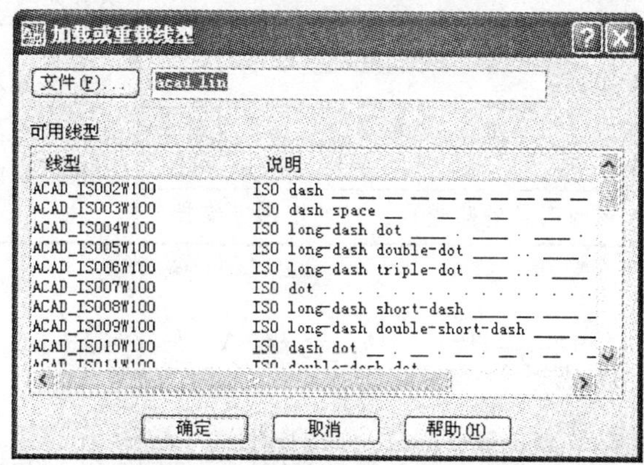

图 12.37 “加载或重载线型”对话框

三、管理图层

1. 修改图层名称

在图层列表中选择需要重新命名的图层，单击此图层名称使其呈反白显示，然后输入新的图层名称，最后按回车键确认即可。

2. 删除图层

在图层列表中选择需要删除的图层，然后单击 ✕ 按钮，图层名称的左侧将显示一个删除标记，此时单击 确定 或 应用(A) 按钮，即可删除此图层。

3. 设置当前层

在绘图过程中，用户只能在当前层中绘制新图层。下面介绍两种当前层的设置方法：

(1) 在“图层特性管理器”对话框中选择一个图层，然后单击 ✔ 按钮，使其左侧显示当前图层标记 ✔，然后单击 确定 按钮，即将此图层设置为当前图层了。

(2) 单击工具栏中的 0 窗口，在弹出的下拉列表中选择要设置为当前层的图层名称，即将此图层设置为当前层了。

4. 控制图层开关

在默认状态下，新创建的图层的开关状态均为“打开”、“解冻”及“解锁”。在绘图时可根据需要改变图层的开关状态。各项功能与差别如表 12.2 所示。

表 12.2 图层控制开关的功能

项目与图表	功能	差别
关闭	隐藏指定图层的画面，使之看不见	关闭与冻结图层上的实体均不可见，其区别在于执行速度的快慢，后者比前者快。当不需要观察其他图层上的图形时，可利用冻结，以增加 ZOOM、PAN 等命令的执行速度。加锁图层上的实体是可以看见的，但无法编辑
冻结	冻结指定图层的全部图形，并使之消失不见。注意：在绘图机上输出图形时，冻结图层上的实体是不会被绘出的，另外，当前图层是不能被冻结的	
加锁	对图层加锁。在加锁的图层上，可以绘图但无法编辑	
打开	恢复已关闭的图层，使图层上的图形重新显示出来	打开是针对关闭而设的，解冻是针对冻结而设的，解锁是针对加锁而设的
解冻	对冻结的图层解冻，使图层上的图形重新显示出来	
解锁	对加锁的图层解除锁定，以使图形可编辑	

第六节 文字输入与编辑

在一个完整的图样中，通常除了包含各种视角的工程图形外，还需要有一些文字注释来说明图样中的一些非图形信息。

一、创建文字样式

在 AutoCAD 中，工程制图上的所有文字具有与之相关联的文字样式。通常在绘图过程中，当需要创建文字注释和尺寸标注时，系统会使用当前的文字样式，用户也可以根据具体要求重新设置文字样式或创建新的文字样式。

单击“文字样式”按钮，系统弹出“文字样式”对话框，如图 12.38 所示。利用此对话框可以重新设置当前文字样式，或创建新的文字样式。

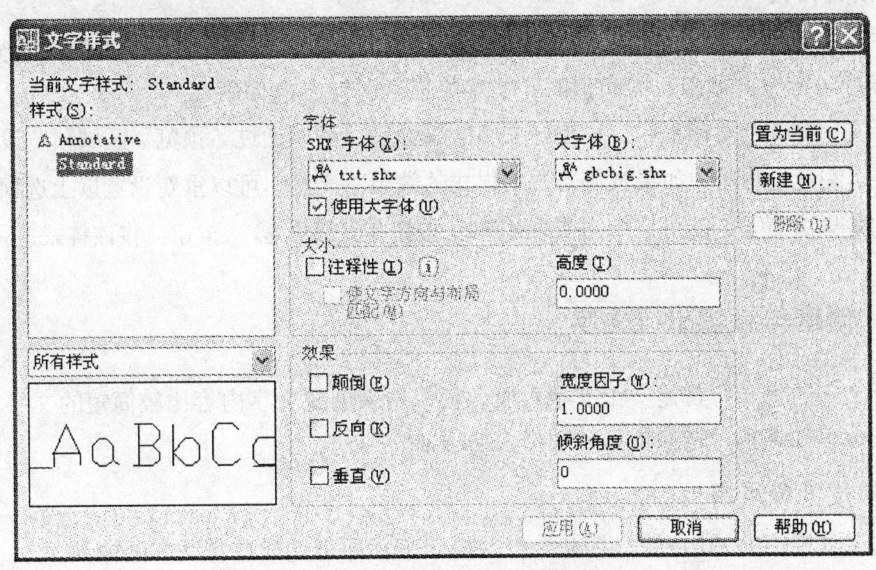

图 12.38 “文字样式”对话框

利用该对话框可设置当前文字样式的字体、字型、高度、宽度系数、文字效果等。其中，“高度”文本框用于控制文字显示的大小，这个选项是所有设置中最关键、最重要的一项。

单击 新建(N)... 按钮，将打开“新建文字样式”对话框，此对话框主要用于对新建的文字样式命名。当首次打开此对话框时，其默认的名称为“样式 1”。

在“字体”选项组中，AutoCAD 的默认字体为 txt.shx，它存在于系统的字体文件中，通用于任何文字样式。若启用“使用大字体”复选框，则在其上的列表框名称为“SHX 字体”，同时列表框中将列出 AutoCAD 特有的后缀.shx 字体文件；若禁用“使用大字体”复选框，则在其上的列表名称为“字体名”，此时列表框将列出 Windows 系统中所有字体文件和 AutoCAD 特有的字体文件，同时“字体样式”列表框被禁用。

在“效果”选项组中，可以编辑字体的特殊效果，该选项组中包含如下 5 个选项：

1. 颠　倒

用于设置文字倒过来书写的效果。

2. 反　向

用于设置文字反向书写的效果。

3. 垂　直

用于设置文字垂直书写的效果。

4. 宽度比例

用于设置文字字符的高度和宽度比值，系统默认的文字宽度比值为 1，当输入的宽度比例的比值小于 1 时，文字会变窄，反之则变宽。

5. 倾斜角度

用于设置文字的倾斜角度。系统默认的角度为 0，文字不倾斜；若输入的角度为正值时，文字将以顺时针方向倾斜；为负值时，文字将以逆时针方向倾斜。

在“文字样式”对话框中，设置好文字的属性后，可以通过“预览”区域预览设置的文字样式效果。在此过程中，如果觉得新文字样式的效果不满意，可以重新设置以上选项；如果对新文字的效果满意了，就可以单击 置为当前(C) 按钮和 应用(A) 按钮，将该样式应用到文字。

二、创建与编辑单行文字

单行文字的每一行都是一个文字对象，可以用来创建文字内容比较简短的文字对象，并且可以进行单独编辑，例如标签、规格说明等。

1. 创建单行文字

单击工具栏中的 AI 按钮，在命令行的提示下，即可完成单行文字的输入。

命令：dtext

指定文字的起点或[对正（J）/样式（S）]：在适当位置单击鼠标（指定文字起点）

指定文字高度<7.0000>：输入文字的高度，若以默认方式作为文字高度，直接按回车键

指定文字的旋转角度<0>：输入旋转角度或直接按回车键不进行旋转

按回车键完成单行文字的创建

输入要求的单行文字，按两次回车键结束操作。

例如：要输入单行文字“工程制图及 AutoCAD”，具体方法为如下。

命令：dtext

指定文字的起点或[对正（J）/样式（S）]：在适当位置单击鼠标（指定文字起点）

指定文字高度<7.0000>：8

指定文字的旋转角度<0>：按回车键

按两次回车键完成单行文字“工程制图及 AutoCAD”的创建

效果如下：

工程制图及 AutoCAD

2. 特殊符号的输入

在 AutoCAD 中，有些符号是键盘上没有的，所以要用特定的输入方式输入。常用特殊符号的输入方式见表 12.3 所示。

表 12.3　常用特殊符号的输入方式

特殊符号	输入方法	输入样例	显示结果
度数°	%%D	45%%D	45°
直径Φ	%%C	%%C100	Φ100
正负号±	%%P	%%P0.000	±0.000
下划线	%%U	%%U 平面图	平面图

3. 文字的对正方式

除了默认的左对齐对正方式，系统还提供了对齐、中心、中间等多种对正方式。根据命令行的提示，利用“对正”方式输入文字即可完成操作。

4. 编辑单行文字

利用文字编辑命令可以修改文字内容。编辑单行文字有两种方法：若只需要编辑文字的内容，鼠标双击单行文字，单行文字变为可编辑状态，在此编辑状态下可以删除所有文字；多数情况下，还需要编辑单行文字的颜色、样式、大小等特性，单击文字将其选中后，单击工具栏中的特性按钮，在弹出的“特性”选项板窗口（如图 12.39 所示）中编辑单行文字即可完成编辑单行文字的操作。

三、创建和编辑多行文字

多行文字是指由多于一行的文字行或者段落组成的注释，它主要用于技术要求等很长、很复杂的内容。

1. 创建多行文字

单击工具栏中的“多行文字”按钮 A，命令行提示如下：

指定第一角点：指定多行文字输入的第一个角点

指定对角点或[高度（H）/对正（J）/行距（L）/旋转（R）/样式（S）/宽度（W）/栏（C）]：根据具体情况选择七个选项

命令行提示中的七个选项的含义如下所述。

(1) 高度（H）：该选项用于设置文本框的高度，用户可以在屏幕上拾取一点，该点与第一角点的距离成为文字的高度，或者在命令行中输入高度值。

(2) 对正（J）：该选项用来确定文字排列方式，与单行文字类似。

(3) 行距（L）：该选项用来为多行文字对象指定行与行之间的间距。

(4) 旋转（R）：该选项用来确定文字倾斜角度。

(5) 样式（S）：该选项用来确定多行文字采用的字体样式。

(6) 宽度（W）：该选项用来确定标注文本框的宽度。

(7) 栏（C）：该选项用于指定多行文字对象的栏设置。

多行文字编辑器由多行文字编辑框和“文字格式”工具栏组成，在文字编辑器中可以根据具体需要编辑文字。

2. 编辑多行文字

要编辑多行文字，可以选择修改菜单栏中对象下的文字，单击编辑选项，根据需要修改并编辑文字。

另外，也可以编辑文字特性，利用该编辑器可以设置文字的样式、高度、对齐方式等。如图 12.40 所示是选择多行文字后的“特性”面板。

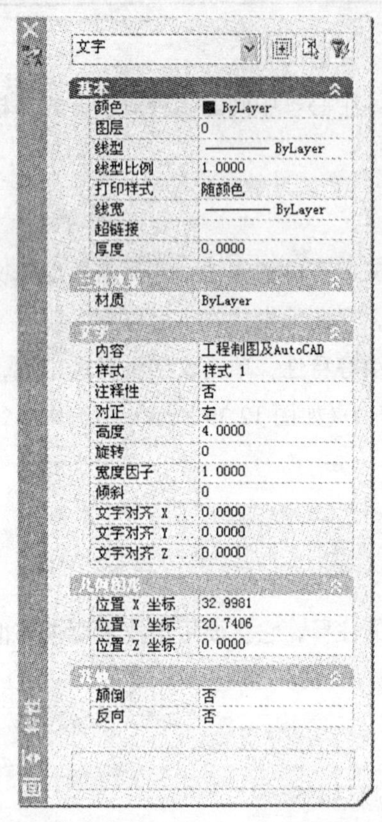

图 12.39　编辑单行文字“特性”对话框

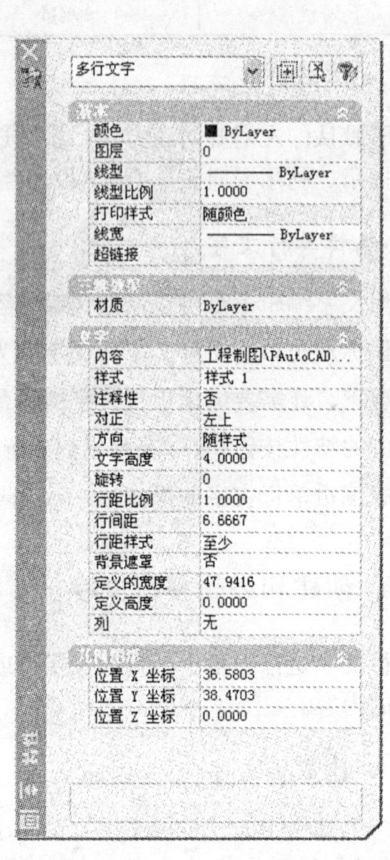

图 12.40　编辑多行文字“特性”对话框

第七节　尺寸标注

在绘制图样过程中，尺寸标注是一项重要的内容，它是机件加工制造、检验、测量的依据。下面就来具体介绍 AutoCAD 标注尺寸的方法。

一、创建尺寸标注样式

一个完整的尺寸必须包括尺寸界线、尺寸线和尺寸数字。在国家技术制图标准中，对尺寸标注的内容作了详细的规定。在 AutoCAD 中，允许根据需要自行创建标注样式。

单击工具栏中的 按钮，系统弹出“标注样式管理器”对话框，如图 12.41 所示。

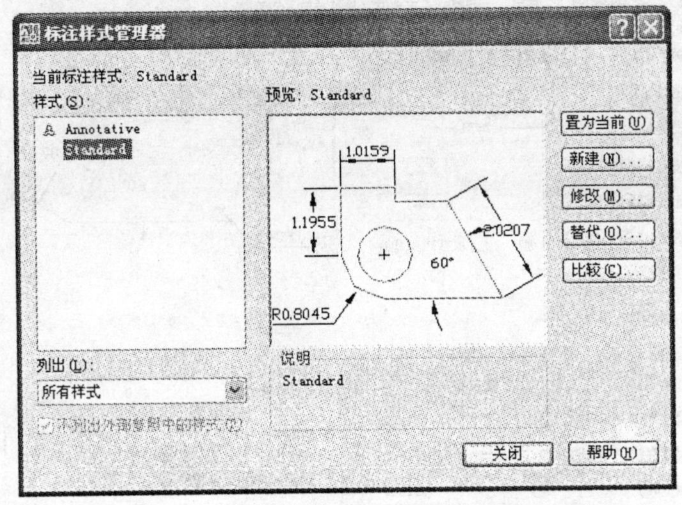

图 12.41 “标注样式管理器”对话框

在“标注样式管理器”对话框中单击 新建(N)... 按钮，弹出“创建新标注样式”对话框，在“新样式名”文本框中输入样式名称（如“直线”），如图 12.42 所示。

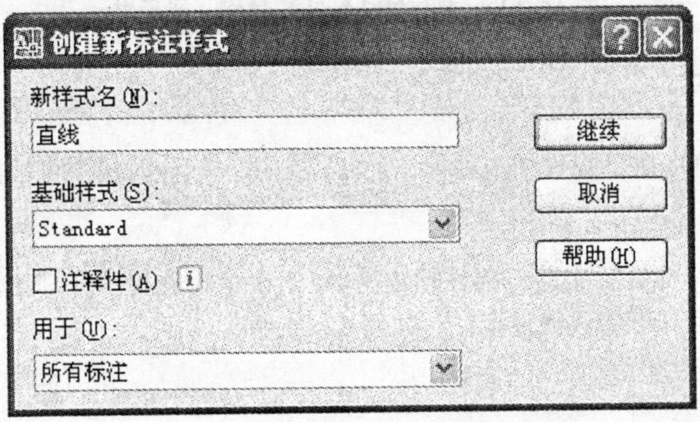

图 12.42 “创建新标注样式”对话框

在“创建新标注样式”对话框中，单击 继续 按钮，弹出“新建标注样式：直线”对话框。在该对话框中，有“线”、“符号和箭头”、“文字”、“调整”、“主单位”、“换算单位”、“公差”七个选项卡，可以根据具体情况修改其中的参数，如图 12.43 所示。

如果还需要创建其他尺寸标注样式（如“圆与圆弧”标注样式），在“标注样式管理器”对话框中单击 新建(N)... 按钮，弹出“创建新标注样式”对话框。在“新样式名”文本框中输入样式名称。需要注意的是，在“基础样式”下拉列表框中要选择“直线”。其他尺寸标注样式都是在“直线”标注样式基础上创建的，在创建过程中，一些相同的参数不需要重新设置，只需设置与“直线”标注样式不同的参数。如果还需要创建其他尺寸标注样式，操作方法与上述步骤相同。

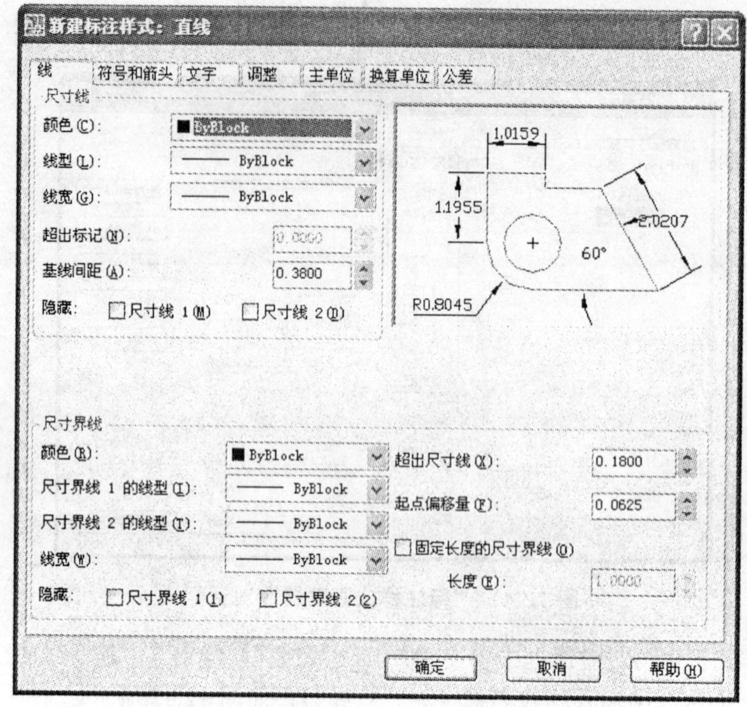

图 12.43 “新建标注样式：直线”对话框

二、标注尺寸

在 AutoCAD 2008 中，提供了多种标注尺寸的方法，标注时用户可根据需要进行选择。

1. 线性标注

从菜单栏中选择标注栏中的“线性标注”，根据命令行的提示分别拾取两个尺寸界线，并指定尺寸线位置，即可完成线性标注，如图 12.44 所示。

2. 对齐标注

从菜单栏中选择标注栏中的“对齐标注”，对齐尺寸的尺寸线平行于被标注对象，如图 12.45 所示。

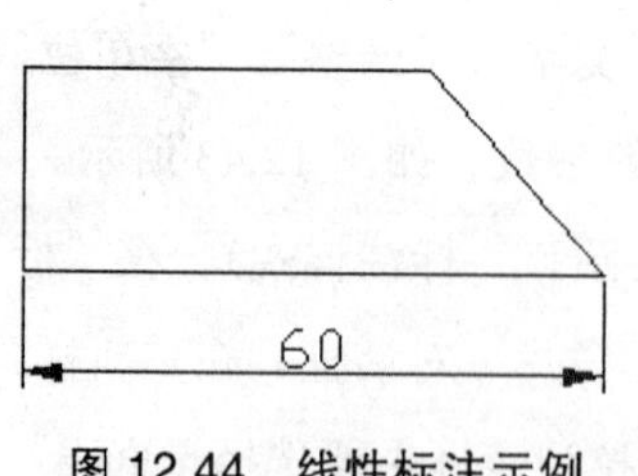

图 12.44 线性标注示例

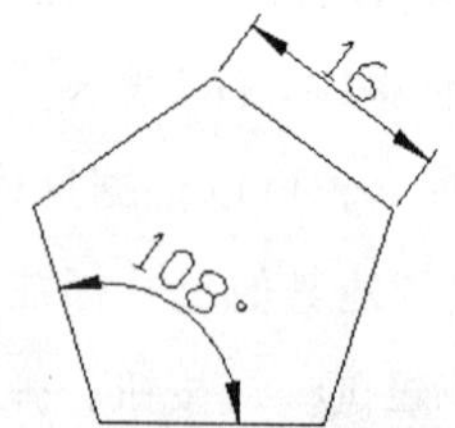

图 12.45 对齐标注与角度标注示例

3. 角度尺寸的标注

从菜单栏中选择标注栏中的“角度标注”，可标注的角度尺寸包括两直线夹角、圆弧的圆心角，并可通过指定对象顶点来标注角度尺寸，如图 12.45 所示。

4. 基线尺寸的标注

基线尺寸是指几个尺寸使用共同的第一条尺寸界线。单击菜单栏中标注栏下的“基线标注”。

命令行的执行情况为：

以最近一次标注的线性尺寸（如图 12.46 中的尺寸 16）作为基准尺寸，即以该尺寸的第一条尺寸界线作为新尺寸的第一条尺寸界线，继续标注。

指定第二条尺寸界线原点或[放弃（U）/选择（S）]<选择>：直接拾取新尺寸的第二条尺寸界线的起点，即可标注出新的尺寸 22 和 36，如图 12.46 所示。

如果系统自动选择的基准尺寸并非所需的尺寸，则在“指定第二条尺寸界线原点或[放弃（U）/选择（S）]<选择>：”提示下输入 S 选项，在屏幕上拾取所需的基准尺寸。

5. 连续尺寸的标注

连续尺寸是指以前一个尺寸的第二条尺寸界线作为后一个尺寸的第一条尺寸界线。单击菜单栏中标注栏下的“连续标注”。

命令行的执行情况为：

以最近一次标注的线性尺寸（如图 12.47 中所示的尺寸 10）作为基准尺寸，即以该尺寸的第二条尺寸界线作为新尺寸的第一条尺寸界线，继续标注。

指定第二条尺寸界线原点或[放弃（U）/选择（S）]<选择>：直接拾取新尺寸的第二条尺寸界线的起点，依次可标注新的尺寸 15、20、25，如图 12.47 所示。

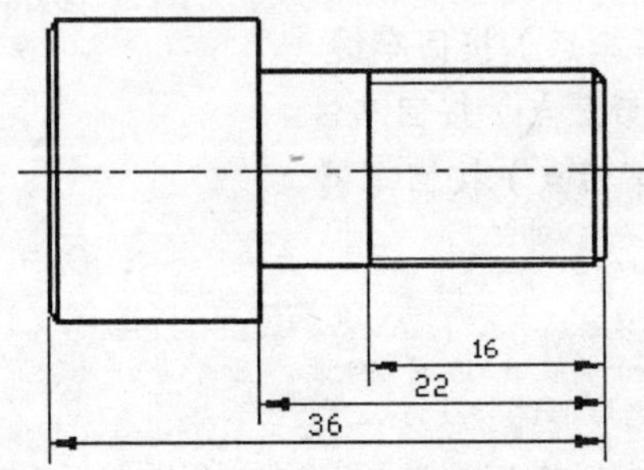

图 12.46　基线尺寸和连续尺寸标注示例

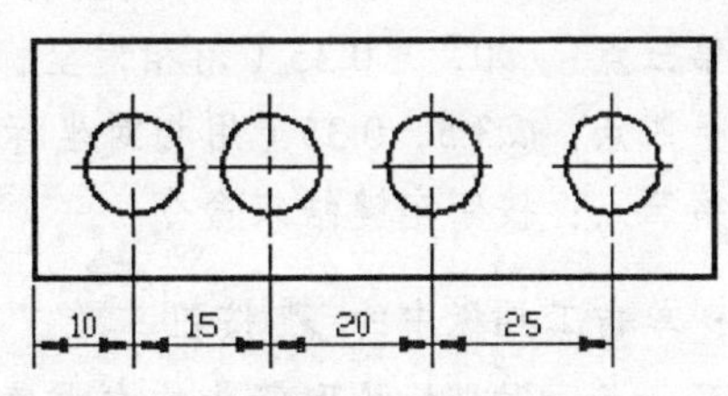

图 12.47　连续尺寸标注示例

6. 半径尺寸和直径尺寸的标注

单击菜单栏中标注栏下的“半径标注”或“直径标注”。根据命令行的提示拾取需要标注尺寸的圆对象或圆弧对象即可完成操作，如图 12.48 所示。

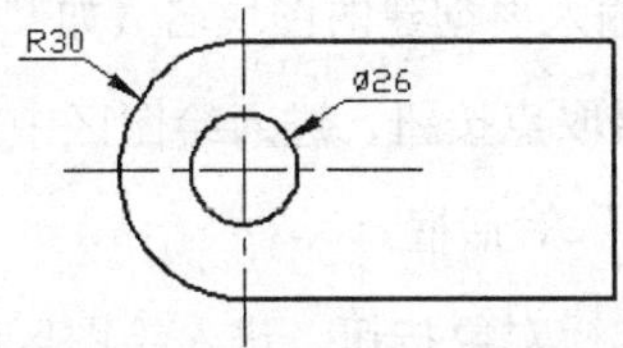

图 12.48　半径尺寸和直径尺寸标注示例

第八节　图块及其属性

在用 AutoCAD 进行绘图的过程中，当遇到一些行业的标准件（如螺钉、螺母、键销、门和窗等），每次都一笔一笔地画起来也会觉得很烦琐。针对于这类问题，AutoCAD 提供了非常理想的解决方案，即将一些经常重复使用的对象组合在一起，形成一个块对象，并按指定的名称保存起来，以后可随时将它插入到图形中而不必重新绘制。

AutoCAD 提供的“块”功能，可将许多对象作为一个部件进行组织和操作，在绘图中可重复使用，可避免多次绘制相同图形的重复工作；还可通过附着属性为块附着信息，在需要时提取此信息，创建材质明细表或其他报表；通过动态块的设置改变块的尺寸。

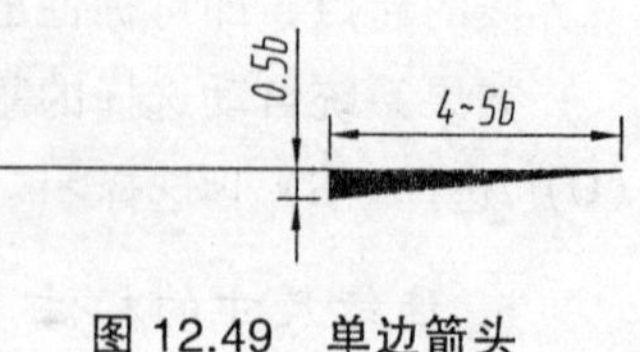

图 12.49　单边箭头

下面以图 12.49 所示的“单边箭头”为例，学习图块的操作。

一、绘制单边箭头图形

取 $b=0.7$，单击绘图菜单栏中建模下的网格功能，选择其中的二维填充命令，绘制方法如下：

命令：Solid

指定第一点：在绘图区单击鼠标左键（给出第一点）

指定第二点：@－3.5，0（用相对坐标给出第二点）按回车键

指定第三点：@0，－0.35（用相对坐标给出第三点）按回车键

指定第四点：@3.5，0.35（用相对坐标给出第四点）按回车键

指定第三点：按回车键结束命令

命令：单击工具栏中的 ╱ 按钮

指定第一点：用光标拾取箭头的左上角点

指定下一点或[放弃（U）]：3.5 按回车键（打开正交模式，光标放在第一点左侧）

指定下一点或[放弃（U）]：按回车键结束命令

二、创建块

（1）单击工具栏中的创建块按钮，将会弹出如图 12.50 所示的“块定义”对话框。

（2）在“名称”的文本框中输入要创建的图块名（如“单边箭头”）。

（3）单击“基点”区的拾取点按钮，进入绘图区中用鼠标指定图块的插入点（选择单边箭头的尖端），回到“块定义”对话框。

（4）单击“对象”区的选择对象按钮，进入绘图区中选择要创建图块的图形（选择

整个单边箭头)，选择完成后按回车键回到“块定义”对话框，此时可在对话框的右上角看到已选择对象的图形。

（5）单击 确定 按钮，完成图块的创建。

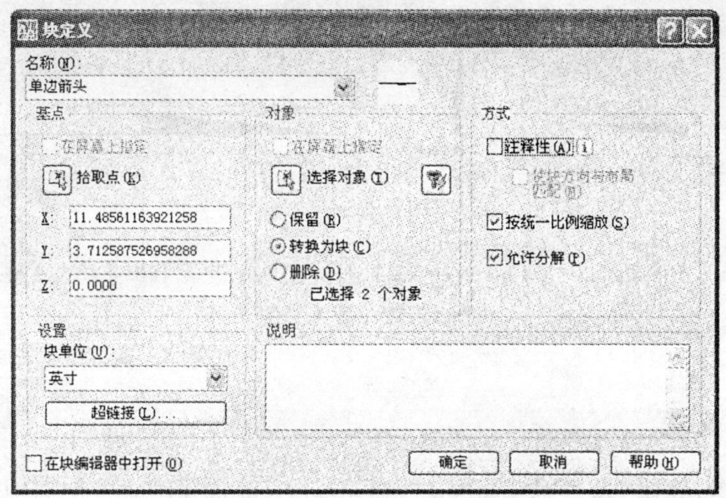

图 12.50 “块定义”对话框

三、插入块

插入图块是指将已定义的图块插入到当前图形中。操作如下：

（1）单击工具栏中的 按钮，将会弹出如图 12.51 所示的“插入”对话框。

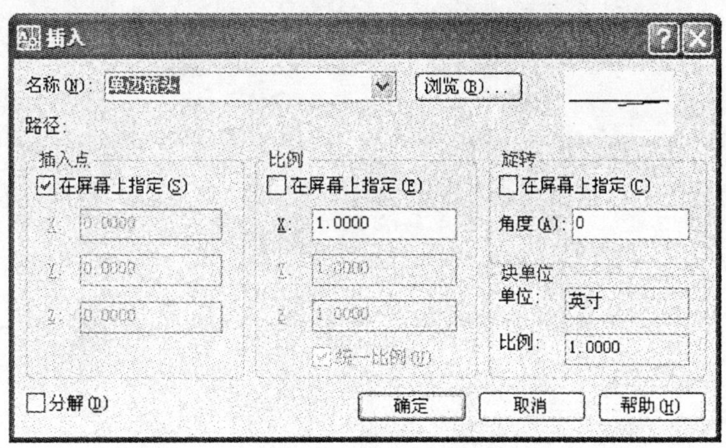

图 12.51 “插入”对话框

（2）名称：用来选择插入到当前绘图区的图块名称。

（3）插入点：用来设置图块基点插入到当前绘图区的位置。

（4）比例：用来设置图块插入到当前绘图区的比例。若勾选“统一比例”，则表示三个方向的缩放比例一致；若不勾选，则表示三个方向可以设置不同的比例。

(5) 旋转：用来设置图块插入时的旋转角度。

(6) 分解：选择此项，系统将选择的图块分解成单个的图形对象后再插入到当前图形中。

(7) 单击 确定 按钮，就可以插入图块了。

单边箭头插入后的效果如图 12.52 所示。

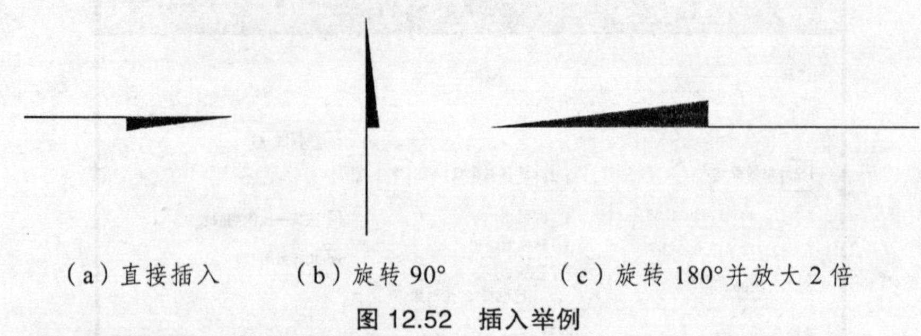

（a）直接插入　（b）旋转 90°　（c）旋转 180°并放大 2 倍

图 12.52 插入举例

四、重定义块

要修改用“创建块”命令创建的图块，应先分解这种图块中的任意一个进行修改（或重新绘制），然后以同样的图块名再用“创建块”命令重新定义。重新定义后，AutoCAD 将立即修改所有已插入的同名图块。

附 录

附表 1 普通螺纹直径与螺距系列（GB/T 193—2003） mm

公称直径 d			螺距 P		公称直径 d			螺距 P	
第一系列	第二系列	第三系列	粗牙	细 牙	第一系列	第二系列	第三系列	粗牙	细 牙
3			0.5	0.35	72				6, 4, 3, 2, 1.5, (1)
	3.5		(0.6)				75		(4), (3), 2, 1.5
4			0.7	0.5		76			6, 4, 3, 2, 1.5, (1)
		4.5	(0.75)				78		2
5			0.8		80				6, 4, 3, 2, 1.5, (1)
		5.5					82		2
6		7	1	0.75, (0.5)	90	85			6, 4, 3, 2, (1.5)
8			1.25	1,0.75, (0.5)	100	95			
		9	(1.25)		110	105			
10			1.5	1.25, 1,0.75, (0.5)	125	115			
		11	(1.5)	1,0.75, (0.5)		120			
12			1.75	1.5, 1.25, 1, (0.75), (0.5)		130	135		
	14		2	1.5, (1.25), 1, (0.75), (0.5)	140	150	145		
		15		1.5, (1)			155		6, 4, 3, (2)
16			2	1.5, 1. (0.75), (0.5)	160	170	165		
		17		1.5, (1)	180		175		
20	18 22		2.5	2, 1.5, 1, (0.75), (0.5)		190	185		
					200		195		
24			3	2, 1.5, 1, (0.75)			205		6, 4, 3
		25		2, 1.5, (1)		210	215		
		26		1.5	220		225		
	27		3	2, 1.5, 1, (0.75)			230		
		28		2, 1.5, 1		240	235		
30			3.5	(3), 2, 1.5, 1, (0.75)	250		245		
		32		2, 1.5			255		6, 4, (3)
	33		3.5	(3), 2, 1.5, (1), (0.75)		260	265		
		35		(1.5)			270		
36			4	3, 2, 1.5, (1)			275		
		38		1.5	280		285		
	39		4	3, 2, 1.5, (1)			290		
		40		(3), (2), 1.5		300	295		
42	45		4.5	(4), 3, 2, 1.5, (1)			310		6, 4
48			5		320		330		
		50		(3), (2), 1.5		340	350		
	52		5	(4), 3, 2, 1.5, (1)	360		370		
		55		(4), (3), 2, 1.5	400	380	390		
56			5.5	4, 3, 2, 1.5, (1)		420	410		6
		58		(4), (3), 2, 1.5		440	430		
			(5.5)	4, 3, 2, 1.5, (1)	450	460	470		
		62		(4), (3), 2, 1.5		480	490		
64			6	4, 3, 2, 1.5, (1)	500	520	510		
		65		(4), (3), 2, 1.5	550	540	530		
	68		6	4, 3, 2, 1.5, (1)		560	570		
		70		(6), (4), (3), 2, 1.5	600	580	590		

注：① 优先选用第一系列，其次是第二系列，第三系列尽可能不用。

② 括号内尺寸尽可能不用。

③ M14×1.25 仅用于火花塞。

④ M35×1.5 仅用于滚动轴承锁紧螺母。

附表 2　六角头螺栓—— A 和 B 级（摘自 GB/T 5782—2000）

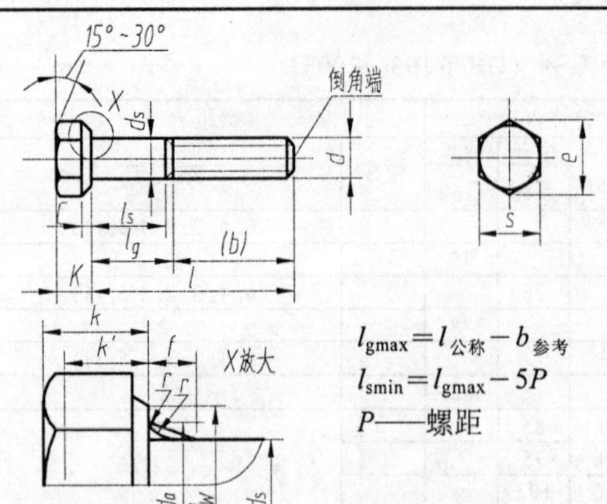

$$l_{gmax}=l_{公称}-b_{参考}$$
$$l_{smin}=l_{gmax}-5P$$
P——螺距

标 记 示 例

螺纹规格 d=M12、公称长度 l=80 mm、性能等级为 8.8 级、表面氧化、A 级的六角头螺栓：

螺栓　GB/T 5782—2000　M12×80

mm

螺纹规格 d			M3	M4	M5	M6	M8	M10	M12	M16	M20	M24	M30	M36	M42	M48	M56	M64
b 参考	l≤125		12	14	16	18	22	26	30	38	46	54	66	78	—	—	—	—
	125<l≤200		—	—	—	—	28	32	36	44	52	60	72	84	96	108	124	140
	l>200		—	—	—	—	—	—	—	57	65	73	85	97	109	121	137	153
c	min		0.15	0.15	0.15	0.15	0.15	0.15	0.15	0.2	0.2	0.2	0.2	0.2	0.3	0.3	0.3	0.3
	max		0.4	0.4	0.5	0.5	0.6	0.6	0.6	0.8	0.8	0.8	0.8	0.8	1	1	1	1
d_a	max		3.6	4.7	5.7	6.8	9.2	11.2	13.7	17.7	22.4	26.4	33.4	39.4	45.6	52.6	63	71
d_s	max		3	4	5	6	8	10	12	16	20	24	30	36	42	48	56	64
	min 产品等级	A	2.86	3.82	4.82	5.82	7.78	9.78	11.73	15.73	19.67	23.67	—	—	—	—	—	—
		B	—	—	4.70	5.70	7.64	9.64	11.57	15.57	19.48	23.48	29.48	35.38	41.38	47.38	55.26	63.26
d_w	min 产品等级	A	4.6	5.9	6.9	8.9	11.6	14.6	16.6	22.5	28.2	33.6	—	—	—	—	—	—
		B	—	—	6.7	8.7	11.4	14.4	16.4	22	27.7	33.2	42.7	51.1	60.6	69.4	78.7	88.2
e	min 产品等级	A	6.07	7.66	8.79	11.05	14.38	17.77	20.03	26.75	33.53	39.98	—	—	—	—	—	—
		B	—	—	8.63	10.89	14.20	17.59	19.85	26.17	32.95	39.55	50.85	60.79	72.02	82.6	93.56	104.86
f	max		1	1.2	1.2	1.4	2	2	3	3	4	4	6	6	8	10	12	13
k	公称		2	2.8	3.5	4	5.3	6.4	7.5	10	12.5	15	18.7	22.5	26	30	35	40
	产品等级 A	min	1.88	2.68	3.35	3.85	5.15	6.22	7.32	9.82	12.28	14.78	—	—	—	—	—	—
		max	2.12	2.92	3.65	4.15	5.45	6.58	7.68	10.18	12.72	15.22	—	—	—	—	—	—
	产品等级 B	min	—	—	3.26	3.76	5.06	6.11	7.21	9.71	12.15	14.65	18.28	22.08	25.58	29.58	34.5	39.5
		max	—	—	3.74	4.24	5.54	6.69	7.79	10.29	12.85	15.35	19.12	22.92	26.42	30.42	35.5	40.5
k'	min 产品等级	A	1.3	1.9	2.3	2.7	3.6	4.4	5.1	6.9	8.6	10.3	—	—	—	—	—	—
		B	—	—	2.3	2.6	3.5	4.3	5	6.8	8.5	10.2	12.8	15.5	17.9	20.9	24.2	27.6
r	min		0.1	0.2	0.2	0.25	0.4	0.4	0.6	0.6	0.8	0.8	1	1	1.2	1.6	2	2
s	max=公称		5.5	7	8	10	13	16	18	24	30	36	46	55	65	75	85	95
	min 产品等级	A	5.32	6.78	7.78	9.78	12.73	15.73	17.73	23.67	29.67	35.38	—	—	—	—	—	—
		B	—	—	7.64	9.64	12.57	15.57	17.57	23.16	29.16	35	45	53.8	63.8	73.1	82.8	92.8
l(商品规格范围及通用规格)			20~30	25~40	25~50	30~60	35~80	40~100	45~120	55~160	65~200	80~240	90~300	110~360	130~400	140~400	160~400	200~400
l 系列			20, 25, 30, 35, 40, 45, 50, 55, 60, (65), 70, 80, 90, 100, 110, 120, 130, 140, 150, 160, 180, 200, 220, 240, 260, 280, 300, 320, 340, 360, 380, 400															

注：A 和 B 为产品等级。A 级用于 d≤24 和 l≤10d 或 l≤150 mm（按较小值）的螺栓；B 级用于 d>24 或 l>10d 或 l>150 mm（按较小值）的螺栓。尽可能不采用括号内的规格。

附表 3 双头螺柱

$b_m = 1d$（GB/T 897－1988）　　$b_m = 1.25d$（GB/T 898－1988）

$b_m = 1.5d$（GB/T 899－1988）　　$b_m = 2d$（GB/T 900－1988）

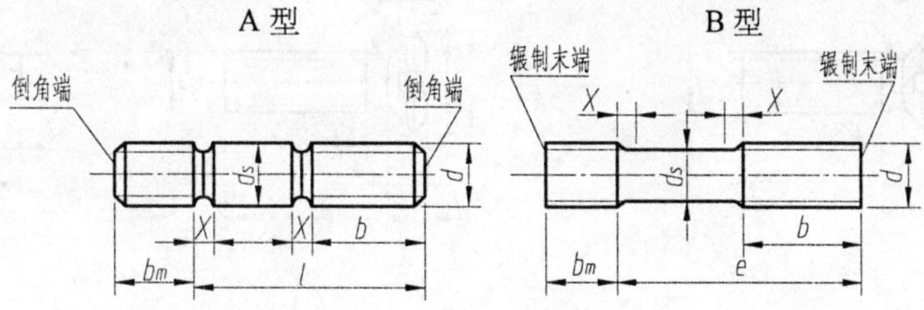

末端按 GB/T 2 的规定；d_s≈螺纹中径（仅适用于 B 型）

标 记 示 例

两端均为粗牙普通螺纹，d＝10 mm、l＝50 mm、性能等级为 4.8 级、不经表面处理、B 型、b_m＝1d 的双头螺柱：

螺柱　GB/T 897－1988　M10×50

旋入机件一端为粗牙普通螺纹，旋螺母一端为螺距 P＝1 mm 的细牙普通螺纹，d＝10 mm、l＝50 mm、性能等级为 4.8 级、不经表面处理、A 型、b_m＝1d 的双头螺柱：

螺柱　GB/T 897－1988　AM10－M10×1×50

mm

螺纹规格 d	b_m（公称）				l/b
	GB/T 897	GB/T 898	GB/T 899	GB/T 900	
M2			3	4	12～16/6、20～25/10
M2.5			3.5	5	16/8、20～30/11
M3			4.5	6	16～20/6、25～40/12
M4			6	8	16～20/8、25～40/14
M5	5	6	8	10	16～20/10、25～50/16
M6	6	8	10	12	20/10、25～30/14、35～70/18
M8	8	10	12	16	20/12、25～30/16、35～90/22
M10	10	12	15	20	25/14、30～35/16、40～120/26、130/32
M12	12	15	18	24	25～30/16、35～40/20、45～120/30、130～180/36
M16	16	20	24	32	30～35/20、40～50/30、60～120/38、130～200/44
M20	20	25	30	40	35～40/25、45～60/35、70～120/46、130～200/52
M24	24	30	36	48	45～50/30、60～70/45、80～120/54、130～200/60
M30	30	38	45	60	60/40、70～90/50、100～200/66、130～200/72、210～250/85
M36	36	45	54	72	70/45、80～110/160、120/78、130～200/84、210～300/97
M42	42	52	63	84	70～80/50、90～110/70、120/90、130～200/96、210～300/109
M48	48	60	72	96	80～90/60、100~110/80、120/102、130～200/108、210～300/121
l(系列)	12、16、20、25、30、35、40、45、50、60、70、80、90、100、110、120、130、140、150、160、170、180、190、200、210、220、230、240、250、260、280、300				

附表 4　开槽沉头螺钉（GB/T 68—2000）、开槽半沉头螺钉（GB/T 69—2000）

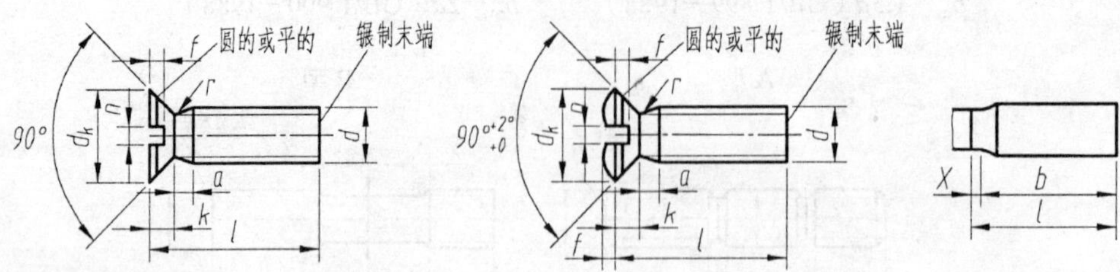

无螺纹部分杆径≈中径
或＝大径

标 记 示 例

螺纹规格 d=M5、公称长度 l=20 mm、性能等级为 4.8 级、不经表面处理的开槽沉头螺钉：

螺钉 GB/T 68—2000　　M5×20

mm

螺纹规格 d			M1.6	M2	M2.5	M3	M4	M5	M6	M8	M10
P			0.35	0.4	0.45	0.5	0.7	0.8	1	1.25	1.5
a	max		0.7	0.8	0.9	1	1.4	1.6	2	2.5	3
b	min		25				38				
d_k	理论值	max	3.6	4.4	5.5	6.3	9.4	10.4	12.6	17.3	20
	实际值	max	3	3.8	4.7	5.5	8.4	9.3	11.3	15.8	18.3
		min	2.7	3.5	4.4	5.2	8	8.9	10.9	15.4	17.8
k	max		1	1.2	1.5	1.65	2.7	2.7	3.3	4.65	5
n	公称		0.4	0.5	0.6	0.8	1.2	1.2	1.6	2	2.5
	min		0.46	0.56	0.66	0.86	1.26	1.26	1.66	2.06	2.56
	max		0.6	0.7	0.8	1	1.51	1.51	1.91	2.31	2.81
r	max		0.4	0.5	0.6	0.8	1	1.3	1.5	2	2.5
x	max		0.9	1	1.1	1.25	1.75	2	2.5	3.2	3.8
f	≈		0.4	0.5	0.6	0.7	1	1.2	1.4	2	2.3
r_f	≈		3	4	5	6	9.5	9.5	12	16.5	19.5
l	max	GB68—2000	0.5	0.6	0.75	0.85	1.3	1.4	1.6	2.3	2.6
		GB69—2000	0.8	1	1.2	1.45	1.9	2.4	2.8	3.7	4.4
	min	GB68—2000	0.32	0.4	0.5	0.6	1	1.1	1.2	1.8	2
		GB69—2000	0.64	0.8	1	1.2	1.6	2	2.4	3.2	3.8
l (商品规格范围公称长度)			2.5~16	3~20	4~25	5~30	6~40	8~50	8~60	10~80	12~80
l (系列)			2.5, 3, 4, 5, 6, 8, 10, 12, (14), 16, 20, 25, 30, 35, 40, 45, 50, (55), 60, (65), 70, (75), 80								

注：① P——螺距。

② 公称长度 l≤30 mm，而螺纹规格 d 在 M1.6～M3 的螺钉，应制出全螺纹；公称长度 l≤45 mm，而螺纹规格在 M4～M10 的螺钉也应制出全螺纹［$b=l-(k+a)$］。

③ 尽可能不采用括号内的规格。

附表 5　1 型六角螺母——A 和 B 级（摘自 GB/T 6170—2000）

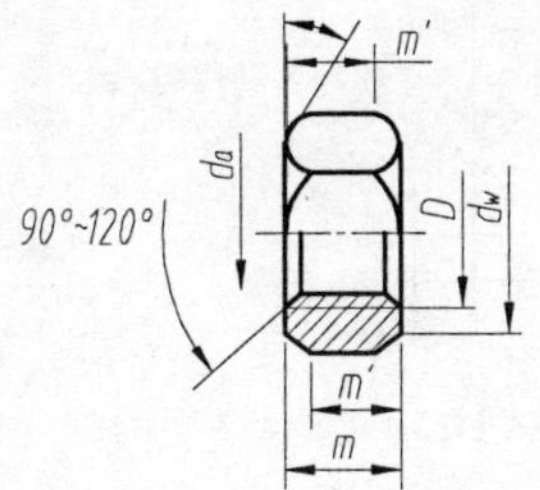

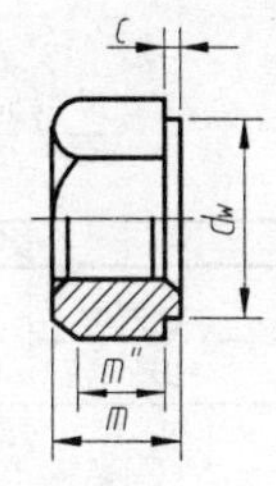

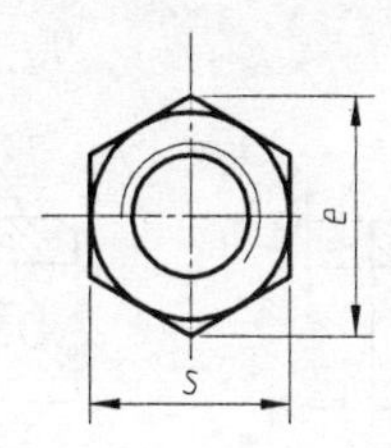

允许制造的形式

标 记 示 例

螺纹规格 D=M12、性能等级为 10 级、不经表面处理、A 级的 1 型六角螺母：

螺母　GB/T 6170—2000　M12

mm

螺纹规格 D		M1.6	M2	M2.5	M3	M4	M5	M6	M8	M10	M12
c	max	0.2	0.2	0.3	0.4	0.4	0.5	0.5	0.6	0.6	0.6
d_a	max	1.84	2.3	2.9	3.45	4.6	5.75	6.75	8.75	10.8	13
	min	1.60	2	2.5	3	4	5	6	8	10	12
d_w	min	2.4	3.1	4.1	4.6	5.9	6.9	8.9	11.6	14.6	16.6
e	min	3.41	4.32	5.45	6.01	7.66	8.79	11.05	14.38	17.77	20.03
m	max	1.3	1.6	2	2.4	3.2	4.7	5.2	6.8	8.4	10.8
	min	1.05	1.35	1.75	2.15	2.9	4.4	4.9	6.44	8.04	10.37
m'	min	0.8	1.1	1.4	1.7	2.3	3.5	3.9	5.1	6.4	8.3
m''	min	0.7	0.9	1.2	1.5	2	3.1	3.4	4.5	5.6	7.3
s	max	3.2	4	5	5.5	7	8	10	13	16	18
	min	3.02	3.82	4.82	5.32	6.78	7.78	9.78	12.73	15.73	17.73
螺纹规格 D		M16	M20	M24	M30	M36	M42	M48	M56	M64	
c	max	0.8	0.8	0.8	0.8	0.8	1	1	1	1.2	
d_a	max	17.3	21.6	25.9	32.4	38.9	45.4	51.8	60.5	69.1	
	min	16	20	24	30	36	42	48	56	64	
d_w	min	22.5	27.7	33.2	42.7	51.1	60.6	69.4	78.7	88.2	
e	min	26.75	32.95	39.55	50.85	60.79	72.02	82.6	93.56	104.86	
m	max	14.8	18	21.5	25.6	31	34	38	45	51	
	min	14.1	16.9	20.2	24.3	29.4	32.4	36.4	43.4	49.1	
m'	min	11.3	13.5	16.2	19.4	23.5	25.9	29.1	34.7	39.3	
m''	min	9.9	11.8	14.1	17	20.6	22.7	25.5	30.4	34.4	
s	max	24	30	36	46	55	65	75	85	95	
	min	23.67	29.16	35	45	53.8	63.8	73.1	82.8	92.8	

注：① A 级用于 $D \leqslant 16$ 的螺母；B 级用于 $D>16$ 的螺母。本表仅按商品规格和通用规格列出。

② 螺纹规格为 M8~M64、细牙、A 级和 B 级的 1 型六角螺母，请查阅 GB/T 6171—2000。

附表 6　小垫圈（GB/T 848—2002）、平垫圈——倒角型（GB/T 97.2—2002）、大垫圈（A 级）（GB/T 96.1—2002）、平垫圈（A 级）（GB/T 97.1—2002）

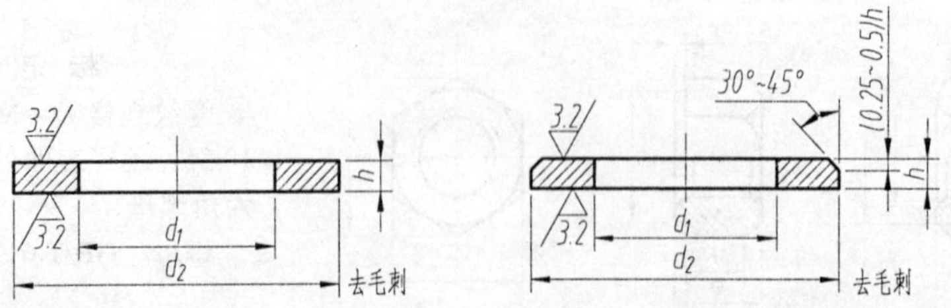

标 记 示 例

标准系列、公称尺寸 $d=8$ mm、性能等级为 140 HV 级、不经表面处理的平垫圈：

垫圈 GB/T97.1—2002　8～140 HV

mm

公称尺寸（螺纹规格）d			1.6	2	2.5	3	4	5	6	8	10	12	14	16	20	24	30	36
d_1 内径	max	GB/T 848	1.84	2.34	2.84	3.38	4.48	5.48	6.62	8.62	10.77	13.27	15.27	17.27	21.33	25.33	31.33	37.62
		GB/T 97.1															31.39	
		GB/T 97.2	—	—	—	—	—											
		GB/T 96.1				3.38	4.48								22.52	26.84	34	40
	公称（min）	GB/T 848	1.7	2.2	2.7	3.2	4.3	5.3	6.4	8.4	10.5	13	15	17	21	25	31	37
		GB/T 97.1																
		GB/T 97.2																
		GB/T 96.1				3.2	4.3								22	26	33	39
d_2 内径	公称（max）	GB/T 848	3.5	4.5	5	6	8	9	11	15	18	20	24	28	34	39	50	60
		GB/T 97.1	4	5	6	7	9	10	12	16	20	24	28	30	37	44	56	66
		GB/T 97.2	—	—	—	—	—											
		GB/T 96.1	—	—	—	9	12	15	18	24	30	37	44	50	60	72	92	110
	min	GB/T 848	3.2	4.2	4.7	5.7	7.64	8.64	10.57	14.57	17.57	19.48	23.48	27.48	33.38	38.38	49.38	58.8
		GB/T 97.1	3.7	4.7	5.7	6.64	8.64	9.64	11.57	15.57	19.48	23.48	27.48	29.48	36.38	43.38	55.26	64.8
		GB/T 97.2	—	—	—	—	—											
		GB/T 96.1	—	—	—	8.64	11.57	14.57	17.57	23.48	29.48	36.38	43.38	49.38	58.1	70.1	89.8	107.8
h 厚度	公称	GB/T 848	0.3	0.3	0.5	0.5	0.5	1	1.6	1.6	1.6	2	2.5	2.5	3	4	4	5
		GB/T 97.1					0.8				2	2.5		3				
		GB/T 97.2	—	—	—	—	—											
		GB/T 96.1	—	—	—	0.8	1	1.2	1.6	2	2.5	3	3	3	4	5	6	8
	max	GB/T 848	0.35	0.35	0.55	0.55	0.55	1.1	1.8	1.8	1.8	2.2	2.7	2.7	3.3	4.3	4.3	5.6
		GB/T 97.1					0.9				2.2	2.7		3.3				
		GB/T 97.2	—	—	—	—	—											
		GB/T 96.1	—	—	—	0.9	1.1	1.4	1.8	2.2	2.7	3.3	3.3	3.3	4.6	6	7	9.2
	min	GB/T 848	0.25	0.25	0.45	0.45	0.45	0.9	1.4	1.4	1.4	1.8	2.3	2.3	2.7	3.7	3.7	4.4
		GB/T 97.1					0.7				1.8	2.3		2.7				
		GB/T 97.2	—	—	—	—	—											
		GB/T 96.1	—	—	—	0.7	0.9	1.0	1.4	1.8	2.3	2.7	2.7	2.7	3.4	4	5	6.8

附表 7　标准型弹簧垫圈（摘自 GB/T 93—1987）、轻型弹簧垫圈（摘自 GB/T 859—1987）

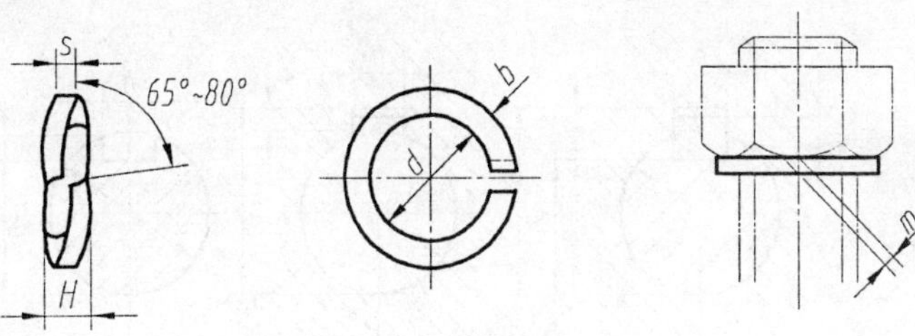

标 记 示 例

规格 16 mm、材料为 65Mn、表面氧化的标准型弹簧垫圈：

垫圈　GB/T 93—1987　16

规格 16 mm、材料为 65Mn、表面氧化的轻型弹簧垫圈：

垫圈　GB/T 859—1987　16

mm

规格（螺纹大径）			2	2.5	3	4	5	6	8	10	12	16	20	24	30	36	42	48
d	min		2.1	2.6	3.1	4.1	5.1	6.1	8.1	10.2	12.2	16.2	20.2	24.5	30.5	36.5	42.5	48.5
	max		2.35	2.85	3.4	4.4	5.4	6.68	8.68	10.9	12.9	16.9	21.04	25.5	31.5	37.7	43.7	49.7
S(*b*) 公称	GB/T 93		0.5	0.65	0.8	1.1	1.3	1.6	2.1	2.6	3.1	4.1	5	6	7.5	9	10.5	12
S 公称	GB/T 859		—	—	0.6	0.8	1.1	1.3	1.6	2	2.5	3.2	4	5	6	—	—	—
b 公称	GB/T 859		—	—	1	1.2	1.5	2	2.5	3	3.5	4.5	5.5	7	9	—	—	—
H	GB/T 93	min	1	1.3	1.6	2.2	2.6	3.2	4.2	5.2	6.2	8.2	10	12	15	18	21	24
		max	1.25	1.63	2	2.75	3.25	4	5.25	6.5	7.75	10.25	12.5	15	18.75	22.5	26.25	30
	GB/T 859	min	—	—	1.2	1.6	2.2	2.6	3.2	4	5	6.4	8	10	12	—	—	—
		max	—	—	1.5	2	2.75	3.25	4	5	6.25	8	10	10.2	15	—	—	—
m⩽	GB/T 93		0.25	0.33	0.4	0.55	0.65	0.8	1.05	1.3	1.55	2.05	2.5	3	3.75	4.5	5.25	6
	GB/T 859		—	—	0.3	0.4	0.55	0.65	0.8	1	1.25	1.6	2	2.5	3	—	—	—

注：*m* 应大于零。

附表 8 平键和键槽的剖面尺寸（GB/T 1095—2003）

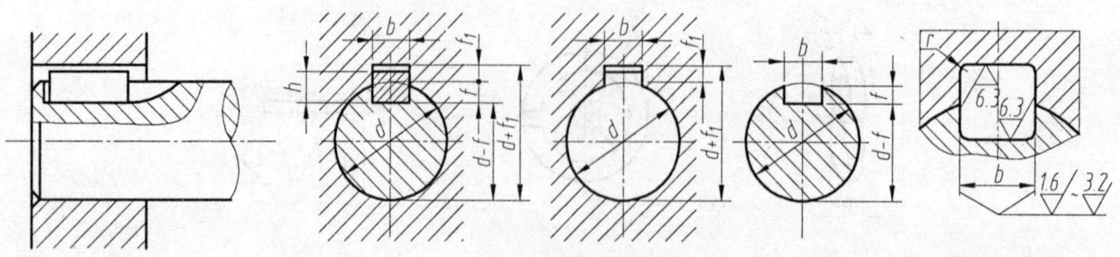

注：在工作图中，轴槽深用 t 或（$d-t$）标注，轮毂槽深用（$d+t_1$）标注。　　mm

轴径 d		6~8	>8~10	>10~12	>12~17	>17~22	>22~30	>30~38	>38~44	>44~50	>50~58	>58~65	>65~75	>75~85	>85~95	>95~110	>110~130
键的公称尺寸	b	2	3	4	5	6	8	10	12	14	16	18	20	22	25	28	32
	h	2	3	4	5	6	7	8	8	9	10	11	12	14	14	16	18
键槽深	轴 t	1.2	1.8	2.5	3.0	3.5	4.0	5.0	5.0	5.5	6.0	7.0	7.5	9.0	9.0	10.0	11.0
	毂 t_1	1.0	1.4	1.8	2.3	2.8	3.3	3.3	3.3	3.8	4.3	4.4	4.9	5.4	5.4	6.4	7.4
半径	t	最小 0.08~最大 0.16			最小 0.16~最大 0.25			最小 0.25~最大 0.40				最小 0.40~最大 0.60					

附表 9 普通平键的形式尺寸（GB/T 1096—2003）

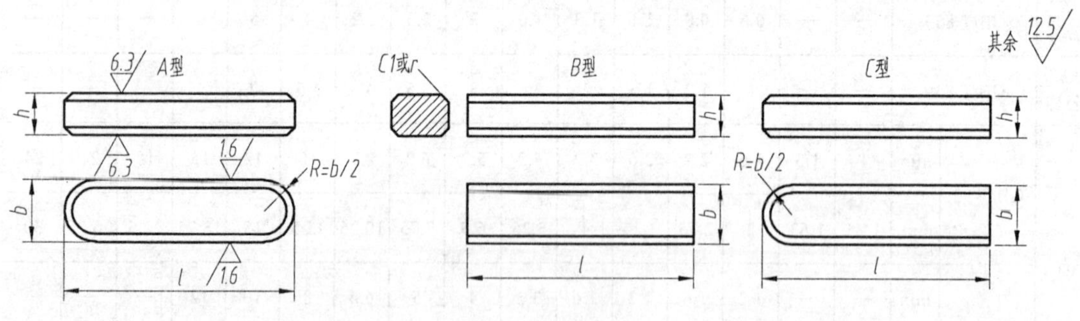

标 记 示 例

圆头普通平键（A 型）$b=18$ mm，$h=11$ mm，$L=100$ mm：键 18×100　GB/T 1096—2003

平头普通平键（B 型）$b=18$ mm，$h=11$ mm，$L=100$ mm：键 B18×100　GB/T 1096—2003

单圆头普通平键（C 型）$b=18$ mm，$h=11$ mm，$L=100$ mm：键 C18×100　GB/T 1096—2003　mm

b	2	3	4	5	6	8	10	12	14	16	18	20	22	25	28	32	36	40	45	50
h	2	3	4	5	6	7	8	8	9	10	11	12	14	14	16	18	20	22	25	28
c 或 r	0.16~0.25			0.25~0.40			0.40~0.60					0.60~0.80					1.0~1.2			
L	6~20	6~36	8~45	10~56	14~70	18~90	22~110	28~140	36~160	45~180	50~200	56~220	63~250	70~280	80~320	90~360	100~400	100~400	110~450	125~500

注：L 系列为 6、8、10、12、14、16、18、20、22、25、28、32、36、40、45、50、56、63、70、80、90、100、110、125、140、160、180、200 等。

附表 10　圆柱销（摘自 GB/T 119.1—2000，GB/T 119.2—2000）

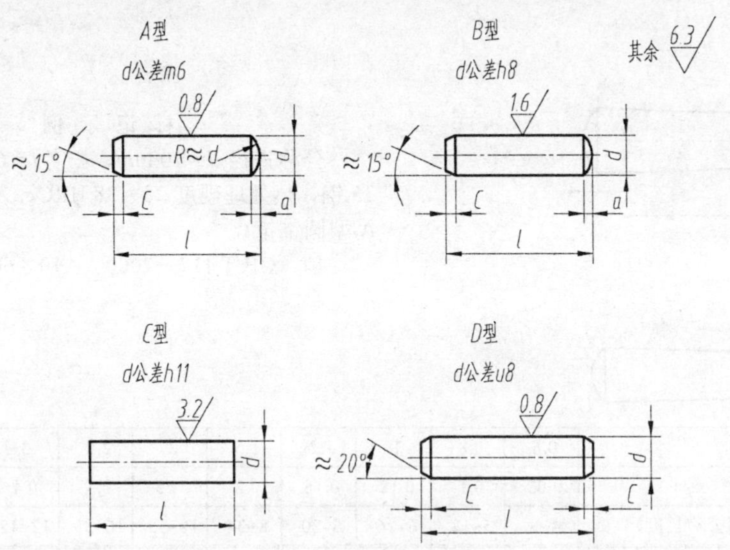

标 记 示 例

公称直径 d=8 mm、长度 l=30 mm、材料为 35 钢、热处理硬度 28～38 HRC、表面氧化处理的 A 型圆柱销：

销 GB/T 119.1—2000　A8×30

mm

d（公称）	0.6	0.8	1	1.2	1.5	2	2.5	3	4	5
a≈	0.08	0.10	0.12	0.16	0.20	0.25	0.30	0.40	0.50	0.63
c≈	0.12	0.16	0.20	0.25	0.30	0.35	0.40	0.50	0.63	0.80
l（商品规格范围公称长度）	2~6	2~8	4~10	4~12	4~16	6~20	6~24	8~30	8~40	10~50
d（公称）	6	8	10	12	16	20	25	30	40	50
a≈	0.80	1.0	1.2	1.6	2.0	2.5	3.0	4.0	5.0	6.3
c≈	1.2	1.6	2.0	2.5	3.0	3.5	4.0	5.0	6.3	8.0
l（商品规格范围公称长度）	12~60	14~80	18~95	22~140	26~180	35~200	50~200	60~200	80~200	95~200
l（系列）	2, 3, 4, 5, 6, 8, 10, 12, 14, 16, 18, 20, 22, 24, 26, 28, 30, 32, 35, 40, 45, 50, 55, 60, 65, 70, 75, 80, 85, 90, 95, 100, 120, 140, 160, 180, 200									

附表 11　圆锥销（摘自 GB/T 117—2000）

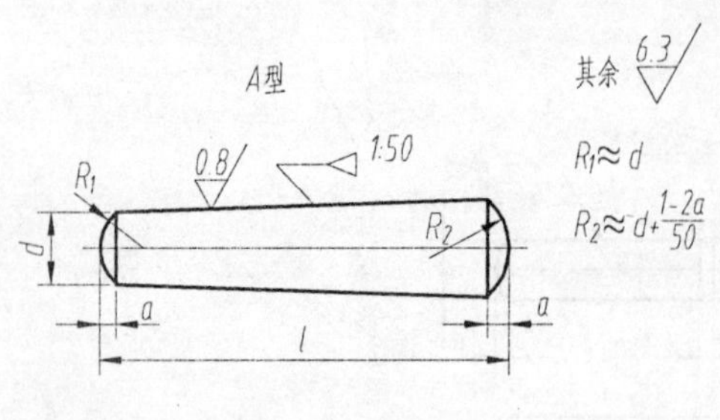

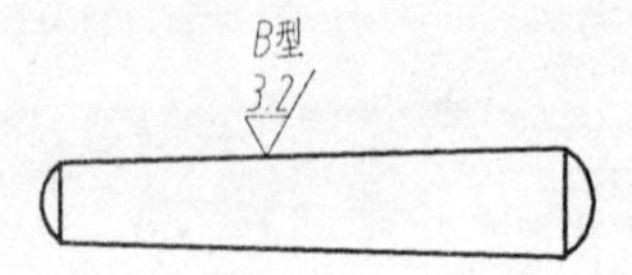

标 记 示 例

公称直径 $d=10$ mm、长度 $l=60$ mm、材料为 35 钢、热处理硬度 28～38 HRC、表面氧化处理的 A 型圆锥销：

销　GB/T 117—2000　A10×60

mm

d（公称）	0.6	0.8	1	1.2	1.5	2	2.5	3	4	5
$a\approx$	0.08	0.1	0.12	0.16	0.2	0.25	0.3	0.4	0.5	0.63
l（商品规格范围公称长度）	4~8	5~12	6~16	6~20	8~24	10~35	10~35	12~45	14~55	18~60
d（公称）	6	8	10	12	16	20	25	30	40	50
$a\approx$	0.8	1	1.2	1.6	2	2.5	3	4	5	6.3
l（商品规格范围公称长度）	22~90	22~120	26~160	32~180	40~200	45~200	50~200	55~200	60~200	65~200
l（系列）	2，3，4，5，6，8，10，12，14，16，18，20，22，24，26，28，30，32，35，40，45，50，55，60，65，70，75，80，85，90，95，100，120，140，160，180，200									

附表 12　开口销（摘自 GB/T 91—2000）

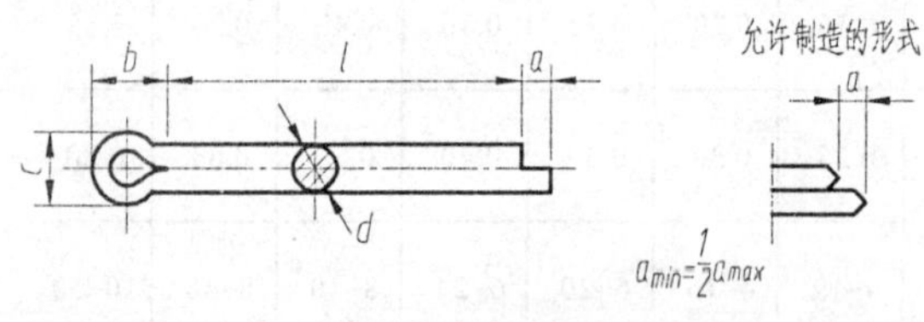

标 记 示 例

公称直径 $d=5$ mm、长度 $l=50$ mm、材料为低碳钢、不经表面处理的开口销：

销　GB/T 91—2000　5×50

mm

d	（公称）	0.6	0.8	1	1.2	1.6	2	2.5	3.2	4	5	6.3	8	10	12
	min	0.4	0.6	0.8	0.9	1.3	1.7	2.1	2.7	3.5	4.4	5.7	7.3	9.3	11.1
	max	0.5	0.7	0.9	1	1.4	1.8	2.3	2.9	3.7	4.6	5.9	7.5	9.5	11.4
c	max	1	1.4	1.8	2	2.8	3.6	4.6	5.8	7.4	9.2	11.8	15	19	24.8
	min	0.9	1.2	1.6	1.7	2.4	3.2	4	5.1	6.5	8	10.3	13.4	16.6	21.7
$b\approx$		2	2.4	3	3	3.2	4	5	6.4	8	10	12.6	16	20	26
a_{max}		1.6	1.6	1.6	2.5	2.5	2.5	2.5	3.2	4	4	4	4	6.3	6.3
l（商品规格范围公称长度）		4~12	5~16	6~20	8~26	8~32	10~40	12~50	14~65	18~80	22~100	30~120	40~160	45~200	70~200
l（系列）		4，5，6，8，10，12，14，16，18，20，22，24，26，28，30，32，36，40，45，50，55，60，65，70，75，80，85，90，95，100，120，140，160，180，200													

附表 13　标准公差数值（GB/T 1800.3—1999）

基本尺寸/mm		标准公差等级																	
		IT1	IT2	IT3	IT4	IT5	IT6	IT7	IT8	IT9	IT10	IT11	IT12	IT13	IT14	IT15	IT16	IT17	IT18
大于	至	μm											mm						
—	3	0.8	1.2	2	3	4	6	10	14	25	40	60	0.1	0.14	0.25	0.4	0.6	1	1.4
3	6	1	1.5	2.5	4	5	8	12	18	30	48	75	0.12	0.18	0.3	0.48	0.75	1.2	1.8
6	10	1	1.5	2.5	4	6	9	15	22	36	58	90	0.15	0.22	0.36	0.58	0.9	1.5	2.2
10	18	1	2	3	5	8	11	18	27	43	70	110	0.18	0.27	0.43	0.7	1.1	1.8	2.7
18	30	1.5	2.5	4	6	9	13	21	33	52	84	130	0.21	0.33	0.52	0.84	1.3	2.1	3.3
30	50	1.5	2.5	4	7	11	16	25	39	62	100	160	0.25	0.39	0.62	1	1.6	2.5	3.9
50	80	2	3	5	8	13	19	30	46	74	120	190	0.3	0.46	0.74	1.2	1.9	3	4.6
80	120	2.5	4	6	10	15	22	35	54	87	140	220	0.35	0.54	0.87	1.4	2.2	3.5	5.4
120	180	3.5	5	8	12	18	25	40	63	100	160	250	0.4	0.63	1	1.6	2.5	4	6.3
180	250	4.5	7	10	14	20	29	46	72	115	185	290	0.46	0.72	1.15	1.85	2.9	4.6	7.2
250	315	6	8	12	16	23	32	52	81	130	210	320	0.52	0.81	1.3	2.1	3.2	5.2	8.1
315	400	7	9	13	18	25	36	57	89	140	230	360	0.57	0.89	1.4	2.3	3.6	5.7	8.9
400	500	8	10	15	20	27	40	63	97	155	250	400	0.63	0.97	1.55	2.5	4	6.3	9.7
500	630	9	11	16	22	32	44	70	110	175	280	440	0.7	1.1	1.75	2.8	4.4	7	11
630	800	10	13	18	25	36	50	80	125	200	320	500	0.8	1.25	2	3.2	5	8	12.5
800	1000	11	15	21	28	40	56	90	140	230	360	560	0.9	1.4	2.3	3.6	5.6	9	14
1000	1250	13	18	24	33	47	66	105	165	260	420	660	1.05	1.65	2.6	4.2	6.6	10.5	16.5
1250	1600	15	21	29	39	55	78	125	195	310	500	780	1.25	1.95	3.1	5	7.8	12.5	19.5
1600	2000	18	25	35	46	65	92	150	230	370	600	920	1.5	2.3	3.7	6	9.2	15	23
2000	2500	22	30	41	55	78	110	175	280	440	700	1100	1.75	2.8	4.4	7	11	17.5	28
2500	3150	26	36	50	68	96	135	210	330	540	860	1350	2.1	3.3	5.4	8.6	13.5	21	33

注：① 基本尺寸大于 500 mm 的 IT1 至 IT5 的标准公差数值为试行的。

② 基本尺寸小于或等于 1 mm 时，无 IT14 至 IT18。

附表 14-A 轴的基本偏差数值（GB/T 1800.3—1999）

基本尺寸/mm		基本偏差数值																
		上偏差 *es*												下偏差 *ei*				
大于	至	所有标准公差等级												IT5和IT6	IT7	IT8	IT4至IT7	≤IT3 >IT7
		a	b	c	cd	d	e	ef	f	fg	g	h	js	j			k	
—	3	−270	−140	−60	−34	−20	−14	−10	−6	−4	−2	0		−2	−4	6	0	0
3	6	−270	−140	−70	−46	−30	−20	−14	−10	−6	−4	0		−2	−4		+1	0
6	10	−280	−150	−80	−56	−40	−25	−18	−13	−8	−5	0		−2	−5		+1	0
10	14	−290	−150	−95		−50	−32		−16		−6	0		−3	−6		+1	0
14	18																	
18	24	−300	−160	−100		−65	−40		−20		−7	0		−4	−8		+2	0
24	30																	
30	40	−310	−170	−120		−80	−50		−25		−9	0		−5	−10		+2	0
40	50	−320	−180	−130														
50	65	−340	−190	−140		−100	−60		−30		−10	0		−7	−12		+2	0
65	80	−360	−200	−150														
80	100	−380	−220	−170		−120	72		36		12	0		−9	−15		+3	0
100	120	−410	−240	−180														
120	140	−460	−260	−200		−145	−85		−43		−14	0		−11	−18		+3	0
140	160	−520	−280	−210														
160	180	−580	−310	−230														
180	200	−660	−340	−240		−170	−100		−50		−15	0	偏差 = $\pm\frac{ITn}{2}$，式中ITn是IT值数	−13	−21		+4	0
200	225	−740	−380	−260														
225	250	−820	−420	−280														
250	280	−920	−480	−300		−190	−110		−56		−17	0		−16	−26		+4	0
280	315	−1050	−540	−330														
315	355	−1200	−600	−360		−210	−125		−62		−18	0		−18	−28		+4	0
355	400	−1350	−680	−400														
400	450	−1500	−760	−440		−230	−135		−68		−20	0		−20	−32		+5	0
450	500	−1650	−840	−480														
500	560					−260	−145		−76		−22	0					0	0
560	630																	
630	710					−290	−160		−80		−24	0					0	0
710	800																	
800	900					−320	−170		−86		−26	0					0	0
900	1000																	
1000	1120					−350	−195		−98		−28	0					0	0
1120	1250																	
1250	1400					−390	−220		−110		−30	0					0	0
1400	1600																	
1600	1800					−430	−240		−120		−32	0					0	0
1800	2000																	
2000	2240					−480	−260		−130		−34	0					0	0
2240	2500																	
2500	2800					−520	−290		−145		−38	0					0	0
2800	3150																	

注：① 基本尺寸小于或等于 1 mm 时，基本偏差 a 和 b 均不采用。

② 公差带 js7 至 js11，若 ITn 值数是奇数，则取偏差 $= \pm\frac{ITn-1}{2}$。

附表 14-B

基本偏差数值

下偏差 *ei*

所有标准公差等级

m	n	p	r	s	t	u	v	x	y	z	za	zb	zc
+2	+4	+6	+10	+14		+18		+20		+26	+32	+40	+60
+4	+8	+12	+15	+19		+23		+28		+35	+42	+50	+80
+6	+10	+15	+19	+23		+28		+34		+42	+52	+67	+97
+7	+12	+18	+23	+28		+33		+40		+50	+64	+90	+130
							+39	+45		+60	+77	+108	+150
+8	+15	+22	+28	+35		+41	+47	+54	+63	+73	+98	+136	+188
					+41	+48	+55	+64	+75	+88	+118	+160	+218
+9	+17	+26	+34	+43	+48	+60	+68	+80	+94	+112	+148	+200	+274
					+54	+70	+81	+97	+114	+136	+180	+242	+325
+11	+20	+32	+41	+53	+66	+87	+102	+122	+144	+172	+226	+300	+405
			+43	+59	+75	+102	+120	+146	+174	+210	+274	+360	+480
+13	+23	+37	+51	+71	+91	+124	+146	+178	+214	+258	+335	+445	+585
			+54	+79	+104	+144	+172	+210	+254	+310	+400	+525	+690
+15	+27	+43	+63	+92	+122	+170	+202	+248	+300	+365	+470	+620	+800
			+65	+100	+134	+190	+228	+280	+340	+415	+535	+700	+900
			+68	+108	+146	+210	+252	+310	+380	+465	+600	+780	+1000
+17	+31	+50	+77	+122	+166	+236	+284	+350	+425	+520	+670	+880	+1150
			+80	+130	+180	+258	+310	+385	+470	+575	+740	+960	+1250
			+84	+140	+196	+284	+340	+425	+520	+640	+820	+1050	+1350
+20	+34	+56	+94	+158	+218	+315	+385	+475	+580	+710	+920	+1200	+1550
			+98	+170	+240	+350	+425	+525	+650	+790	+1000	+1300	+1700
+21	+37	+62	+108	+190	+268	+390	+475	+590	+730	+900	+1150	+1500	+1900
			+114	+208	+294	+435	+530	+660	+820	+1000	+1300	+1650	+2100
+23	+40	+68	+126	+232	+330	+490	+595	+740	+920	+1100	+1450	+1850	+2400
			+132	+252	+360	+540	+660	+820	+1000	+1250	+1600	+2100	+2600
+26	+44	+78	+150	+280	+400	+600							
			+155	+310	+450	+660							
+30	+50	+88	+175	+340	+500	+740							
			+185	+380	+560	+840							
+34	+56	+100	+210	+430	+620	+940							
			+220	+470	+680	+1050							
+40	+66	+120	+250	+520	+780	+1150							
			+260	+580	+840	+1300							
+48	+78	+140	+300	+640	+960	+1450							
			+330	+720	+1050	+1600							
+58	+92	+170	+370	+820	+1200	+1850							
			+400	+920	+1350	+2000							
+68	+110	+195	+440	+1000	+1500	+2300							
			+460	+1100	+1650	+2500							
+76	+135	+240	+550	+1250	+1900	+2900							
			+580	+1400	+2100	+3200							

附表 15-A　孔的基本偏差数值（GB/T 1800.3—1999）

μm

基本尺寸/mm		基本偏差数值																				
		下偏差 *EI*												上偏差 *ES*								
		所有标准公差等级												IT6	IT7	IT8	≤IT8	>IT8	≤IT8	>IT8	≤IT8	>IT8
大于	至	A	B	C	CD	D	E	EF	F	EG	G	H	JS	J			K		M		N	
—	+3	+270	+140	+60	+34	+20	+14	+10	+6	+4	+2	0		+2	+4	+6	0	0	−2	−2	−4	−4
3	6	+270	+140	+70	+46	+30	+20	+14	+10	+6	+4	0		+5	+6	+10	−1+Δ		−4+Δ	−4	−8+Δ	0
6	10	+280	+150	+80	+56	+40	+25	+18	+13	+8	+5	0		+5	+8	+12	−1+Δ		−6+Δ	−6	−10+Δ	0
10	14	+290	+150	+95		+50	+32		+16		+6	0		+6	+10	+15	−1+Δ		−7+Δ	−7	−12+Δ	0
14	18																					
18	24	+300	+160	+110		+65	+40		+20		+7	0		+8	+12	+20	−2+Δ		−8+Δ	−8	−15+Δ	0
24	30																					
30	40	+310	+170	+120		+80	+50		+25		+9	0		+10	+14	+24	−2+Δ		−9+Δ	−9	−17+Δ	0
40	50	+320	+180	+130																		
50	65	+340	+190	+140		+100	+60		+30		+10	0		+13	+18	+28	−2+Δ		−11+Δ	−11	−20+Δ	0
65	80	+360	+200	+150																		
80	100	+380	+220	+170		+120	+72		+36		+12	0		+16	+22	+34	−3+Δ		−13+Δ	−13	−23+Δ	0
100	120	+410	+240	+180																		
120	140	+460	+260	+200		+145	+85		+43		+14	0	偏差=$\pm\frac{ITn}{2}$，式中ITn是IT值数	+18	+26	+41	−3+Δ		−15+Δ	−15	−27+Δ	0
140	160	+520	+280	+210																		
160	180	+580	+310	+230																		
180	200	+660	+310	+240		+170	+100		+50		+15	0		+22	+30	+47	−4+Δ		−17+Δ	−17	−31+Δ	0
200	225	+740	+380	+260																		
225	250	+820	+420	+280																		
250	280	+920	+480	+300		+190	+110		+56		+17	0		+25	+36	+55	−4+Δ		−20+Δ	−20	−34+Δ	0
280	315	+1050	+540	+330																		
315	355	+1200	+600	+360		+210	+125		+62		+18	0		+29	+39	+60	−4+Δ		−21+Δ	−21	−37+Δ	0
355	400	+1350	+680	+400																		
400	450	+1500	+760	+440		+230	+135		+68		+20	0		+33	+43	+66	−5+Δ		−23+Δ	−23	−40+Δ	0
450	500	+1650	+840	+480																		
500	560					+260	+145		+76		+22	0										
560	630																					
630	710					+290	+160		+80		+24	0										
710	800																					
800	900					+320	+170		+86		+26	0										
900	1000																					
1000	1120					+350	+195		+98		+28	0										
1120	1250																					
1250	1400					+390	+220		+110		+30	0										
1400	1600																					
1600	1800					+430	+240		+120		+32	0										
1800	2000																					
2000	2240					+480	+260		+130		+34	0										
2240	2500																					
2500	2800					+520	+290		+145		+38	0										
2800	3150																					

注：① 基本尺寸小于或等于 1 mm 时，基本偏差 A 和 B 及大于 IT8 的 N 均不采用。

② 公差带 JS7 至 JS11，若 ITn 值数是奇数，则取偏差 $=\pm\frac{ITn-1}{2}$。

附表 15-B

基本偏差数值													Δ值					
上偏差 *ES*																		
	标准公差等级大于 IT7												标准公差等级					
	P	R	S	T	U	V	X	Y	Z	ZA	ZB	ZC	IT3	IT4	IT5	IT6	IT7	IT8
	−6	−10	−14		−18		−20		−26	−32	−40	−60	0	0	0	0	0	0
	−12	−15	−19		−23		−28		−35	−42	−50	−80	1	1.5	1	3	4	6
	−15	−19	−23		−28		−34		−42	−52	−67	−97	1	1.5	2	3	6	7
	−18	−23	−28		−33		−40		−50	−64	−90	−130	1	2	3	3	7	9
						−39	−45		−60	−77	−108	−150						
	−22	−28	−35		−41	−47	−54	−63	−73	−98	−136	−188	1.5	2	3	4	8	12
				−41	−48	−55	−64	−75	−88	−118	−160	−218						
	−26	−34	−43	−48	−60	−68	−80	−94	−112	−148	−200	−274	1.5	3	4	5	9	14
				−54	−70	−81	−97	−114	−136	−180	−242	−325						
	−32	−41	−53	−66	−87	−102	−122	−144	−172	−226	−300	−405	2	3	5	6	11	16
		−43	−59	−75	−102	−120	−146	−174	−210	−274	−360	−480						
	−37	−51	−71	−91	−124	−146	−178	−214	−258	−335	−445	−585	2	4	5	7	13	19
		−54	−79	−104	−144	−172	−210	−254	−310	−400	−525	−690						
	−43	−63	−92	−122	−170	−202	−248	−300	−365	−470	−620	−800	3	4	6	7	15	23
		−65	−100	−134	−190	−228	−280	−340	−415	−535	−700	−900						
		−68	−108	−146	−210	−252	−310	−380	−465	−600	−780	−1000						
在大于IT7的相应数值上增加一个Δ值	−50	−77	−122	−166	−236	−284	−350	−425	−520	−670	−880	−1150	3	4	6	9	17	26
		−80	−130	−180	−258	−310	−385	−470	−575	−740	−960	−1250						
		−84	−140	−196	−284	−340	−425	−520	−640	−820	−1050	−1350						
	−56	−94	−158	−218	−315	−385	−475	−580	−710	−920	−1200	−1550	4	4	7	9	20	29
		−98	−170	−240	−350	−425	−525	−650	−790	−1000	−1300	−1700						
	−62	−108	−190	−268	−390	−475	−590	−730	−900	−1150	−1500	−1900	4	5	7	11	21	32
		−114	−208	−294	−435	−530	−660	−820	−1000	−1300	−1650	−2100						
	−68	−126	−232	−330	−490	−595	−740	−920	−1100	−1450	−1850	−2400	5	5	7	13	23	34
		−132	−252	−360	−540	−660	−820	−1000	−1250	−1600	−2100	−2600						
	−78	−150	−280	−400	−600													
		−155	−310	−450	−660													
	−88	−175	−340	−500	−740													
		−185	−380	−560	−840													
	−100	−210	−430	−620	−940													
		−220	−470	−680	−1050													
	−120	−250	−520	−780	−1150													
		−260	−580	−810	−1300													
	−140	−300	−640	−960	−1450													
		−330	−720	−1050	−1600													
	−170	−370	−820	−1200	−1850													
		−400	−920	−1350	−2000													
	−195	−440	−1000	−1500	−2300													
		−460	−1100	−1650	−2500													
	−240	−550	−1250	−1900	−2900													
		−580	−1400	−2100	−3200													

注：③ 对小于或等于 IT8 的 K、M、N 和小于或等于 IT7 的 P 至 ZC，所需Δ值从表内右侧选取。例如：18～30 mm 段的 K7，$\Delta = 8\ \mu m$，所以 $ES = -2 + 8 = +6\ \mu m$。

④ 特殊情况：250～315 mm 段的 M6，$ES = -9\ \mu m$（代替 $-11\ \mu m$）。

附表 16-A　基本尺寸至 500 mm 优先常用配合轴的极限偏差表（GB/T 1800.4—1999）　　μm

代号	c	d		e		f		g		h							js
基本尺寸/mm	等级																
	11	8	9	7	8	7	8	6	7	5	6	7	8	9	10	11	6
≤3	−60 −120	−20 −34	−20 −45	−14 −24	−14 −28	−6 −16	−6 −20	−2 −8	−2 −12	0 −4	0 −6	0 −10	0 −14	0 −25	0 −40	0 −60	±1
>3 ~6	−70 −145	−30 −48	−30 −60	−20 −32	−20 −38	−10 −22	−10 −28	−4 −12	−4 −16	0 −5	0 −8	0 −12	0 −18	0 −30	0 −48	0 −75	±4
>6 ~10	−80 −70	−40 −62	−40 −76	−25 −40	−25 −47	−13 −28	13 −35	5 −14	5 −20	0 −6	0 −9	0 −15	0 −22	0 −36	0 −58	0 −90	±4.5
>10 ~14	−95	−50	−50	−32	−32	−16	−16	−6	−6	0	0	0	0	0	0	0	±5.5
>14 ~18	−205	−77	−93	−50	−59	−34	−43	−17	−24	−8	−11	−18	−27	−43	−70	−110	
>18 ~24	−110	−65	−65	−40	−40	−20	−20	−7	−7	0	0	0	0	0	0	0	±6.5
>24 ~30	−240	−98	−117	−61	−73	−41	−53	−20	−28	−9	−13	−21	−33	−52	−84	−130	
>30 ~40	−120 −280	−80	−80	−50	−50	−25	−25	−9	−9	0	0	0	0	0	0	0	±8
>40 ~50	−130 −290	−119	−142	−75	−89	−50	−64	−25	−34	−11	−16	−25	−39	−62	−100	−160	
>50 ~65	−140 −330	−100	−100	−60	−60	−30	−30	−10	−10	0	0	0	0	0	0	0	±9.5
>65 ~80	−150 −340	−146	−174	−90	−106	−60	−76	−29	−40	−13	−19	−30	−46	−74	−120	−190	
>80 ~100	−170 −390	−120	−120	−72	−72	−36	−36	−12	−12	0	0	0	0	0	0	0	±11
>100 ~120	−180 −400	−174	−207	−107	−126	−71	−90	−34	−47	−15	−22	−35	−54	−87	−140	−220	
>120 ~140	−200 −450	−145	−145	−85	−85	−43	−43	−14	−14	0	0	0	0	0	0	0	±12.5
>140 ~160	−210 −460	−208	−245	−125	−148	−83	−106	−39	−54	−18	−25	−40	−63	−100	−160	−250	
>160 ~180	−230 −480																
>180 ~200	−240 −530	−170	−170	−100	−100	−50	−50	−15	−15	0	0	0	0	0	0	0	±14.5
>200 ~225	−260 −550	−242	−285	−146	−172	−96	−122	−44	−61	−20	−29	−46	−72	−115	−185	−290	
>225 ~250	−280 −570																
>250 ~280	−300 −620	−190	−190	−110	−110	−56	−56	−17	−17	0	0	0	0	0	0	0	±16
>280 ~315	−330 −650	−271	−320	−162	−191	−108	−137	−49	−69	−23	−32	−52	−81	−130	−210	−320	
>315 ~355	−360 −720	−210	−210	−125	−125	−62	−62	−18	−18	0	0	0	0	0	0	0	±18
>355 ~400	−400 −760	−299	−350	−182	−214	−119	−151	−54	−75	−25	−36	−57	−89	−140	−230	−360	
>400 ~450	−440 −840	−230	−230	−135	−135	−68	−68	−20	−20	0	0	0	0	0	0	0	±20
>450 ~500	−480 −880	−327	−385	−198	−232	−131	−165	−60	−83	−27	−40	−63	−97	−155	−250	−400	

附表 16-B

μm

k		m		n		p		r		s		t		u	v	x	y	z
等级																		
6	7	6	7	5	6	6	7	6	7	5	6	6	7	6	6	6	6	6
+6 0	+10 0	+8 +2	+12 +2	+8 +4	+10 +4	+12 +6	+16 +6	+16 +10	+20 +10	+18 +14	+20 +14	—	—	+24 +18	—	+26 +20	—	+32 +26
+9 +1	+13 +1	+12 +4	+16 +4	+13 +8	+16 +8	+20 +12	+24 +12	+23 +15	+27 +15	+24 +19	+27 +19	—	—	+31 +23	—	+36 +28	—	+43 +35
+10 +1	+16 +1	+15 +6	+21 +6	+16 +10	+19 +10	+24 +15	+30 +15	+28 +19	+34 +19	+29 +23	+32 +23	—	—	+37 +28	—	+43 +34	—	+51 +42
+12 +1	+19 +1	+18 +7	+25 +7	+20 +12	+23 +12	+29 +18	+36 +18	+34 +23	+41 +23	+36 +28	+39 +28	—	—	+44 +33	—	+51 +40	—	+61 +50
															+50 +39	+56 +45	—	+71 +60
+15 +2	+23 +2	+21 +8	+29 +8	+24 +15	+28 +15	+35 +22	+43 +22	+41 +28	+49 +28	+44 +35	+48 +35	—	—	+54 +41	+60 +47	+67 +54	+76 +63	+86 +73
												+54 +41	+62 +41	+61 +48	+68 +55	+77 +64	+88 +75	+101 +88
+18 +2	+27 +2	+25 +9	+34 +9	+28 +17	+33 +17	+42 +26	+51 +26	+50 +34	+59 +34	+54 +43	+59 +43	+64 +48	+73 +48	+76 +60	+84 +68	+96 +80	+110 +94	+128 +112
												+70 +54	+79 +54	+86 +70	+97 +81	+113 +97	+130 +114	+152 +136
+21 +2	+32 +2	+30 +11	+41 +11	+33 +20	+39 +20	+51 +32	+62 +32	+60 +41	+71 +41	+66 +53	+72 +53	+85 +66	+96 +66	+106 +87	+121 +102	+141 +122	+163 +144	+191 +172
								+62 +43	+73 +43	+72 +59	+78 +59	+94 +75	+105 +75	+121 +102	+139 +120	+165 +146	+193 +174	+229 +210
+25 +3	+38 +3	+35 +13	+48 +13	+38 +23	+45 +23	+59 +37	+72 +37	+73 +51	+86 +51	+86 +71	+93 +71	+113 +91	+126 +91	+146 +124	+168 +146	+20 +17	+236 +214	+280 +258
								+76 +54	+89 +54	+94 +79	+101 +79	+126 +104	+139 +104	+166 +144	+194 +172	+232 +210	+276 +254	+332 +310
+28 +3	+43 +3	+40 +15	+55 +15	+45 +27	+52 +27	+68 +43	+83 +43	+88 +63	+103 +63	+110 +92	+117 +92	+147 +122	+162 +122	+195 +170	+227 +202	+273 +248	+325 +300	+390 +365
								+90 +65	+105 +65	+118 +100	+125 +100	+159 +134	+174 +134	+215 +190	+253 +228	+305 +280	+365 +340	+440 +415
								+93 +68	+108 +68	+126 +108	+133 +108	+171 +146	+186 +146	+235 +210	+277 +252	+335 +310	+405 +380	+490 +465
+33 +4	+50 +4	+46 +17	+63 +17	+51 +31	+60 +31	+79 +50	+96 +50	+106 +77	+123 +77	+142 +122	+151 +122	+195 +166	+212 +166	+265 +236	+313 +284	+379 +350	+454 +425	+549 +520
								+109 +80	+126 +80	+150 +130	+159 +130	+208 +180	+226 +180	+287 +258	+339 +310	+414 +385	+499 +470	+604 +575
								+113 +84	+130 +84	+160 +140	+169 +140	+225 +196	+242 +196	+313 +284	+369 +340	+454 +425	+549 +520	+669 +640
+36 +4	+56 +4	+52 +20	+72 +20	+57 +34	+66 +34	+88 +56	+108 +56	+126 +94	+146 +94	+181 +158	+190 +158	+250 +218	+270 +218	+347 +315	+417 +385	+507 +475	+612 +580	+742 +710
								+130 +98	+150 +98	+193 +170	+202 +170	+272 +240	+292 +240	+382 +350	+457 +425	+557 +525	+682 +650	+822 +790
+40 +4	+61 +4	+57 +21	+78 +21	+62 +37	+73 +37	+98 +62	+119 +62	+144 +108	+165 +108	+215 +190	+226 +190	+304 +268	+325 +268	+426 +390	+511 +475	+626 +590	+766 +730	+936 +900
								+150 +114	+171 +114	+233 +208	+244 +208	+330 +294	+351 +294	+471 +435	+566 +530	+696 +660	+856 +820	+1 036 +1 000
+45 +5	+68 +5	+63 +23	+86 +23	+67 +40	+80 +40	+108 +68	+131 +68	+166 +126	+189 +126	+259 +232	+272 +232	+370 +330	+393 +330	+530 +490	+635 +595	+780 +740	+960 +920	+1 140 +1 100
								+172 +132	+195 +132	+279 +252	+292 +252	+400 +360	+423 +360	+580 +540	+700 +660	+860 +820	+1 040 +1 000	+1 290 +1 250

附表 17-A　基本尺寸至 500 mm 优先常用配合孔的极限偏差表（GB/T 1800.4—1999）　　μm

代号	C	D		E		F		G		H						
基本尺寸/mm	等级															
	11	9	10	8	9	8	9	6	7	6	7	8	9	10	11	12
≤3	+120 +60	+45 +20	+60 +20	+28 +14	+39 +14	+20 +6	+31 +6	+8 +2	+12 +2	+6 0	+10 0	+14 0	+25 0	+40 0	+60 0	+100 0
>3 ~6	+145 +70	+60 +30	+78 +30	+38 +20	+50 +20	+28 +10	+40 +10	+12 +4	+16 +4	+8 0	+12 0	+18 0	+30 0	+48 0	+75 0	+120 0
>6 ~10	+170 +80	+76 +40	+98 +40	+47 +25	+61 +25	+35 +13	+49 +13	+14 +5	+20 +5	+9 0	+15 0	+22 0	+36 0	+58 0	+90 0	+150 0
>10 ~14	+205	+93	+120	+59	+75	+43	+59	+17	+24	+11	+18	+27	+43	+70	+110	+180
>14 ~18	+95	+50	+50	+32	+32	+16	+16	+6	+6	0	0	0	0	0	0	0
>18 ~24	+240	+117	+149	+73	+92	+53	+72	+20	+28	+13	+21	+33	+52	+84	+130	+210
>24 ~30	+110	+65	+65	+40	+40	+20	+20	+7	+7	0	0	0	0	0	0	0
>30 ~40	+280 +120	+142	+180	+89	+112	+64	+87	+25	+34	+16	+25	+39	+62	+100	+160	+250
>40 ~50	+290 +130	+80	+80	+50	+50	+25	+25	+9	+9	0	0	0	0	0	0	0
>50 ~65	+330 +140	+174	+220	+106	+134	+76	+104	+29	+40	+19	+30	+46	+74	+120	+190	+300
>65 ~80	+340 +150	+100	+100	+60	+60	+30	+30	+10	+10	0	0	0	0	0	0	0
>80 ~100	+390 +170	+207	+260	+126	+159	+90	+123	+34	+47	+22	+35	+54	+87	+140	+220	+350
>100 ~120	+400 +180	+120	+120	+72	+72	+36	+36	+12	+12	0	0	0	0	0	0	0
>120 ~140	+450 +200	+245	+305	+148	+185	+106	+143	+39	+54	+25	+40	+63	+100	+160	+250	+400
>140 ~160	+460 +210															
>160 ~180	+480 +230	+145	+145	+85	+85	+43	+43	+14	+14	0	0	0	0	0	0	0
>180 ~200	+530 +240	+285	+355	+172	+215	+122	+165	+44	+61	+29	+46	+72	+115	+185	+290	+460
>200 ~225	+550 +260															
>225 ~250	+570 +280	+170	+170	+100	+100	+50	+50	+15	+15	0	0	0	0	0	0	0
>250 ~280	+620 +300	+320	+400	+191	+240	+137	+186	+49	+69	+32	+52	+81	+130	+210	+320	+520
>280 ~315	+650 +330	+190	+190	+110	+110	+56	+56	+17	+17	0	0	0	0	0	0	0
>315 ~355	+720 +360	+350	+440	+214	+265	+151	+202	+54	+75	+36	+57	+89	+140	+230	+360	+570
>355 ~400	+760 +400	+210	+210	+125	+125	+62	+62	+18	+18	0	0	0	0	0	0	0
>400 ~450	+840 +440	+385	+480	+232	+290	+165	+223	+60	+83	+40	+63	+97	+155	+250	+400	+630
>450 ~500	+880 +480	+230	+230	+135	+135	+68	+68	+20	+20	0	0	0	0	0	0	0

附表 17-B　　μm

JS		K		M		N		P		R		S		T		U
等级																
7	8	6	7	7	8	6	7	6	7	6	7	6	7	6	7	6
±5	±7	0 −6	0 −10	−2 −12	−2 −16	−4 −10	−4 −14	−6 −12	−6 −16	−10 −16	−10 −20	−14 −20	−14 −24	—	—	18 24
±6	±9	+2 −6	+3 −9	0 −12	+2 −16	−5 −13	−4 −16	−9 −17	−8 −20	−12 −20	−11 −23	−16 −24	−15 −27	—	—	−20 −28
±7	±11	+2 −7	+5 −10	0 −15	+1 −21	−7 −16	−4 −19	−12 −21	−9 −24	−16 −25	−13 −28	−20 −29	−17 −32	—	—	−25 −34
±9	±13	+2 −9	+6 −12	0 −18	+2 −25	−9 −20	−5 −23	−15 −26	−11 −29	−20 −31	−16 −34	−25 −36	−21 −39	—	—	−30 −41
±10	±16	+2 −11	+6 −15	0 −21	+4 −29	−11 −24	−7 −28	−18 −31	−14 −35	−24 −37	−20 −41	−31 −44	−27 −48			−37 −50
														−37 −50	−33 −54	−44 −57
±12	±19	+3 −13	+7 −18	0 −25	+5 −34	−12 −28	−8 −33	−21 −37	−17 −42	−29 −45	−25 −50	−38 −54	−34 −59	−43 −59	−39 −64	−55 −71
														−49 −65	−45 −70	−65 −81
±15	±23	+4 −15	+9 −21	0 −30	+5 −41	−14 −33	−9 −39	−26 −45	−21 −51	−35 −54	−30 −60	−47 −66	−42 −72	−60 −79	−55 −85	−81 −100
										−37 −56	−32 −62	−53 −72	−48 −78	−69 −88	−64 −94	−96 −115
±17	±27	+4 −18	+10 −25	0 −35	+6 −48	−16 −38	−10 −45	−30 −52	−24 −59	−44 −66	−38 −73	−64 −86	−58 −93	−84 −106	−78 −113	−117 −139
										−47 −69	−41 −76	−72 −94	−66 −101	−97 −119	−91 −126	−137 −159
±20	±31	+4 −21	+12 −28	0 −40	+8 −55	−20 −45	−12 −52	−36 −61	−28 −68	−56 −81	−48 −88	−85 −110	−77 −117	−115 −140	−107 −147	−163 −188
										−58 −83	−50 −90	−93 −118	−85 −125	−127 −152	−119 −159	−183 −208
										−61 −86	−53 −93	−101 −126	−93 −133	−139 −164	−131 −171	−203 −228
±23	±36	+5 −24	+13 −33	0 −46	+9 −63	−22 −51	−14 −60	−41 −70	−33 −79	−68 −97	−60 −106	−113 −142	−105 −151	−157 −186	−149 −195	−227 −256
										−71 −100	−63 −109	−121 −150	−113 −159	−]71 −200	−163 −209	−249 −278
										−75 −104	−67 −113	−131 −160	−123 −169	−187 −216	−179 −225	−275 −304
±26	±40	+5 −27	+16 −36	0 −52	+9 −72	−25 −57	−14 −66	−47 −79	−36 −88	−85 −117	−74 −126	−149 −181	−138 −190	−209 −241	−198 −250	−306 −338
										−89 −121	−78 −130	−161 −193	−150 −202	−231 −263	−220 −272	−341 −373
±28	±44	+7 −29	+17 −40	0 −57	+11 −78	−26 −62	−t6 −73	−51 −87	−41 −98	−97 −133	−87 −144	−179 −215	−169 −226	−257 −293	−247 −304	−379 −415
										−103 −139	−93 −150	−197 −233	−187 −244	−283 −319	−273 −330	−424 −460
+31	+48	+8 −32	+18 −45	0 −63	+11 −86	−27 −67	−17 −80	−55 −95	−45 −108	−113 −153	−103 −166	−219 −259	−209 −272	−317 −357	−307 −370	−477 −517
										−119 −159	−109 −172	−239 −279	−229 −292	−347 −387	−337 −400	−527 −567

参 考 文 献

［1］ 钱文伟. 工程制图[M]. 北京：高等教育出版社，2007.

［2］ 刘力. 机械制图[M]. 北京：高等教育出版社，2000.

［3］ 王冰. 工程制图[M]. 北京：高等教育出版社，2007.

［4］ 安增桂. 机械制图[M]. 北京：中国铁道出版社，2007.

［5］ 张新来. 工程制图[M]. 北京：中国铁道出版社，2001.

［6］ 金大鹰. 机械制图[M]. 北京：机械工业出版社，2006.

［7］ 叶钢. 工程制图[M]. 北京：清华大学出版社，2007.

［8］ 周岩. AutoCAD2008 基础教程[M]. 北京：清华大学出版社，2007.

［9］ 缪凯歌. 机械制图与 CAXA 电子图板[M]. 沈阳：辽宁科学技术出版社，2008.